普通高等教育"十一五"国家级规划教材修订版

高等职业教育新形态一体化教材

高等数学

（简明版）第六版

主编　盛祥耀

高等教育出版社·北京

内容提要

本书是普通高等教育"十一五"国家级规划教材修订版。作者按照"必需、够用"为度的原则，对本书第五版进行了修订，使其更能够适应目前高职高专教学的需要。全书包括空间解析几何及向量代数，函数、极限与连续，微分学，积分学，微分方程，无穷级数等内容。本书的典型例题配有讲解视频，相关知识点配有动画，读者可通过移动终端扫二维码及时获取。

本书叙述流畅，讲解清晰，平易简练，要言不烦，易教易学，可作为高职高专院校各专业教材，也可供需要高等数学知识的技术人员自学、参考使用。

图书在版编目（CIP）数据

高等数学：简明版／盛祥耀主编. --6 版. --北京：高等教育出版社，2021.7
ISBN 978 - 7 - 04 - 056174 - 6

Ⅰ.①高…　Ⅱ.①盛…　Ⅲ.①高等数学-高等职业教育-教材　Ⅳ.①O13

中国版本图书馆 CIP 数据核字（2021）第 103938 号

策划编辑　马玉珍　　　责任编辑　马玉珍　　　封面设计　张　志　　　版式设计　杨　树
插图绘制　黄云燕　　　责任校对　刘娟娟　　　责任印制　田　甜

出版发行	高等教育出版社	网　　址	http://www.hep.edu.cn
社　　址	北京市西城区德外大街 4 号		http://www.hep.com.cn
邮政编码	100120	网上订购	http://www.hepmall.com.cn
印　　刷	北京市白帆印务有限公司		http://www.hepmall.com
开　　本	787mm×1092mm　1/16		http://www.hepmall.cn
印　　张	20.75		
字　　数	390 千字	版　　次	1986 年 3 月第 1 版
			2021 年 7 月第 6 版
购书热线	010-58581118	印　　次	2021 年 7 月第 1 次印刷
咨询电话	400-810-0598	定　　价	45.80 元

本书如有缺页、倒页、脱页等质量问题，请到所购图书销售部门联系调换
版权所有　侵权必究
物 料 号　56174-00

第六版前言

与第五版比较有以下变化:增加了一些例题讲解视频二维码;增加了一些动画视频二维码;作了一些文字上的修改。除以上变动外,其他部分基本保持不变。

编者

2020 年 11 月于清华园

第五版前言

  与第四版比较有以下一些变化:考虑到有些学生中学没有学过反三角函数与参数方程,而大学数学又需要,为此本版增设两个附录,介绍反三角函数概念与参数方程概念,为有需要的读者选用。

  这次修订还删去了一些过繁过难的例子,如积分 $\int \dfrac{\mathrm{d}x}{\sqrt{ax^2 + bx + c}}$ 类型的例子,其他还有一些文字上的修改。

编者

2016 年 3 月于清华园

第四版前言

考虑到高职高专的学制、培养目标、"必需、够用"的原则，以及近几年的教学实践，我们对《高等数学(第三版)》作了以下的调整：

1. 全书不再分上、下册。适当调整内容，缩短篇幅。除带 * 号内容可以不讲外，有些内容因学校不同、专业不同可有不同的选取。这样做不影响内容的系统性。凡学时在 64~96 之间的均适用。如果每周安排 4~6 学时，16 周即可完成，即一个学期结束高等数学的教学工作。这对完成高职高专的教学计划是有利的。

2. 全书各章不以一元与多元划分，内容包括空间解析几何、向量代数，函数、极限与连续，微分学，积分学，微分方程，级数等六章。多元函数微分法作为一元的延伸来处理，理论上不作系统介绍。删除了三重积分、曲面积分等并非必需的内容。

3. 除以上变动外，其他部分基本保持不变，仅在个别地方作了必要的修改。

4. 第一章中 §1 的内容是为未学过其内容的学生而写的，供他们自学。

我们相信这本第四版的高等数学教材将更符合高职高专院校数学教育的学时和内容要求，也期待广大师生在教、学实践中提出意见，帮助本教材不断提高。

感谢北京印刷学院朱晓峰教授、孟赵玲副教授在百忙之中审阅了全书，并提出了许多宝贵意见。

盛祥耀

2007 年 9 月于清华园

根据新近制订的"高等数学课程的教学基本要求"(送审稿),本版对第二版作了如下的一些修改。

1. 极限的"ε-N"与"ε-δ"定义,改为描述性的,相应部分也随之修改。

2. 无穷小量的比较一节中保留定理一,删去定理二。

3. 导数的应用章中删除:罗尔定理与拉格朗日定理的证明、方程的近似根。

4. 积分章中删除:有理函数的积分法、近似积分法。改写了部分内容。

5. 多元函数及其微分法章中删除:全微分在近似计算中的应用、曲线 $\begin{cases} F(x,y,z)=0, \\ \Phi(x,y,z)=0 \end{cases}$ 的切线方程与法平面方程。引进记号 f_1',f_2' 等。

6. 无穷级数章中删除:幂级数收敛半径的存在性定理、近似计算。改写了泰勒级数的部分内容。

7. 常微分方程章中删除:可化为 $y'=f\left(\dfrac{y}{x}\right)$ 型的方程、伯努利方程、微分方程的近似解、可降阶的高阶微分方程、弹簧振动问题的解法。

8. 订正了几处错误或不当之处。

9. 数学家史略分散到各有关内容之中。

编者

2003 年 12 月于清华园

这本《高等数学》是为大学专科各专业编写的。全书共十二章,分上下两册出版。上册包括:空间解析几何、函数、极限与连续、导数与微分、导数的应用、不定积分和定积分及其应用等七章。把空间解析几何放在第一章讲授,是考虑到新生入学时学习热情很高,他们期待学习新的知识。如把函数作为第一章似不能满足这个要求。几年实践说明,这样安排较合适。当然,把它放在定积分之后,也是可以的。下册包括:多元函数及其微分法、重积分、线面积分、级数和常微分方程等五章,最后附有数学史料。

在编写过程中除考虑到大学专科各专业的要求和特点外,还参考了为大学本科四年制所制订的高等数学课程的教学基本要求(讨论稿)及中央电大的教学大纲。另外,我们吸收了不少从事大学专科各专业高等数学教学的教师的想法:全书不写多余的内容,所写内容均为教学所必需,但根据各专业的需要可以有所选取。例如,某些专业可以不学面积分、傅氏级数。类似这些内容我们用 * 号表示。为了便于自学,安排了不少数量的例题,讲授时可酌情采用。本书每节后有习题,每章后有总习题。习题数量适中,多数应让学生完成。答案附在每章之后。

本书内容用 150 学时左右就能讲完,如果每学期以 17 周计算,那么第一学期每周可排 5 学时,第二学期每周可排 4 学时。

编写本书时,参考了清华大学应用数学系盛祥耀、居余马、李欧、程紫明等编的《高等数学》,同济大学数学教研室主编的《高等数学(第二版)》;盛祥耀、葛严麟、胡全德、张元德四人编的《高等数学辅导》,同济大学数学教研室编的《高等数学习题集》;别尔曼著、景毅等译的《数学解析习题集编》及盛祥耀、葛严麟编的《习题集》(未出版)。在此,对以上所提到的作者表示感谢。

限于编者水平,有不当之处,希望广大读者提出宝贵意见。

盛祥耀

1985 年 12 月于清华园

目 录

空间解析几何　向量代数

§1　备用知识

 极坐标

1. 极坐标

在平面上选定一点 O，并在水平位置上作一条射线 OA，其上规定单位长.点 O 称为极点，OA 称为极轴，极轴与射线 OB 之间的夹角 θ 称为辐角(图 1-1)，它可正可负，当极轴绕极点以逆时针方向旋转到 OB 时的角 θ 为正，反之，顺时针为负.θ 也可以大于 2π 或小于 -2π，例如 $\dfrac{\pi}{4}+2\pi$ 是指当极轴转到 $\dfrac{\pi}{4}$ 后再以逆时针方向转 2π(图 1-1).这样在平面上建立了极坐标系.

下面介绍极坐标系中点与有序数组之间的关系.

在平面上任意给定一点 M，它与极点 O 的距离记为 ρ，称为点 M 的极半径，射线 OM 的辐角为 θ，则点 M 就对应着一个有序数组 ρ,θ，记作 (ρ,θ) 或 $M(\rho,\theta)$.ρ,θ 称为点 M 的极坐标.反之，给定了一个有序数组 (ρ,θ)，在平面上就对应着一点 M.从而建立起平面上的点与有序数组 (ρ,θ) 之间的对应关系.如 $\left(3,\dfrac{\pi}{3}\right),\left(4,-\dfrac{\pi}{6}\right)$ 分别对应着平面上点 M 和 N(图 1-2)，极半径 ρ 也可以为负值.如 $\left(-3,\dfrac{\pi}{3}\right)$ 是在辐角为 $\dfrac{\pi}{3}$ 的射线 OM 的相反方向上距极点 O 为 3 单位距离的点 R(图 1-2).

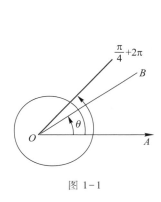

图 1-1

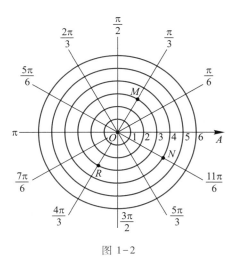

图 1-2

2. 极坐标与直角坐标之间的关系

所谓极坐标与直角坐标之间的关系是指极坐标系中的极点 O、极轴 OA 与直角坐标系中的原点、x 轴的正向分别重合时,点 M 的极坐标与直角坐标之间的关系. 由图 1-3,易得

$$\begin{cases} x = \rho\cos\theta, \\ y = \rho\sin\theta. \end{cases} \qquad ①$$

运用公式①,可以将平面上一条曲线在直角坐标系下的方程化为极坐标系下的方程,后者简称为极坐标方程.

例 1 试将直角坐标系下圆心在原点,半径为 R 的圆的方程 $x^2+y^2=R^2$($R>0$, 为常数)化为极坐标方程.

解 将公式①代入 $x^2+y^2=R^2$,得

$$\rho = \pm R.$$

取正号①.所以圆心在极点,半径为 R 的圆的极坐标方程为(图 1-4)

$$\rho = R.$$

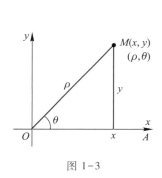

图 1-3

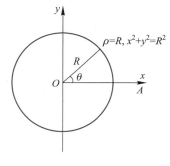

图 1-4

---

① 该圆的极坐标方程也可取 $\rho=-R$,它与 $\rho=R$ 表示同一个圆,通常取 $\rho=R$.

例 2 试将直角坐标系中圆的方程 $x^2+y^2=2Rx(R>0,常数)$ 化为极坐标方程.

解 将公式①代入,化简后得该圆的极坐标方程(图 1-5)

$$\rho=2R\cos\theta.$$

3. 极坐标方程的图形

作极坐标方程的图形通常要作两方面的工作.(1) 对称性的判定.当极坐标中的 θ 换为 $-\theta$ 时,该极坐标方程不变或 ρ 不变,则该方程所表示的图形关于极轴对称(图 1-6).当极坐标方程中的 θ 换为 $\pi-\theta$ 时,该极坐标方程不变或 ρ 不变,则该方程所表示的图形关于射线 $\theta=\dfrac{\pi}{2}$ 对称(图 1-6).请注意,由于点的极坐标表示式不唯一,所以当上述判定不成立时,不能得出关于极轴或射线 $\theta=\dfrac{\pi}{2}$ 不对称的结论.(2) 画出在图形上一系列能反映图形变化的点,并把这些点连成光滑的曲线,从而得出其图形.

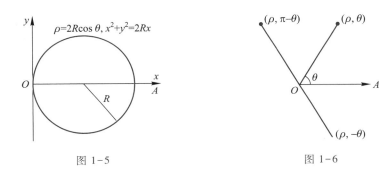

图 1-5   图 1-6

例 3 试作极坐标方程 $\rho=a(1+\cos\theta)$ 的图形,其中 a 为大于零的常数(该图形称为心形线).

解 对称性:当 θ 换成 $-\theta$ 时,$\rho=a(1+\cos(-\theta))=a(1+\cos\theta)$,即 ρ 不变,所以图形关于极轴对称.

列表:只需列出 θ 由 0 到 π 的对应值.

θ	0	$\dfrac{\pi}{6}$	$\dfrac{\pi}{3}$	$\dfrac{\pi}{2}$	$\dfrac{2\pi}{3}$	π
ρ	$2a$	$1.87a$	$1.5a$	a	$0.5a$	0

把表上的对应点描在图上并连成光滑曲线.再利用图形关于极轴对称,从而作出 $\rho=a(1+\cos\theta)$ 的图形(图 1-7).图形上的箭头是指当辐角 θ 增大时图形上对应点的走向.

例 4 试作 $\rho^2=a^2\cos 2\theta$ 的图形,其中 a 为大于零的常数(此图形称为双纽线).

解 对称性:当 θ 换成 $-\theta$ 时,方程不变,又 θ 换成 $\pi-\theta$ 时,方程也不变,所以图形关于极轴对称,也关于半射线 $\theta=\dfrac{\pi}{2}$ 对称.当 θ 在 $\dfrac{\pi}{4}$ 与 $\dfrac{\pi}{2}$ 之间时,方程右边不为正,所以此间无图形.因而只需列出 θ 由 0 到 $\dfrac{\pi}{4}$ 之间的对应值,见图 1-8.

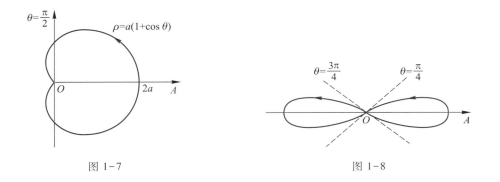

图 1-7   图 1-8

列表:

θ	0	$\dfrac{\pi}{8}$	$\dfrac{\pi}{4}$
ρ	a	$0.7a$	0

图形上的箭头是指当 θ 增大时图形上对应点的走向.

二 几种常见的参数方程(未学过参数方程的读者可参考附录(二))

1. 圆的参数方程

圆心在原点,半径为 R 的圆的参数方程可表示为(图 1-9)

$$\begin{cases} x=R\cos\theta, \\ y=R\sin\theta \end{cases}$$

或

$$\begin{cases} x=R\sin t, \\ y=R\cos t. \end{cases}$$

圆心在点 (a,b),半径为 R 的圆的参数方程可表示为(图 1-10)

$$\begin{cases} x=a+R\cos\theta, \\ y=b+R\sin\theta. \end{cases}$$

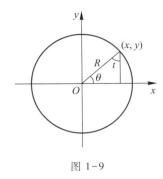

图 1-9

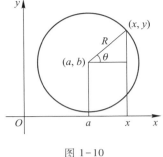

图 1-10

2. 椭圆的参数方程

椭圆 $\dfrac{x^2}{a^2}+\dfrac{y^2}{b^2}=1\,(a>0,b>0)$ 的参数方程可表示为

$$\begin{cases} x=a\cos\theta, \\ y=b\sin\theta \end{cases}$$

或

$$\begin{cases} x=a\sin t, \\ y=b\cos t. \end{cases}$$

当椭圆中心在点 (x_0,y_0) 且其长短轴分别平行于坐标轴时,其参数方程为

$$\begin{cases} x=x_0+a\cos\theta, \\ y=y_0+b\sin\theta. \end{cases}$$

3. 旋轮线(又称摆线)的参数方程

旋轮线的形成及其方程:半径为 R 的圆,其圆心在正 y 轴上且相切于原点.当该圆沿 x 轴滚动(无滑动)时,则圆周上原与原点重合的点所形成的轨迹称为旋轮线(图 1-11).

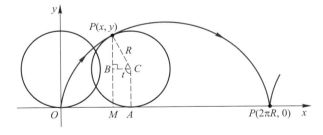

图 1-11

设点 $P(x,y)$ 为轨迹上的点(图 1-11), $\angle ACP=t.$ 由轨迹可知

$$OA=\widehat{AP}=Rt,$$

则

$$\begin{cases} x = OA - AM = Rt - R\cos\left(t - \dfrac{\pi}{2}\right) = Rt - R\sin t, \\ y = PB + BM = R\sin\left(t - \dfrac{\pi}{2}\right) + R = R(1 - \cos t). \end{cases}$$

所以旋轮线的参数方程可表示为

$$\begin{cases} x = R(t - \sin t), \\ y = R(1 - \cos t). \end{cases}$$

滚动一周后点 P 的横坐标为 $2\pi R$.

三 二、三阶行列式简介

为了以后的需要,在此介绍二、三阶行列式.

1. 二阶行列式

设 a_1, b_1, a_2, b_2 为实数,我们将表达式 $a_1 b_2 - a_2 b_1$ 用记号

$$\begin{vmatrix} a_1 & b_1 \\ a_2 & b_2 \end{vmatrix}$$

表示,即

$$\begin{vmatrix} a_1 & b_1 \\ a_2 & b_2 \end{vmatrix} = a_1 b_2 - a_2 b_1.$$

称上述记号为二阶行列式. a_1, b_1, a_2, b_2 称为元素,横排称为行,竖排称为列.它的计算规则是:左上角与右下角元素的乘积减去右上角与左下角元素的乘积.

二元一次方程组的解可用二阶行列式表示.设

$$\begin{cases} a_1 x + b_1 y = c_1, \\ a_2 x + b_2 y = c_2, \end{cases}$$

则其解为

$$x = \dfrac{\begin{vmatrix} c_1 & b_1 \\ c_2 & b_2 \end{vmatrix}}{\begin{vmatrix} a_1 & b_1 \\ a_2 & b_2 \end{vmatrix}}, y = \dfrac{\begin{vmatrix} a_1 & c_1 \\ a_2 & c_2 \end{vmatrix}}{\begin{vmatrix} a_1 & b_1 \\ a_2 & b_2 \end{vmatrix}} \quad (a_1 b_2 - a_2 b_1 \neq 0).$$

读者可自证之.

例 5 计算二阶行列式 $\begin{vmatrix} 2 & -3 \\ 4 & 5 \end{vmatrix}$.

解 $\begin{vmatrix} 2 & -3 \\ 4 & 5 \end{vmatrix} = 2 \times 5 - 4 \times (-3) = 22.$

例 6 解二元一次方程组

$$\begin{cases} 2x-y=5, \\ 3x+7y=1. \end{cases}$$

解

$$x = \frac{\begin{vmatrix} 5 & -1 \\ 1 & 7 \end{vmatrix}}{\begin{vmatrix} 2 & -1 \\ 3 & 7 \end{vmatrix}} = \frac{5\times7-1\times(-1)}{2\times7-3\times(-1)} = \frac{36}{17}.$$

$$y = \frac{\begin{vmatrix} 2 & 5 \\ 3 & 1 \end{vmatrix}}{\begin{vmatrix} 2 & -1 \\ 3 & 7 \end{vmatrix}} = \frac{2\times1-3\times5}{17} = -\frac{13}{17}.$$

2. 三阶行列式

设 $a_i, b_i, c_i (i=1,2,3)$ 为实数,我们将表达式

$$a_1 \begin{vmatrix} b_2 & c_2 \\ b_3 & c_3 \end{vmatrix} - b_1 \begin{vmatrix} a_2 & c_2 \\ a_3 & c_3 \end{vmatrix} + c_1 \begin{vmatrix} a_2 & b_2 \\ a_3 & b_3 \end{vmatrix}$$

用记号

$$\begin{vmatrix} a_1 & b_1 & c_1 \\ a_2 & b_2 & c_2 \\ a_3 & b_3 & c_3 \end{vmatrix}$$

表示,即

$$\begin{vmatrix} a_1 & b_1 & c_1 \\ a_2 & b_2 & c_2 \\ a_3 & b_3 & c_3 \end{vmatrix} = a_1 \begin{vmatrix} b_2 & c_2 \\ b_3 & c_3 \end{vmatrix} - b_1 \begin{vmatrix} a_2 & c_2 \\ a_3 & c_3 \end{vmatrix} + c_1 \begin{vmatrix} a_2 & b_2 \\ a_3 & b_3 \end{vmatrix}.$$

上式记号称为三阶行列式. $a_i, b_i, c_i (i=1,2,3)$ 称为元素,横排称为行,竖排称为列.

三元一次方程组的解也可用三阶行列式表示,在此不再详述.

例 7 试计算三阶行列式

$$\begin{vmatrix} 2 & -4 & -3 \\ 5 & 0 & 1 \\ 6 & -5 & 8 \end{vmatrix}.$$

解

$$\begin{vmatrix} 2 & -4 & -3 \\ 5 & 0 & 1 \\ 6 & -5 & 8 \end{vmatrix} = 2\times \begin{vmatrix} 0 & 1 \\ -5 & 8 \end{vmatrix} - (-4)\times \begin{vmatrix} 5 & 1 \\ 6 & 8 \end{vmatrix} + (-3)\times \begin{vmatrix} 5 & 0 \\ 6 & -5 \end{vmatrix} = 221.$$

习 题 ┈┈┈┈┈┈>

1. 指出下列各点在极坐标系中的位置：

$$A\left(\frac{1}{4},\frac{\pi}{4}\right), B\left(2,-\frac{\pi}{4}\right), C\left(-1,\pi\right), D\left(-2,-\frac{\pi}{3}\right).$$

2. 将下列在直角坐标系中的曲线方程转化为极坐标方程.

（1）$x^2+y^2=-2Ry\,(R>0)$；　　　　　（2）$x^2+y^2=4x$；

（3）$x^2+y^2+x+y=0.$

3. 试作下列极坐标方程的图形.

（1）$\rho=4(1-\cos\theta)$；　　　　　（2）$\rho=1+\sin\theta$；

（3）$\rho=2(1-\sin\theta)$；　　　　　（4）$\rho=2$；

（5）$\theta=\dfrac{\pi}{4}.$

4. 写出下列各方程的参数方程.

（1）$\dfrac{(x-a)^2}{a^2}+\dfrac{y^2}{b^2}=1$；　　　　（2）$x^2+(y-a)^2=a^2\,(a>0)$；

（3）$x^2+y^2=2x.$

5. 试计算下列各行列式.

（1）$\begin{vmatrix} 7 & 3 \\ 5 & 1 \end{vmatrix}$；　　　　　（2）$\begin{vmatrix} 8a-9b & 2b \\ -6a & -3b \end{vmatrix}$；

（3）$\begin{vmatrix} 10 & 8 & 2 \\ 15 & 12 & 3 \\ 20 & 32 & 12 \end{vmatrix}$；　　　（4）$\begin{vmatrix} \cos\theta & 1 & 0 \\ 1 & 2\cos\theta & 1 \\ 0 & 1 & 2\cos\theta \end{vmatrix}.$

§2　空间直角坐标系

● 一　空间直角坐标系

在空间取三条相互垂直且相交于一点的数轴（一般讲它们的长度单位相同），其交点是这些数轴的原点，记作 O.这三条数轴分别叫做 x 轴、y 轴和 z 轴.一般是将

x 轴和 y 轴放置在水平面上,那么 z 轴就垂直于水平面.它们的方向规定如下:从面对正 z 轴看,如果 x 轴的正方向以逆时针方向转 $\frac{\pi}{2}$ 时,正好是 y 轴的正方向,这种放置法称为右手系.右手系可形象地用右手表示,当我们右手的食指、中指、大拇指相互垂直时,若食指指向 x 轴的正方向,中指指向 y 轴的正方向,那么大拇指就指向 z 轴的正方向.这样的三条坐标轴就组成了一个空间直角坐标系,也称笛卡儿①坐标系.交点 O 称为坐标原点.每两轴所确定的平面称为坐标平面,简称坐标面.具体讲,x 轴与 y 轴所确定的坐标面称为 xy 坐标面.类似地有 yz 坐标面、zx 坐标面.这些坐标面把空间分为八个部分,每一部分称为一个卦限(图 1-12).如在 $x \geqslant 0$,$y \geqslant 0$,$z \geqslant 0$ 的部分称为第一卦限.

我们来建立点与有序数组的对应关系.

设 P 为空间中任意一点.过点 P 分别作垂直于 x 轴、y 轴和 z 轴的平面,依次得 x,y,z 轴上的三个垂足 M,N,R.设 x,y,z 分别是 M,N,R 点在数轴上的坐标.这样,空间内任一点 P 就确定了唯一的一个有序数组,用 (x,y,z) 表示.(x,y,z) 称为点 P 的坐标.数组中的三个数依次称为 x 坐标,y 坐标和 z 坐标(图 1-13).反之,任给出一个有序数组 x,y 和 z,它们在 x 轴,y 轴和 z 轴上对应的点分别为 M,N 和 R.过 M,N 和 R 分别作垂直于 x 轴、y 轴和 z 轴的平面,这三个平面交于 P.这样一个有序数组就确定了空间内唯一的一个点 P.而 x,y 和 z 恰好是点 P 的坐标.根据上面的法则,我们建立起空间一点与一组有序数 x,y,z 之间的一一对应关系,并用 $P(x,y,z)$ 表示点 P.

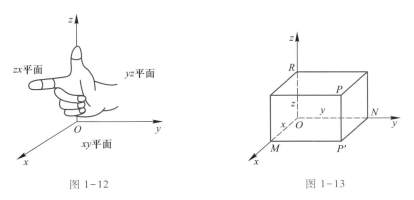

图 1-12   图 1-13

---

① 勒内·笛卡儿(René Descartes,1596—1650)是法国数学家、哲学家、物理学家、生理学家,欧洲近代哲学的主要开拓者之一.他主张抛弃中世纪以来的神学世界观,因而受到教会的迫害.他的著作也被列入禁书.笛卡儿对数学的最大贡献是创立了解析几何学,完成了数学史上划时代的变革.1649 年冬,瑞典女王邀请笛卡儿为她讲哲学,每周三次,这对身体本来不太好的笛卡儿来说太不适应了.冬天还未过去,他就死于肺炎.教会对他的死反应十分冷淡.18 年后法国政府才将其骨灰运回巴黎,后来移入圣日耳曼圣心堂中,墓碑上刻着"笛卡儿,欧洲文艺复兴以来,第一个为人类争取并保证理性权利的人".

根据点的坐标的规定,可知点 $P_1(0,0,1)$ 在 z 轴上,点 $P_2(a,b,0)$ (a,b 为任何实数)在 xy 坐标面上.而点 $P_3(a,0,c)$ 在 zx 坐标面上.

二 两点间的距离公式

设 $P_1(x_1,y_1,z_1)$,$P_2(x_2,y_2,z_2)$ 为空间内两个点.由图 1-14 可以得到 P_1,P_2 之间的距离所满足的关系式:

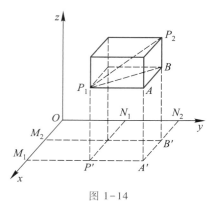

图 1-14

$$|P_1P_2|^2 = |P_1B|^2 + |BP_2|^2 \quad (\triangle P_1BP_2 \text{ 是直角三角形}),$$

其中

$$|P_1B|^2 = |P_1A|^2 + |AB|^2 \quad (\triangle P_1AB \text{ 是直角三角形}).$$

因为

$$|P_1A| = |P'A'| = |N_2N_1| = |y_2 - y_1|,$$

$$|AB| = |A'B'| = |M_2M_1| = |x_2 - x_1|,$$

$$|BP_2| = |z_2 - z_1|,$$

所以 P_1 与 P_2 之间的距离为

$$|P_1P_2| = \sqrt{(x_2-x_1)^2 + (y_2-y_1)^2 + (z_2-z_1)^2}.$$

例 求 $P_1(1,-1,0)$,$P_2(-1,2,3)$ 之间的距离.

解
$$|P_1P_2| = \sqrt{((-1)-1)^2 + (2-(-1))^2 + (3-0)^2}$$
$$= \sqrt{22}.$$

习题

6. 问在 yz 坐标面上的点的坐标有什么特点?

7. 问在 xy 坐标面上的点的坐标有什么特点?

8. 问在 x 轴上的点的坐标有什么特点?

9. 自点 $P(a,b,c)$ 分别作各坐标面的垂线,写出各垂足的坐标.

10. 设点 P 在第一卦限上,OP 方向与三个坐标轴的正方向成等角 α(不超过 π),且 OP 的长度为 l,试写出 P 的坐标.

11. 求点 $P(2,-1,0)$ 到各坐标轴的距离.

12. 求下列各对点之间的距离:

(1) $(2,3,1),(2,7,4)$;

(2) $(4,-1,2),(-1,3,4)$.

13. 在 xy 坐标面上找一点,使它的 x 坐标为 1,且与点 $(1,-2,2)$ 和点 $(2,-1,-4)$ 等距.

§3 曲面、曲线的方程

若点的坐标 x,y 和 z 之间无任何限制时,即当 x,y 和 z 可任意选取时,所得到的点充满整个空间;当点的坐标 x,y 和 z 之间满足某个关系时,在一般情况下,这些点构成一个曲面,该关系式就叫做曲面的方程;当点的坐标 x,y 和 z 之间同时满足两个关系式时,在一般情况下,这些点构成一条曲线,这两个联立关系式称为曲线的方程;当 x,y 和 z 之间满足三个关系式时,在一般情况下,确定了一个点.以上简略地讲了曲面、曲线的方程的含义,下面我们确切地来介绍.

若曲面 S 上每一个点的坐标 x,y 和 z 都满足方程

$$f(x,y,z)=0,$$

并且,满足这个方程的任一组解 x,y 和 z,它对应的点 (x,y,z) 都在这个曲面 S 上,则称方程 $f(x,y,z)=0$ 为曲面 S 的方程,曲面 S 为方程的图形.

下面,我们介绍一些常用的曲面的方程.

一 坐标面的方程　与坐标面平行的平面的方程

以 xy 坐标面为例,在该平面上任取一点,它的 z 坐标为 0,即 $z=0$;反之,满足方程 $z=0$ 的任一组解所对应的点 $(x,y,0)$ 在 xy 坐标面上,所以 xy 坐标面的方程为

$$z=0.$$

类似地可得:yz 坐标面的方程为 $x=0$;zx 坐标面的方程为 $y=0$.

同样,方程 $z=a(a\neq 0)$ 是过点 $(0,0,a)$ 且平行于 xy 坐标面的平面的方程.

读者可以写出与 yz 坐标面、zx 坐标面平行的各平面的方程.

二 球心在点 $P_0(x_0, y_0, z_0)$、半径为 R 的球面的方程

设点 $P(x,y,z)$ 是球面上任一点. 利用两点之间的距离公式,则 x,y,z 满足方程

$$\sqrt{(x-x_0)^2 + (y-y_0)^2 + (z-z_0)^2} = R$$

或

$$(x-x_0)^2 + (y-y_0)^2 + (z-z_0)^2 = R^2. \qquad ①$$

反之,满足方程①的点 (x,y,z) 必在球面上. 所以①式是球心在点 $P_0(x_0, y_0, z_0)$、半径为 R 的球面的方程,①式称为球面的标准方程.

当 $x_0 = y_0 = z_0 = 0$ 时,即球心在原点的球面的方程为

$$x^2 + y^2 + z^2 = R^2.$$

将①式展开得

$$x^2 + y^2 + z^2 - 2x_0 x - 2y_0 y - 2z_0 z - R^2 + x_0^2 + y_0^2 + z_0^2 = 0.$$

所以,球面方程具有下列两个特点:

（1）它是 x,y,z 之间的二次方程,且方程中缺 xy, yz, zx 项;

（2）x^2, y^2, z^2 的系数相同且不为零.

现在我们要问,满足上述两个特点的方程,它的图形是否为球面呢? 下面举例说明.

例 1 问方程 $x^2 + y^2 + z^2 - 2x + 2y - z + 3 = 0$ 是否表示球面?

解 把方程左端配方,得

$$(x-1)^2 + (y+1)^2 + \left(z - \frac{1}{2}\right)^2 - 1 - 1 - \frac{1}{4} + 3 = 0,$$

即

$$(x-1)^2 + (y+1)^2 + \left(z - \frac{1}{2}\right)^2 = -\frac{3}{4}.$$

显然没有这样的实数 x,y,z 能使上式成立,因而原方程不代表任何图形.

例 2 若方程 $x^2 + y^2 + z^2 - 4x + y = 0$ 是球面,请找出球心及半径.

解 配方,得

$$(x-2)^2 + \left(y + \frac{1}{2}\right)^2 + z^2 = 4 + \frac{1}{4},$$

即

$$(x-2)^2 + \left(y + \frac{1}{2}\right)^2 + z^2 = \frac{17}{4}.$$

所以,所给方程为球面,球心为 $\left(2, -\frac{1}{2}, 0\right)$,半径为 $\frac{\sqrt{17}}{2}$.

三 柱面的方程

设有一条曲线 L 及一条直线 l, 过 L 上每一点作与 l 平行的直线, 这些直线所形成的面称为柱面, L 称为柱面的准线, 这些相互平行的直线称为柱面的母线. 我们只讨论准线在坐标面上, 而母线垂直于该坐标面的柱面. 这种柱面的方程应该有什么特点呢(图 1-15)? 下面举例说明.

问方程 $x^2 + y^2 = R^2$ 表示什么曲面(图 1-16)?

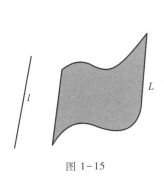

图 1-15

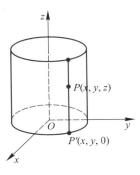

图 1-16

在 xy 坐标面上, 方程 $x^2 + y^2 = R^2$ 表示圆心在原点, 半径为 R 的圆. 在空间直角坐标系中它表示什么曲面呢? 方程缺 z, 这意味着不论空间中点的 z 坐标怎样, 凡 x 坐标和 y 坐标满足该方程的点, 都在方程所表示的曲面 S 上; 反之, 凡是点的 x 坐标和 y 坐标不满足这个方程的, 不论 z 坐标怎样, 这些点都不在曲面 S 上, 即点 (x, y, z) 在曲面 S 上的充要条件是点 $P'(x, y, 0)$ 在圆 $x^2 + y^2 = R^2$ 上. 而 $P(x, y, z)$ 是在过点 $P'(x, y, 0)$ 且平行于 z 轴的直线上, 这就是说方程 $x^2 + y^2 = R^2$: 由通过 xy 坐标面上的圆 $x^2 + y^2 = R^2$ 上每一点且平行于 z 轴(即垂直于 xy 坐标面)的直线所组成, 即方程 $x^2 + y^2 = R^2$ 表示柱面, 该柱面称为圆柱面.

一般地, 如果方程中缺 z, 即 $f(x, y) = 0$, 表示准线在 xy 坐标面上, 母线平行于 z 轴的柱面. 而方程 $g(y, z) = 0, h(x, z) = 0$ 分别表示母线平行于 x 轴和 y 轴的柱面方程.

例 3 作方程 $y = x^2$ 的图形.

解 因方程缺 z, 所以它表示母线平行于 z 轴, 准线为 xy 坐标面上的抛物线的柱面. 该柱面称为抛物柱面(图 1-17).

例 4 方程 $y^2 + \dfrac{z^2}{4} = 1$ 表示什么曲面?

解 因方程中缺 x, 所以它表示母线平行于 x 轴的柱面. 它的准线是 yz 坐标面上的椭圆, 所以叫椭圆柱面(图 1-18).

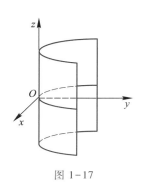
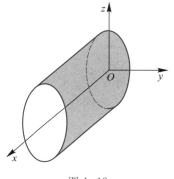

图 1-17   图 1-18

四 以坐标轴为旋转轴的旋转面的方程

> **定义** 平面曲线 C 绕同在一平面上的定直线 L 旋转所形成的曲面称为旋转面.定直线 L 称为旋转轴.

下面我们讨论旋转轴为坐标轴的旋转面方程.

设在 yz 坐标面上曲线 C 的方程为 $f(y,z)=0$.求曲线 C 绕 z 轴旋转得到的旋转面方程.

设点 $M(x,y,z)$ 是旋转面上任一点,过点 M 作垂直于 z 轴的平面(图 1-19),交 z 轴于点 $P(0,0,z)$,交曲线 C 于 $M_0(0,y_0,z_0)$,由于点 M 是由点 M_0 绕 z 轴而得到,因此有

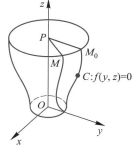

图 1-19

$$|PM| = |PM_0|,\ z=z_0.$$

而 $|PM| = \sqrt{x^2+y^2}$,$|PM_0| = y_0$,所以 $y_0 = \pm\sqrt{x^2+y^2}$.又 M_0 在曲线 C 上,即点 $M_0(0,y_0,z_0)$ 满足

$$f(y_0,z_0)=0,$$

从而得到旋转面方程为

$$f(\pm\sqrt{x^2+y^2},z)=0. \qquad ①$$

同理,平面曲线 $C:f(y,z)=0$,绕 y 轴旋转的旋转面方程为

$$f(y,\pm\sqrt{x^2+z^2})=0. \qquad ②$$

方程①及②的特点是:平面曲线 $C:f(y,z)=0$ 绕 z 轴旋转时,方程 $f(y,z)=0$ 中的 z 不变,而把方程中的 y 置换为 $\pm\sqrt{x^2+y^2}$,就得到曲线 C 绕 z 轴的旋转面方程;绕 y 轴时,方程 $f(y,z)=0$ 中 y 不变,而把 z 置换为 $\pm\sqrt{x^2+z^2}$,就得到曲线 C 绕 y 轴旋转的旋转面方程.其他几种旋转面方程可类似得到.

例 5 设在 yz 坐标面上的抛物线 $z=ay^2$，求其绕 z 轴旋转得到的旋转面方程.

解 方程 $z=ay^2$ 中的 z 不变，而把 y 转换为 $\pm\sqrt{x^2+y^2}$，就得到绕 z 轴旋转的旋转面方程：

$$z=a\left(x^2+y^2\right). \qquad （图 1-20）$$

例 6 设在 xy 坐标面上的椭圆方程为 $\dfrac{x^2}{a^2}+\dfrac{y^2}{b^2}=1$，求其绕 x 轴或 y 轴旋转得到的旋转面方程.

解 绕 x 轴: x 不变, y 置换为 $\pm\sqrt{y^2+z^2}$，就得到绕 x 轴旋转的旋转面方程：

$$\frac{x^2}{a^2}+\frac{y^2}{b^2}+\frac{z^2}{b^2}=1.$$

绕 y 轴：

$$\frac{x^2}{a^2}+\frac{y^2}{b^2}+\frac{z^2}{a^2}=1.$$

而方程

$$\frac{x^2}{a^2}+\frac{y^2}{b^2}+\frac{z^2}{c^2}=1 \qquad （图 1-21）$$

称为椭球面方程.

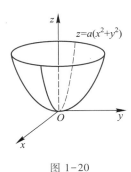

图 1-20

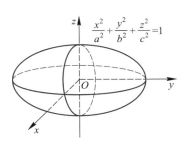

图 1-21

五 空间曲线的方程

空间曲线 L 可以看做是两个曲面的交线. 设这两个曲面的方程为

$$F(x,y,z)=0 \quad 和 \quad \varPhi(x,y,z)=0,$$

则这两个曲面交线上的点 $P(x,y,z)$ 同时满足这两个方程. 所以空间曲线 L 的方程可表示为

$$\begin{cases} F(x,y,z)=0, \\ \varPhi(x,y,z)=0 \end{cases}$$

的联立方程.

例 7 问 $\begin{cases} x^2+y^2=R^2, \\ z=a \end{cases}$ 表示什么曲线?

解 $x^2+y^2=R^2$ 表示圆柱面,它的母线平行于 z 轴,而 $z=a$ 表示平行于 xy 坐标面的平面,因而它们的交线是圆.所以

$$\begin{cases} x^2+y^2=R^2, \\ z=a \end{cases}$$

表示圆.这个圆在 $z=a$ 的平面上.

例 8 问 $\begin{cases} x^2+y^2+z^2=R^2, \\ x^2+y^2=R^2 \end{cases}$ 表示什么曲线?

解 因为 $x^2+y^2+z^2=R^2$ 表示球心在原点、半径为 R 的球面,而 $x^2+y^2=R^2$ 表示母线平行于 z 轴,半径为 R 的圆柱面.它们的交线是圆(在 xy 坐标面上,圆心为原点),把原方程组化为下列同解方程组(把第二个方程代入第一个方程中)

$$\begin{cases} z=0, \\ x^2+y^2=R^2. \end{cases}$$

这个形式更容易看出它表示在 xy 坐标面上圆心在原点、半径为 R 的圆.

由例 8 我们看到一条空间曲线的方程可以有不同形式的表示.

例 9 问 $\begin{cases} \dfrac{x^2}{a^2}+\dfrac{y^2}{b^2}+\dfrac{z^2}{c^2}=1, \\ z=k, \ |k| \le c \end{cases}$ (其中 a,b,c 为大于 0 的常数,$-c<k<c$)表示什么曲线?

解 将 $z=k$ 代入第一个方程,得同解方程组:

$$\begin{cases} \dfrac{x^2}{a^2}+\dfrac{y^2}{b^2}=1-\dfrac{k^2}{c^2}, & ① \\ z=k. & ② \end{cases}$$

①式是母线平行于 z 轴的椭圆柱面,$z=k$ 是平行于 xy 坐标面的平面.所以原方程组表示在平面 $z=k$ 上的椭圆.

空间曲线的方程也可用参数方程表示,下面举例说明.

例 10 设圆柱面 $x^2+y^2=R^2$ 上有一质点,它一方面绕 z 轴以等角速度 ω 旋转,另一方面以等速 v_0 向 z 轴的正方向移动,开始时即 $t=0$ 时,质点在 $A(R,0,0)$ 处,求质点的运动方程.

解 设时刻 t 质点在点 $M(x,y,z)$,见图 1-22,M' 是 M 在 xy 坐标面上的投影,则

$$\angle AOM' = \varphi = \omega t,$$

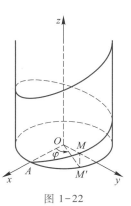

图 1-22

$$x = |OM'| \cos \varphi = R\cos(\omega t),$$
$$y = |OM'| \sin \varphi = R\sin(\omega t),$$
$$z = |MM'| = v_0 t,$$

所以质点的运动方程为

$$\begin{cases} x = R\cos(\omega t), \\ y = R\sin(\omega t), \\ z = v_0 t. \end{cases}$$

此方程称为螺旋线的参数方程.

一般地,曲线的参数方程可表示为

$$\begin{cases} x = f(t), \\ y = g(t), \\ z = h(t). \end{cases}$$

习 题 ┈┈┈┈┈┈┈┈┈┈➤

14. 问下列方程各表示什么曲面:

(1) $x = b$; (2) $y = 0$; (3) $y = c$.

15. 求出下列方程所表示的球面的球心坐标与半径:

(1) $x^2 + y^2 + z^2 + 4x - 2y + z + \dfrac{5}{4} = 0$;

(2) $2x^2 + 2y^2 + 2z^2 - x = 0$;

(3) $x^2 + y^2 + z^2 + 2x - 4z = 0$.

在第 16—23 题中,方程各表示什么曲面? 回答并作简图.

16. $4x^2 + y^2 = 1$.　　　　　17. $x^2 + y^2 = 2x$.

18. $y^2 = 1$.　　　　　19. $x^2 - z^2 = 1$.

20. $3y^2 + z^2 = 4$.　　　　　21. $x^2 + y^2 + z^2 = 0$.

22. $x + y = 0$　　　　　23. $x = 3z$.

在第 24—31 题中,方程组各表示什么曲线?

24. $\begin{cases} x = 3, \\ y + 2z^2 = 0. \end{cases}$　　　25. $\begin{cases} x^2 + y^2 + z^2 = 4, \\ y = 1. \end{cases}$

26. $\begin{cases} x^2 + y^2 = 2x, \\ x = 1. \end{cases}$　　　27. $\begin{cases} z = 3x^2, \\ y = 1. \end{cases}$

28. $\begin{cases} x^2+y^2+z^2=1, \\ x=5. \end{cases}$

29. $\begin{cases} y=1, \\ z=1. \end{cases}$

30. $x^2+y^2=0.$

31. $\begin{cases} x^2+\dfrac{y^2}{4}+\dfrac{z^2}{9}=1, \\ y=0. \end{cases}$

§4 向量及其加减法 数与向量的乘积 向量的坐标表示式

一 向量

在物理学中,我们已经遇到过既有大小,又有方向的量,如力、速度、加速度等,这种既有大小又有方向的量叫做向量.用始点到终点带有箭头的线段表示,如 $\overrightarrow{AB}$,$\overrightarrow{CD}$,或用黑体字母表示,如 $\boldsymbol{a}$,$\boldsymbol{b}$ 等(图 1-23).向量的大小称为向量的长度或模,用 $|\overrightarrow{AB}|$,$|\overrightarrow{CD}|$,$|\boldsymbol{a}|$,$|\boldsymbol{b}|$ 等表示,长度是 1 的向量称为单位向量,用 $\boldsymbol{a}^0$,$\boldsymbol{b}^0$ 或 $\overrightarrow{AB}^0$,$\overrightarrow{CD}^0$ 等表示.始点与终点重合的向量,即长度为零的向量称为零向量,用 $\boldsymbol{0}$ 表示.零向量的方向不定,或方向为任意.

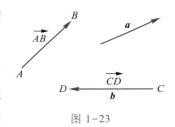

图 1-23

> **定义 1** 方向相同,模相等的两个向量 $\boldsymbol{a}$,$\boldsymbol{b}$ 称为相等,记作 $\boldsymbol{a}=\boldsymbol{b}$.

由定义可知平行移动(即不改变方向)后的向量是相等的,即向量仅与模、方向有关,而与始点的位置无关.

二 向量的加减法

> **定义 2** 两向量 $\boldsymbol{a}$,$\boldsymbol{b}$ 始于同一个点,作以 $\boldsymbol{a}$,$\boldsymbol{b}$ 为邻边的平行四边形,则由始点到对顶点的向量称为 $\boldsymbol{a}$,$\boldsymbol{b}$ 之和,记为 $\boldsymbol{a}+\boldsymbol{b}$(图 1-24).

用这种方法定义的加法称为平行四边形法则.

由于向量可以平行移动,所以也可以用另一法则来定义:

如将 **b** 平行移动使其始点与 **a** 的终点重合,则由 **a** 的始点到 **b** 的终点的向量叫做 **a**,**b** 之和.

这种方法称为三角形法则(图 1-25).

显然,上述两个定义是等价的.

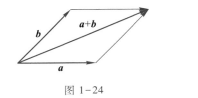

图 1-24

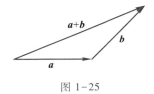

图 1-25

向量的加法满足下列规则:

(1) **a**+**b**=**b**+**a**   (交换律).

(2) (**a**+**b**)+**c**=**a**+(**b**+**c**)   (结合律).

交换律可从平行四边形法则得到(图 1-26),结合律可从三角形法则得到(图 1-27).

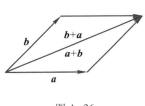

图 1-26

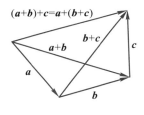

图 1-27

定义 3   若向量 **b** 加向量 **c** 等于向量 **a**,则称 **c** 为 **a** 与 **b** 之差,记作 **a**-**b**,即 **c**=**a**-**b**.

根据减法定义可知,**a**-**b** 就是以 **a**,**b** 为邻边的平行四边形中由 **b** 的终点到 **a** 的终点的向量,见图 1-28.

两个向量 **a**,**b** 的加、减法三角形法则的区别在于:加法是 **a** 与 **b**"首尾"相接.由 **a** 的始点到 **b** 的终点的向量为 **a**+**b**;减法是 **a** 与 **b**"首首"相接,由 **b** 的终点到 **a** 的终点的向量为 **a**-**b**(它的箭头冲着 **a** 的箭头).

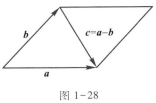

图 1-28

定义 4   与 **a** 的模相同,方向相反的向量 **b**,称为向量 **a** 的负向量,记作-**a**,即 **b**=-**a**.

思考:请你指出图 1-29 中向量 **a**,**b**,**c** 之间的关系.

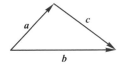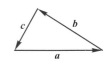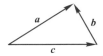

图 1-29

三 数与向量的乘积

> **定义 5** λ 是一个实数, a 是非零向量, λ 与 a 的乘积记作 λa, 规定如下:
>
> (1) λa 是一个向量.
>
> (2) $|\lambda a| = |\lambda||a|$, 即向量 λa 的长度为 $|\lambda||a|$.
>
> (3) λa 的方向为
>
> $$\begin{cases} \text{若 } \lambda > 0, \text{则 } \lambda a \text{ 的方向与 } a \text{ 相同,} \\ \text{若 } \lambda < 0, \text{则 } \lambda a \text{ 的方向与 } a \text{ 相反,} \\ \text{若 } \lambda = 0, \text{则 } \lambda a \text{ 是零向量.} \end{cases}$$

如果 a 为零向量, 规定 $\lambda 0 = 0$.

数与向量乘积满足下列规则:

(1) $\lambda(\mu a) = (\lambda\mu)a$ (λ, μ 为实数).

(2) $(\lambda + \mu)a = \lambda a + \mu a$ (λ, μ 为实数).

(3) $\lambda(a + b) = \lambda a + \lambda b$ (λ 为实数).

这些规则都比较明显, 证明从略.

由数与向量的乘积, 向量的加减法的定义, 容易得到 a 与 b 之差等于 a 加 -1 乘 b, 即

$$a - b = a + (-1)b.$$

因 $(-1)b$ 等于负 b, 即 $(-1)b = -b$, 见图 1-30.

由定义可得非零向量 a 的单位向量是 $a^0 = \dfrac{a}{|a|}$.

例 1 $\triangle ABC$ 中 D, E 是 BC 边上三等分点, 见图 1-31. 设 $\overrightarrow{AB} = a, \overrightarrow{AC} = b$. 试用 a, b 表示 $\overrightarrow{AD}, \overrightarrow{AE}$.

解 由三角形法则, 知

$$\overrightarrow{BC} = b - a,$$

再由数与向量乘积定义, 知

$$\overrightarrow{BD} = \frac{1}{3}\overrightarrow{BC} = \frac{1}{3}(b - a),$$

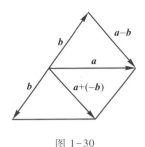

图 1-30

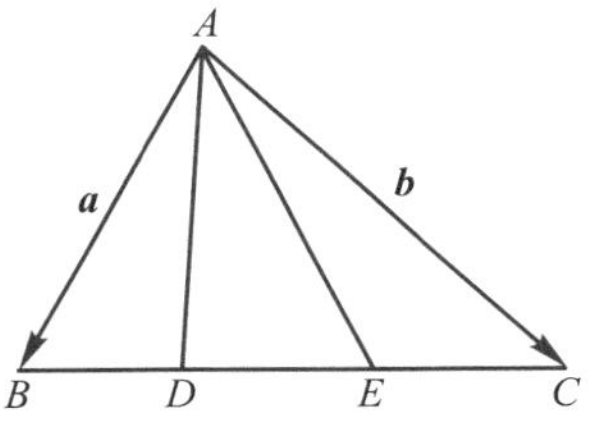

图 1-31

$$\overrightarrow{EC} = \frac{1}{3}\overrightarrow{BC} = \frac{1}{3}(\boldsymbol{b} - \boldsymbol{a}),$$

从 $\triangle ABD$ 及 $\triangle AEC$ 中可得

$$\overrightarrow{AD} = \overrightarrow{AB} + \overrightarrow{BD}, \quad \overrightarrow{AE} = \overrightarrow{AC} + \overrightarrow{CE} = \overrightarrow{AC} - \overrightarrow{EC}.$$

所以

$$\overrightarrow{AD} = \boldsymbol{a} + \frac{1}{3}(\boldsymbol{b} - \boldsymbol{a}) = \frac{1}{3}(\boldsymbol{b} + 2\boldsymbol{a}),$$

$$\overrightarrow{AE} = \boldsymbol{b} - \frac{1}{3}(\boldsymbol{b} - \boldsymbol{a}) = \frac{1}{3}(2\boldsymbol{b} + \boldsymbol{a}).$$

四 向量的坐标表示式

向量的加减法是由平行四边法则或三角形法则所定义的.即由几何方法定义的.这种定义虽有几何直观的优点,但也存在运算上的不便.为此我们引入向量的坐标表示式.

将向量的始点置于坐标原点,则其终点对应于点 M,反之,给定一点 M,则对应着一个始点在原点的向量 $\overrightarrow{OM}$.这样,始点在原点的向量与空间的点建立了一一对应关系.

在 x, y, z 轴的正方向上各取一个单位向量,分别记为 $\boldsymbol{i}, \boldsymbol{j}$ 和 $\boldsymbol{k}$,称为基本单位向量.

设向量 $\overrightarrow{OM}$ 的始点在原点,终点 M 的坐标为 (x, y, z).由图 1-32,利用向量的加法可得

$$\overrightarrow{OM} = \overrightarrow{OM'} + \overrightarrow{M'M}.$$

在 $\triangle OPM'$ 中,$\overrightarrow{OM'} = \overrightarrow{OP} + \overrightarrow{PM'}$,而 $\overrightarrow{PM'} = \overrightarrow{OQ}$,$\overrightarrow{M'M} = \overrightarrow{OR}$,所以

$$\overrightarrow{OM} = \overrightarrow{OP} + \overrightarrow{OQ} + \overrightarrow{OR}.$$

由数量与向量的乘积定义,得

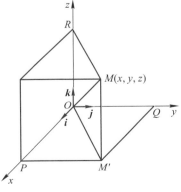

图 1-32

$$\overrightarrow{OP} = x\boldsymbol{i}, \ \overrightarrow{OQ} = y\boldsymbol{j}, \ \overrightarrow{OR} = z\boldsymbol{k},$$

故有

$$\overrightarrow{OM} = x\boldsymbol{i} + y\boldsymbol{j} + z\boldsymbol{k}.$$

上式称为向量 $\overrightarrow{OM}$ 的坐标表示式.

有了向量的坐标表示式后,对向量的加、减及数与向量的乘积就提供了有别于几何运算的另一种运算,称之为代数运算.

设

$$\boldsymbol{a} = x_1\boldsymbol{i} + y_1\boldsymbol{j} + z_1\boldsymbol{k},$$
$$\boldsymbol{b} = x_2\boldsymbol{i} + y_2\boldsymbol{j} + z_2\boldsymbol{k},$$

则

$$\boldsymbol{a} \pm \boldsymbol{b} = (x_1 \pm x_2)\boldsymbol{i} + (y_1 \pm y_2)\boldsymbol{j} + (z_1 \pm z_2)\boldsymbol{k},$$
$$\lambda\boldsymbol{a} = (\lambda x_1)\boldsymbol{i} + (\lambda y_1)\boldsymbol{j} + (\lambda z_1)\boldsymbol{k}.$$

而向量的长度

$$|\boldsymbol{a}| = \sqrt{x_1^2 + y_1^2 + z_1^2}.$$

给定了向量的坐标表示式,如何确定其方向?一种方法,利用 $\boldsymbol{i}, \boldsymbol{j}, \boldsymbol{k}$ 的系数定出向量的终点坐标,即可在几何上表示出向量的方向.另一方法,求出向量与三个轴 x, y, z 的正方向之间的夹角,即可表示出向量的方向.所谓两个正方向之间的夹角是指不大于 $180°$ 的角(如图 1-33 中的 θ 角).记 α, β, γ 分别为向量与 x, y, z 轴之间的夹角. α, β, γ 称为向量的方向角.方向角有时不便计算,所以取方向角的余弦 $\cos\alpha, \cos\beta, \cos\gamma$ 来表示. $\cos\alpha, \cos\beta, \cos\gamma$ 称为向量的方向余弦.

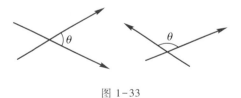

图 1-33

设向量 $\boldsymbol{a} = x\boldsymbol{i} + y\boldsymbol{j} + z\boldsymbol{k}.$ 如何求其方向余弦呢?

由图 1-32,可得(因为 $\triangle OMP$ 为直角三角形)

$$\cos\alpha = \frac{x}{|\overrightarrow{OM}|} = \frac{x}{\sqrt{x^2 + y^2 + z^2}}.$$

同理可得

$$\cos\beta = \frac{y}{\sqrt{x^2 + y^2 + z^2}},$$

$$\cos\gamma = \frac{z}{\sqrt{x^2 + y^2 + z^2}}.$$

$\cos \alpha, \cos \beta, \cos \gamma$ 之间存在着确定的关系,容易得到

$$\cos^2 \alpha + \cos^2 \beta + \cos^2 \gamma = 1.$$

例 2 求向量 $\boldsymbol{a} = \boldsymbol{i} + \boldsymbol{j} - \boldsymbol{k}$ 的长度及方向余弦,并求 $\boldsymbol{a}^0$ 的坐标表示式.

解
$$|\boldsymbol{a}| = \sqrt{1^2 + 1^2 + (-1)^2} = \sqrt{3}.$$

$$\cos \alpha = \frac{x}{|\boldsymbol{a}|} = \frac{1}{\sqrt{3}}, \ \cos \beta = \frac{y}{|\boldsymbol{a}|} = \frac{1}{\sqrt{3}},$$

$$\cos \gamma = \frac{z}{|\boldsymbol{a}|} = \frac{-1}{\sqrt{3}}.$$

而

$$\boldsymbol{a}^0 = \frac{\boldsymbol{a}}{|\boldsymbol{a}|} = \frac{\boldsymbol{i} + \boldsymbol{j} - \boldsymbol{k}}{\sqrt{3}}.$$

例 3 设向量 $\boldsymbol{a} = 2\boldsymbol{i} - \boldsymbol{j} + z\boldsymbol{k}$,其长度为 3,试求 $\boldsymbol{a}$ 的坐标表示式.

解 因为 $|\boldsymbol{a}| = 3$,而

$$|\boldsymbol{a}| = \sqrt{x^2 + y^2 + z^2} = \sqrt{4 + 1 + z^2}.$$

从而得

$$\sqrt{4 + 1 + z^2} = 3,$$

即
$$z^2 = 4,$$

$$z = \pm 2.$$

这样的向量有两个:

$$2\boldsymbol{i} - \boldsymbol{j} + 2\boldsymbol{k} \ \text{及} \ 2\boldsymbol{i} - \boldsymbol{j} - 2\boldsymbol{k}.$$

例 4 设 $M_1(1, 2, 0)$,$M_2(-1, -1, 2)$.求 $\overrightarrow{M_1M_2}$ 的坐标表示式,$|\overrightarrow{M_1M_2}|$ 及 $\overrightarrow{M_1M_2}$ 的方向余弦.

解 在 $\triangle OM_1M_2$ 中(图 1-34)

$$\overrightarrow{M_1M_2} = \overrightarrow{OM_2} - \overrightarrow{OM_1}.$$

而
$$\overrightarrow{OM_1} = \boldsymbol{i} + 2\boldsymbol{j},$$

$$\overrightarrow{OM_2} = -\boldsymbol{i} - \boldsymbol{j} + 2\boldsymbol{k},$$

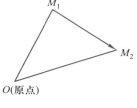

图 1-34

从而得到

$$\overrightarrow{M_1M_2} = -2\boldsymbol{i} - 3\boldsymbol{j} + 2\boldsymbol{k},$$

$$|\overrightarrow{M_1M_2}| = \sqrt{(-2)^2 + (-3)^2 + 2^2} = \sqrt{17}.$$

$$\cos \alpha = -\frac{2}{\sqrt{17}}, \cos \beta = -\frac{3}{\sqrt{17}}, \cos \gamma = \frac{2}{\sqrt{17}}.$$

例 5 设向量 $\boldsymbol{a}$ 的方向余弦 $\cos\alpha = \dfrac{1}{3}$, $\cos\beta = \dfrac{2}{3}$, 又 $|\boldsymbol{a}| = 3$. 求向量 $\boldsymbol{a}$ 的坐标表示式.

解 向量的方向余弦有下列关系:

$$\cos^2\alpha + \cos^2\beta + \cos^2\gamma = 1.$$

由此, 解得

$$\cos\gamma = \pm\sqrt{1 - \cos^2\alpha - \cos^2\beta} = \pm\sqrt{1 - \frac{1}{9} - \frac{4}{9}} = \pm\frac{2}{3},$$

则

$$x = |\boldsymbol{a}|\cos\alpha = 3 \cdot \frac{1}{3} = 1,$$

$$y = |\boldsymbol{a}|\cos\beta = 3 \cdot \frac{2}{3} = 2,$$

$$z = |\boldsymbol{a}|\cos\gamma = 3 \cdot \pm\frac{2}{3} = \pm 2.$$

向量 $\boldsymbol{a}$ 有两个:

$$\boldsymbol{i} + 2\boldsymbol{j} + 2\boldsymbol{k},\ \boldsymbol{i} + 2\boldsymbol{j} - 2\boldsymbol{k}.$$

你能从几何上解释为什么会有两个结果吗?

习题

在第 32—35 题中, $\boldsymbol{a}$, $\boldsymbol{b}$ 均为非零向量, 这些等式在什么条件下成立?

32. $|\boldsymbol{a}+\boldsymbol{b}| = |\boldsymbol{a}-\boldsymbol{b}|$.

33. $|\boldsymbol{a}+\boldsymbol{b}| = |\boldsymbol{a}| + |\boldsymbol{b}|$.

34. $|\boldsymbol{a}+\boldsymbol{b}| = \big|\,|\boldsymbol{a}| - |\boldsymbol{b}|\,\big|$.

35. $\dfrac{\boldsymbol{a}}{|\boldsymbol{a}|} = \dfrac{\boldsymbol{b}}{|\boldsymbol{b}|}$.

36. 设 M, N, P 分别为 $\triangle ABC$ 的三条边 AB, BC, CA 的中点, 已知 $\overrightarrow{AB} = \boldsymbol{a}$, $\overrightarrow{BC} = \boldsymbol{b}$, $\overrightarrow{CA} = \boldsymbol{c}$. 求 $\overrightarrow{AN}$, $\overrightarrow{BP}$, $\overrightarrow{CM}$.

37. 设 $P_1(2,1,-1)$, $P_2(0,2,-4)$, $P_3(3,0,0)$, 求 $\overrightarrow{OP_1}$, $\overrightarrow{OP_2}$, $\overrightarrow{OP_3}$ 的坐标表示式.

38. 设 $\boldsymbol{a} = \boldsymbol{i} + 2\boldsymbol{j} - 2\boldsymbol{k}$. 求 $|\boldsymbol{a}|$ 及 $\boldsymbol{a}$ 的方向余弦.

39. 设点 $P_1(0,-1,2)$, 点 $P_2(-1,1,0)$, 求 $\overrightarrow{P_1P_2}$ 的坐标表示式及其方向余弦.

40. 设 $M_1(1,-1,2)$, $M_2(0,1,-1)$, $M_3(2,0,-1)$. 求 $\overrightarrow{M_1M_2} - 3\overrightarrow{M_2M_3} - 5\overrightarrow{M_3M_1}$ 的坐标表示式.

41. 已知向量 $\boldsymbol{a}=2\boldsymbol{i}+3\boldsymbol{j}+4\boldsymbol{k}$, 始点为 $(1,-1,5)$, 求向量 $\boldsymbol{a}$ 的终点.

42. 设向量 $\boldsymbol{a}$ 的始点为 $(2,0,-1)$, $|\boldsymbol{a}|=3$, 方向余弦中的 $\cos\alpha=\dfrac{1}{2}$, $\cos\beta=$ $\dfrac{1}{2}$, 求向量 $\boldsymbol{a}$ 的坐标表示式及终点坐标.

43. 设空间中三点 M_1, M_2 和 M_3, 令 $\overrightarrow{OM_1}=\boldsymbol{a}$, $\overrightarrow{OM_2}=\boldsymbol{b}$, $\overrightarrow{OM_3}=\boldsymbol{c}$, G 为三角形 $M_1M_2M_3$ 的重心. 求证 $\overrightarrow{OG}=\dfrac{1}{3}(\boldsymbol{a}+\boldsymbol{b}+\boldsymbol{c})$.

44. 设 $\boldsymbol{a}$, $\boldsymbol{b}$, $\boldsymbol{c}$ 均为非零向量, 试证 $\boldsymbol{a}+\boldsymbol{b}+\boldsymbol{c}=\boldsymbol{0}$ 是 $\boldsymbol{a}$, $\boldsymbol{b}$, $\boldsymbol{c}$ "首尾" 相接地构成三角形的充要条件.

§5 数量积 向量积

一 数量积

先讲一个例子. 一物体在常力 $\boldsymbol{F}$ (即长度与方向均不变) 作用下, 由点 A 沿直线移动到点 B. 设力 $\boldsymbol{F}$ 的方向与位移向量 $\overrightarrow{AB}$ 的夹角为 θ (图 1-35), 则力 $\boldsymbol{F}$ 所做的功为

$$W=|\boldsymbol{F}|\cos\theta\cdot|\overrightarrow{AB}|,$$

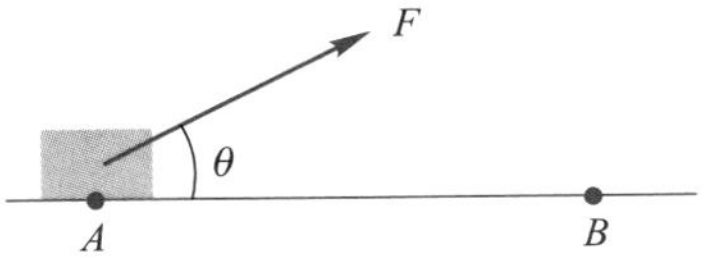

图 1-35

即功等于力的模 $|\boldsymbol{F}|$、位移的模 $|\overrightarrow{AB}|$ 与 $\cos\theta$ 三者之乘积. 形如上式的数量关系在今后的课程中还会遇到, 为此我们定义:

> **定义 1** 向量 $\boldsymbol{a}$, $\boldsymbol{b}$ 的数量积等于这两个向量的长度与它们之间的夹角余弦的乘积, 记作 $\boldsymbol{a}\cdot\boldsymbol{b}$. 即
> $$\boldsymbol{a}\cdot\boldsymbol{b}=|\boldsymbol{a}||\boldsymbol{b}|\cos\theta.$$

由于数量积使用记号 "$\cdot$", 所以也称点积.

> **定义 2** 向量 $\boldsymbol{a}$ 在向量 $\boldsymbol{b}$ 上的投影规定为数量, 这个数量等于 $|\boldsymbol{a}|\cos\theta$ (其中 θ 是 $\boldsymbol{a}$ 与 $\boldsymbol{b}$ 之间的夹角), 记作 $(\boldsymbol{a})_b$, 即
> $$(\boldsymbol{a})_b=|\boldsymbol{a}|\cos\theta. \qquad (图 1-36)$$

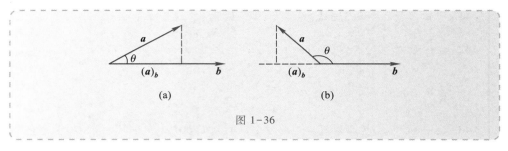

图 1-36

显然,当 θ 不大于 $\frac{\pi}{2}$ 时,$(a)_b \geqslant 0$;当 $\frac{\pi}{2} < \theta \leqslant \pi$ 时,$(a)_b < 0$.

两个向量的数量积也可用投影表示:

$$a \cdot b = |a| \cos \theta |b| = |b| (a)_b,$$

$$a \cdot b = |a| (b)_a.$$

当两个向量 a 与 b 垂直时,即 $\theta = \frac{\pi}{2}$,则 $a \cdot b = 0$;反之,若 a 与 b 均为非零向量,且 $a \cdot b = 0$,则 a 与 b 垂直.如果把零向量的方向规定为与任何一个向量都垂直,那么,两个向量垂直的充分必要条件是它们的数量积为零.这个事实可记成

$$a \perp b \Longleftrightarrow a \cdot b = 0.$$

例如,由 $i \perp j, j \perp k, k \perp i$,可知 $i \cdot j = 0, j \cdot k = 0, k \cdot i = 0$.

若 $a = b$,则 $a \cdot a = |a|^2$.如 $i \cdot i = 1, j \cdot j = 1, k \cdot k = 1$.

数量积满足下列规律:

(1) $a \cdot b = b \cdot a$ (交换律);

(2) $a \cdot (b+c) = a \cdot b + a \cdot c$ (分配律);

(3) $(\lambda a) \cdot b = \lambda (a \cdot b) = a \cdot (\lambda b)$ (λ 为实数).

(1) 与 (3) 读者自证.下面来证明 (2).我们只对图 1-37 的情形作证明.

$$a \cdot (b+c) = |a| (b+c)_a.$$

显然

$$(b+c)_a = (b)_a + (c)_a,$$

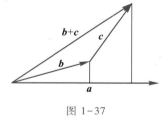

图 1-37

那么

$$a \cdot (b+c) = |a| [(b)_a + (c)_a]$$

$$= |a| (b)_a + |a| (c)_a.$$

而

$$|a| (b)_a = a \cdot b, |a| (c)_a = a \cdot c,$$

所以

$$a \cdot (b+c) = a \cdot b + a \cdot c.$$

其他几种情况,可仿此证明.

下面推导两个向量的数量积的计算公式:

设
$$\boldsymbol{a} = x_1\boldsymbol{i} + y_1\boldsymbol{j} + z_1\boldsymbol{k}, \ \boldsymbol{b} = x_2\boldsymbol{i} + y_2\boldsymbol{j} + z_2\boldsymbol{k},$$

则

$$\begin{aligned}
\boldsymbol{a} \cdot \boldsymbol{b} &= (x_1\boldsymbol{i} + y_1\boldsymbol{j} + z_1\boldsymbol{k}) \cdot (x_2\boldsymbol{i} + y_2\boldsymbol{j} + z_2\boldsymbol{k}) \\
&= x_1x_2\boldsymbol{i} \cdot \boldsymbol{i} + x_1y_2\boldsymbol{i} \cdot \boldsymbol{j} + x_1z_2\boldsymbol{i} \cdot \boldsymbol{k} \\
&\quad + y_1x_2\boldsymbol{j} \cdot \boldsymbol{i} + y_1y_2\boldsymbol{j} \cdot \boldsymbol{j} + y_1z_2\boldsymbol{j} \cdot \boldsymbol{k} \\
&\quad + z_1x_2\boldsymbol{k} \cdot \boldsymbol{i} + z_1y_2\boldsymbol{k} \cdot \boldsymbol{j} + z_1z_2\boldsymbol{k} \cdot \boldsymbol{k} \\
&= x_1x_2 + y_1y_2 + z_1z_2,
\end{aligned}$$

即

$$\boldsymbol{a} \cdot \boldsymbol{b} = x_1x_2 + y_1y_2 + z_1z_2.$$

上式表示:两个向量的数量积等于它们坐标表示式中 $\boldsymbol{i}, \boldsymbol{j}, \boldsymbol{k}$ 的对应系数两两乘积之和.

利用两个向量的数量积,可以求出它们之间的夹角和一个向量在另一个向量上的投影:

$$\cos \theta = \frac{\boldsymbol{a} \cdot \boldsymbol{b}}{|\boldsymbol{a}||\boldsymbol{b}|} = \frac{x_1x_2 + y_1y_2 + z_1z_2}{\sqrt{x_1^2 + y_1^2 + z_1^2} \cdot \sqrt{x_2^2 + y_2^2 + z_2^2}};$$

$$(\boldsymbol{a})_b = \frac{\boldsymbol{a} \cdot \boldsymbol{b}}{|\boldsymbol{b}|} = \frac{x_1x_2 + y_1y_2 + z_1z_2}{\sqrt{x_2^2 + y_2^2 + z_2^2}}$$

或

$$(\boldsymbol{b})_a = \frac{\boldsymbol{a} \cdot \boldsymbol{b}}{|\boldsymbol{a}|} = \frac{x_1x_2 + y_1y_2 + z_1z_2}{\sqrt{x_1^2 + y_1^2 + z_1^2}}.$$

例 1 设 $\boldsymbol{a} = \boldsymbol{i} - \boldsymbol{j} + \boldsymbol{k}, \boldsymbol{b} = 3\boldsymbol{i} + 2\boldsymbol{j} - 2\boldsymbol{k}.$ 求 $\boldsymbol{a} \cdot \boldsymbol{b}, (\boldsymbol{a})_b, \boldsymbol{a}$ 与 $\boldsymbol{b}$ 之间的夹角余弦.

解 $\boldsymbol{a} \cdot \boldsymbol{b} = 1 \times 3 + (-1) \times 2 + 1 \times (-2) = -1.$

$$(\boldsymbol{a})_b = \frac{\boldsymbol{a} \cdot \boldsymbol{b}}{|\boldsymbol{b}|} = \frac{-1}{\sqrt{3^2 + 2^2 + (-2)^2}} = -\frac{1}{\sqrt{17}}.$$

$$\cos \theta = \frac{\boldsymbol{a} \cdot \boldsymbol{b}}{|\boldsymbol{a}||\boldsymbol{b}|} = \frac{-1}{\sqrt{1^2 + (-1)^2 + 1^2} \cdot \sqrt{17}} = -\frac{1}{\sqrt{51}}.$$

例 2 $\triangle ABC$ 的三个顶点为 $A(1,-1,0), B(-1,0,-1), C(3,4,1).$ 试证 $\triangle ABC$ 为直角三角形.

解 写出各边所在向量:

$$\overrightarrow{AB} = -2\boldsymbol{i} + \boldsymbol{j} - \boldsymbol{k};$$

$$\overrightarrow{BC} = 4\boldsymbol{i} + 4\boldsymbol{j} + 2\boldsymbol{k};$$

$$\overrightarrow{CA} = -2\boldsymbol{i} - 5\boldsymbol{j} - \boldsymbol{k}.$$

容易计算

$$\overrightarrow{AB} \cdot \overrightarrow{CA} = (-2) \times (-2) + 1 \times (-5) + (-1) \times (-1) = 0.$$

即 $\overrightarrow{AB} \perp \overrightarrow{CA}$，所以 $\triangle ABC$ 是直角三角形.

例 3 设 $\boldsymbol{a} = \dfrac{3}{2}\boldsymbol{i} + \dfrac{1}{2}\boldsymbol{j} + 2\boldsymbol{k},\ \boldsymbol{b} = \dfrac{1}{2}\boldsymbol{i} - \dfrac{3}{2}\boldsymbol{j}.$ 求以 $\boldsymbol{a},\boldsymbol{b}$ 为邻边（同始点）的平行四边形两条对角线之间夹角的余弦 $\left(\text{不大于}\dfrac{\pi}{2}\text{的角}\right).$

解 画一个草图 1–38，先求出两条对角线上的向量 $\boldsymbol{c}$ 与 $\boldsymbol{d}$. 显然，

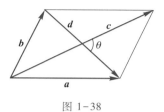

$$\boldsymbol{c} = \boldsymbol{a} + \boldsymbol{b} = \left(\dfrac{3}{2}\boldsymbol{i} + \dfrac{1}{2}\boldsymbol{j} + 2\boldsymbol{k}\right) + \left(\dfrac{1}{2}\boldsymbol{i} - \dfrac{3}{2}\boldsymbol{j}\right)$$

$$= 2\boldsymbol{i} - \boldsymbol{j} + 2\boldsymbol{k},$$

图 1–38

类似可得

$$\boldsymbol{d} = \boldsymbol{i} + 2\boldsymbol{j} + 2\boldsymbol{k}.$$

不大于 $\dfrac{\pi}{2}$ 的夹角的余弦为

$$\cos\theta = \frac{|\boldsymbol{c} \cdot \boldsymbol{d}|}{|\boldsymbol{c}||\boldsymbol{d}|} = \frac{|2 \times 1 + (-1) \times 2 + 2 \times 2|}{\sqrt{2^2 + (-1)^2 + 2^2} \cdot \sqrt{1^2 + 2^2 + 2^2}}$$

$$= \frac{4}{9}.$$

向量积

先来举一个大家都很熟悉的物理学中的例子.运动电荷在磁场中要受到洛伦兹力的作用,由中学的物理学知道,如果一个运动的单位正电荷在磁场中所受的力为 $\boldsymbol{f}$,则它的大小是

$$|\boldsymbol{f}| = |\boldsymbol{v}||\boldsymbol{B}|\sin\ <\boldsymbol{v},\widehat{\boldsymbol{B}}>,$$

其中 $\boldsymbol{v}$ 是带电粒子的速度,$\boldsymbol{B}$ 是磁场强度,$<\boldsymbol{v},\widehat{\boldsymbol{B}}>$是指 $\boldsymbol{v}$ 与 $\boldsymbol{B}$ 之间的夹角.力 $\boldsymbol{f}$ 的方向垂直于 $\boldsymbol{v}$ 和 $\boldsymbol{B}$ 所决定的平面,也就是 $\boldsymbol{f}$ 垂直于 $\boldsymbol{v}$ 也垂直于 $\boldsymbol{B}$,且 $\boldsymbol{f},\boldsymbol{v}$ 和 $\boldsymbol{B}$ 三个向量的方向符合右手螺旋法则.这个法则可以用右手来表示.假定右手的大拇指垂直于食指和中指,当食指指向向量 $\boldsymbol{v}$ 的方向,中指指向向量 $\boldsymbol{B}$ 的方向,那么大拇指的指向就是 $\boldsymbol{f}$ 的方向.这个力 $\boldsymbol{f}$ 称为洛伦兹力.在数学上它称为向量 $\boldsymbol{v}$、向量 $\boldsymbol{B}$ 的向量积.与洛伦兹力类似的例子在物理学及其他学科中还有不少.为此,定义两个向量的向量积.

定义 3 两个向量 **a**,**b** 的向量积规定为一个向量 **c**.**c** 由下列条件确定:

（1）**c** 的模等于 $|\boldsymbol{a}||\boldsymbol{b}|\sin\theta$,其中 θ 为 **a** 与 **b** 之间的夹角,即

$$|\boldsymbol{c}| = |\boldsymbol{a}||\boldsymbol{b}|\sin\theta.$$

（2）$\boldsymbol{c} \perp \boldsymbol{a}, \boldsymbol{c} \perp \boldsymbol{b}.$

（3）**c** 的方向为:面向 **c** 看,**a** 以逆时针方向转 θ 角到 **b**.这种规定简称右手系,即如果右手的食指指向 **a** 的方向,中指指向 **b** 的方向,那么垂直食指和中指的大拇指的指向为 **c** 的方向(图 1-39).

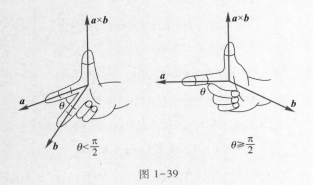

图 1-39

两个向量 **a**,**b** 的向量积记作 **a**×**b**,即

$$|\boldsymbol{a}\times\boldsymbol{b}| = |\boldsymbol{a}||\boldsymbol{b}|\sin\theta;$$

$$\boldsymbol{a}\times\boldsymbol{b} \perp \boldsymbol{a}, \boldsymbol{a}\times\boldsymbol{b} \perp \boldsymbol{b};$$

$$\boldsymbol{a},\boldsymbol{b},\boldsymbol{a}\times\boldsymbol{b} \text{ 组成右手系.}$$

由于向量积所使用的记号是"×",所以也称向量积为叉积.这样,洛伦兹力可表示为

$$\boldsymbol{f} = \boldsymbol{v} \times \boldsymbol{B}.$$

两个向量的向量积的模的几何意义是:它的数值是以 **a**,**b**(始点重合)为邻边的平行四边形的面积(图 1-40).

若 $\boldsymbol{a} /\!/ \boldsymbol{b}$,则它们之间的夹角不是 0 就是 π,即 $\sin\theta=0$,也即

$$|\boldsymbol{a}||\boldsymbol{b}|\sin\theta = 0.$$

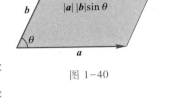

图 1-40

所以,**a**×**b** 为零向量.即 $\boldsymbol{a}\times\boldsymbol{b}=\boldsymbol{0}$.反之,若 **a**,**b** 均为非零向量,那么由 $\boldsymbol{a}\times\boldsymbol{b}=\boldsymbol{0}$ 可知 **a** 与 **b** 的夹角不是 0 就是 π,这就是说 $\boldsymbol{a}/\!/\boldsymbol{b}$.若把零向量规定为与任何向量都平行,那么上述结论可表述为,向量 **a** 与 **b** 平行的充要条件是:$\boldsymbol{a}\times\boldsymbol{b}=\boldsymbol{0}$.这个事实可记为

$$\boldsymbol{a} /\!/ \boldsymbol{b} \Longleftrightarrow \boldsymbol{a} \times \boldsymbol{b} = \boldsymbol{0}.$$

例如 $\boldsymbol{i}\times\boldsymbol{i}=\boldsymbol{0}, \boldsymbol{j}\times\boldsymbol{j}=\boldsymbol{0}, \boldsymbol{k}\times\boldsymbol{k}=\boldsymbol{0}.$

由定义可得 $i \times j = k$，$j \times k = i$，$k \times i = j$，而 $j \times i = -k$，$k \times j = -i$，$i \times k = -j$.

向量积满足下列规律：

（1）$a \times b = -b \times a$；

（2）$a \times (b+c) = a \times b + a \times c$，

$(b+c) \times a = b \times a + c \times a$；

（3）$(\lambda a) \times b = \lambda(a \times b) = a \times (\lambda b)$ （λ 为实数）.

（1）、（3）可由定义证得，（2）的证明从略.

下面介绍向量积的计算公式.

设
$$a = x_1 i + y_1 j + z_1 k,\ b = x_2 i + y_2 j + z_2 k,$$
则
$$\begin{aligned} a \times b &= (x_1 i + y_1 j + z_1 k) \times (x_2 i + y_2 j + z_2 k) \\ &= x_1 x_2 i \times i + x_1 y_2 i \times j + x_1 z_2 i \times k \\ &\quad + y_1 x_2 j \times i + y_1 y_2 j \times j + y_1 z_2 j \times k \\ &\quad + z_1 x_2 k \times i + z_1 y_2 k \times j + z_1 z_2 k \times k \\ &= (y_1 z_2 - y_2 z_1) i + (z_1 x_2 - z_2 x_1) j + (x_1 y_2 - x_2 y_1) k. \end{aligned}$$

利用二阶行列式，可将上式写为

$$a \times b = \begin{vmatrix} y_1 & z_1 \\ y_2 & z_2 \end{vmatrix} i - \begin{vmatrix} x_1 & z_1 \\ x_2 & z_2 \end{vmatrix} j + \begin{vmatrix} x_1 & y_1 \\ x_2 & y_2 \end{vmatrix} k. \qquad ①$$

为了便于记忆，我们借用三阶行列式的计算规律把①式形式地记为

$$a \times b = \begin{vmatrix} i & j & k \\ x_1 & y_1 & z_1 \\ x_2 & y_2 & z_2 \end{vmatrix}. \qquad ②$$

若 $a \times b = 0$，由①式可得

$$\begin{vmatrix} y_1 & z_1 \\ y_2 & z_2 \end{vmatrix} = 0, \quad \begin{vmatrix} x_1 & z_1 \\ x_2 & z_2 \end{vmatrix} = 0, \quad \begin{vmatrix} x_1 & y_1 \\ x_2 & y_2 \end{vmatrix} = 0.$$

即
$$y_1 z_2 = y_2 z_1,\ x_1 z_2 = x_2 z_1,\ x_1 y_2 = x_2 y_1.$$

若所有的数均不为 0，则上述三个式子可简化为

$$\frac{x_1}{x_2} = \frac{y_1}{y_2} = \frac{z_1}{z_2}. \qquad ③$$

若分母中有零，如 $x_2 = 0$，我们约定，此时，分子 x_1 为零.这样得到下述结论：

若 $a \parallel b$，则 a 与 b 的坐标表示式中的 i, j, k 的对应系数成比例.反之也成立.若令③式的比例为 λ，则

$$x_1 = \lambda x_2,\ y_1 = \lambda y_2,\ z_1 = \lambda z_2.$$

即

$$\boldsymbol{a} = \lambda \boldsymbol{b}.$$

所以两个向量 $\boldsymbol{a}$ 与 $\boldsymbol{b}$ 平行的另一个充要条件是:存在常数 λ,使 $\boldsymbol{a} = \lambda \boldsymbol{b}$.

例 4 设 $\boldsymbol{a} = \boldsymbol{i} + 2\boldsymbol{j} - \boldsymbol{k}, \boldsymbol{b} = 2\boldsymbol{j} + 3\boldsymbol{k}$.计算 $\boldsymbol{a} \times \boldsymbol{b}$.

解 代入②式,得

$$\boldsymbol{a} \times \boldsymbol{b} = \begin{vmatrix} \boldsymbol{i} & \boldsymbol{j} & \boldsymbol{k} \\ 1 & 2 & -1 \\ 0 & 2 & 3 \end{vmatrix} = \begin{vmatrix} 2 & -1 \\ 2 & 3 \end{vmatrix} \boldsymbol{i} - \begin{vmatrix} 1 & -1 \\ 0 & 3 \end{vmatrix} \boldsymbol{j} + \begin{vmatrix} 1 & 2 \\ 0 & 2 \end{vmatrix} \boldsymbol{k} = 8\boldsymbol{i} - 3\boldsymbol{j} + 2\boldsymbol{k}.$$

例 5 计算以例 4 中的 $\boldsymbol{a}, \boldsymbol{b}$ 为邻边的平行四边形的面积.

解 根据向量积的定义,$\boldsymbol{a} \times \boldsymbol{b}$ 的模在数值上就是以 $\boldsymbol{a}$ 与 $\boldsymbol{b}$ 为邻边的平行四边形的面积.因而其面积 A 为

$$A = |\boldsymbol{a} \times \boldsymbol{b}| = \sqrt{8^2 + (-3)^2 + 2^2} = \sqrt{77}.$$

例 6 设 $\boldsymbol{a} = 2\boldsymbol{i} - 3\boldsymbol{j} - \boldsymbol{k}, \boldsymbol{b} = \boldsymbol{i} - \boldsymbol{k}, \boldsymbol{c} = \boldsymbol{i} + \dfrac{1}{3}\boldsymbol{j} + \boldsymbol{k}$.问 $\boldsymbol{a} \times \boldsymbol{b}$ 与 $\boldsymbol{c}$ 平行吗?

解

$$\boldsymbol{a} \times \boldsymbol{b} = \begin{vmatrix} \boldsymbol{i} & \boldsymbol{j} & \boldsymbol{k} \\ 2 & -3 & -1 \\ 1 & 0 & -1 \end{vmatrix} = 3\boldsymbol{i} + \boldsymbol{j} + 3\boldsymbol{k}.$$

显然有

$$\boldsymbol{a} \times \boldsymbol{b} = 3\boldsymbol{c}.$$

所以 $(\boldsymbol{a} \times \boldsymbol{b}) \parallel \boldsymbol{c}$.

例 7 求单位向量 $\boldsymbol{c}^0$,使 $\boldsymbol{c}^0 \perp \boldsymbol{a}, \boldsymbol{c}^0 \perp \boldsymbol{b}$.其中 $\boldsymbol{a} = \boldsymbol{i} + \boldsymbol{j}, \boldsymbol{b} = \boldsymbol{k}$.

解 因为 $\boldsymbol{c}^0 \perp \boldsymbol{a}, \boldsymbol{c}^0 \perp \boldsymbol{b}$,故 $\boldsymbol{c}^0 \parallel (\boldsymbol{a} \times \boldsymbol{b})$,为此计算

$$\boldsymbol{a} \times \boldsymbol{b} = \begin{vmatrix} \boldsymbol{i} & \boldsymbol{j} & \boldsymbol{k} \\ 1 & 1 & 0 \\ 0 & 0 & 1 \end{vmatrix} = \boldsymbol{i} - \boldsymbol{j}.$$

与 $\boldsymbol{a} \times \boldsymbol{b}$ 平行的单位向量应有两个:

$$\boldsymbol{c}^0 = \pm \frac{\boldsymbol{a} \times \boldsymbol{b}}{|\boldsymbol{a} \times \boldsymbol{b}|} = \pm \frac{1}{\sqrt{2}}(\boldsymbol{i} - \boldsymbol{j}).$$

习题

计算第 45—49 题,其中 $|\boldsymbol{a}| = 3, |\boldsymbol{b}| = 4, \langle \widehat{\boldsymbol{a}, \boldsymbol{b}} \rangle = \dfrac{2\pi}{3}$.

45. $\boldsymbol{a} \cdot \boldsymbol{b}$.

46. $\boldsymbol{a} \cdot \boldsymbol{a}$.

47. $(3a-2b) \cdot (a+2b)$(提示:展开后再计算).

48. $|a+b|$(提示:计算$(a+b) \cdot (a+b)$).

49. $|a-b|$.

50. 设$a=4i+7j+3k,b=3i-5j+k$,试计算$a \cdot b$,$(a)_b$,$(b)_a$及$\cos\langle a,b \rangle$.

51. 设$a=-i+2j-2k,b=5i+2j$,试计算$a \times b$,$(a)_{b \times a}$.

52. 设平行四边形的两邻边为$a=i-3j+k,b=2i-j+3k$.求该平行四边形的面积.

53. 设三角形的三个顶点为$A(3,4,-1),B(2,0,3),C(-3,5,4)$,试计算$\overrightarrow{AB} \times \overrightarrow{AC}$及$\triangle ABC$的面积.

54. 已知四点:$A(0,5,1),B(5,0,-2),C(1,2,0),D(2,-1,-1)$,试计算$\overrightarrow{AB} \times \overrightarrow{CD}$.

55. 求与$a=3i+6j-2k$及y轴都垂直,且长度为3个单位的向量.

56. 已知$a \perp b$,$|a|=3$,$|b|=4$,试计算$|(a-b) \times (a+b)|$.

57. 试说明a,b,c满足$a+b+c=0$及$|a|=|b|=|c|$的几何意义,并计算$a \cdot b+b \cdot c+c \cdot a$.

58. 证明
$$(a+b) \cdot (a+b) + (a-b) \cdot (a-b) = 2(|a|^2 + |b|^2).$$

§6 平面的方程

确定一个平面的条件有很多,但在空间解析几何中最基本的条件是:平面过一定点且与非零的定向量垂直.以后我们将看到许多其他条件都可以转化为此.

凡与平面垂直的非零向量都叫该平面的法向量.因而一个平面的法向量有无穷多个.

设平面π通过一定点$M_0(x_0,y_0,z_0)$,且其法向量为$n=Ai+Bj+Ck$.求平面π的方程(图1-41).

设点$M(x,y,z)$为平面π上任意一点,则点$M(x,y,z)$在平面π上的充要条件是

$$\overrightarrow{M_0M} \perp n,$$

即

$$\overrightarrow{M_0M} \cdot n = 0.$$

而

$$\overrightarrow{M_0M} = (x-x_0)i + (y-y_0)j + (z-z_0)k,$$

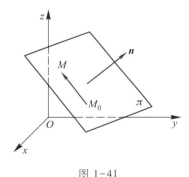

图 1-41

$$\boldsymbol{n} = A\boldsymbol{i} + B\boldsymbol{j} + C\boldsymbol{k},$$

所以平面 π 的方程为

$$A(x-x_0)+B(y-y_0)+C(z-z_0) = 0. \qquad ①$$

此方程称为平面的点法式方程.

　　如果我们取平面 π 的另一个非零法向量 $\boldsymbol{n}_1$,方程①形式会不会变化呢? 由于 $\boldsymbol{n} /\!/ \boldsymbol{n}_1$,故有

$$\boldsymbol{n}_1 = \lambda \boldsymbol{n} = \lambda A\boldsymbol{i} + \lambda B\boldsymbol{j} + \lambda C\boldsymbol{k}.$$

由

$$\overrightarrow{M_0M} \cdot \boldsymbol{n}_1 = 0,$$

得

$$\lambda A(x - x_0) + \lambda B(y - y_0) + \lambda C(z - z_0) = 0.$$

其中 $\lambda \neq 0$,否则 $\boldsymbol{n}_1$ 为零向量.消去 λ 后与①式相同,这说明利用平面方程的点法式时,法向量可以任意选取.

　　①式表明:平面的方程是 x, y, z 之间的一次方程,反之,x, y, z 之间的一次方程 $Ax+By+Cz+D = 0$ 是平面的方程,且 $\boldsymbol{n} = A\boldsymbol{i}+B\boldsymbol{j}+C\boldsymbol{k}$ 是该平面的法向量(证明略).

　　例 1　求与平面 $3x+4y-z+1 = 0$ 平行且过点 $(0,1,-1)$ 的平面方程.

　　解　因所求平面与已知平面平行,因而所求平面的法向量可取为已知平面的法向量 $3\boldsymbol{i}+4\boldsymbol{j}-\boldsymbol{k}$,设所求平面的法向量为 $\boldsymbol{n}$,则

$$\boldsymbol{n} = 3\boldsymbol{i} + 4\boldsymbol{j} - \boldsymbol{k}.$$

利用点法式,得所求的平面方程为

$$3(x-0)+4(y-1)-(z+1) = 0,$$

即

$$3x+4y-z-5 = 0.$$

　　例 2　平面过三个定点 $M_1(p,0,0)$,$M_2(0,q,0)$,$M_3(0,0,r)$,且 $pqr \neq 0$,求该平面的方程.

　　解　见图 1-42.先求平面的法向量 $\boldsymbol{n}$.因为 $\boldsymbol{n} \perp \overrightarrow{M_1M_2}$,$\boldsymbol{n} \perp \overrightarrow{M_1M_3}$.所以可取

$$\boldsymbol{n} = \overrightarrow{M_1M_2} \times \overrightarrow{M_1M_3}.$$

又

$$\overrightarrow{M_1M_2} = -p\boldsymbol{i} + q\boldsymbol{j},$$

$$\overrightarrow{M_1M_3} = -p\boldsymbol{i} + r\boldsymbol{k}.$$

故

$$\boldsymbol{n} = \begin{vmatrix} \boldsymbol{i} & \boldsymbol{j} & \boldsymbol{k} \\ -p & q & 0 \\ -p & 0 & r \end{vmatrix} = qr\boldsymbol{i} + pr\boldsymbol{j} + qp\boldsymbol{k},$$

取定点为 $M_1(p,0,0)$,代入点法式,化简后,得

$$qrx + rpy + pqz - pqr = 0.$$

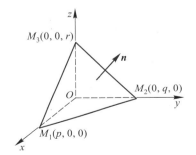

图 1-42

由于 $pqr \neq 0$,上式两边除 pqr,得

$$\frac{x}{p} + \frac{y}{q} + \frac{z}{r} = 1.$$

此式称平面方程的截距式,p,q,r 分别称为 x 轴,y 轴和 z 轴上的截距.

例 3 平面 π_1 过两点 $M_1(0,1,1)$,$M_2(1,-1,2)$,且与平面 $\pi_2:3x-y+z+1=0$ 垂直,求平面 π_1 的方程.

解一 作一个草图(图 1-43),帮助分析.

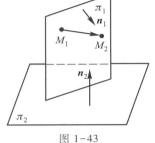

图 1-43

设 π_1 的法向量为 $\boldsymbol{n}_1$,π_2 的法向量为 $\boldsymbol{n}_2$.$\overrightarrow{M_1M_2}$ 在平面 π_1 上,所以 $\boldsymbol{n}_1 \perp \boldsymbol{n}_2$,$\boldsymbol{n}_1 \perp \overrightarrow{M_1M_2}$.故可取

$$\boldsymbol{n}_1 = \boldsymbol{n}_2 \times \overrightarrow{M_1M_2},$$

又 $\overrightarrow{M_1M_2} = \boldsymbol{i} - 2\boldsymbol{j} + \boldsymbol{k}$,$\boldsymbol{n}_2 = 3\boldsymbol{i} - \boldsymbol{j} + \boldsymbol{k}$,故

$$\boldsymbol{n}_1 = \begin{vmatrix} \boldsymbol{i} & \boldsymbol{j} & \boldsymbol{k} \\ 3 & -1 & 1 \\ 1 & -2 & 1 \end{vmatrix} = \boldsymbol{i} - 2\boldsymbol{j} - 5\boldsymbol{k},$$

取定点为 M_1(也可取 M_2,结果一样),代入点法式,得平面 π_1 的方程

$$(x - 0) - 2(y - 1) - 5(z - 1) = 0,$$

即

$$x - 2y - 5z + 7 = 0.$$

解二 设所求平面 π_1 的方程为

$$Ax + By + Cz + D = 0.$$

M_1,M_2 在平面 π_1 上,所以它们的坐标满足方程,得

$$B + C + D = 0, \qquad ②$$

$$A - B + 2C + D = 0, \qquad ③$$

又 $\boldsymbol{n}_1 = A\boldsymbol{i} + B\boldsymbol{j} + C\boldsymbol{k} \perp \boldsymbol{n}_2$,得

$$3A - B + C = 0, \qquad ④$$

联立上述②、③、④三个方程,由于三个方程是齐次的,有四个未知数,可将其中三个用第四个来表示.

③-②,得

$$A - 2B + C = 0, \qquad ⑤$$

④×2-⑤,得

$$C = -5A.$$

代入⑤,得

$$B = -2A.$$

将 B,C 代入②,得

$$D = 7A.$$

所以有
$$Ax - 2Ay - 5Az + 7A = 0,$$
消去 A,得平面 π_1 的方程
$$x - 2y - 5z + 7 = 0.$$

习题 →

指出第 59—62 题中平面位置的特点.

59. $x = 2$.

60. $x + z = 1$.

61. $x - y = 0$.

62. $\dfrac{x}{3} - \dfrac{y}{2} + z = 1$.

63. 问平面 $x - y + 4z = 0$ 与平面 $-2x + 2y + z + 1 = 0$ 垂直吗?

64. 问平面 $2x + y + 5z + 3 = 0$ 与平面 $10x + 5y + 25z - 1 = 0$ 平行吗?

65. 问点 $M(1, -1, 0)$ 在平面 $x + 10y + 7z - 9 = 0$ 上吗?

66. 一平面通过点 $A(-3, 1, 5)$ 且平行于平面 $x - 2y - 3z + 1 = 0$. 求此平面的方程.

67. 一平面通过点 $A(0, 0, 3)$ 且垂直于直线 AB,其中点 $B(2, -1, 1)$. 求此平面的方程.

68. 一平面平行于 xz 坐标面且过点 $(2, -5, 3)$. 求此平面的方程.

69. 一平面过三点:$A(1, -1, 0), B(2, 3, -1), C(-1, 0, 2)$. 求此平面的方程.

70. 一平面在 x 轴上的截距为 3,z 轴上的截距为 -1,且与平面 $3x + y - z = 0$ 垂直. 求此平面的方程.

71. 一平面过点 $(1, -5, 1)$ 和 $(3, 2, -2)$,且平行于 y 轴. 求此平面的方程.

72. 一平面通过 y 轴(即 y 轴在所求之平面上),且过点 $(4, -2, -1)$. 求此平面的方程.

73. 一平面过点 $(1, 1, 1)$ 且同时垂直于下面两个平面:$x - y + z = 7, 3x + 2y - 12z + 5 = 0$. 求此平面的方程.

总习题

74. 设平面的方程为 $Ax + By + Cz + D = 0$. 问下列情形下的平面位置有何特点:

（1） $D = 0$; （2） $A = 0$;

（3）$A=0, D=0$； （4）$A=0, B=0, D=0$．

75. 下列方程各表示什么图形：

（1）$x=0$； （2）$\begin{cases} x=0, \\ y=0; \end{cases}$

（3）$\begin{cases} x=0, \\ y=0, \\ z=0; \end{cases}$ （4）$x^2+z^2=0$．

76. 问力 $\boldsymbol{F}$ 在力 $\boldsymbol{a}$ 方向上的投影分力为 $\boldsymbol{F}\cos\theta$，对吗（图1-44）？若不正确，请写出正确结果．

77. 因为单位向量的长度为1，所以凡单位向量均相等，对吗？为什么？

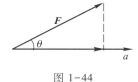

78. 若 $(\boldsymbol{a}-\boldsymbol{b})\cdot\boldsymbol{c}=0$，则 $\boldsymbol{b}-\boldsymbol{c}=\boldsymbol{0}$，对吗？为什么？

图1-44

79. 若 $(\boldsymbol{a}-\boldsymbol{b})\cdot\boldsymbol{c}=0, (\boldsymbol{a}-\boldsymbol{b})\times\boldsymbol{c}=\boldsymbol{0}$，则 $\boldsymbol{a}=\boldsymbol{b}$，对吗？

80. 证明向量 $(\boldsymbol{a}\cdot\boldsymbol{c})\boldsymbol{b}-(\boldsymbol{b}\cdot\boldsymbol{c})\boldsymbol{a}$ 与向量 $\boldsymbol{c}$ 垂直．

81. 证明四点 $(0,0,0),(1,0,2),(0,1,3),(1,1,5)$ 在一个平面上，并求此平面的方程．

82. 求通过点 $(5,-7,4)$ 且与三个坐标轴有相等的截距的平面方程．

83. 问 $A(0,-4,1), B(-3,-2,0), C(6,-8,3)$ 三点在一条直线上吗？

第一章部分习题答案

2.（1）$\rho=-2R\sin\theta$； （2）$\rho=4\cos\theta$；

（3）$\rho+\cos\theta+\sin\theta=0$．

4.（1）$x=a+a\cos t, y=b\sin t$； （2）$x=a\cos t, y=a+a\sin t$；

（3）$x=1+\cos t, y=\sin t$．

5.（1）-8； （2）$27b^2-12ab$；

（3）0； （4）$\cos 3\theta$．

6. x 坐标为 0． 7. z 坐标为 0．

8. y、z 坐标为 0． 9.$(a,b,0),(a,0,c),(0,b,c)$．

10.$(l\cos\alpha, l\cos\alpha, l\cos\alpha)$． 11. $1,2,\sqrt{5}$．

12.（1）5；（2）$\sqrt{45}$． 13.$(1,5,0)$．

14.（1）平行于 yz 坐标面的平面；（2）xz 坐标面；（3）平行于 xz 坐标面的平面．

15. (1) $\left(-2,1,-\dfrac{1}{2}\right), R=2$; (2) $\left(\dfrac{1}{4},0,0\right), R=\dfrac{1}{4}$;

(3) $(-1,0,2), R=\sqrt{5}$.

16. 椭圆柱面.

17. 圆柱面.

18. 相互平行的平面.

19. 双曲柱面.

20. 椭圆柱面.

21. 原点.

22. 平面.

23. 平面.

24. 在平面 $x=3$ 上的抛物线.

25. 在平面 $y=1$ 上的圆.

26. 两条平行直线.

27. 在平面 $y=1$ 上的抛物线.

28. 无图.

29. 平行于 x 轴的直线.

30. z 轴所在的直线.

31. 椭圆.

32. $a \perp b$.

33. a 与 b 同向.

34. a 与 b 反向.

35. a 与 b 同向.

36. $a+\dfrac{1}{2}b, b+\dfrac{1}{2}c, c+\dfrac{1}{2}a$.

37. $\overrightarrow{OP_1}=2i+j-k, \overrightarrow{OP_2}=2j-4k, \overrightarrow{OP_3}=3i$.

38. $|a|=3, \dfrac{1}{3}, \dfrac{2}{3}, \dfrac{-2}{3}$.

39. $-i+2j-2k, -\dfrac{1}{3}, \dfrac{2}{3}, -\dfrac{2}{3}$.

40. $-2i+10j-18k$.

41. $(3,2,9)$.

42. $\dfrac{3}{2}i+\dfrac{3}{2}j\pm\dfrac{3}{\sqrt{2}}k, \left(\dfrac{7}{2}, \dfrac{3}{2}, -1\pm\dfrac{3\sqrt{2}}{2}\right)$.

45. -6.

46. 9.

47. -61.

48. $\sqrt{13}$.

49. $\sqrt{37}$.

50. $-20, -\dfrac{20}{\sqrt{35}}, -\dfrac{20}{\sqrt{74}}, -0.392\ 9$.

51. $4i-10j-12k, 0$.

52. $3\sqrt{10}$.

53. $-24i-19j-25k, \dfrac{1}{2}\sqrt{1\ 562}$.

54. $-4i+2j-10k$.

55. $\dfrac{\pm 3}{\sqrt{13}}(2i+3k)$.

56. 24.

57. $-\dfrac{3}{2}$.

59. 平行于 yz 坐标面.

60. 平行于 y 轴的平面.

61. 过 z 轴的平面.

62. 在 x,y,z 轴上的截距分别为 $3,-2,1$.

63. 垂直.　　　　　　　　　　64. 平行.

65. 不在.　　　　　　　　　　66. $x-2y-3z+20=0$.

67. $2x-y-2z+6=0$.　　　　　68. $y=-5$.

69. $x+z-1=0$.　　　　　　　70. $x-6y-3z-3=0$.

71. $3x+2z-5=0$.　　　　　　72. $x+4z=0$.

73. $2x+3y+z-6=0$.

74. (1) 过原点；(2) 平行于 x 轴；(3) 过 x 轴；(4) xy 坐标面.

75. (1) yz 坐标面；(2) z 轴所在的直线；(3) 原点；(4) y 轴.

76. 不对，$|\boldsymbol{F}|\dfrac{\boldsymbol{a}}{|\boldsymbol{a}|}\cos\theta$.

77. 不对，因方向不同.　　　　78. 不对，只能得 $(\boldsymbol{a}-\boldsymbol{b})\perp\boldsymbol{c}$.

79. 对.　　　　　　　　　　　81. $2x+3y-z=0$.

82. $x+y+z-2=0$.　　　　　　83. 在.

第二章

函数　极限　连续

§1　映射与函数

一　绝对值　区间

1. 绝对值

定义 1　实数 a 的绝对值(记作 $|a|$)规定为
$$|a| = \begin{cases} a, & \text{若 } a \geq 0; \\ -a, & \text{若 } a < 0. \end{cases}$$

a 的绝对值在数轴上表示点 a 到原点的距离.

绝对值有以下的一些性质:

(1) $-|a| \leq a \leq |a|$;

(2) 如果 $|x| < \varepsilon$,则 $-\varepsilon < x < \varepsilon$,反之亦然;

(3) 如果 $|x| > N$,则 $x > N$ 或 $x < -N$,反之亦然.

绝对值有以下的一些运算规则:

(1) $|a+b| \leq |a| + |b|$　(a, b 为实数).

事实上
$$-|a| \leq a \leq |a|,$$
$$-|b| \leq b \leq |b|,$$

两式相加,得

$$-(\,|\,a\,|\,+\,|\,b\,|\,)\leqslant a+b\leqslant |\,a\,|\,+\,|\,b\,|.$$

所以
$$|\,a+b\,|\,\leqslant |\,a\,|\,+\,|\,b\,|.$$

（2）$|\,a-b\,|\geqslant |\,a\,|\,-\,|\,b\,|$　（a,b 为实数）.

事实上
$$|\,a\,|\,=\,|\,a-b+b\,|\,\leqslant |\,a-b\,|\,+\,|\,b\,|,$$
即
$$|\,a-b\,|\,\geqslant |\,a\,|\,-\,|\,b\,|.$$

（3）$|\,ab\,|\,=\,|\,a\,|\,|\,b\,|$；$\left|\dfrac{a}{b}\right|=\dfrac{|\,a\,|}{|\,b\,|}$　（$b\neq 0$）.

这两个公式是显然的.

2. 区间

集合 $\{x\,|\,a<x<b\}$ 称为开区间,记作 (a,b).它在数轴上表示点 a 与点 b 之间的线段,但不包括端点 a 及端点 b（图 2-1）;集合 $\{x\,|\,a\leqslant x\leqslant b\}$ 称为闭区间,记作 $[a,b]$.它在数轴上表示点 a 与点 b 之间的线段,包括其两个端点（图 2-2）.

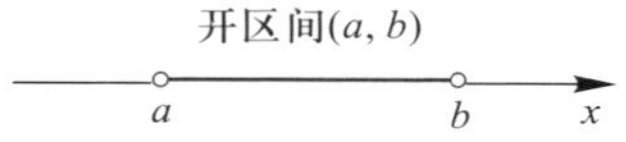

开区间(a,b) ———————————————— 闭区间$[a,b]$

图 2-1 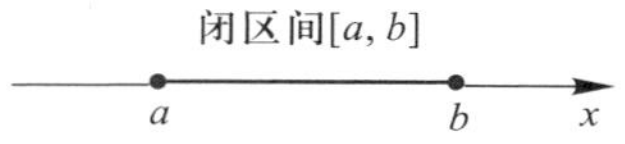　　　　　　　　　　　　　　　　图 2-2

还有其他类型的区间:

$\{x\,|\,a<x\leqslant b\}$ 记作 $(a,b]$,$\{x\,|\,a\leqslant x<b\}$ 记作 $[a,b)$,称为半开区间;

$\{x\,|\,x>a\}$ 或 $\{x\,|\,x<a\}$ 记作 $(a,+\infty)$ 或 $(-\infty,a)$,称为半无穷区间;

$\{x\,|\,x$ 为任何实数$\}$ 记作 $(-\infty,+\infty)$,称为无穷区间.

集合 $\{x\,|\,|\,x-a\,|<\varepsilon\}$ 称为点 a 的 ε 邻域（$\varepsilon>0$）.它也可以用开区间来表示.事实上,
$$|\,x-a\,|<\varepsilon,$$
去绝对值符号,得　　　　　　　　　$-\varepsilon<x-a<\varepsilon,$
即　　　　　　　　　　　　　　　　$a-\varepsilon<x<a+\varepsilon.$

就是说,点 a 的 ε 邻域就是开区间 $(a-\varepsilon,a+\varepsilon)$.从数轴上看,点 a 的 ε 邻域表示:以点 a 为中心,长度为 2ε 的开区间（图 2-3）.

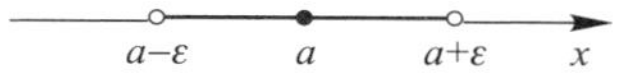

图 2-3

例如,把 -1 的 $\dfrac{1}{2}$ 邻域表示成开区间.即
$$\left|\,x-(-1)\,\right|<\dfrac{1}{2}.$$

去绝对值,得
$$-\dfrac{1}{2}<x+1<\dfrac{1}{2},$$

即

$$-1-\frac{1}{2}<x<-1+\frac{1}{2},$$

就是开区间 $\left(-\frac{3}{2},-\frac{1}{2}\right)$.

 映射

> **定义 2** 设 A,B 是两个非空集合,如果按照一个确定的规则 f,对于集合 A
> 中每一个元素,在集合 B 中都有唯一的元素和它对应,则称 f 是由集合 A 到集合
> B 的映射,记作
>
> $$f:A\rightarrow B.$$
>
> 如果 A 中的元素 a,对应的是 B 中的元素 b,则称 b 为 a 的像,a 为 b 的原像.

在定义中,要注意按照规则 f 确定的集合 B 中的元素存在且是唯一的.例如
图 2-4(b),图 2-4(c)不表示由集合 A 到集合 B 的映射.因为图 2-4(b)中集合 A 的
元素 a 对应集合 B 中的两个元素 b,c,不符合映射定义中唯一性的要求.而图 2-4(c)
中集合 A 的元素 a_2 在集合 B 中无元素对应,也不符合映射定义中存在性的要求,
但要注意,图 2-4(d)所表示的是映射,尽管集合 A 中存在两个元素 a_1,a_3 对应集
合 B 中的同一个元素 b,但并不违背映射的定义.

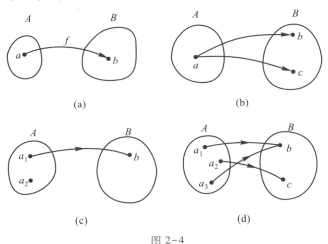

图 2-4

例 1 设 A 表示某一瞬间出生在地球上的人的集合,B 表示地球上每一点的坐
标(经纬度)的集合,规则 f 是 A 中的人对应其出生地的坐标,则 f 是由 A 到 B 的
映射.

例 2 设 $\mathbf{N}^*$ 是除去 0 的自然数集合,$\mathbf{N}^*$ 中所有大于 1 的元素集记为 A,$\mathbf{R}^+$ 是
所有正实数的集合,对应规则 f 是将 A 中元素取对数(常用对数),则 f 是由 A 到 $\mathbf{R}^+$

的映射.

例 3 设 $A = \{x \mid 1 \leqslant x \leqslant 3\}$，$B = \{y \mid 1 \leqslant y \leqslant 9\}$，对应规则 f 是将集合 A 中元素取平方，则 f 是由 A 到 B 的映射.

三 函数

函数是集合 D 到集合 B 的一种映射.

> **定义 3** 设有两个非空实数集 D,B，如果对于数集 D 中的每一个数 x，按照确定的规则 f 对应着数集 B 中唯一的一个数 y，则称 f 是定义在集合 D 上的函数.

D 称为函数的定义域，与 $x \in D$ 对应的实数 y 记作 $y = f(x)$. 与 x_0 对应的 y 值记为 $f(x)\big|_{x=x_0}$ 或 $f(x_0)$，集合 $B_f = \{y \mid y = f(x), x \in D\}$ 称为函数的值域. 显然 $B_f \subseteq B$.

习惯上，x 称为自变量，y 称为因变量. 要注意 f 是函数，而 $f(x)$ 是函数值. 但是研究函数总是通过函数值来进行的. 为了方便，以后也把 $f(x)$ 称作 x 的函数，或 y 是 x 的函数.

如果对于自变量 x 的某一个值 x_0，因变量 y 能得出一个确定的值，那么就说函数 $y = f(x)$ 在 x_0 处有定义.

对于不同的函数，应该用不同的记号，如 $f(x),g(x),F(x),G(x)$，等等.

有时，会出现对于变量 x 的一个值，有几个 y 值与之对应的情形，根据函数定义，y 不是 x 的函数. 但为了方便，我们约定把这种情况称为 y 是 x 的多值函数. 对于多值函数通常是限制其 y 的变化范围使之成为单值函数，再进行研究.

例 4 设函数 $f(x) = x^4 + x^2 + 1$. 求 $f(0),f(t^2),[f(t)]^2,f\left(\dfrac{1}{t}\right),\dfrac{1}{f(t)}$.

解 $f(0) = 0^4 + 0^2 + 1 = 1$，

$f(t^2) = (t^2)^4 + (t^2)^2 + 1 = t^8 + t^4 + 1$，

$[f(t)]^2 = (t^4 + t^2 + 1)^2$，

$f\left(\dfrac{1}{t}\right) = \left(\dfrac{1}{t}\right)^4 + \left(\dfrac{1}{t}\right)^2 + 1 = \dfrac{1 + t^2 + t^4}{t^4}$，

$\dfrac{1}{f(t)} = \dfrac{1}{t^4 + t^2 + 1}$.

例 5 设 $f(x+3) = \dfrac{x+1}{x+2}$，求 $f(x)$.

解
$$f(x+3) = \frac{x+1}{x+2} = \frac{(x+3)-2}{(x+3)-1}.$$

令 $x+3 = t$，则

$$f(t) = \frac{t-2}{t-1},$$

所以

$$f(x) = \frac{x-2}{x-1}.$$

例 6 设 $f(x) = \frac{1}{x}\sin\frac{1}{x}$, 证明 $f(x) = f(-x)$.

证明 因为

$$f(-x) = \frac{1}{-x} \cdot \sin\frac{1}{-x} = \frac{1}{x}\sin\frac{1}{x},$$

所以

$$f(x) = f(-x).$$

例 7 求函数 $f(x) = \sqrt{4-x^2} + \lg(x-1)$ 的定义域.

解 这个函数是两项之和, 所以当且仅当每项都有定义时, 函数才有定义. 第一项的定义域是 $D_1 = \{x \mid -2 \leqslant x \leqslant 2\}$, 第二项的定义域是 $D_2 = \{x \mid x > 1\}$. 所以函数 $f(x)$ 的定义域是

$$D = D_1 \cap D_2 = \{x \mid 1 < x \leqslant 2\} \text{（记号 } \cap \text{ 表示求两个集合的交集）},$$

或写为区间 $(1, 2]$.

四 函数的表示法

函数有三种表示法: 公式表示法; 图形表示法; 表格表示法. 公式表示法在理论研究中、推导论证中使用, 它的优点是表达清晰、紧凑, 缺点是抽象, 不易理解. 图形表示法在工程中常用. 例如生产的进度, 仪器的记录等. 它的优点是直观, 一目了然, 它的缺点是不便于分析研究. 表格表示法在设计工作中常用. 它的优点是使用方便, 如对数表, 三角函数表, 它的缺点也是不便于分析研究.

五 建立函数关系

寻找函数关系是高等数学研究的课题之一. 在这儿我们仅介绍利用简单的几何或物理关系建立函数关系. 在以后的一些章节中还将介绍利用微积分建立函数关系.

例 8 有一块边长为 a 的正方形铁皮, 将它的四角剪去适当的大小相等的小正方形, 制成一只无盖盒子, 求盒子的体积与小正方形边长之间的函数关系.

解 设剪去的小正方形的边长为 x, 盒子的体积为 V. 由图 2-5, 容易得到

$$V = x(a-2x)^2 \quad \left(x \in \left(0, \frac{a}{2}\right)\right).$$

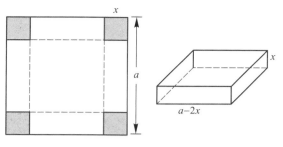

图 2-5

例 9 设有一圆锥容器,容器的底半径为 $R(\mathrm{cm})$,高为 $H(\mathrm{cm})$.现以 $a(\mathrm{cm^3/s})$ 的速率往容器内注入水.试把容器中的水的容积 V 分别表示成时间 t 及水高 h 的函数(图 2-6).

解 (1)显然 t 时刻容器中水的容积为

$$V = at.$$

(2)设当容器中水的高度为 h 时水的容积为 V,并设此时水面的半径为 r.根据锥体体积公式有

$$V = \frac{1}{3}\pi R^2 H - \frac{1}{3}\pi r^2(H-h). \qquad ①$$

因为 $\triangle ABC \backsim \triangle ADE$,所以有

$$\frac{r}{R} = \frac{H-h}{H},$$

即

$$r = \frac{R}{H}(H-h),$$

代入①,得

$$V = \frac{\pi R^2 H}{3}\left(1 - \left(1 - \frac{h}{H}\right)^3\right), \quad h \in [0,H].$$

有时变量之间的函数关系较为复杂,需要用几个式子来表示.如下面的例 10.

例 10 如图 2-7 所示的图形,在 O 与 A 之间引一条平行于 y 轴的直线 MN,试将 MN 左边阴影部分的面积 S 表示为 x 的函数.

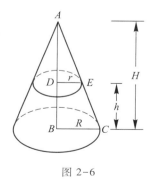

图 2-6

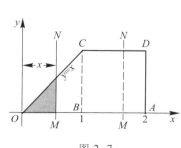

图 2-7

解 当直线 MN 位于区间 $[0,1]$ 内时,即 $x \in [0,1]$ 时,

$$S = \frac{1}{2}x^2.$$

当直线 MN 位于区间 $(1,2]$ 内时,即 $x \in (1,2]$ 时,

$$S = \triangle OBC \text{ 面积} + \text{矩形 } BCNM \text{ 的面积}$$

$$= \frac{1}{2} + (x - 1) = x - \frac{1}{2},$$

所以面积 S 为

$$S = \begin{cases} \frac{1}{2}x^2, & \text{当 } x \in [0,1] \text{ 时,} \\ x - \frac{1}{2}, & \text{当 } x \in (1,2] \text{ 时.} \end{cases}$$

这是在定义域内不同区间上用不同式子表示的一个函数,这种形式的函数,称为分段函数.要注意它是用两个式子表示的函数,而不是两个函数.

反函数

设函数 f 定义在数集 A 上,其值域为数集 B.如果对于数集 B 中每一个数 y,数集 A 中都有唯一的一个数 x,使 $f(x) = y$.记由 y 对应于 x 的规则为 φ,则称 φ 为 f 的反函数,也常称 $x = \varphi(y)$ 是 $y = f(x)$ 的反函数,二者的图形是相同的.习惯上自变量用 x 表示,因变量用 y 表示.因此,也可说 $y = \varphi(x)$ 是 $y = f(x)$ 的反函数,但这时二者的图形关于直线 $y = x$ 对称.

求反函数的步骤一般是这样:从 $y = f(x)$ 中解出 x,得 $x = \varphi(y)$;再将 x, y 分别换为 y, x,即 $y = \varphi(x)$ 就是 $y = f(x)$ 的反函数.

例 11 求 $y = 3x - 5$ 的反函数.

解 解出 x,得

$$x = \frac{1}{3}(y + 5),$$

将 x, y 分别换为 y, x,得

$$y = \frac{1}{3}(x + 5).$$

所以,$y = 3x - 5$ 的反函数为 $y = \frac{1}{3}(x + 5)$.

还有许多反函数的例子.如 $y = \log_a x$ 是 $y = a^x$ 的反函数;$y = \arcsin x$ 是 $y = \sin x$ 的反函数,等等.

求第 1—8 题的定义域.

1. $y = \dfrac{1}{x^2+3x-4}$.

2. $y = \arcsin(x-1)$.

3. $y = \sqrt{3-x}$.

4. $y = \sqrt{5x-4-x^2}$.

5. $y = \sqrt{4-x^2} + \dfrac{1}{x-1}$.

6. $y = \lg(x^2-x)$.

7. $y = \ln(1-x) + \sqrt{x+2}$.

8. $y = \lg \sin x$.

在第 9—11 题中，$f(x)$ 与 $\varphi(x)$ 是否相同？为什么？

9. $f(x) = x$ 与 $\varphi(x) = \sqrt{x^2}$.

10. $f(x) = \lg(x^2)$ 与 $\varphi(x) = 2\lg x$.

11. $f(x) = (|x|-x)(|-x|+x)\sqrt{x}$ 与 $\varphi(x) = 0$.

12. 圆柱体内接于高为 h，底半径为 r 的圆锥体内，设圆柱体高为 x，试将圆柱体的底半径 y 和体积 V 分别表示为 x 的函数.

13. 用半径为 R，中心角为 α 的扇形做成一个无底的圆锥体，试将该圆锥体体积 V 表示为 α 的函数.

14. 设
$$f(x) = \begin{cases} 2x+3, & x > 0, \\ 1, & x = 0, \\ x^2 & x < 0. \end{cases}$$
求 $f(0)$，$f\left(-\dfrac{1}{2}\right)$，$f\left(\dfrac{1}{2}\right)$.

15. 设 $f(x) = \dfrac{x+1}{x+5}$. 求 $f(1)$，$f(3)$，$f\left(\dfrac{1}{x}\right)$，$f\left(\dfrac{x+1}{x+5}\right)$.

16. 设 $H(x) = \begin{cases} 0, & x < 0, \\ 1, & x \geqslant 0. \end{cases}$ 求 $H(x-1)$，$H(x)-H(x-1)$.

17. 设 $f(x+1) = x^2+3x+5$. 求 $f(x)$，$f(x-1)$.

§2 初 等 函 数

 基本初等函数及其图形

幂函数 $y=x^a$（a 为任何实数）；指数函数 $y=a^x$（$a>0$，且 $a\neq 1$）；对数函数 $y=\log_a x$（$a>0$，且 $a\neq 1$）；三角函数 $y=\sin x$，$y=\cos x$，$y=\tan x$，$y=\cot x$，$y=\sec x$，$y=\csc x$ 及反三角函数 $y=\arcsin x$，$y=\arccos x$，$y=\arctan x$ 等五类函数统称为基本初等函数.

下面我们把基本初等函数的图形列出来，以便查用.

（1）幂函数 $y=x^a$（a 为任何实数）

当 $a>0$ 时（讨论 $x\geqslant 0$ 的情形），所有图形都通过点 $(0,0)$ 及点 $(1,1)$，在 $0<a<1$ 的情况下图形向上凸起，在 $a>1$ 的情况下，图形向下凸起；当 $a<0$ 时（讨论 $x>0$ 的情形），所有图形都通过点 $(1,1)$，且当图形上的点远离原点时，图形分别与 x 轴和 y 轴无限靠近（图 2-8）.

（2）指数函数 $y=a^x$（$a>0$，且 $a\neq 1$）

对于任何 x，均有 $a^x>0$，对任何 a（$a>0$，$a\neq 1$），图形通过点 $(0,1)$.当 $a>1$ 时，图形向左逐渐与 x 轴靠近；当 $0<a<1$ 时，图形向右逐渐与 x 轴靠近（图 2-9）.

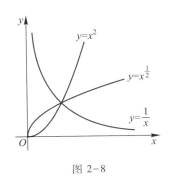

图 2-8   图 2-9

（3）对数函数 $y=\log_a x$（$a>0$，且 $a\neq 1$）

对数函数的定义域为 $x>0$，它的图形与其反函数 $y=a^x$ 对称于直线 $y=x$，因而它通过点 $(1,0)$（图 2-10）.

（4）三角函数

$y=\sin x$，$y=\cos x$ 均以 2π 为周期，$y=\tan x$，$y=\cot x$ 均以 π 为周期（周期定义见后）（图 2-11，图 2-12，图 2-13）.

正弦函数

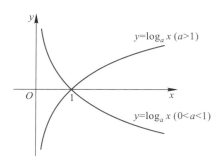

图 2-10

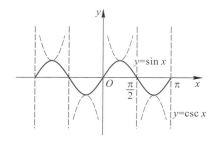

图 2-11

余弦函数

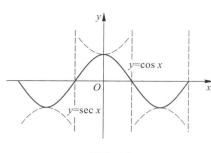

图 2-12

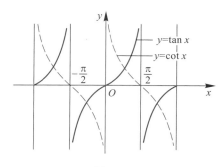

图 2-13

（5）反三角函数（未学过反三角函数的读者请参阅附录（三））

反三角函数的图形容易由三角函数的图形求得（图 2-14（a）（b），图 2-15）.

$$y=\arcsin x，它的主值区间为 -\frac{\pi}{2} \leqslant y \leqslant \frac{\pi}{2}；$$

$$y=\arccos x，它的主值区间为 0 \leqslant y \leqslant \pi；$$

$$y=\arctan x，它的主值区间为 -\frac{\pi}{2} < y < \frac{\pi}{2}.$$

在图 2-14，图 2-15 中主值区间范围内的图形用粗实线表示.

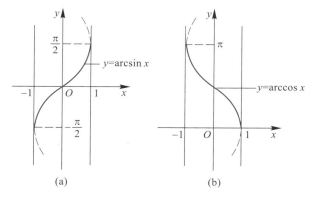

(a)　　　　　(b)

图 2-14

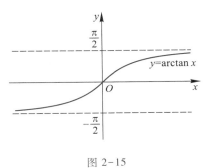

图 2-15

二 复合函数

我们先来看一个例子,设 $y=u^3$,$u\in\mathbf{R}$,而 $u=(1-2x)$,$x\in\mathbf{R}$.那么对于任何一个 $x\in\mathbf{R}$,就有 y 与之对应,其中 $y=(1-2x)^3$.我们称 $y=(1-2x)^3$ 是复合函数.一般地讲,设 $y=f(u)$,$u\in B$,而 $u=\varphi(x)$,$x\in A$,其值域 $B_\varphi\subseteq B$,那么 $y=f(\varphi(x))$ 称为由 $y=f(u)$ 与 $u=\varphi(x)$ 复合而成的复合函数.其中 u 称为中间变量.

例 1 问 $y=a^{\sin x}$ 是由哪些基本初等函数复合而成的?

解 令 $u=\sin x$,则

$$y=a^u,\ \text{而}\ u=\sin x.$$

所以 $y=a^{\sin x}$ 是由 $y=a^u$ 与 $u=\sin x$ 复合而成的.

例 2 问 $y=\sqrt{\log_a\left(\dfrac{1}{x}\right)}$ 是由哪些基本初等函数复合而成的?

解 它可以看做由

$$y=\sqrt{u},\ u=\log_a v,\ v=\frac{1}{x}$$

三个基本初等函数复合而成的.

三 初等函数

初等函数是高等数学中经常遇到的,也是工程技术中常见的函数.什么叫初等函数呢? 定义如下:

> **定义** 如果函数可用一个数学式子表示,且这个式子是由常数及基本初等函数经过有限次四则运算与有限次复合构成的,则这类函数统称为初等函数.不是初等函数的函数称为非初等函数.

例 3 问 $y=\cos(e^x)+3\lg\sqrt{1+x}$ 是初等函数吗?

解 这个函数是由一个式子表示的,且这个式子是两个函数之和.如果令 $y_1 = \cos(e^x)$,$y_2 = 3\lg\sqrt{1+x}$,则 $y = y_1 + y_2$.而 $y_1 = \cos(e^x)$ 由 $y_1 = \cos u$,$u = e^x$ 复合一次而成;$y_2 = 3\lg\sqrt{1+x}$ 是常数 3 与 $\lg\sqrt{1+x}$ 的乘积,其中 $\lg\sqrt{1+x}$ 由 $\lg v$,$v = \sqrt{\omega}$,$\omega = x + 1$ 经二次复合而成,所有构成 y_1,y_2 的函数都没有超出基本初等函数及常数之外,其运算也没有超出有限次的复合和有限次的四则运算.所以,所给函数是初等函数.

习题

18. 试写出由 $y = a^u$,$u = \cos v$,$v = x^2$ 复合而成的复合函数 $y = f(x)$.

19. 试写出由 $y = f(u)$,$u = \dfrac{1}{v}$,$v = \tan x$ 复合而成的复合函数.

第 20—23 题中函数是由哪些函数复合而成的?

20. $y = \sin(3x+1)$.   21. $y = \cos^3(1-2x)$.

22. $y = \sqrt{\tan\left(\dfrac{x}{2}+6\right)}$.   23. $y = \lg(\arcsin x)$.

24. 设 $f(x) = x^2$,$\varphi(x) = \lg x$,求 $f(\varphi(x))$,$f(f(x))$,$\varphi(f(x))$,$\varphi(\varphi(x))$.

§3   函数的简单形态

 一 函数的有界性

如果对于变量 x 所考虑的范围(用 I 表示)内,存在一个正数 M,使在 I 上的函数值 $f(x)$ 都满足
$$|f(x)| \leqslant M,$$
则称函数 $y = f(x)$ 在 I 上有界,亦称 $f(x)$ 在 I 上是有界函数.如果不存在这样的正数 M,则称函数 $y = f(x)$ 在 I 上无界,亦称 $f(x)$ 在 I 上是无界函数.

例如函数 $y = \sin x$ 在区间 $(-\infty, +\infty)$ 内有 $|\sin x| \leqslant 1$,所以函数 $y = \sin x$ 在 $(-\infty, +\infty)$ 内是有界的.

注意,有可能出现以下的情况:函数在其定义域上的某一部分是有界的,而在另一部分是无界的,因此,讲一个函数是有界的或无界的,必须指出其相应的范围.

如函数 $y = \tan x$ 在 $\left[-\dfrac{\pi}{4}, \dfrac{\pi}{4}\right]$ 上是有界的,而在 $\left(-\dfrac{\pi}{2}, \dfrac{\pi}{2}\right)$ 内是无界的.因而笼统说函数 $y = \tan x$ 是有界函数或无界函数都是不确切的.

二 函数的单调性

如果对于变量 x 所考虑的区间内(如区间 (a,b)),任取两点 x_1,x_2,当 $x_1 < x_2$ 时,有 $f(x_1) < f(x_2)$,则称函数 $y = f(x)$ 在 (a,b) 内是增的或称单调增的,(a,b) 称为增区间.当 $x_1 < x_2$ 时有 $f(x_1) > f(x_2)$,则称函数 $y = f(x)$ 在区间 (a,b) 内是减的或称单调减的,(a,b) 称为减区间.单调增、单调减统称为单调(图 2-16,图 2-17).

动画

单调增加函数

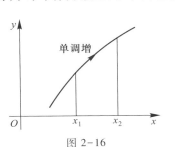
图 2-16

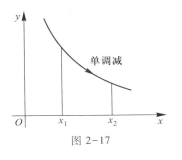
图 2-17

动画

单调减少函数

例如,$y = x^2$ 在 $(0, +\infty)$ 内单调增,而在 $(-\infty, 0)$ 内单调减.又如 $y = \tan x$ 在 $\left(-\dfrac{\pi}{2}, \dfrac{\pi}{2}\right)$ 内单调增.

同样要注意,会有下列情况出现:一个函数在某一区间内是增的,而在另一个区间内是减的.

三 函数的奇偶性

设函数 $y = f(x)$ 的定义域 D 关于原点对称.如果对于任何 $x \in D$,有 $f(x) = f(-x)$,则称函数 $y = f(x)$ 在 D 上是偶函数;如果有 $f(x) = -f(-x)$,则称函数 $y = f(x)$ 在 D 上是奇函数.

显然,偶函数的图形关于 y 轴对称,奇函数的图形关于原点对称(图 2-18,图 2-19).

例 1 设 $f(x)$,$g(x)$ 均为不恒为 0 的奇函数,证明 $f(x)g(x)$ 为偶函数.

证明 因为 $f(x) = -f(-x)$,$g(x) = -g(-x)$.所以有

$$f(x) \cdot g(x) = [-f(-x)][-g(-x)]$$
$$= f(-x)g(-x),$$

即 $f(x)g(x)$ 为偶函数.

奇函数

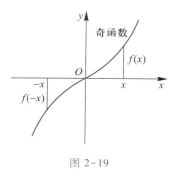

$f(x)$

$f(x)$

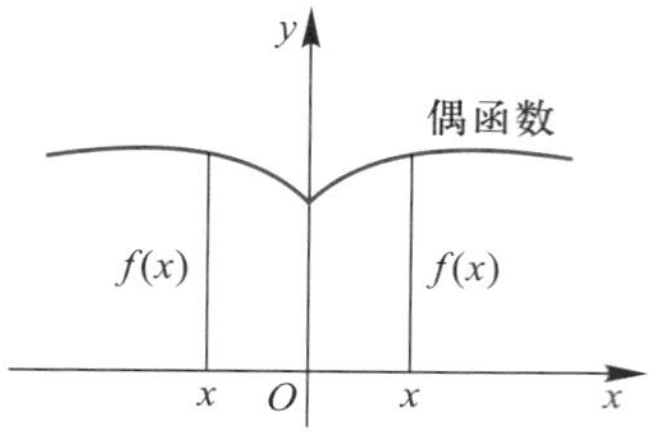

图 2-18

图 2-19

请读者思考：设 $f(x)$ 为奇函数，$a \neq 0$，问 $f(x) + a$ 是奇函数吗？如果 $f(x)$ 为偶函数，结论又会怎样？

例 2　证明 $f(x) = \lg(x + \sqrt{x^2 + 1})$ 在 $(-\infty, +\infty)$ 上是奇函数.

偶函数

证明
$$f(-x) = \lg\left(-x + \sqrt{(-x)^2 + 1}\right)$$
$$= \lg \frac{\left(\sqrt{x^2 + 1} - x\right)\left(\sqrt{x^2 + 1} + x\right)}{\sqrt{x^2 + 1} + x}$$
$$= \lg \frac{1}{x + \sqrt{x^2 + 1}}$$
$$= -\lg\left(x + \sqrt{x^2 + 1}\right) = -f(x).$$

所以 $f(x)$ 是奇函数.

四 函数的周期性

设函数 $y = f(x)$ 在 D 上有定义，如果存在非零常数 a，对于任何 $x \in D$，且 $x + a \in D$，都有
$$f(x + a) = f(x),$$
则称函数 $y = f(x)$ 是周期函数，a 称为周期.

例如对于 $y = \sin x$，2π、4π、6π、$\cdots$ 都是它的周期，2π 是最小正周期.

如果周期函数存在最小正周期，则称此最小正周期为基本周期，简称周期.

例 3　若函数 $y = f(x)$ 以 ω 为周期，试证函数 $y = f(ax)\,(a > 0)$ 以 $\dfrac{\omega}{a}$ 为周期.

周期函数

证明　令 $F(x) = f(ax)$，我们只要证明 $F\left(x + \dfrac{\omega}{a}\right) = F(x)$.

事实上，$F\left(x + \dfrac{\omega}{a}\right) = f\left(a\left(x + \dfrac{\omega}{a}\right)\right) = f(ax + \omega)$. 由于 $f(x)$ 以 ω 为周期，所以有
$$f(ax + \omega) = f(ax),$$
即

$$F\left(x + \frac{\omega}{a}\right) = F(x).$$

也就是 $f(ax)$ 以 $\frac{\omega}{a}$ 为周期.

例如 $\sin 2x$ 的周期是 π，$\cos \frac{1}{2}x$ 的周期是 4π.

习题

25. 判断 $f(x) = \dfrac{x^3 - x}{x^2 + 1}$，$x \in (-\infty, +\infty)$ 的奇偶性.

26. 判断 $f(x) = (1-x)^{\frac{2}{3}} + (1+x)^{\frac{2}{3}}$，$x \in (-\infty, +\infty)$ 的奇偶性.

27. 判断 $f(x) = \lg \dfrac{1-x}{1+x}$，$x \in (-1, 1)$ 的奇偶性.

28. 判断 $f(x) = a^{x^2 - x}$ 的奇偶性.

29. 设函数 $f(x)$，$\varphi(x)$ 均定义在 $(-\infty, +\infty)$ 上，且 $f(x)$ 为偶函数.试证明复合函数 $y = \varphi(f(x))$ 为偶函数.

30. 求 $\sin\left(3x + \dfrac{\pi}{3}\right)$，$\sin \dfrac{1}{3}x$，$\tan 2x$ 的周期.

31. 求函数 $f(x) = |\sin x|$ 的周期.

§4 数列的极限 函数的极限

一 极限方法

例 1 曲边三角形的面积问题.

由曲线 $y = x^2$，$x = 1$ 及 x 轴所围成的图形称为曲边三角形(图 2-20).曲边三角形的面积怎样计算？

将区间 $[0, 1]$ 的长度分成 n 等份，如图 2-20 所示，作一系列内接的小矩形.这些矩形的面积分别为(底×高)

$$\frac{1}{n} \times 0, \quad \frac{1}{n}\left(\frac{1}{n}\right)^2, \quad \frac{1}{n}\left(\frac{2}{n}\right)^2,$$

$$\frac{1}{n}\left(\frac{3}{n}\right)^2, \cdots, \frac{1}{n}\left(\frac{n-1}{n}\right)^2.$$

设曲边三角形的面积为 S，则可近似地求出：

$$S \approx \frac{1}{n}\left(\frac{1}{n}\right)^2 + \frac{1}{n}\left(\frac{2}{n}\right)^2 + \cdots + \frac{1}{n}\left(\frac{n-1}{n}\right)^2,$$

显然，n 越大，这些小矩形面积之和（记作 S_n）越与 S 接近；当 n 无限变大时，这些小矩形面积之和就趋向 S.具体计算如下：

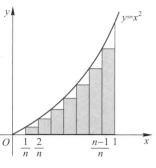

图 2-20

$$\begin{aligned} S_n &= \frac{1}{n}\left(\frac{1}{n}\right)^2 + \frac{1}{n}\left(\frac{2}{n}\right)^2 + \cdots + \frac{1}{n}\left(\frac{n-1}{n}\right)^2 \\ &= \frac{1}{n^3}(1^2 + 2^2 + \cdots + (n-1)^2) \\ &= \frac{1}{n^3} \cdot \frac{n(n-1)(2n-1)}{6} = \frac{1}{6}\left(1 - \frac{1}{n}\right)\left(2 - \frac{1}{n}\right). \end{aligned}$$

可见，当 n 无限变大时，S_n 趋向 $\frac{1}{3}$.这 $\frac{1}{3}$ 就是曲边三角形的面积 S.初学者常认为 $\frac{1}{3}$ 是曲边三角形的面积的近似值.事实上，如图 2-20 也可以用外接小矩形面积之和来考虑.而这些小矩形的面积之和，当 n 无限变大时仍趋向 $\frac{1}{3}$.（读者可试之）.所以 S 确定为 $\frac{1}{3}$.

在解决曲边三角形面积问题中，我们使用了一种方法，即观察 S_n 的变化趋向，也就要分析当 n 无限变大时，S_n 的变化趋向，这种方法称为极限方法.在高等数学里，极限方法是基本方法，它被广泛地使用.由此产生了极限概念.

二 数列的极限

按照某一规则，对每个 $n \in \mathbf{N}^*$（正整数集），对应着一个确定的实数 u_n，这些实数 u_n 按照下标 n 从小到大排列得到的一个序列

$$u_1, u_2, u_3, \cdots, u_n, \cdots$$

叫做数列，简记为数列 $\{u_n\}$.数列 $\{u_n\}$ 中每一个数叫做数列的项，第 n 项 u_n 叫做数列的一般项.

我们先来观察两个数列的极限：第一个数列 $\{u_n\}$ 是

$$\{u_n\} = \left\{1 - \frac{1}{n}\right\}: 0, \frac{1}{2}, \frac{2}{3}, \frac{3}{4}, \frac{4}{5}, \cdots, 1 - \frac{1}{n}, \cdots.$$

当 n 无限变大时,它趋向于 1;第二个数列 $\{u_n\}$ 是

$$\{u_n\} = \left\{1 + \frac{(-1)^n}{n}\right\} : 0, 1 + \frac{1}{2}, 1 - \frac{1}{3}, 1 + \frac{1}{4}, 1 - \frac{1}{5}, \cdots,$$

$$1 + \frac{(-1)^n}{n}, \cdots.$$

当 n 无限变大时,它趋向于 1.这两个数列的变化过程是不同的,但它们的趋向都是 1.那么数 1 与数列之间本质的联系是什么呢? 可以这样讲,它们的本质是:"当 n 无限变大时,u_n 与 1 无限接近."所谓无限接近是指 $|u_n - 1|$ 可以任意地小,即要它 多么小就会多么小,如果用 ε 表示任意小的正数,那么数列 $\{u_n\}$ 趋向于 1 可表示 为:当 n 无限变大时,恒有

$$|u_n - 1| < \varepsilon.$$

一般地可以定义如下:

定义 1　如果当 n 无限变大时,u_n 与常数 A 之差的绝对值小于 ε(ε 为任意 小的正数),即

$$|u_n - A| < \varepsilon,$$

则常数 A 称为数列 $\{u_n\}$ 当 n 趋向无穷大时的极限,或称数列 $\{u_n\}$ 收敛于 A,记作

$$\lim_{n \to \infty} u_n = A, \quad \text{或} \quad u_n \to A(n \to +\infty).$$

如果数列 $\{u_n\}$ 没有极限,则称数列 $\{u_n\}$ 发散.

数列 $\{u_n\}$ 极限的几何意义:如果把数列 $\{u_n\}$ 中每一项都用数轴上的点来表示, 那么数列 $\{u_n\}$ 以 A 为极限的几何意义可表述为:当 n 无限变大时,数列 $\{u_n\}$ 所对应 的点都落在点 A 的 ε 邻域内,直观一点讲:当 n 无限变大时,由于 ε 是任意小,数列 $\{u_n\}$ 所对应的点密集地落在点 A 的邻域内(图 2-21).

如果用平面直角坐标系中点 (n, u_n) 表示数列第 n 项,那么数列 $\{u_n\}$ 以 A 为极 限的几何意义可表述为:当 n 无限变大时,数列 $\{u_n\}$ 所对应的点都会靠近在直线 $y = A$ 的上下(图 2-22),且越来越靠近.

为了使读者正确认识极限,下面举一些数列 $\{u_n\}$ 趋向于 A 的几种典型情况:

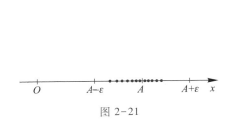

图 2-21

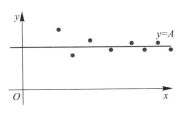

图 2-22

数列 $\{u_n\} = \left\{ 1 - \dfrac{1}{n} \right\}$,当 $n \to \infty$ 时,u_n 是小于 1 而趋向于 1.见图 2-23(a).

数列 $\{u_n\} = \left\{ 1 + \dfrac{1}{n} \right\}$,当 $n \to \infty$ 时,u_n 是大于 1 而趋向于 1.见图 2-23(b).

数列 $\{u_n\} = \left\{ 1 + \dfrac{(-1)^n}{n} \right\}$,当 $n \to \infty$ 时,u_n 是忽大于 1,忽小于 1 而趋向于 1.见图 2-23(c).

数列 $\{u_n\} = \left\{ 1 + \dfrac{\sin \dfrac{n\pi}{2}}{n} \right\}$,当 $n \to \infty$ 时,u_n 是忽大于 1,忽小于 1,忽等于 1 而趋向于 1.见图 2-23(d).

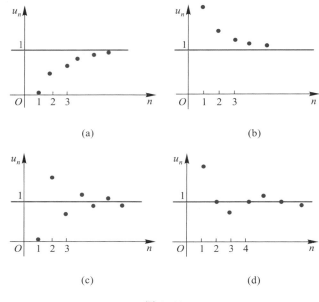

图 2-23

由此可以看出几点,(1) 数列 $\{u_n\} \to A$ 不仅有大于 A 或小于 A 趋向于 A,而且有忽大于 A,忽小于 A 而趋向于 A 的情况;(2) 数列 $\{u_n\} \to A$ 过程中甚至还会有等于 A 的情况.因此对于数列 $\{u_n\} \to A$ 认为总是大于 A 或小于 A 而趋向于 A 的认识是不全面的.

下面我们举几个极限不存在的例子.

数列 $\{u_n\} = \{n^2\}:1^2,2^2,3^2,4^2,\cdots,n^2,\cdots$,当 n 无限变大时,数列 $\{u_n\}$ 不趋向于一个确定数,所以数列 $\{u_n\} = \{n^2\}$ 是发散的.

数列 $\{u_n\} = \{(-1)^n\}:-1,1,-1,1,-1,\cdots,(-1)^n,\cdots$,这个数列也没有一个确定的趋向,所以数列 $\{u_n\} = \{(-1)^n\}$ 是发散的.

函数的极限

1.当 $x \to \infty$ 时,函数 $f(x)$ 的极限

先来看一个例子.设 $f(x)=1+\dfrac{1}{x}$,容易看出,当 x 无限变大时,$f(x)$ 趋于 1.对于这种极限应怎样下定义呢? 对比数列 $\{u_n\}$ 的极限的定义,不难看出,这里 x 相当于数列中 n 的地位,不同的是 x 是"连续地"变化,但它们的本质是一样的.因而,可定义如下:

> **定义 2**　如果当 x 无限变大时,恒有
> $$|f(x)-A|<\varepsilon$$
> (ε 是任意小的正数),则称常数 A 为函数 $f(x)$ 当 x 趋向正无穷大时的极限,记作
> $$\lim_{x \to +\infty} f(x)=A,\ \text{或}\ f(x) \to A(x \to +\infty).$$

类似地可以定义当 x 趋向负无穷大时函数 $f(x)$ 的极限定义.

> **定义 3**　如果当 $-x$ 无限变大时,恒有
> $$|f(x)-A|<\varepsilon$$
> (ε 为任意小的正数),则称常数 A 为函数 $f(x)$ 当 x 趋向负无穷大时的极限,记作
> $$\lim_{x \to -\infty} f(x)=A,\ \text{或}\ f(x) \to A(x \to -\infty).$$
>
> 当 $x \to +\infty$ 时,$f(x) \to A$,同时当 $x \to -\infty$ 时,$f(x)$ 也趋向于 A.这时记作
> $$\lim_{x \to \infty} f(x)=A.$$

2.当 $x \to x_0$ 时,函数 $f(x)$ 的极限

以上讲了 $x \to +\infty$,$x \to -\infty$ 和 $x \to \infty$ 的情形.下面来介绍当 x 无限接近 x_0 时,函数 $f(x)$ 无限接近于常数 A 的情形.例如当 x 无限接近 1 时,函数 $f(x)=\dfrac{x^2-1}{x-1}$ 就无限接近于 2.对这类极限如何下定义? 显然,$f(x)$ 无限接近于常数 A,仍可用 ε 来描述,即用
$$|f(x)-A|<\varepsilon.$$

> **定义 4**　如果当 x 无限地接近于 x_0 时(除 x_0 外),恒有
> $$|f(x)-A|<\varepsilon$$
> (ε 是任意小的正数),则称常数 A 为函数 $f(x)$ 当 x 趋向于 x_0 时的极限,记作
> $$\lim_{x \to x_0} f(x)=A,\ \text{或}\ f(x) \to A(\text{当}\ x \to x_0).$$

定义中 x 无限趋近于 x_0 是除去 $x = x_0$ 的,即不考虑 $f(x)$ 在点 x_0 处的情况的(无论在点 x_0 是有定义或无定义).要是考虑点 x_0 的情况,就会把该有极限的情况变为没有极限.例如上面的例子

$$\lim_{x \to 1} \frac{x^2 - 1}{x - 1}$$

就没有极限了.因为 $x = 1$ 时,函数无定义.由此可见不考虑函数 $f(x)$ 在点 x_0 的情况会使极限定义的适用范围更为广泛.

$\lim\limits_{x \to x_0} f(x) = A$ 的几何意义:当 x 无限地趋向于 x_0 时,曲线 $y = f(x)$ 上对应的点与点 (x_0, A) 无限地接近(图 2-24).

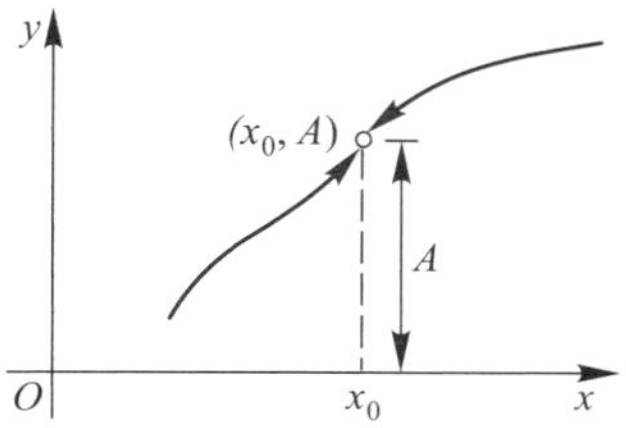

显然有:$\lim\limits_{x \to x_0} x = x_0$,$\lim\limits_{x \to x_0} c = c$（$c$ 为常数）.

例 2 观察当 $x \to 2$ 时,函数 $f(x) = 3x + 1$ 的极限是多少?

解 当 $x \to 2$ 时,$3x \to 6$,从而知道 $f(x) = 3x + 1 \to 7$,即

图 2-24

$$\lim_{x \to 2} (3x + 1) = 7.$$

有时只需考虑 x 大于 x_0 而趋向于 x_0(记作 $x \to x_0^+$)或 x 小于 x_0 而趋向于 x_0(记作 $x \to x_0^-$)时,函数 $f(x)$ 以 A 为极限的情形.前者称 A 是函数 $f(x)$ 在 x_0 的右极限,记作

$$\lim_{x \to x_0^+} f(x) = A,$$

后者称 A 是函数 $f(x)$ 在 x_0 的左极限,记作

$$\lim_{x \to x_0^-} f(x) = A.$$

例如函数 $f(x) = \sqrt{x}$,当 x 趋向于 0 时,只能考虑 $x \to 0^+$ 的情形.显然 $\lim\limits_{x \to 0^+} \sqrt{x} = 0$.这是说函数 $\sqrt{x}$ 在点 0 以 0 为右极限.

显然,当 $x \to x_0$ 时,函数 $f(x)$ 以 A 为极限的充要条件是当 $x \to x_0^+$ 与 $x \to x_0^-$ 时,函数 $f(x)$ 均以 A 为极限.

为了更好地理解极限,再举一些极限不存在的典型情形.图 2-25 列出了极限不存在的三种情况:(a)是当 $x \to 0$ 时,左右极限存在而不相等;(b)是当 $x \to 0$ 时,$f(x)$ 的值总在 1 与 -1 之间无穷次振荡而不趋向于确定的值;(c)是当 $x \to 0$ 时,函数 $|f(x)|$ 无限变大的情形.

最后,我们介绍一个定理.

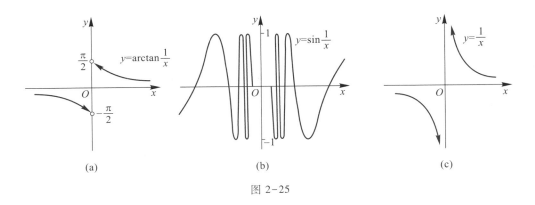

图 2-25

简言之,有极限的函数必有界.

证明 以 $x \to \infty$ 为例,已知 $\lim\limits_{x \to \infty} f(x) = A$,即当 $|x|$ 无限变大时,恒有 $|f(x) - A| < \varepsilon$. 又

$$|f(x)| = |f(x) - A + A| \leq |f(x) - A| + |A|.$$

从而有

$$|f(x)| < |A| + \varepsilon.$$

即 $f(x)$ 有界.

习题

观察下列第 32—39 题中有无极限,如有极限请指出其极限值.

32. 数列 $u_n = \dfrac{(-1)^n}{n}$.

33. 数列 $u_n = \dfrac{2^n + (-1)^n}{2^n}$.

34. 数列 $u_n = n \sin \dfrac{n\pi}{2}$.

35. 数列 $u_n = \begin{cases} 1, & n \text{ 为偶数,} \\ \dfrac{1}{n}, & n \text{ 为奇数.} \end{cases}$

36. 数列 $u_n = \dfrac{\cos \dfrac{n\pi}{2}}{n}$.

37. 数列 $u_n = \dfrac{1}{2^n}$.

38. $\lim\limits_{x \to 2} (x+3)$.

39. $\lim\limits_{x \to \infty} \dfrac{1}{x}$.

40. 观察当 $x \to -1$ 时,函数 $f(x) = 3x^2 + x + 1$ 的极限是多少?

41. 观察当 $x \to 0$ 时,函数 $f(x) = x \sin \dfrac{1}{x}$ 的极限是多少?

§5 无穷小量与无穷大量 无穷小量的运算

一 无穷小量

无穷小量是不是零? 零是不是无穷小量? 这个问题在数学发展史上曾有过模糊不清的阶段,即有人将无穷小量既作为零又不作为零来处理,却又未指出在什么条件下可以作为零,什么条件下不能作为零.因此,引起当时数学界的大争论,直到 19 世纪,才把这个问题彻底搞清楚.

究竟什么叫无穷小量呢? 先来看几个例子.函数 $f(x)=x^2$,当 $x\to0$ 时,有 $x^2\to0$,这时,我们称当 $x\to0$ 时,函数 $f(x)=x^2$ 是无穷小量.又如函数 $f(x)=\dfrac{1}{x}$,当 $x\to\infty$ 时,有 $\dfrac{1}{x}\to0$,这时,我们称当 $x\to\infty$ 时,函数 $f(x)=\dfrac{1}{x}$ 是无穷小量.由此可见无穷小量是指以 0 为极限的函数.

> **定义 1** 如果在 x 的某种趋向下,函数 $f(x)$ 以零为极限,则称在 x 的这种趋向下,函数 $f(x)$ 是无穷小量.

也可以这样叙述:如果在 x 的某种趋向下,函数 $f(x)$ 的绝对值可以任意小,则称在 x 的这种趋向下 $f(x)$ 是无穷小量.

由此,可以回答上面提出的第一个问题.无穷小量不一定是零,它是趋向于零的一种函数.又如函数 $f(x)=0$,显然,它的极限为 0,所以零作为函数来讲,它是无穷小量,这就回答了上面提到的第二个问题.

要注意,讲一个函数是无穷小量,必须指出其自变量变化趋向,例如讲 $f(x)=\dfrac{1}{x}$ 是无穷小量是没有意义的,必须讲当 $x\to\infty$ 时,函数 $f(x)=\dfrac{1}{x}$ 是无穷小量.另外切不可将一个很小的正数与无穷小量混为一谈.因为很小的一个正数不管在 x 的什么趋向下,它总不会趋向于 0.

> **定理 1** 若在 x 某种趋向下,函数 $f(x)$ 以 A 为极限的充要条件是 $f(x)=A+\alpha(x)$,其中 $\alpha(x)$ 是无穷小量.

这个定理是显然的.证明从略.

二 无穷大量

定义 2   如果在 x 的某种趋向下,函数 $f(x)$ 的绝对值可以任意地大,则在 x 的这种趋向下,称函数 $f(x)$ 是无穷大量,记作 $\lim f(x) = \infty$.

记号
$\lim f(x)$ 是在 x 的各种趋向下极限的简记.

例如,当 $x \to 0$ 时,函数 $f(x) = \dfrac{1}{x}$ 是无穷大量,即 $\lim\limits_{x \to 0} \dfrac{1}{x} = \infty$,又如当 $x \to \infty$ 时,函数 x^2 是无穷大量,即 $\lim\limits_{x \to \infty} x^2 = \infty$.

要注意,无穷大量并不是一个很大的正数,因为很大的一个正数总不能大于任意大的正数.另外,在这里借用了极限记号,它并不表示极限存在,而恰恰相反,无穷大量是表示极限不存在.

简略地讲,无穷大量是函数的绝对值可以任意变大的函数.

在 x 的某种趋向下,如果函数 $f(x) \to 0$,显然,$\dfrac{1}{f(x)}(f(x) \neq 0)$ 的绝对值可以任意地大,即 $\lim \dfrac{1}{f(x)} = \infty$.反之,如果 $f(x) \to \infty$,显然 $\dfrac{1}{f(x)}$ 趋向于 0,于是得到如下的两个定理.

定理 2   若 $\lim f(x) = \infty$,则 $\lim \dfrac{1}{f(x)} = 0$.

定理 3   若 $\lim f(x) = 0(f(x) \neq 0)$,则 $\lim \dfrac{1}{f(x)} = \infty$.

例如 $\lim\limits_{x \to 0} x^2 = 0$,由定理 3 知 $\lim\limits_{x \to 0} \dfrac{1}{x^2} = \infty$;又如 $\lim\limits_{x \to 1}(x-1) = 0$,则由定理 3 知 $\lim\limits_{x \to 1} \dfrac{1}{x-1} = \infty$;容易看出 $\lim\limits_{x \to +\infty} e^x = +\infty$,则由定理 2 知 $\lim\limits_{x \to +\infty} e^{-x} = 0$.

三 无穷小量的运算

定理 4   若 $\lim \alpha(x) = 0$,$\lim \beta(x) = 0$,则
$$\lim[\alpha(x) + \beta(x)] = 0.$$

证明   以 $x \to +\infty$ 为例.要证的是,对任意小的正数 ε,当 x 无限变大时,恒有

$$|\alpha(x) + \beta(x)| < \varepsilon.$$

已知当 x 无限变大时,恒有 $|\alpha(x)| < \varepsilon$,$|\beta(x)| < \varepsilon$.又因为

$$|\alpha(x) + \beta(x)| \leqslant |\alpha(x)| + |\beta(x)|,$$

所以

$$|\alpha(x) + \beta(x)| < 2\varepsilon.$$

由于 ε 的任意性,因而 2ε 是可以任意.所以证得

$$\lim[\alpha(x) + \beta(x)] = 0.$$

推论 有限个无穷小量之和仍为无穷小量.

定理 5 若 $\lim\alpha(x) = 0$,$f(x)$ 为有界函数,则 $\lim\alpha(x)f(x) = 0$.

证明 以 $x \to +\infty$ 为例.要证的是对任意小的正数 ε,当 x 无限变大时,恒有 $|\alpha(x)f(x)| < \varepsilon$.

已知当 x 无限变大时,恒有 $|\alpha(x)| < \varepsilon$.又 $f(x)$ 有界,即存在正数 M,有 $|f(x)| \leqslant M$.这样有

$$|\alpha(x)f(x)| = |\alpha(x)||f(x)| < M\varepsilon.$$

由于 ε 的任意性,因而 $M\varepsilon$ 是可以任意.所以证得

$$\lim\alpha(x)f(x) = 0.$$

推论 若 $\lim f(x) = A$,$\lim \alpha(x) = 0$,则

$$\lim \alpha(x)f(x) = 0.$$

事实上,有极限的函数必有界(在 x 的给定趋向下),从而得出推论.

定理 6 若 $\lim f(x) = A \neq 0$,$\lim \alpha(x) = 0$,则

$$\lim \frac{\alpha(x)}{f(x)} = 0.$$

证明从略.

习题

指出第 42—48 题中哪些是无穷小量、无穷大量,或是别的什么?

42. $f(x) = \dfrac{x-2}{x}$,当 $x \to 0$ 时.

43. $f(x)=\lg x$,当 $x\to 0^+$ 时.

44. $f(x)=10^{\frac{1}{x}}$,当 $x\to 0^+$ 时.

45. $f(x)=10^{\frac{1}{x}}$,当 $x\to 0^-$ 时.

46. $f(x)=1-10^{\frac{1}{x}}$,当 $x\to\infty$ 时.

47. $f(x)=\sin\dfrac{1+x}{x}$,当 $x\to 0$ 时.

48. $f(x)=\dfrac{1}{\lg x}$,当 $x\to +\infty$ 时.

说明第 49—51 题是无穷小量的理由.

49. $\lim\limits_{x\to 0}x\cos\dfrac{1}{x^2}=0.$

50. $\lim\limits_{x\to\infty}\dfrac{\arctan x}{x}=0.$

51. $\lim\limits_{x\to 0}x\left(1-\sin\dfrac{1}{x}\right)=0.$

§6 极限运算法则

这一节介绍如何求极限.

> **定理** 设 $\lim f(x)=A$,$\lim g(x)=B$,则
>
> （1）$\lim[f(x)+g(x)]=\lim f(x)+\lim g(x)=A+B.$
>
> （2）$\lim[f(x)g(x)]=\lim f(x)\lim g(x)=A\cdot B.$
>
> 若 $g(x)=C$（常数）,则 $\lim[Cf(x)]=C\lim f(x)=CA.$
>
> （3）$\lim\dfrac{f(x)}{g(x)}=\dfrac{\lim f(x)}{\lim g(x)}=\dfrac{A}{B}(B\neq 0).$

简言之,若 $f(x)$,$g(x)$ 的极限均存在,则和的极限等于极限的和;乘积的极限等于极限的乘积;商的极限等于极限的商(分母的极限不为 0).此定理称为极限的四则运算法则.

证明 因为 $\lim f(x)=A$,$\lim g(x)=B$.利用 §5 定理 1,它们可以分别写为

$$f(x)=A+\alpha(x),$$

$$g(x)=B+\beta(x),$$

其中 $\alpha(x)$ 与 $\beta(x)$ 均为无穷小量,则有

（1）$f(x)+g(x)=A+B+[\alpha(x)+\beta(x)]$. 即 $f(x)+g(x)$ 表示为常数 $A+B$ 与无穷小量 $(\alpha(x)+\beta(x))$ 之和（根据 §5 定理 4,知 $\alpha(x)+\beta(x)$ 仍为无穷小量）. 所以, $f(x)+g(x)$ 以 $A+B$ 为极限,即

$$\lim [f(x)+g(x)] = A+B = \lim f(x) + \lim g(x).$$

（2）$f(x)g(x)=AB+A\beta(x)+B\alpha(x)+\alpha(x)\beta(x)$.

根据 §5 定理 5 及其推论,可知 $A\beta(x)$, $B\alpha(x)$, $\alpha(x)\beta(x)$ 均为无穷小量. 因而它们的和也是无穷小量. 这就是说 $f(x)g(x)$ 表示为常数 AB 与一个无穷小量之和,所以

$$\lim f(x)g(x) = AB = \lim f(x) \lim g(x).$$

（3）的证明从略.

设

$$P(x) = a_0 x^n + a_1 x^{n-1} + \cdots + a_{n-1} x + a_n,$$

其中 $a_0, a_1, \cdots, a_n$ 是常数,n 为正整数,则

$$\lim_{x \to x_0} P(x) = P(x_0),$$

即

$$\lim_{x \to x_0} (a_0 x^n + a_1 x^{n-1} + \cdots + a_{n-1} x + a_n)$$
$$= a_0 x_0^n + a_1 x_0^{n-1} + \cdots + a_{n-1} x_0 + a_n. \qquad ①$$

设

$$P(x) = a_0 x^n + a_1 x^{n-1} + \cdots + a_{n-1} x + a_n,$$
$$Q(x) = b_0 x^m + b_1 x^{m-1} + \cdots + b_{m-1} x + b_m,$$

且 $Q(x_0) \neq 0$,则

$$\lim_{x \to x_0} \frac{P(x)}{Q(x)} = \frac{P(x_0)}{Q(x_0)}. \qquad ②$$

根据定理 1 以及 $\lim_{x \to x_0} x = x_0$, $\lim_{x \to x_0} c = c$, c 为常数,容易推出公式 ① 及 ②. 公式 ① 说明当 $x \to x_0$ 时,多项式 $P(x)$ 的极限就等于多项式 $P(x)$ 在 x_0 处的值. 公式 ② 说明当 $x \to x_0$ 且 $Q(x_0) \neq 0$ 时,两个多项式商的极限等于它们各自在 x_0 处的函数值的商.

例 1　求 $\lim\limits_{x \to 2} (3x^2 - x + 5)$.

解　因为 $3x^2 - x + 5$ 是多项式,所以当 $x \to 2$ 时的极限等于它在 $x = 2$ 处的值,即

$$\lim_{x \to 2} (3x^2 - x + 5) = 15.$$

例 2　求 $\lim\limits_{x \to 1} \dfrac{x^2 + 2x + 3}{x^3 - x + 5}$.

解　因为是两个多项式商的极限,且分母在 $x_0 = 1$ 时不等于 0,所以这个极限等于两个多项式在 $x_0 = 1$ 处值的商,即

$$\lim_{x \to 1} \frac{x^2 + 2x + 3}{x^3 - x + 5} = \frac{6}{5}.$$

例 3　求 $\lim\limits_{x \to -1} \dfrac{x-1}{x+1}$.

解　下面的计算过程是错误的.

$$\lim_{x \to -1} \frac{x-1}{x+1} = \frac{\lim\limits_{x \to -1}(x-1)}{\lim\limits_{x \to -1}(x+1)} = \infty.$$

因为分母的极限为 0,不能用定理 1,正确做法是

因为

$$\lim_{x \to -1} \frac{x+1}{x-1} = \frac{\lim\limits_{x \to -1}(x+1)}{\lim\limits_{x \to -1}(x-1)} = \frac{0}{-2} = 0,$$

根据无穷小量的倒数是无穷大量的定理,得

$$\lim_{x \to -1} \frac{x-1}{x+1} = \infty.$$

注意　求极限时,必须注意每一步骤的根据,否则会出现类似于例 3 中的错误.

例 4　求 $\lim\limits_{x \to 1} \dfrac{x^2-1}{x-1}$.

解　求极限前一般先观察,然后再动手计算.此题的分子是无穷小量,分母也是无穷小量.所以不能直接利用极限运算法则,而应按下法计算.

$$\lim_{x \to 1} \frac{x^2-1}{x-1} = \lim_{x \to 1} \frac{(x-1)(x+1)}{x-1} \overset{①}{=\!=\!=} \lim_{x \to 1}(x+1) \overset{②}{=\!=\!=} 2.$$

每一步的理由如下:① 步是因为 $x \to 1$ 而不考虑 $x = 1$,因而可消去非零公共因子 $(x-1)$,这一步叫消去"零因子";② 步是根据多项式求极限的公式(1).

分子、分母的极限均为 0 的情形是经常遇到的,我们把它记作"$\dfrac{0}{0}$"型.对于这种类型极限,通常想办法消去公共的"零因子".

例 5　求 $\lim\limits_{x \to -3} \dfrac{x^2-9}{x^2+7x+12}$.

解

$$\lim_{x \to -3} \frac{x^2-9}{x^2+7x+12} = \lim_{x \to -3} \frac{(x+3)(x-3)}{(x+3)(x+4)}$$

$$= \lim_{x \to -3} \frac{x-3}{x+4} = -6.$$

这是 "$\dfrac{0}{0}$" 型,设法消去 "零因子".

例 6　求 $\lim\limits_{x \to \infty} \dfrac{3x^3+x}{x^3+1}$.

分子、分母均为无穷大量时,记作 "$\dfrac{\infty}{\infty}$".这类题型不能直接利用极限运算法则,

对于 "$\dfrac{\infty}{\infty}$" 型的极限,如果分子、分母均为 x 的多项式,则可用它们中的 x 最高次幂同除分子与分母.

计算讲解

极限运算法则

例 7 讲解

可使用下法求解.

解
$$\lim_{x\to\infty}\frac{3x^3+x}{x^3+1}=\lim_{x\to\infty}\frac{\dfrac{3x^3+x}{x^3}}{\dfrac{x^3+1}{x^3}}=\lim_{x\to\infty}\frac{3+\dfrac{1}{x^2}}{1+\dfrac{1}{x^3}}=\frac{\lim\limits_{x\to\infty}\left(3+\dfrac{1}{x^2}\right)}{\lim\limits_{x\to\infty}\left(1+\dfrac{1}{x^3}\right)}=3.$$

例 6 的方法推广到一般可得如下的结果:

$$\lim_{x\to\infty}\frac{a_0x^m+a_1x^{m-1}+\cdots+a_m}{b_0x^n+b_1x^{n-1}+\cdots+a_n}=\begin{cases}\dfrac{a_0}{b_0},&\text{当 } m=n,b_0\neq0,\\[2mm]0,&\text{当 } m<n,\\[2mm]\infty,&\text{当 } m>n.\end{cases}$$

例 7 求 $\lim\limits_{x\to1}\left(\dfrac{1}{x-1}-\dfrac{2}{x^2-1}\right)$.

解 这是 "$\infty-\infty$" 型.不能直接用极限运算法则.一般处理的方法是通分.

$$\lim_{x\to1}\left(\frac{1}{x-1}-\frac{2}{x^2-1}\right)=\lim_{x\to1}\frac{x+1-2}{x^2-1}$$
$$=\lim_{x\to1}\frac{x-1}{x^2-1}=\lim_{x\to1}\frac{1}{x+1}=\frac{1}{2}.$$

求极限方法小结:

(1) 设 $P(x)$ 为多项式,则 $\lim\limits_{x\to x_0}P(x)=P(x_0)$.

(2) 设 $P(x),Q(x)$ 均为多项式,且 $Q(x_0)\neq0$,则

$$\lim_{x\to x_0}\frac{P(x)}{Q(x)}=\frac{P(x_0)}{Q(x_0)}.$$

(3) 若 $f(x)\to0,g(x)\to A\neq0$,则 $\lim\dfrac{g(x)}{f(x)}=\infty$.

(4) 若 $\lim\dfrac{g(x)}{f(x)}$ 为 "$\dfrac{0}{0}$" 型时,用因式分解找出 "零因子".

(5) 若 $P(x)=a_0x^n+a_1x^{n-1}+\cdots+a_{n-1}x+a_n$,

$Q(x)=b_0x^m+b_1x^{m-1}+\cdots+b_{m-1}x+b_m(a_0\neq0,b_0\neq0)$,

则
$$\lim_{x\to\infty}\frac{P(x)}{Q(x)}=\begin{cases}\dfrac{a_0}{b_0},&\text{当 } n=m \text{ 时},\\[2mm]0,&\text{当 } n<m \text{ 时},\\[2mm]\infty,&\text{当 } n>m \text{ 时}.\end{cases}$$

(6) 若 $\alpha(x)\to0,f(x)$ 有界,则 $\lim\alpha(x)f(x)=0$.

（7）若 $\lim [f(x)-g(x)]$ 为"$\infty-\infty$"型时，一般是通分或有理化后再处理.

习题

求下列各题的极限.

52. $\displaystyle\lim_{x\to 2}\frac{x^2+5}{x^2-3}$.

53. $\displaystyle\lim_{x\to 3}\frac{x+3}{x-3}$.

54. $\displaystyle\lim_{x\to 1}\frac{x^2-2x+1}{x^3-x}$.

55. $\displaystyle\lim_{x\to -2}\frac{x^3+3x^2+2x}{x^2-x-6}$.

56. $\displaystyle\lim_{x\to +\infty}\frac{1-x-x^3}{x+x^3}$.

57. $\displaystyle\lim_{x\to\infty}\frac{x^2+x-1}{3x^3+1}$.

58. $\displaystyle\lim_{x\to\infty}\frac{x^2+4x+5}{x+1}$.

59. $\displaystyle\lim_{x\to 1}\left(\frac{1}{1-x}-\frac{3}{1-x^3}\right)$.

60. $\displaystyle\lim_{x\to\infty}\left(\frac{x^3}{2x^2-1}-\frac{x^2}{2x+1}\right)$.

61. $\displaystyle\lim_{x\to 1}\frac{x^m-1}{x^n-1}$ （m,n 为正整数）.

62. $\displaystyle\lim_{x\to\infty}\frac{\sin x}{x}$.

63. $\displaystyle\lim_{x\to 0}x\sin\frac{1}{x}$.

64. $\displaystyle\lim_{n\to\infty}\left(\frac{1+2+3+\cdots+n}{n+2}-\frac{n}{2}\right)$.

§7　两个重要极限

一　夹逼定理

定理 1　设 $\lim F(x)=A$，$\lim G(x)=A$，且
$$G(x)\leqslant f(x)\leqslant F(x),$$
则
$$\lim f(x)=A.$$

证明　以 $x\to +\infty$ 为例，因为 $\displaystyle\lim_{x\to +\infty}F(x)=A$，$\displaystyle\lim_{x\to +\infty}G(x)=A$，即对任意小的正数 ε，当 x 无限变大时，恒有

$$|G(x) - A| < \varepsilon, |F(x) - A| < \varepsilon,$$

从而有

$$A - \varepsilon < G(x) < A + \varepsilon, A - \varepsilon < F(x) < A + \varepsilon.$$

又因为 $G(x) \leqslant f(x) \leqslant F(x)$，所以有

$$A - \varepsilon < G(x) \leqslant f(x) \leqslant F(x) < A + \varepsilon,$$

即

$$|f(x) - A| < \varepsilon.$$

证得 $\lim f(x) = A.$

 重要极限 $\lim\limits_{x \to 0} \dfrac{\sin x}{x} = 1$

作单位圆(图 2-26)，取圆心角 $\angle AOB = 2x$，因为 $x \to 0$，不妨假设 $0 < x < \dfrac{\pi}{2}$. 由

图 2-26，得 $\triangle OAB$ 面积<扇形 $OAEB$ 面积<$\triangle OCD$ 面积，即

$$\sin x \cos x < x < \tan x,$$

$$\cos x < \frac{x}{\sin x} < \frac{1}{\cos x},$$

$$\frac{1}{\cos x} > \frac{\sin x}{x} > \cos x,$$

当 x 为负值时上式仍成立.

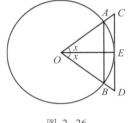

图 2-26

现在证 $\lim\limits_{x \to 0} \cos x = 1$. 因为 $\cos x = 1 - 2\sin^2 \dfrac{x}{2}$，则

$$\left| \cos x - 1 \right| = 2 \left| \sin^2 \frac{x}{2} \right| \leqslant \frac{x^2}{2},$$

而 $\lim\limits_{x \to 0} \dfrac{x^2}{2} = 0$，由此得

$$\lim_{x \to 0} \cos x = 1.$$

这样就有 $\lim\limits_{x \to 0} \dfrac{1}{\cos x} = 1$，从而根据夹逼定理，证得

$$\lim_{x \to 0} \frac{\sin x}{x} = 1. \qquad\qquad ①$$

例 1   求 $\lim\limits_{x \to 0} \dfrac{\tan x}{x}$.

分析   这个极限是"$\dfrac{0}{0}$"型，且含有三角函数 $\tan x$，要想使用公式①，就要化为 $\dfrac{\sin x}{x}$ 形式.

 这是重要极限，读者应把它记住.什么情况下可以考虑使用此公式呢? 第一，极限是"$\dfrac{0}{0}$"型;第二，式中带有三角函数.

例 1 讲解

解　$\lim\limits_{x\to 0}\dfrac{\tan x}{x}=\lim\limits_{x\to 0}\dfrac{1}{\cos x}\cdot\dfrac{\sin x}{x}=\lim\limits_{x\to 0}\dfrac{1}{\cos x}\cdot\lim\limits_{x\to 0}\dfrac{\sin x}{x}=1.$

例 2　求 $\lim\limits_{x\to 0}\dfrac{\sin 5x}{x}.$

分析　这个极限是"$\dfrac{0}{0}$"型,但它与公式①不同.令 $u=5x$,使之与公式类同.

解　令 $u=5x$,$x=\dfrac{u}{5}$,则当 $x\to 0$ 时,$u\to 0$,

$$\lim\limits_{x\to 0}\dfrac{\sin 5x}{x}=\lim\limits_{u\to 0}\dfrac{\sin u}{\dfrac{u}{5}}=\lim\limits_{u\to 0}5\cdot\dfrac{\sin u}{u}=5.$$

计算时也可省略 u,用下面的计算格式:

$$\lim\limits_{x\to 0}\dfrac{\sin 5x}{x}=\lim\limits_{x\to 0}\left(\dfrac{\sin 5x}{5x}\cdot 5\right)=5\lim\limits_{x\to 0}\dfrac{\sin 5x}{5x}=5.$$

例 3　求 $\lim\limits_{x\to 0}\dfrac{1-\cos x}{x^2}.$

解
$$\lim\limits_{x\to 0}\dfrac{1-\cos x}{x^2}=\lim\limits_{x\to 0}\dfrac{2\sin^2\dfrac{x}{2}}{x^2}$$

$$=\lim\limits_{x\to 0}\left(\dfrac{\sin\dfrac{x}{2}}{\dfrac{x}{2}}\right)^2\cdot\dfrac{1}{2}=\dfrac{1}{2}.$$

例 3 讲解

例 4　求 $\lim\limits_{x\to 0}\dfrac{\cos x-\cos 3x}{x^2}.$

解一
$$\lim\limits_{x\to 0}\dfrac{\cos x-\cos 3x}{x^2}=\lim\limits_{x\to 0}\dfrac{2\sin 2x\sin x}{x^2}$$

$$=\lim\limits_{x\to 0}\left(\dfrac{\sin 2x}{2x}\cdot\dfrac{\sin x}{x}\cdot 4\right)=4.$$

例 4 讲解

解二　也可用例 3 的结果.

$$\lim\limits_{x\to 0}\dfrac{\cos x-\cos 3x}{x^2}=\lim\limits_{x\to 0}\dfrac{\cos x-1+1-\cos 3x}{x^2}$$

$$=\lim\limits_{x\to 0}\left[-\dfrac{1-\cos x}{x^2}+\dfrac{1-\cos 3x}{(3x)^2}\cdot 9\right]$$

$$=-\dfrac{1}{2}+\dfrac{9}{2}=4.$$

例 5　求 $\lim\limits_{x\to 0}\dfrac{\sin x}{\tan x}.$

解
$$\lim_{x \to 0} \frac{\sin x}{\tan x} = \lim_{x \to 0} \left(\frac{\sin x}{x} \cdot \frac{x}{\tan x} \right)$$
$$= \lim_{x \to 0} \left(\frac{\sin x}{x} \cdot \frac{1}{\frac{\tan x}{x}} \right) = 1.$$

例 6 讲解

例 6　求 $\lim\limits_{x \to \pi} \dfrac{\sin x}{\tan x}$.

解　下面做法是错误的,
$$\lim_{x \to \pi} \frac{\sin x}{\tan x} = \lim_{x \to \pi} \left(\frac{\sin x}{x} \cdot \frac{x}{\tan x} \right) = 1.$$

错用了公式.公式 $\dfrac{\sin x}{x} \to 1$ 与 $\dfrac{\tan x}{x} \to 1$ 都是在当 $x \to 0$ 时才成立,而这里是 $x \to \pi$.

正确做法是设一个新的变量,使新变量趋向于 0.为此,令 $t = x - \pi$, $x = \pi + t$,当 $x \to \pi$ 时,$t \to 0$.

$$\lim_{x \to \pi} \frac{\sin x}{\tan x} = \lim_{t \to 0} \frac{\sin(\pi + t)}{\tan(\pi + t)} = \lim_{t \to 0} \frac{-\sin t}{\tan t}$$
$$= \lim_{t \to 0} \left(-\frac{\sin t}{t} \cdot \frac{t}{\tan t} \right) = -1.$$

例 6 的错误做法,引起我们对重要极限的形式的注意.为了强调它的形式,我们不妨把要注意之点用 $\boxed{\times}$ 表示出来.

$$\lim_{\boxed{\times} \to 0} \frac{\sin \boxed{\times}}{\boxed{\times}} = 1,$$

就是说,方框中的变量应该是一样的,而且它要趋向于 0.

三　数列收敛准则

定理 2　单调有界数列必有极限.

单调数列 $\{u_n\}$ 是指

单调增数列
$$u_1 \leqslant u_2 \leqslant u_3 \leqslant \cdots \leqslant u_{n-1} \leqslant u_n \leqslant \cdots$$

与单调减数列

$$u_1 \geqslant u_2 \geqslant u_3 \geqslant \cdots \geqslant u_{n-1} \geqslant u_n \geqslant \cdots$$

之统称.这个定理我们不作证明了,只从几何上作一个说明.事实上,单调数列 $\{u_n\}$ 在数轴上的对应点只向一个方向移动.单调增数列 $\{u_n\}$ 的对应点不向左移动,单调减数列 $\{u_n\}$ 的对应点不向右移动.这样单调数列的对应点的移动只有两种可能,一种是沿数轴趋向无穷远,另一种是与某点无限接近.有界数列不可能发生前一种情形.所以单调有界数列只能与一个数无限接近.即数列有极限.

下面介绍另一个重要极限,作为定理 2 的应用.

四 重要极限 $\lim\limits_{x \to \infty}\left(1+\dfrac{1}{x}\right)^x = \mathrm{e}$

先讲 $x = n$(正整数)的情形.设数列 $\{u_n\} = \left\{\left(1+\dfrac{1}{n}\right)^n\right\}$. 我们要证数列 $\{u_n\}$ 是单调有界的.为此计算:

$$
\begin{aligned}
u_n = \left(1+\frac{1}{n}\right)^n &= 1 + n\frac{1}{n} + \frac{n(n-1)}{2!}\left(\frac{1}{n}\right)^2 \\
&\quad + \frac{n(n-1)(n-2)}{3!}\frac{1}{n^3} + \cdots \\
&\quad + \frac{n(n-1)(n-2)\cdots(n-(n-1))}{n!}\frac{1}{n^n} \\
&= 1 + 1 + \frac{1}{2!}\left(1-\frac{1}{n}\right) + \frac{1}{3!}\left(1-\frac{1}{n}\right)\left(1-\frac{2}{n}\right) + \cdots \\
&\quad + \frac{1}{n!}\left(1-\frac{1}{n}\right)\left(1-\frac{2}{n}\right)\cdots\left(1-\frac{n-1}{n}\right).
\end{aligned}
$$

类似地可计算

$$
\begin{aligned}
u_{n+1} &= \left(1+\frac{1}{n+1}\right)^{n+1} \\
&= 1 + 1 + \frac{1}{2!}\left(1-\frac{1}{n+1}\right) + \frac{1}{3!}\left(1-\frac{1}{n+1}\right)\left(1-\frac{2}{n+1}\right) + \cdots \\
&\quad + \frac{1}{n!}\left(1-\frac{1}{n+1}\right)\left(1-\frac{2}{n+1}\right)\cdots\left(1-\frac{n-1}{n+1}\right) \\
&\quad + \frac{1}{(n+1)!}\left(1-\frac{1}{n+1}\right)\left(1-\frac{2}{n+1}\right)\cdots\left(1-\frac{n}{n+1}\right).
\end{aligned}
$$

比较 u_n 与 u_{n+1} 的展开式,可知除前两项外,u_n 中的每一项都小于 u_{n+1} 中的对应项,且 u_{n+1} 比 u_n 多了最后的正数项,所以

$$
u_n < u_{n+1},
$$

即数列 $\{u_n\}$ 是单调增的.

再把 u_n 式中每个括号内用 1 代替.则

$$
\begin{aligned}
u_n &\leqslant 1 + 1 + \frac{1}{2!} + \frac{1}{3!} + \frac{1}{4!} + \cdots + \frac{1}{n!} \leqslant 1 + 1 + \frac{1}{2\cdot1} \\
&\quad + \frac{1}{2\cdot2\cdot1} + \frac{1}{2\cdot2\cdot2\cdot1} + \cdots
\end{aligned}
$$

$$+ \underbrace{\frac{1}{2 \cdot 2 \cdot 2 \cdot \cdots \cdot 2 \cdot 1}}_{n-1\text{个}}$$

$$= 1 + 1 + \frac{1}{2} + \frac{1}{2^2} + \frac{1}{2^3} + \cdots + \frac{1}{2^{n-1}}$$

$$= 1 + \frac{1 - \left(\frac{1}{2}\right)^n}{1 - \frac{1}{2}} < 1 + \frac{1}{1 - \frac{1}{2}} = 3.$$

即数列 $\{u_n\}$ 有界.从而知当 $n \to \infty$ 时, $u_n = \left(1 + \dfrac{1}{n}\right)^n$ 的极限存在.其极限值用 e 表示.可以证明 e 是一个无理数.它的值是 2.718 281 828 459 045…,通常取 e ≈ 2.718.

以 e 为底的指数函数及其反函数——对数函数分别记为 e^x 与 $\ln x$.

这又是一个重要的极限,读者应记住它.

可以证明,当 $x \to \infty$ 时, $\left(1 + \dfrac{1}{x}\right)^x$ 也趋向于 e,即

$$\lim_{x \to \infty} \left(1 + \frac{1}{x}\right)^x = e. \qquad ②$$

为了正确使用公式②,我们对它作两点解释:第一点,括号内的变量是趋向于 1 的,指数趋向于 ∞,记作"1^∞"型,以后遇到"1^∞"型极限可考虑使用它;第二点,要注意它的形式,为了强调它的形式,把要注意之点用 $\boxed{\times}$ 表示出来.

$$\lim_{\boxed{\times} \to \infty} \left(1 + \frac{1}{\boxed{\times}}\right)^{\boxed{\times}} = e.$$

方框中的变量应该是一样的,并且这个变量要趋向于无穷大.

例 7 求 $\lim\limits_{x \to \infty} \left(1 + \dfrac{2}{x}\right)^x$.

例 7 讲解

分析 这是"1^∞"型的极限,但它与公式②不完全相同,为了使用公式②,令 $\dfrac{2}{x} = \dfrac{1}{u}$,则 $x = 2u$,代入原式后即与公式②类似:

解 令 $\dfrac{1}{u} = \dfrac{2}{x}$,则 $x = 2u$,当 $x \to \infty$ 时,$u \to \infty$.

$$\lim_{u \to \infty} \left(1 + \frac{2}{x}\right)^x = \lim_{u \to \infty} \left(1 + \frac{1}{u}\right)^{2u}$$

$$= \lim_{x \to \infty} \left[\left(1 + \frac{1}{u}\right)^u\right]^2 = e^2.$$

也可以按下列格式计算:

$$\lim_{x \to \infty}\left(1 + \frac{2}{x}\right)^x = \lim_{x \to \infty}\left[\left(1 + \frac{1}{\frac{x}{2}}\right)^{\frac{x}{2}}\right]^2 = e^2.$$

例 8　求 $\lim\limits_{x \to 0}(1+x)^{\frac{1}{x}}$.

解　它是"1^∞"型,令 $x = \frac{1}{u}$,则 $u = \frac{1}{x}$,当 $x \to 0$ 时,$u \to \infty$.

$$\lim_{x \to 0}(1 + x)^{\frac{1}{x}} = \lim_{u \to \infty}\left(1 + \frac{1}{u}\right)^u = e.$$

$$\lim_{x \to 0}(1+x)^{\frac{1}{x}} = e.$$

这个结论可以作为公式使用.

例 9 讲解

例 9　求 $\lim\limits_{x \to \infty}\left(1 - \frac{5}{x}\right)^x$.

解　它是"1^∞"型.

$$\lim_{x \to \infty}\left(1 + \frac{1}{-\frac{x}{5}}\right)^x = \lim_{x \to \infty}\left[\left(1 + \frac{1}{-\frac{x}{5}}\right)^{-\frac{x}{5}}\right]^{-5} = e^{-5}.$$

例 10　求 $\lim\limits_{x \to \infty}\left(\frac{2-x}{3-x}\right)^x$.

解　它是"1^∞"型.令

$$\frac{2 - x}{3 - x} = 1 + \frac{1}{u},$$

例 10 讲解

解得 $x = u + 3$,当 $x \to \infty$ 时,$u \to \infty$.

$$\lim_{x \to \infty}\left(\frac{2 - x}{3 - x}\right)^x = \lim_{u \to \infty}\left(1 + \frac{1}{u}\right)^{u+3}$$

$$= \lim_{u \to \infty}\left(1 + \frac{1}{u}\right)^u \cdot \left(1 + \frac{1}{u}\right)^3$$

$$= e \cdot 1 = e.$$

注意　不属于"1^∞"型的极限,不能使用公式②.

习题

计算下列各题的极限.

65. $\lim\limits_{x \to 0}\dfrac{\sin 2x}{x}$.

66. $\lim\limits_{x \to 0}\dfrac{\tan 3x}{\sin 5x}$.

67. $\lim\limits_{x \to 0} x \cdot \csc x$.

68. $\lim\limits_{x \to 0}\dfrac{\tan kx}{x}$　(k 为常数).

69. $\lim\limits_{x \to 0}\dfrac{\sin 5x}{\sin 3x}$.

70. $\lim\limits_{x \to 0^+}\dfrac{x}{\sqrt{1 - \cos x}}$.

71. $\lim\limits_{x \to 0} \dfrac{\tan x - \sin x}{x^3}$.

72. $\lim\limits_{x \to \pi} \dfrac{\sin 3x}{\sin 2x}$.

73. $\lim\limits_{x \to 0} \dfrac{1 - \cos 2x}{x \sin x}$.

74. $\lim\limits_{x \to 0} x \cot 2x$.

75. $\lim\limits_{x \to 0} \dfrac{\tan x (1 - \cos x)}{x \cdot \sin^2 x}$.

76. $\lim\limits_{x \to 1} (1 - x) \tan \dfrac{\pi x}{2}$.

77. $\lim\limits_{x \to \pi} \dfrac{\sin x}{1 - \dfrac{x^2}{\pi^2}}$.

78. $\lim\limits_{x \to \infty} \left(\dfrac{x}{1 + x} \right)^x$.

79. $\lim\limits_{x \to 0} (1 - x)^{\frac{2}{x}}$.

80. $\lim\limits_{x \to \infty} \left(\dfrac{x + 1}{x - 2} \right)^x$.

81. $\lim\limits_{x \to \infty} \left(\dfrac{3 - 2x}{2 - 2x} \right)^x$.

§8 无穷小量的比较

无穷小量都是以零为极限的,大小一样,似乎没有什么可比较的.注意在考虑一个函数的极限时,不仅要注意其极限值,有时还要考虑其变化过程,这种过程往往很重要.无穷小量的比较,就是考察它们在趋向于 0 的过程中的各种变化情况,而这些变化的情况有时相差很大.请看下表,这里列出了函数 $\dfrac{1}{x}$ 与 $\dfrac{1}{x^2}$,当 $x \to +\infty$ 过程中的变化情况.

x	10	100	10 000	$\cdots$	$\to +\infty$
$\dfrac{1}{x}$	0.1	0.01	0.000 1	$\cdots$	$\to 0$
$\dfrac{1}{x^2}$	0.01	0.000 1	0.000 000 01	$\cdots$	$\to 0$

显然 $\dfrac{1}{x}$ 与 $\dfrac{1}{x^2}$ 均趋向于 0,但 $\dfrac{1}{x^2}$ 趋向于 0 要比 $\dfrac{1}{x}$ 趋向于 0 快,所谓无穷小量的比较就是指这种趋向于 0 的"快"与"慢"的比较,用什么办法比较它们之间的"快"与"慢"呢? 自然用它们在变化过程中之比来表述,确切地讲用它们在变化过程中的比值的极限来衡量.两个无穷小量比的极限的情况较为复杂,但大体上可以分为下列四种:

（1）$\lim \dfrac{\alpha(x)}{\beta(x)}=0$；（2）$\lim \dfrac{\alpha(x)}{\beta(x)}=A\neq 0$；（3）$\lim \dfrac{\alpha(x)}{\beta(x)}=\infty$；（4）$\lim \dfrac{\alpha(x)}{\beta(x)}$不存在.

（3）的情形可以化为（1），因为 $\lim \dfrac{\alpha(x)}{\beta(x)}=\infty$，相当于 $\lim \dfrac{\beta(x)}{\alpha(x)}=0$，对于（4）的情形，不予讨论，因而着重讨论（1）与（2）两种情形.对于（1）的情形，可以这样理解：以 $\beta(x)$ 作为单位去度量 $\alpha(x)$ 时，在变量 x 的一定趋向下，它可以任意地小.这就是说 $\alpha(x)$ 趋向于 0 要比 $\beta(x)$ 趋向于 0 快得多.对于（2）的情形，$\alpha(x)$ 与 $\beta(x)$ 趋向于 0 的快慢大体上保持了倍数关系.这两种情形揭示了无穷小量之间的一种重要关系.

设 $\qquad\qquad\qquad \lim \alpha(x)=0,\ \lim \beta(x)=0.$

定义 1　如果 $\lim \dfrac{\alpha(x)}{\beta(x)}=0$ $(\beta(x)\neq 0)$，则称 $\alpha(x)$ 是 $\beta(x)$ 的高阶无穷小量.

定义 2　如果 $\lim \dfrac{\alpha(x)}{\beta(x)}=A\neq 0$ $(\beta(x)\neq 0)$，则称 $\alpha(x)$ 与 $\beta(x)$ 是同阶无穷小量.

当 $A=1$ 时，即 $\lim \dfrac{\alpha(x)}{\beta(x)}=1$，则称 $\alpha(x)$ 与 $\beta(x)$ 是等价无穷小量或相当无穷小量，记作

$$\alpha(x)\sim\beta(x).$$

以上定义都是对自变量 x 在一定趋向下讲的.例如，当 $x\to 0$ 时，$\sin x$ 与 x 均为无穷小量，而 $\lim\limits_{x\to 0}\dfrac{\sin x}{x}=1$，则称当 $x\to 0$ 时，$\sin x$ 与 x 是等价无穷小量.又如当 $x\to 0$ 时，$1-\cos x$ 与 x 均为无穷小量，而 $\lim\limits_{x\to 0}\dfrac{1-\cos x}{x}=0$，则称当 $x\to 0$ 时，$1-\cos x$ 是 x 的高阶无穷小量.又如当 $x\to 0$ 时，$\sin 2x$ 与 x 均为无穷小量，而 $\lim\limits_{x\to 0}\dfrac{\sin 2x}{x}=2$，则称当 $x\to 0$ 时，$\sin 2x$ 与 x 是同阶无穷小量.

定理　设 $\alpha(x)\sim\alpha'(x)$，$\beta(x)\sim\beta'(x)$.

（1）如果 $\lim \dfrac{\alpha'(x)}{\beta'(x)}$ 存在，则 $\lim \dfrac{\alpha(x)}{\beta(x)}$ 也存在，且

$$\lim \dfrac{\alpha(x)}{\beta(x)}=\lim \dfrac{\alpha'(x)}{\beta'(x)}.$$

（2）如果 $\lim \dfrac{\alpha'(x)}{\beta'(x)}=\infty$，则 $\lim \dfrac{\alpha(x)}{\beta(x)}=\infty$.

证明 （1）
$$\lim \frac{\alpha(x)}{\beta(x)} = \lim \frac{\alpha(x)}{\alpha'(x)} \cdot \frac{\alpha'(x)}{\beta'(x)} \cdot \frac{\beta'(x)}{\beta(x)}$$
$$= \lim \frac{\alpha(x)}{\alpha'(x)} \cdot \lim \frac{\alpha'(x)}{\beta'(x)} \cdot \lim \frac{\beta'(x)}{\beta(x)}$$
$$= \lim \frac{\alpha'(x)}{\beta'(x)}.$$

（2）因为 $\lim \dfrac{\alpha'(x)}{\beta'(x)} = \infty$，所以 $\lim \dfrac{\beta'(x)}{\alpha'(x)} = 0$. 利用（1）得

$$\lim \frac{\beta(x)}{\alpha(x)} = \lim \frac{\beta'(x)}{\alpha'(x)} = 0.$$

故有

$$\lim \frac{\alpha(x)}{\beta(x)} = \infty.$$

推论 1 如果 $\lim \dfrac{\alpha'(x)f(x)}{\beta'(x)}$ 存在（或无穷大），则

$$\lim \frac{\alpha(x)f(x)}{\beta(x)} = \lim \frac{\alpha'(x)f(x)}{\beta'(x)} \quad （或无穷大）.$$

推论 2 如果 $\lim \alpha'(x)f(x)$ 存在（或无穷大），则

$$\lim \alpha(x)f(x) = \lim \alpha'(x)f(x) \quad （或无穷大）.$$

定理 1 及其推论指出了求极限时，分子或分母中的乘积因子可用其等价无穷小量代换. 这种代换常使极限计算简化.

例 1 求 $\lim\limits_{x\to 0} \dfrac{1-\cos x}{x \sin x}$.

解 因为当 $x \to 0$ 时，$1-\cos x \sim \dfrac{1}{2}x^2$，$\sin x \sim x$. 根据定理及其推论，得

$$\lim_{x\to 0} \frac{1-\cos x}{x \sin x} = \lim_{x\to 0} \frac{\frac{1}{2}x^2}{x \cdot x} = \frac{1}{2}.$$

例 2 求 $\lim\limits_{x\to 0} \dfrac{\cos 2x - \cos 3x}{x^2}$.

例 2 讲解

解
$$\lim_{x\to 0} \frac{\cos 2x - \cos 3x}{x^2} = \lim_{x\to 0} \frac{2 \sin \frac{5}{2}x \sin \frac{x}{2}}{x^2}$$
$$= \lim_{x\to 0} \frac{2 \cdot \frac{5}{2}x \cdot \frac{x}{2}}{x^2} = \frac{5}{2}.$$

例 3 讲解

例 3 求 $\lim\limits_{x\to 0} \dfrac{\sin x - \tan x}{x \tan^2 x}$.

解

$$\lim_{x \to 0} \frac{\sin x - \tan x}{x \tan^2 x} = \lim_{x \to 0} \frac{\sin x \left(\dfrac{\cos x - 1}{\cos x} \right)}{x \cdot x^2}$$

$$= \lim_{x \to 0} \frac{x \cdot \left(-\dfrac{1}{2} x^2 \right) \cdot \dfrac{1}{\cos x}}{x^3} = -\frac{1}{2}.$$

我们把前面遇到过的等价无穷小量,汇总在一起,以便查用.

$$\sin x \sim x \, (x \to 0),$$

$$\tan x \sim x \, (x \to 0),$$

$$1 - \cos x \sim \frac{1}{2} x^2 \quad (x \to 0).$$

习 题 ....→

指出第 82—86 题中的无穷小量是同阶无穷小量,等价无穷小量还是高阶无穷小量.

82. 当 $x \to 0$ 时,$\tan 2x$ 与 x.

83. 当 $x \to 0$ 时,$\sin x - \tan x$ 与 x.

84. 当 $x \to 0$ 时,$x^2 - \sin^2 x$ 与 x.

85. 当 $x \to \infty$ 时,$\dfrac{1}{x} \sin \dfrac{2}{x}$ 与 $\dfrac{1}{x^2}$.

86. 当 $x \to 1$ 时,$\dfrac{2(1-x)}{1+x}$ 与 $1-x^2$.

尽量利用等价无穷小量代换计算第 87—93 题的极限.

87. $\lim\limits_{x \to 0} \dfrac{\sin \alpha x}{\sin \beta x} \quad (\beta \neq 0)$.

88. $\lim\limits_{x \to 0} \dfrac{1 - \cos 3x}{x^2}$.

89. $\lim\limits_{x \to 0} \dfrac{\sin 5x}{\tan 3x}$.

90. $\lim\limits_{x \to 0} \dfrac{\cos \alpha x - \cos \beta x}{x^2} \quad (\alpha, \beta$ 为常数$)$.

91. $\lim\limits_{x \to \frac{\pi}{2}} \left(\dfrac{\pi}{2} - x \right) \tan x \quad \left(提示:令 \dfrac{\pi}{2} - x = u \right)$.

92. $\lim\limits_{x \to \pi} \dfrac{\sin x}{\pi^2 - x^2}$.

93. $\lim\limits_{x \to 0} \dfrac{1 + x \sin x - \cos x}{\tan^2 x}$.

§9 函数的连续性

 函数在一点处的连续性

自然界不少现象都是逐渐变化的. 例如, 一天的气温是逐渐变化的, 即当时间改变很小时, 气温的变化也是很小的. 又如, 生长中的树枝的断面的面积随时间的变化也是如此, 当时间改变很小时, 其面积的变化也是很少的. 从数量关系上讲这些都反映了函数的连续现象. 粗略地讲函数的连续性是指当自变量改变很小时, 函数改变也很小.

定义 1 如果自变量从初值 x_0 变到终值 x, 对应的函数值由 $f(x_0)$ 变化到 $f(x)$, 则称 $x-x_0$ 为自变量的增量, $f(x)-f(x_0)$ 为函数的增量, 分别记作 Δx, Δy. 即

$$\Delta x = x - x_0, \text{ 或 } x = x_0 + \Delta x.$$

$$\Delta y = f(x) - f(x_0).$$

函数增量又可表示为

$$\Delta y = f(x_0 + \Delta x) - f(x_0).$$

注意 增量不一定是正的, 当初值大于终值时, 增量就是负的.

定义 2 如果函数 $y=f(x)$ 在 x_0 的一个邻域内有定义, 且

$$\lim_{\Delta x \to 0}[f(x_0 + \Delta x) - f(x_0)] = 0.$$

即

$$\lim_{\Delta x \to 0}\Delta y = 0,$$

则称函数 $y=f(x)$ 在点 x_0 处连续.

因为 Δy 也可以写为 $\Delta y=f(x)-f(x_0)$, 所以在点 x_0 处连续也可写为

$$\lim_{x \to x_0}[f(x)-f(x_0)] = 0.$$

即

$$\lim_{x \to x_0}f(x)=f(x_0).$$

于是函数在一点处连续的定义也可叙述如下：

定义 3 如果 $\lim\limits_{x \to x_0} f(x) = f(x_0)$，则称函数在点 x_0 处连续. 说得详尽些就是：

如果

（1）函数 $y = f(x)$ 在 x_0 的一个邻域内有定义；

（2）$\lim\limits_{x \to x_0} f(x)$ 存在；

（3）极限值等于 x_0 处的函数值 $f(x_0)$，

则称函数 $y = f(x)$ 在点 x_0 处连续.

定义 4 如果函数 $y = f(x)$ 在 (a, b) 内每一点都连续，则称函数 $y = f(x)$ 在区间 (a, b) 内连续.

有时只需考虑单侧连续. 如果

$$\lim_{x \to x_0^+} f(x) = f(x_0)，或 \lim_{x \to x_0^-} f(x) = f(x_0)，$$

前者称为函数 $y = f(x)$ 在点 x_0 右连续，后者称为在点 x_0 左连续. 右连续与左连续也可以用增量的形式表示：

$$\lim_{\Delta x \to 0^+} \Delta y = 0（右连续），\lim_{\Delta x \to 0^-} \Delta y = 0（左连续）.$$

函数 $y = f(x)$ 在 $[a, b]$ 上连续是指 $f(x)$ 在 (a, b) 内连续且在左端点 $x = a$ 处右连续，在右端点 $x = b$ 处左连续.

例 1 证明函数

$$f(x) = \begin{cases} x\sin\dfrac{1}{x}, & x \neq 0, \\ 0, & x = 0 \end{cases}$$

在点 $x = 0$ 处是连续的.

证明 可用定义 2 或定义 3. 如用定义 3，则计算下列极限

$$\lim_{x \to 0} f(x) = \lim_{x \to 0} x\sin\frac{1}{x} = 0（无穷小量乘有界函数仍为无穷小量）.$$

又 $f(0) = 0$，得

$$\lim_{x \to 0} f(x) = 0 = f(0)，$$

所以函数 $f(x)$ 在点 $x = 0$ 处连续.

如用定义 2，则要计算函数的增量

$$\Delta y = f(0 + \Delta x) - f(0) = \Delta x \sin\frac{1}{\Delta x} - 0$$

$$= \Delta x \sin\frac{1}{\Delta x}.$$

$$\lim_{\Delta x \to 0} \Delta y = \lim_{\Delta x \to 0} \Delta x \sin \frac{1}{\Delta x} = 0 (无穷小量乘有界函数仍为无穷小量),$$

所以函数 $f(x)$ 在 $x = 0$ 处连续.

例 2 讲解

例 2 证明函数 $y = \sin x$ 在定义域内是连续的.

证明 任取 $x_0 \in (-\infty, +\infty)$, 只要证明函数在 x_0 处连续. 为此计算 Δy.

$$\Delta y = f(x_0 + \Delta x) - f(x_0) = \sin(x_0 + \Delta x) - \sin x_0$$

$$= 2\cos\left(x_0 + \frac{\Delta x}{2}\right) \sin \frac{\Delta x}{2}.$$

$$\lim_{\Delta x \to 0} \Delta y = \lim_{\Delta x \to 0} 2\cos\left(x_0 + \frac{\Delta x}{2}\right) \sin \frac{\Delta x}{2}$$

$$= \lim_{\Delta x \to 0} \Delta x \cdot \cos\left(x_0 + \frac{\Delta x}{2}\right) = 0$$

(无穷小量乘有界函数仍为无穷小量), 所以函数 $y = \sin x$ 在点 x_0 处连续, 而 x_0 是区间 $(-\infty, +\infty)$ 内任取的, 故 $y = \sin x$ 在 $(-\infty, +\infty)$ 内连续.

类似可证 $y = \cos x$ 在其定义域 $(-\infty, +\infty)$ 内是连续的.

例 3 证明函数 $y = e^x$ 在其定义域内是连续的.

证明 任取 $x_0 \in (-\infty, +\infty)$,

$$\Delta y = f(x_0 + \Delta x) - f(x_0) = e^{x_0 + \Delta x} - e^{x_0} = e^{x_0}(e^{\Delta x} - 1),$$

其中 $\lim_{\Delta x \to 0}(e^{\Delta x} - 1) = 0$(证明从略), 所以有

$$\lim_{\Delta x \to 0} \Delta y = \lim_{\Delta x \to 0} e^{x_0}(e^{\Delta x} - 1) = 0.$$

故函数 $y = e^x$ 在 $(-\infty, +\infty)$ 内连续.

二 间断点

> **定义 5** 设函数 $f(x)$ 在 x_0 的一个邻域内有定义, 但在 x_0 处可以无定义. 如果函数 $f(x)$ 在点 x_0 处不是连续的, 则称点 x_0 为函数 $f(x)$ 的间断点.

例 4 $f(x) = \dfrac{1}{x}$, 它在 $x = 0$ 处没有定义, 所以 $x = 0$ 是函数 $f(x) = \dfrac{1}{x}$ 的间断点.

例 5 设函数

动画

函数间断

$$f(x) = \begin{cases} x^2, & x \leqslant 0, \\ x + 1, & x > 0. \end{cases}$$

讨论函数在 $x = 0$ 处的连续性.

解 $x = 0$ 处函数 $f(x)$ 有定义, 且 $f(0) = 0$.

$$\lim_{x \to 0^+} f(x) = \lim_{x \to 0^+}(x + 1) = 1.$$

$$\lim_{x \to 0^-} f(x) = \lim_{x \to 0^-} x^2 = 0.$$

左、右极限不相等(图 2-27),即当 $x \to 0$ 时,$f(x)$ 的极限不存在,故 $x = 0$ 是函数 $f(x)$ 的间断点.

例 6 设函数

$$f(x) = \begin{cases} \dfrac{\sin x}{x}, & x \neq 0, \\ 3, & x = 0. \end{cases}$$

例 6 讲解

讨论函数在 $x = 0$ 处的连续性.

解 函数 $f(x)$ 在 $x = 0$ 处有定义,且 $f(0) = 3$.

$$\lim_{x \to 0} f(x) = \lim_{x \to 0} \frac{\sin x}{x} = 1.$$

但 $\lim_{x \to 0} f(x) = 1 \neq f(0) = 3$.故 $x = 0$ 是函数 $y = f(x)$ 的间断点(图 2-28).

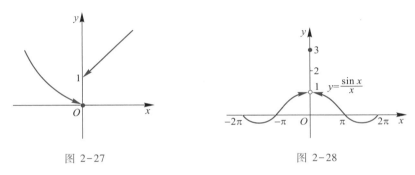

图 2-27   图 2-28

三 连续函数的运算

> **定理 1** 设函数 $f(x)$ 及 $g(x)$ 在点 x_0 处连续,则它们的和、差、积、商在点 x_0 处也连续(对于商还要假定分母函数在 x_0 处的函数值不为 0).

用极限的运算法则立即可以证得定理 1,我们来证积的情形.

因为已知 $\lim_{x \to x_0} f(x) = f(x_0)$,$\lim_{x \to x_0} g(x) = g(x_0)$,则

$$\lim_{x \to x_0} [f(x) \cdot g(x)] = \lim_{x \to x_0} f(x) \cdot \lim_{x \to x_0} g(x) = f(x_0)g(x_0).$$

这就是说函数 $f(x)g(x)$ 在点 x_0 处是连续的,对于其他情形,请读者自证.

> **定理 2** 设函数 $y = f(u)$ 在 u_0 处连续,函数 $u = \varphi(x)$ 在点 x_0 处连续,且 $u_0 = \varphi(x_0)$,则复合函数 $f(\varphi(x))$ 在点 x_0 处连续.

证明从略.

根据定理 1、定理 2 及函数 $\sin x$, $\cos x$ 的连续性,可以证得函数 $y = \tan x$, $y = \cot x$, $y = \sec x$ 及 $y = \csc x$ 在它们各自的定义域内是连续的.

定理 3(反函数的连续性) 如果函数 $y = f(x)$ 在某区间上单调增(或单调减)且连续,则其反函数 $x = \varphi(y)$ 在对应的区间上连续且单调增(或单调减).

证明从略.

根据定理 3 可知 $y = \arcsin x$ 在 $[-1, 1]$ 上连续且单调增,这是因为其反函数 $y = \sin x$ 在 $\left[-\dfrac{\pi}{2}, \dfrac{\pi}{2}\right]$ 上是单调增且连续的. 同理,可证 $\arccos x$, $\arctan x$, $\ln x$ 在它们各自的定义域上是连续的.

例 7 证明函数 $y = x^{\alpha}$, α 为任何实数,在 $(0, +\infty)$ 内是连续的.

证明 因为

$$y = x^{\alpha} = e^{\ln(x^{\alpha})} = e^{\alpha \ln x}.$$

$\alpha \ln x$ 在 $(0, +\infty)$ 内连续,e^u 在 $(-\infty, +\infty)$ 内连续. 根据定理 2(复合函数的连续性),证得

$$y = e^{\alpha \ln x}$$

在 $(0, +\infty)$ 内是连续的,即 $y = x^{\alpha}$ 在 $(0, +\infty)$ 内是连续的.

同理可证 $y = a^x$ 在 $(-\infty, +\infty)$ 内是连续的,读者不妨一试.

由此我们得到基本初等函数在其定义域上是连续的. 再根据定理 1 及定理 2,可以得到关于初等函数连续性的重要定理.

定理 4 初等函数在其定义区间(指定义域内的一个区间)内是连续的.

定理 4 对求某些函数的极限带来方便. 如果 x_0 是初等函数 $F(x)$ 定义区间内的点,那么当 $x \to x_0$ 时,$F(x)$ 的极限就是 $F(x_0)$.

例 8 求 $\lim\limits_{x \to \frac{1}{2}} \ln \arcsin x$.

解 因为 $x = \dfrac{1}{2}$ 是初等函数 $y = \ln \arcsin x$ 定义区间上的点. 根据定理 4 可知,当 $x \to \dfrac{1}{2}$ 时,$\ln \arcsin x$ 的极限等于 $\ln \arcsin x$ 在 $x = \dfrac{1}{2}$ 处的函数值. 即

$$\lim_{x \to \frac{1}{2}} \ln \arcsin x = \ln \arcsin \frac{1}{2} = \ln \frac{\pi}{6}.$$

例 9 求 $\lim\limits_{x \to 0} \dfrac{\sqrt{x^2 + 9} - 3}{x^2}$.

解 因为 $x=0$ 不在初等函数 $y=\dfrac{\sqrt{x^2+9}-3}{x^2}$ 定义域内,所以不能用定理 4,应有理化,

$$\lim_{x\to 0}\frac{\sqrt{x^2+9}-3}{x^2}=\lim_{x\to 0}\frac{[(x^2+9)-9]}{x^2(\sqrt{x^2+9}+3)}$$

$$=\lim_{x\to 0}\frac{1}{\sqrt{x^2+9}+3}=\frac{1}{6}.$$

例 10 求 $\lim\limits_{x\to 2}\dfrac{\sqrt{x+2}-2}{\sqrt{x+7}-3}$.

例 10 讲解

解 $x=2$ 处函数 $y=\dfrac{\sqrt{x+2}-2}{\sqrt{x+7}-3}$ 无定义.将分子、分母均有理化,

$$\lim_{x\to 2}\frac{\sqrt{x+2}-2}{\sqrt{x+7}-3}=\lim_{x\to 2}\frac{(\sqrt{x+2}-2)(\sqrt{x+2}+2)(\sqrt{x+7}+3)}{(\sqrt{x+7}-3)(\sqrt{x+7}+3)(\sqrt{x+2}+2)}$$

$$=\lim_{x\to 2}\frac{(x-2)(\sqrt{x+7}+3)}{(x-2)(\sqrt{x+2}+2)}=\frac{3}{2}.$$

例 11 求 $\lim\limits_{x\to 0}\dfrac{\ln(1+x)}{x}$.

解 $y=\dfrac{\ln(1+x)}{x}$ 是初等函数,但 $x=0$ 无定义,所以不能用定理 4,事实上这是

例 11 讲解

"$\dfrac{0}{0}$" 型的极限,令 $u=(1+x)^{\frac{1}{x}}$.则当 $x\to 0$ 时,$u\to e$.

$$\lim_{x\to 0}\frac{\ln(1+x)}{x}=\lim_{x\to 0}\ln(1+x)^{\frac{1}{x}}=\lim_{u\to e}\ln u.$$

因为 $y=\ln u$ 在 $u=e$ 处连续,上述极限等于 $\ln e=1$,即

$$\lim_{x\to 0}\frac{\ln(1+x)}{x}=1, \qquad\qquad ①$$

即

$$\ln(1+x)\sim x(当\ x\to 0). \qquad\qquad ②$$

例 12 求 $\lim\limits_{x\to 0}\dfrac{e^x-1}{x}$.

解 $x=0$ 时,函数 $y=\dfrac{e^x-1}{x}$ 无定义,所以不能利用定理 4.事实上,这是 "$\dfrac{0}{0}$" 型

的极限,令 $u=e^x-1$,则 $x=\ln(1+u)$.当 $x\to 0$ 时,$u\to 0$.

$$\lim_{x\to 0}\frac{e^x-1}{x}=\lim_{u\to 0}\frac{u}{\ln(1+u)}$$

$$= \lim_{u \to 0} \frac{1}{\frac{\ln(1 + u)}{u}} = 1,$$

得

$$\lim_{x \to 0} \frac{e^x - 1}{x} = 1, \qquad\qquad ③$$

即

$$e^x - 1 \sim x \ (当\ x \to 0). \qquad\qquad ④$$

例 13 求 $\lim\limits_{x \to 0} \dfrac{e^x - e^{-x}}{x}$.

例 13 讲解

解 这是 "$\dfrac{0}{0}$" 型.

$$\lim_{x \to 0} \frac{e^x - e^{-x}}{x} = \lim_{x \to 0} \frac{e^x - 1 + 1 - e^{-x}}{x}$$

$$= \lim_{x \to 0} \frac{e^x - 1}{x} + \lim_{x \to 0} \frac{-(e^{-x} - 1)}{x}$$

$$= 1 - \lim_{x \to 0} \frac{-x}{x} = 2$$

（因为 $e^{-x} - 1 \sim (-x)$，当 $x \to 0$ 时）.

四 闭区间上连续函数的性质

定理中"闭区间连续"的条件是不能降低的.

> **定理 5** 设函数 $f(x)$ 在闭区间 $[a, b]$ 上连续,则函数 $f(x)$ 在 $[a, b]$ 上有界.

证明从略.

如果把闭区间连续改为开区间连续,则结论不一定成立.例如函数 $y = \tan x$ 在 $\left(-\dfrac{\pi}{2}, \dfrac{\pi}{2} \right)$ 内是连续的,但是无界,因为

$$\lim_{x \to \frac{\pi}{2}^+} \tan x = +\infty.$$

最值定理

> **定理 6**（最大值和最小值定理） 设函数 $f(x)$ 在闭区间 $[a, b]$ 上连续,则
> （1）在 $[a, b]$ 上至少存在一点 ξ_1,使对于任何 $x \in [a, b]$,恒有 $f(x) \leqslant f(\xi_1)$;
> （2）在 $[a, b]$ 上至少存在一点 ξ_2,使对于任何 $x \in [a, b]$,恒有 $f(x) \geqslant f(\xi_2)$.
> $f(\xi_1), f(\xi_2)$ 分别称为函数 $f(x)$ 在区间 $[a, b]$ 上的最大值和最小值（图 2-29）,统称为最值.

证明从略.

同样闭区间连续条件不能改为开区间 (a,b) 连续,例如,函数 $y=\tan x$ 在 $\left(-\dfrac{\pi}{2},\dfrac{\pi}{2}\right)$ 内是连续的,但在 $\left(-\dfrac{\pi}{2},\dfrac{\pi}{2}\right)$ 内却不存在使函数取得最大值和最小值的点.

> **定理 7**(介值定理) 设函数 $f(x)$ 在闭区间 $[a,b]$ 上连续,M 和 m 分别为 $f(x)$ 在 $[a,b]$ 上的最大值和最小值,则对于满足条件 $m\leqslant\mu\leqslant M$ 的任何实数 μ,在闭区间 $[a,b]$ 上至少存在一点 ξ,使 $f(\xi)=\mu$.

▶ 动画

介值定理

证明从略.

这个定理的意义从几何上看是非常明显的(图 2-30).

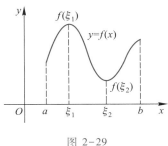

图 2-29

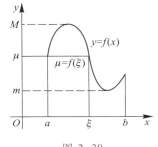

图 2-30

推论 设函数 $f(x)$ 在闭区间 $[a,b]$ 上连续,且 $f(a)\cdot f(b)<0$,则在开区间 (a,b) 内至少存在一点 ξ,使 $f(\xi)=0$(图 2-31).

由这个推论可推出以下结果:如果 $f(x)$ 在 $[a,b]$ 上连续,且 $f(a)\cdot f(b)<0$,则方程 $f(x)=0$ 在 (a,b) 内至少存在一个根 ξ,即 $f(\xi)=0$.

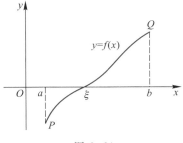

图 2-31

习题

94. 用定义证明 $y=\cos x$ 在其定义域内是连续的.

95. 设函数
$$f(x)=\begin{cases}\dfrac{x^2-1}{x-1}, & x\neq 1,\\[2mm] 3, & x=1.\end{cases}$$

讨论 $f(x)$ 在 $x=1$ 处的连续性.

第 96—99 题中的函数在指定点处是间断的吗?

96. $f(x) = \dfrac{1}{x^2-1}, x = \pm 1$ 处.

97. $f(x) = \begin{cases} e^{\frac{1}{x}} & x \neq 0, \\ 0, & x = 0, \end{cases}$ $x = 0$ 处.

98. $f(x) = \arctan\dfrac{1}{x}, x = 0$ 处.

99. $f(x) = \begin{cases} x\cos^2\dfrac{1}{x}, & x \neq 0, \\ 0, & x = 0, \end{cases}$ $x = 0$ 处.

求第 100—106 题的极限:

100. $\lim\limits_{x \to 0^+} \dfrac{x - \sqrt{x}}{\sqrt{x}}$.

101. $\lim\limits_{x \to 4} \dfrac{\sqrt{2x+1}-3}{\sqrt{x}-2}$.

102. $\lim\limits_{x \to +\infty} \dfrac{\sqrt{x^2+1}}{x+1}$

103. $\lim\limits_{x \to 0} \dfrac{\sqrt{2}-\sqrt{1+\cos x}}{\sin^2 x}$.

104. $\lim\limits_{x \to 0} \dfrac{\ln(1+x)}{\sqrt{1+x}-1}$.

105. $\lim\limits_{x \to 0} \dfrac{\ln(1+x)-\ln(1-x)}{x}$.

106. $\lim\limits_{x \to 0} \dfrac{a^x - a^{-x}}{x}$ ($a > 0$, 且 $a \neq 1$).

§10   二元函数及其极限与连续

 二元函数

上面介绍的是一个自变量的函数(称为一元函数)及其极限与连续.本节将把它们推广到具有多个自变量的情形,着重介绍具有两个自变量的函数.先来介绍二元函数的有关概念.

长方形的面积 A 与其相邻的两条边长 x 与 y 之间的关系为

$$A = xy.$$

对于 $x > 0, y > 0$ 的任何一组数 x, y,代入上式,就对应着面积 A 的一个确定的值.我们就说面积 A 是边长 x, y 的二元函数.

圆柱体的体积 V 与其高 h,底半径 r 之间存在以下关系:

$$V = \pi r^2 h.$$

对于 $0<h<+\infty$，$0<r<+\infty$ 内的任何一组数 h,r，代入上式,就对应着圆柱体体积 V 的一个确定的值.我们就说体积 V 是 h,r 的二元函数.

一般地,

> **定义 1** 设 D 是平面上的一个点集,如果对于 D 上每一组数 (x,y)（或称点 $P(x,y)$）.变量 z 按一定规则 f,都对应着唯一一个确定的值,则称变量 z 是变量 x,y 的二元函数,或称为点 P 的函数,记作
>
> $$z=f(x,y) \quad \text{或} \quad z=f(P).$$
>
> x,y 称为自变量,z 称为因变量,D 称为函数 $z=f(x,y)$ 的定义域.

空间点集 $\{(x,y,z) \mid z=f(x,y),(x,y)\in D\}$ 称为二元函数 $z=f(x,y)$ 的图形.通常它的图形为一张曲面（图 2-32）.点 $P_0(x_0,y_0)$ 处的 z 值记为 $z_0=f(x_0,y_0)$ 或 $f(x,y)\Big|_{(x_0,y_0)}$.

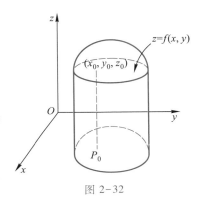

图 2-32

类似地可以定义三元函数、四元函数,等等,多于一个自变量的函数称为多元函数.

例 1 设函数 $f(x,y)=\dfrac{xy}{x+y}$.试求 $f(1,1)$，$f(2,-1)$，$f(2,y^2)$.

解

$$f(1,1)=\frac{1\times 1}{1+1}=\frac{1}{2}.$$

$$f(2,-1)=\frac{2\times(-1)}{2+(-1)}=-2.$$

$$f(2,y^2)=\frac{2y^2}{2+y^2}.$$

例 2 求函数 $z=\sqrt{R^2-x^2-y^2}$ 的定义域（R 为大于 0 的常数）.

解 定义域为

$$R^2-x^2-y^2\geqslant 0,$$

即
$$x^2+y^2\leqslant R^2.$$

此定义域表示圆心在原点,半径为 R 的圆内的平面区域,且包括圆周 $x^2+y^2=R^2$ 上所有的点,如图 2-33 所示.$x^2+y^2=R^2$ 称为该平面区域的边界.

例 3 求函数 $z=\ln x+\ln y$ 的定义域.

解 定义域为

$$x>0,y>0.$$

此定义域表示第一象限内的平面区域,但不包括 x 轴与 y 轴上的点(图 2-34).

包括边界的平面区域称为闭区域,如图 2-33 所示.不包括边界的平面区域为开区域,如图 2-34 所示.

下面再介绍二元函数的极限与连续.

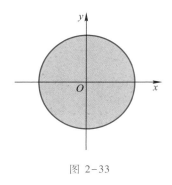

图 2-33

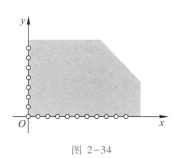

图 2-34

二 二元函数的极限与连续

二元函数的极限与连续的定义和一元函数的极限与连续的定义相类似.

> **定义 2** 设函数 $z=f(x,y)$ 在 $P_0(x_0,y_0)$ 的 $\delta(\delta>0)$ 邻域内有定义($P_0(x_0,y_0)$ 处可以没有定义),A 为常数.如果当点 $P(x,y)$ 无限地接近点 $P_0(x_0,y_0)$ 时,恒有
> $$|f(x,y)-A|<\varepsilon,$$
> 其中 ε 是任意小的正数,则称当点 $P(x,y)$ 趋向于点 $P_0(x_0,y_0)$ 时,函数 $z=f(x,y)$ 以 A 为极限,记作
> $$\lim_{\substack{x\to x_0\\y\to y_0}}f(x,y)=A \quad \text{或} \quad \lim_{P\to P_0}f(P)=A.$$

所谓点 $P_0(x_0,y_0)$ 的 δ 邻域是指以点 $P_0(x_0,y_0)$ 为圆心,δ 为半径的圆的开区域,即 $(x-x_0)^2+(y-y_0)^2<\delta^2$.

> **定义 3** 如果(1)函数 $z=f(x,y)$ 在点 (x_0,y_0) 的一个邻域内有定义;
> (2)$\lim_{\substack{x\to x_0\\y\to y_0}}f(x,y)$ 存在;
> (3)$\lim_{\substack{x\to x_0\\y\to y_0}}f(x,y)=f(x_0,y_0)$,
> 则称函数 $z=f(x,y)$ 在点 (x_0,y_0) 处连续.

连续定义也可以用增量形式表示,令

$$\Delta z = f(x_0 + \Delta x, y_0 + \Delta y) - f(x_0, y_0),$$

Δz 称为函数 $z = f(x, y)$ 在点 (x_0, y_0) 处的**全增量**. 记 $x = x_0 + \Delta x, y = y_0 + \Delta y$, 则定义中的

$$\lim_{\substack{x \to x_0 \\ y \to y_0}} f(x, y) = f(x_0, y_0),$$

相当于

$$\lim_{\substack{\Delta x \to 0 \\ \Delta y \to 0}} [f(x_0 + \Delta x, y_0 + \Delta y) - f(x_0, y_0)] = 0,$$

即

$$\lim_{\substack{\Delta x \to 0 \\ \Delta y \to 0}} \Delta z = 0.$$

所以与上面连续定义等价的另一个定义是:

定义 4 若函数 $z = f(x, y)$ 在点 (x_0, y_0) 的一个邻域内有定义, 如果

$$\lim_{\substack{\Delta x \to 0 \\ \Delta y \to 0}} \Delta z = 0,$$

则称函数 $f(x, y)$ 在点 (x_0, y_0) 处连续.

若函数 $f(x, y)$ 在区域 D 上点点连续, 则函数 $z = f(x, y)$ 在区域 D 上连续.

下面我们叙述有关连续函数的一些性质(不证).

定理(最大值和最小值定理) 如果函数 $f(x, y)$ 在有界闭区域 D 上连续, 则

(1) 在 D 上至少存在一点 (ξ_1, η_1), 恒有

$$f(x, y) \leqslant f(\xi_1, \eta_1), \quad (x, y) \in D.$$

(2) 在 D 上至少存在一点 (ξ_2, η_2), 恒有

$$f(x, y) \geqslant f(\xi_2, \eta_2), \quad (x, y) \in D.$$

$f(\xi_1, \eta_1), f(\xi_2, \eta_2)$ 分别称为函数 $z = f(x, y)$ 在闭区域 D 上的最大值和最小值.

所谓有界域 D 是指: 总存在一个圆, 使 D 在圆内.

习题

107. 试把三角形的面积 S 表示为其三边 x, y, z 的函数.

108. 将圆弧所对弦长 l 表示为(i)半径 r 与圆心角 φ 的函数; (ii)半径 r 与圆心到弦的距离 d 的函数(圆弧所对的圆心角不超过 π 弧度).

109. 质量为 M 的质点在空间的位置是 (a, b, c), 质量为 m 的质点在空间的位

置是(x,y,z),将质点 m 所受的引力在三个坐标上的投影 P_x,P_y,P_z 表示为 x,y,z 的函数.

110. 试证:函数 $z=F(x,y)=\ln x\ln y$ 满足函数方程

$$F(xy,uv)=F(x,u)+F(x,v)+F(y,u)+F(y,v).$$

111. 若 $f(x,y)=\sqrt{x^4+y^4}-2xy$,求证 $f(tx,ty)=t^2f(x,y)$.

112. 设函数

$$f(x,y)=\begin{cases} x\sin\dfrac{y}{x^2+y^2}, & x^2+y^2\neq 0, \\ 0, & x^2+y^2=0. \end{cases}$$

试求 $f(x,0),f(0,y)$.

113. 求函数 $z=\sqrt{4x^2+y^2-1}$ 的定义域.

114. 求函数 $z=\ln(y^2-4x+8)$ 的定义域.

总习题

115. 求函数 $y=\arcsin\dfrac{x-3}{2}$ 的定义域.

116. 求函数 $y=\sqrt{\sin x}+\sqrt{16-x^2}$ 的定义域.

117. 设 $f(x)=\sin x$,求 $f(x+h)-f(x)$.

118. 设 $f\left(x+\dfrac{1}{x}\right)=x^2+\dfrac{1}{x^2}$,求 $f(x),f\left(x-\dfrac{1}{x}\right)$.

119. 设 $\varphi(t)=\lg\dfrac{1-t}{1+t}$,证明 $\varphi(x)+\varphi(y)=\varphi\left(\dfrac{x+y}{1+xy}\right)$.

120. 设 $f(x)=\dfrac{x}{\sqrt{1+x^2}}$,求 $\underbrace{f\{f[f\cdots f(x)]\}}_{n次}$.

121. 设圆的半径为 R,圆心在原点,M 是此圆周在第一象限上任一点,过点 M 作圆的切线交 x 轴与 y 轴分别于点 A,B. $\angle AOM=\alpha$,然后过点 A,点 B 作平行于坐标轴的直线交于点 P (图 2-35),试写出 x 和 y 与 α 之间的函数关系.

122. 直梁 OAB,由两种材料 OA 与 AB 接合而成,OA 长一个单位,其线密度(即单位长度上的质量)为 2.AB 长 2 单位,其线密度为 3.设 M 为直梁上任意一点.试写出 OM 一段的质量 m 与 OM 的长 x 之间的函数关系($x\in[0,3]$)(图 2-36).

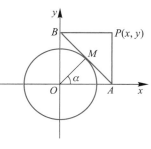

图 2-35

图 2-36

举出第 123—128 题所列出的情况的例子.

123. 函数值大于 A 而趋向于 A.

124. 函数值小于 A 而趋向于 A.

125. 函数值忽大于 A, 忽小于 A 而趋向于 A.

126. $\lim\limits_{x \to x_0} f(x)$ 存在, 但 $f(x)$ 在 x_0 处无定义.

127. $\lim\limits_{x \to x_0} f(x) = A$, 但 $f(x_0) \neq A$.

128. $f(x)$ 在 x_0 处有定义且 $\lim\limits_{x \to x_0^-} f(x)$ 和 $\lim\limits_{x \to x_0^+} f(x)$ 均存在, 但不相等.

129. 设 $\lim\limits_{x \to x_0} f(x) = 0$ $\lim\limits_{x \to x_0} g(x) = 0$, 则 $\lim\limits_{x \to x_0} \dfrac{f(x)}{g(x)} = 0 \, (g(x) \neq 0)$, 对吗?

求第 130—136 题的极限.

130. $\lim\limits_{x \to 0} \dfrac{\sqrt{x^2+1}-1}{\sqrt{x^2+9}-3}$.

131. $\lim\limits_{x \to 0^+} \dfrac{\ln(1+\sqrt{x \sin x})}{x}$.

132. $\lim\limits_{x \to +\infty} \dfrac{a^x}{1+a^x} \, (a>0)$.

133. $\lim\limits_{x \to 0^-} \dfrac{2^{\frac{1}{x}}-1}{2^{\frac{1}{x}}+1}$.

134. $\lim\limits_{x \to 0^+} \dfrac{2^{\frac{1}{x}}-1}{2^{\frac{1}{x}}+1}$.

135. $\lim\limits_{x \to a} \dfrac{\tan x - \tan a}{x-a}$.

136. $\lim\limits_{n \to \infty} 2^n \sin \dfrac{x}{2^n}$ (x 为非零常数, n 为正整数).

137. 找出函数 $y = \dfrac{1}{1-\mathrm{e}^{\frac{x}{x-1}}}$ 的间断点.

138. 已知 $\lim\limits_{x \to \infty} \left(\dfrac{x+c}{x-c} \right)^x = 4$, 求 c.

139. 求 $\lim\limits_{n \to \infty} \left(\dfrac{1}{n^\alpha} + \dfrac{2}{n^\alpha} + \dfrac{3}{n^\alpha} + \cdots + \dfrac{n}{n^\alpha} \right)$ (α 为任何实数).

第二章部分习题答案

1. $x \neq 1, -4$.

2. $[0, 2]$.

3. $(-\infty, 3]$.

4. $[1, 4]$.

5. $[-2, 2]$ 且 $x \neq 1$.

6. $(-\infty, 0) \cup (1, +\infty)$.

7. $[-2,1)$.

8. $(2n\pi,(2n+1)\pi)$, $n=0,\pm1,\pm2,\cdots$.

9. 不同,因为函数值不同.　　10. 不同,因为定义域不同.

11. 不同,因为定义域不同.

12. $y=r\left(1-\dfrac{x}{h}\right)$, $x\in(0,h)$; $V=\pi r^2 x\left(1-\dfrac{x}{h}\right)^2$, $x\in(0,h)$.

13. $V=\dfrac{R^3\alpha^2}{24\pi^2}\sqrt{4\pi^2-\alpha^2}$, $\alpha\in(0,2\pi)$. 　14. $1,\dfrac{1}{4},4$.

15. $\dfrac{1}{3},\dfrac{1}{2},\dfrac{1+x}{1+5x},\dfrac{3+x}{13+3x}$.

16. $H(x-1)=\begin{cases}0,&x<1,\\1,&x\geqslant1.\end{cases}$ $H(x)-H(x-1)=\begin{cases}0,&x<0,\\1,&0\leqslant x<1,\\0,&x\geqslant1.\end{cases}$

17. x^2+x+3, x^2-x+3. 　　18. $y=a^{\cos x^2}$.

19. $y=f\left(\dfrac{1}{\tan x}\right)$. 　　20. $y=\sin u$, $u=3x+1$.

21. $y=u^3$, $u=\cos v$, $v=1-2x$. 　　22. $y=\sqrt{u}$, $u=\tan v$, $v=\dfrac{x}{2}+6$.

23. $y=\lg u$, $u=\arcsin x$. 　　24. $\lg^2 x$, x^4, $\lg(x^2)$, $\lg\lg x$.

25. 奇. 　　26. 偶.

27. 奇. 　　28. 非奇非偶.

30. $\dfrac{2}{3}\pi,6\pi,\dfrac{\pi}{2}$. 　　31. π.

32. 0 　　33. 1

34. 不存在. 　　35. 不存在.

36. 0. 　　37. 0.

38. 5. 　　39. 0.

40. 3. 　　41. 0.

42. 无穷大量. 　　43. 无穷大量.

44. 无穷大量. 　　45. 无穷小量.

46. 无穷小量. 　　47. 极限不存在.

48. 无穷小量. 　　52. 9.

53. 无穷大量. 　　54. 0.

55. $-\dfrac{2}{5}$. 　　56. -1.

57. 0. 　　58. 无穷大量.

59. -1.

60. $\dfrac{1}{4}$.

61. $\dfrac{m}{n}$.

62. 0.

63. 0.

64. $-\dfrac{1}{2}$.

65. 2.

66. $\dfrac{3}{5}$.

67. 1.

68. k.

69. $\dfrac{5}{3}$.

70. $\sqrt{2}$.

71. $\dfrac{1}{2}$.

72. $-\dfrac{3}{2}$.

73. 2.

74. $\dfrac{1}{2}$.

75. $\dfrac{1}{2}$.

76. $\dfrac{2}{\pi}$

77. $\dfrac{\pi}{2}$.

78. $\dfrac{1}{e}$.

79. e^{-2}.

80. e^{3}.

81. $e^{-\frac{1}{2}}$.

82. 同阶.

83. 前者是后者的高阶无穷小.

84. 前者是后者的高阶无穷小.

85. 同阶.

86. 同阶.

87. $\dfrac{\alpha}{\beta}$.

88. $\dfrac{9}{2}$.

89. $\dfrac{5}{3}$.

90. $\dfrac{1}{2}(\beta^{2}-\alpha^{2})$.

91. 1.

92. $\dfrac{1}{2\pi}$

93. $\dfrac{3}{2}$

95. 间断点.

96. 间断点.

97. 间断点.

98. 间断点.

99. 连续.

100. -1.

101. $\dfrac{4}{3}$.

102. 1.

103. $\dfrac{1}{8}\sqrt{2}$.

104. 2.

105. 2.

106. $2\ln a$.

107. $s = \sqrt{l(l-x)(l-y)(l-z)}$，$2l$ 为三角形的周长.

108. (i) $2r\sin\dfrac{\varphi}{2}$；(ii) $2\sqrt{r^2-d^2}$.

109. $P_x = \dfrac{km^2(x-a)}{d^3}$，$P_y = \dfrac{km^2(y-b)}{d^3}$，$P_z = \dfrac{km^2(z-c)}{d^3}$，

其中 $d = \sqrt{(x-a)^2+(y-b)^2+(z-c)^2}$.

112. $f(x,0) = 0, f(0,y) = 0$.

113. $4x^2+y^2 \geqslant 1$.

114. $4x-y^2 < 8$.

115. $[1,5]$.

116. $[-4,-\pi] \cup [0,\pi]$.

117. $2\cos\left(x+\dfrac{h}{2}\right)\sin\dfrac{h}{2}$.

118. x^2-2，$x^2+\dfrac{1}{x^2}-4$.

120. $\dfrac{x}{\sqrt{1+nx^2}}$.

121. $x = \dfrac{R}{\cos\alpha}, y = \dfrac{R}{\sin\alpha}$.

122. $m = \begin{cases} 2x, & x \in [0,1), \\ 3x-1, & x \in (1,3]. \end{cases}$

129. 不一定.

130. 3.

131. 1.

132. $a \in (0,1)$ 时为 0；$a = 1$ 时为 $\dfrac{1}{2}$；$a \in (1,+\infty)$ 时为 1.

133. -1.

134. 1.

135. $\sec^2 a$.

136. x.

137. $x = 0, x = 1$.

138. $\ln 2$.

139. $\alpha > 2$ 时为 0；$\alpha = 2$ 时为 $\dfrac{1}{2}$；$\alpha < 2$ 时为无穷大量.

第
三
章

微 分 学

§1 导 数 概 念

一 几个例子

例 1 速度问题

设一质点在数轴上运动,s 表示时刻 t 质点所在位置的坐标.显然,s 是 t 的函数,记为 $s = s(t)$.

如果质点是作匀速运动,则其速度 v 就是质点所经过的路程除以所经历的时间所得的商.如图 3-1 所示,设 Δs 是质点在时间 t_0 与 $t_0 + \Delta t$ 之间所经过的路程,即

$$\Delta s = s(t_0 + \Delta t) - s(t_0),$$

那么

图 3-1

$$v = \frac{\Delta s}{\Delta t}.$$

如果质点是作非匀速运动,就是说质点在不同时刻的速度是不同的,那么应该怎样描述时刻 t_0 的速度(称为瞬时速度)呢?$\frac{\Delta s}{\Delta t}$ 与 Δt 有关,$|\Delta t|$ 越小(但不为 0),$\frac{\Delta s}{\Delta t}$ 越接近时刻 t_0 的速度.由此想到用极限 $\lim\limits_{\Delta t \to 0} \frac{\Delta s}{\Delta t}$ 来描述 t_0 时的瞬时速度 $v(t_0)$,即规定

$$v(t_0) = \lim_{\Delta t \to 0} \frac{\Delta s}{\Delta t}.$$

例 2 比热容问题

设 q 表示 1 g 物质在温度为 τ℃ 时的热量. 显然, q 是 τ 的函数, 记为 $q=q(\tau)$.

如果热量 q 随温度均匀变化, 则其比热容就是该物质所吸收的热量除以相应的温度差. 设 Δq 是 1 g 物质在温度为 τ_0 与 $\tau_0+\Delta\tau$ 之间所吸收的热量, 即

$$\Delta q = q(\tau_0 + \Delta\tau) - q(\tau_0),$$

那么, 比热容 c 为

$$c = \frac{\Delta q}{\Delta\tau}.$$

如果 q 不是均匀变化的, 就是说不同温度时的比热容是不同的. 那么应该怎样描述 τ_0 时的比热容呢? $\dfrac{\Delta q}{\Delta\tau}$ 与 $\Delta\tau$ 有关. 当 $|\Delta\tau|$ 越小 (但不为零), $\dfrac{\Delta q}{\Delta\tau}$ 越接近 τ_0 时的比热容. 由此想到用极限 $\lim\limits_{\Delta\tau\to 0}\dfrac{\Delta q}{\Delta\tau}$ 来描述 τ_0 时的比热容 c, 即规定

$$c = \lim_{\Delta\tau\to 0}\frac{\Delta q}{\Delta\tau}.$$

 导数的定义

例 1 是速度问题, 例 2 是比热容问题. 这两个例子所描述的物理量虽然不同, 但从数量关系来研究, 有其共同之处, 都是研究函数 $y=f(x)$ 的增量与自变量增量之比的极限. 这种数量关系就是函数的导数.

> **定义 1** 设函数 $y=f(x)$ 在点 x_0 的一个邻域内有定义, 如果该函数的增量 $\Delta y=f(x_0+\Delta x)-f(x_0)$ 与自变量的增量 Δx 之比, 当 $\Delta x\to 0$ 时的极限存在, 即
>
> $$\lim_{\Delta x\to 0}\frac{\Delta y}{\Delta x}$$
>
> 存在, 则称此极限值为函数 $y=f(x)$ 在点 x_0 处的导数. 有时, 为强调自变量 x, 也称在 x_0 处 y 对 x 的导数, 记作 $f'(x_0)$ 或 $y'(x_0)$. 此时, 亦称函数 $y=f(x)$ 在点 x_0 处可导.

从式子 $\dfrac{\Delta y}{\Delta x}$ 的意义来分析, 它表示自变量 x 改变一个单位时, 函数 y 改变了 $\dfrac{\Delta y}{\Delta x}$ 单位. 所以, 在 x_0 处的导数 $f'(x_0)$ 也叫做函数 y 对自变量 x 的变化率, 它表示函数在 x_0 处变化的快慢或大小.

用定义计算导数, 对初学者是比较困难的. 建议读者分三步, 免得顾此失彼.

第一步 计算函数的增量 $\Delta y=f(x_0+\Delta x)-f(x_0)$;

第二步 作 $\dfrac{\Delta y}{\Delta x}$;

第三步 取极限 $\lim\limits_{\Delta x \to 0} \dfrac{\Delta y}{\Delta x}$.

例 3 求函数 $y = x^2$ 在 $x_0 = 1$ 和任意点 x_0 处的导数.

解 求 $x_0 = 1$ 处的导数.

第一步 计算 Δy, 即

$$\Delta y = f(x_0 + \Delta x) - f(x_0) = f(1 + \Delta x) - f(1)$$
$$= (1 + \Delta x)^2 - 1^2 = 2\Delta x + (\Delta x)^2.$$

第二步 计算 $\dfrac{\Delta y}{\Delta x}$, 即

$$\frac{\Delta y}{\Delta x} = \frac{2\Delta x + (\Delta x)^2}{\Delta x} = 2 + \Delta x.$$

第三步 取极限, 即

$$\lim_{\Delta x \to 0} \frac{\Delta y}{\Delta x} = \lim_{\Delta x \to 0} (2 + \Delta x) = 2.$$

所以, 函数 $y = x^2$ 在 $x_0 = 1$ 处的导数为 2, 即 $y'(1) = 2$.

求任意一点 x_0 处的导数.

$$\Delta y = f(x_0 + \Delta x) - f(x_0) = (x_0 + \Delta x)^2 - x_0^2$$
$$= 2x_0 \Delta x + (\Delta x)^2,$$

$$\lim_{\Delta x \to 0} \frac{\Delta y}{\Delta x} = \lim_{\Delta x \to 0} \frac{2x_0 \Delta x + (\Delta x)^2}{\Delta x} = \lim_{\Delta x \to 0} (2x_0 + \Delta x)$$
$$= 2x_0,$$

即 $y'(x_0) = 2x_0$.

由上式可知, 给一个 x_0 就对应函数 $y = x^2$ 的一个导数, 因此, $2x_0$ 表达了自变量 x 与函数 $y = x^2$ 的导数之间的一种函数关系, 这个函数称为函数 $y = x^2$ 的导函数. 一般地讲, 如果函数 $f(x)$ 在区间 (a, b) 内每一个点都可导 (称为 $f(x)$ 在 (a, b) 内可导), 则对于每一个 $x \in (a, b)$, 都有导数 $f'(x)$ 对应, 故 $f'(x)$ 是 x 的函数, 这个函数称为函数 $f(x)$ 的导函数. 导函数计算公式为

$$f'(x) = \lim_{\Delta x \to 0} \frac{f(x + \Delta x) - f(x)}{\Delta x}.$$

今后在不会发生混淆的情况下, 导函数也简称为导数.

例 4 求函数 $y = \sin x$ 的导函数.

解
$$\Delta y = f(x + \Delta x) - f(x) = \sin(x + \Delta x) - \sin x$$
$$= 2\cos\left(x + \frac{\Delta x}{2}\right) \sin \frac{\Delta x}{2}.$$

$$\lim_{\Delta x \to 0} \frac{\Delta y}{\Delta x} = \lim_{\Delta x \to 0} \frac{2\cos\left(x + \dfrac{\Delta x}{2}\right) \sin \dfrac{\Delta x}{2}}{\Delta x}$$

注意 求极限过程中 x 是不变的, $f'(x_0)$ 是导函数 $f'(x)$ 在 x_0 处的值, 即 $f'(x_0) = f'(x)\big|_{x = x_0}$.

例 4 讲解

$$= \lim_{\Delta x \to 0} \frac{\sin \frac{\Delta x}{2}}{\frac{\Delta x}{2}} \cos\left(x + \frac{\Delta x}{2}\right) = \cos x,$$

即
$$(\sin x)' = \cos x.$$

类似可证
$$(\cos x)' = -\sin x.$$

例 5　求 $y = e^x$ 的导函数,并求 $(e^x)'|_{x=0}$.

解
$$\Delta y = e^{x+\Delta x} - e^x = e^x(e^{\Delta x} - 1).$$

注意到当 $\Delta x \to 0$ 时,$e^{\Delta x} - 1 \sim \Delta x$,得
$$\lim_{\Delta x \to 0} \frac{\Delta y}{\Delta x} = \lim_{\Delta x \to 0} \frac{e^x(e^{\Delta x} - 1)}{\Delta x} = e^x,$$

即
$$(e^x)' = e^x.$$

易求 $(e^x)'|_{x=0} = e^x|_{x=0} = 1$.

例 6　求 $y = \ln x$ 的导函数.

解
$$\Delta y = \ln(x + \Delta x) - \ln x = \ln\left(1 + \frac{\Delta x}{x}\right).$$

注意到 $\ln(1+u) \sim u (u \to 0)$,得
$$\lim_{\Delta x \to 0} \frac{\Delta y}{\Delta x} = \lim_{\Delta x \to 0} \frac{\ln\left(1 + \frac{\Delta x}{x}\right)}{\Delta x} = \lim_{\Delta x \to 0} \frac{\frac{\Delta x}{x}}{\Delta x} = \frac{1}{x},$$

即
$$(\ln x)' = \frac{1}{x}.$$

可以证明
$$(x^\alpha)' = \alpha x^{\alpha-1}.$$

当 α 为正整数时,上述公式容易证明,读者不妨一试.当 α 为任何实数时,将在后面证明.

例 6 讲解

三　导数的几何意义

先介绍切线的定义.

> **定义 2**　设 P 是曲线 L 上的一个定点,Q 是 L 上的动点.如果当点 Q 沿着曲线 L 趋向点 P 时,曲线 L 的割线 QP 有极限位置 PT,则直线 PT 称为曲线 L 在点 P 处的切线(图 3-2).

当自变量 x 取值 x_0 及 $x_0 + \Delta x$ 时,相应地在曲线 $y = f(x)$ 上得到两个点 $P(x_0, y_0)$、$Q(x_0+\Delta x, y_0+\Delta y)$,见图 3-3,割线 PQ 的斜率为

动画

导数的几何意义

$$\tan \varphi = \frac{\Delta y}{\Delta x}.$$

当 $\Delta x \to 0$ 时,点 Q 就沿着曲线趋向于点 P.由于极限 $\lim\limits_{\Delta x \to 0} \dfrac{\Delta y}{\Delta x}$ 存在,所以割线 PQ 有极

限位置 PT.这时,割线的倾斜角 φ 趋向于切线的倾斜角 α,故有

$$\lim_{\Delta x \to 0} \frac{\Delta y}{\Delta x} = \tan \alpha,$$

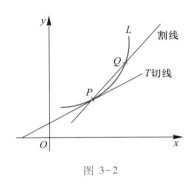

图 3-2   图 3-3

即 $$y' = \tan \alpha.$$

这就是说,函数 $f(x)$ 在点 x_0 处的导数在几何上就是曲线 $y = f(x)$ 在点 $P(x_0, y_0)$ 处切线

的斜率.

如果函数 $f(x)$ 在点 x_0 处连续且 $\lim\limits_{\Delta x \to 0} \dfrac{\Delta y}{\Delta x} = \infty$,则曲线 $y = f(x)$ 在点 $P(x_0, y_0)$ 处

有垂直于 x 轴的切线.

过点 $P(x_0, y_0)$ 且垂直于切线的直线称为在点 P 的法线.

如果函数 $y = f(x)$ 在点 x_0 可导,则曲线 $y = f(x)$ 在点 $P(x_0, y_0)$ 处的切线方程与

法线方程分别为

$$y - y_0 = f'(x_0)(x - x_0),$$

$$y - y_0 = -\frac{1}{f'(x_0)}(x - x_0) \quad (f'(x_0) \neq 0).$$

例 7 求曲线 $y = \sqrt{x}$ 在点 $(1, 1)$ 处的切线和法线方程.

解 因为 $(\sqrt{x})' = \dfrac{1}{2\sqrt{x}}$,得 $y' \Big|_{x=1} = \dfrac{1}{2\sqrt{x}} \Big|_{x=1} = \dfrac{1}{2}$.

代入切线和法线方程得

切线方程: $$y - 1 = \frac{1}{2}(x - 1),$$

即 $$2y - x - 1 = 0;$$

法线方程: $$y - 1 = -2(x - 1),$$

即
$$y+2x-3=0.$$

例 8 讲解

例 8 问:曲线 $y=\ln x$ 上哪一点的切线平行于直线 $y=\dfrac{1}{2}x-1$?

解 因为 $(\ln x)'=\dfrac{1}{x}$,且所求切线与直线 $y=\dfrac{1}{2}x-1$ 平行,得

$$\frac{1}{x}=\frac{1}{2}.$$

解得 $x=2$.对应的 $y=\ln 2$.所以曲线 $y=\ln x$ 在 $(2,\ln 2)$ 处的切线平行于直线 $y=\dfrac{1}{2}x-1$.

四 可导与连续的关系

> **定理** 设函数 $y=f(x)$ 在 x_0 处可导,则 $f(x)$ 在 x_0 处连续.其逆不真.

证明 注意到函数在 x_0 处可导.即 $\lim\limits_{\Delta x\to 0}\dfrac{\Delta y}{\Delta x}$ 存在(其中 $\Delta y=f(x_0+\Delta x)-f(x_0)$),

$$\lim_{\Delta x\to 0}\Delta y=\lim_{\Delta x\to 0}\left(\frac{\Delta y}{\Delta x}\cdot\Delta x\right)=0.$$

证得函数 $y=f(x)$ 在 x_0 处连续.

绝对值函数

下面证明其逆不真.为此,只要举出一个例子,表明一个函数在 x_0 处是连续的,但在此点不可导.函数 $y=|x|$ 在 $x_0=0$ 处就是这种例子,如图 3-4 所示.直观上可看出,曲线 $y=|x|$ 在 $x_0=0$ 处是连续的,但没有切线.所以在 $x_0=0$ 处不可导.严格论证如下.

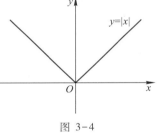

图 3-4

$$\Delta y=|0+\Delta x|-|0|$$
$$=|\Delta x|,$$
$$\lim_{\Delta x\to 0}\Delta y=\lim_{\Delta x\to 0}|\Delta x|=0.$$

说明函数 $y=|x|$ 在 $x_0=0$ 处连续.但是

$$\frac{\Delta y}{\Delta x}=\frac{|\Delta x|}{\Delta x},$$

当 $\Delta x>0$ 时,

$$\frac{\Delta y}{\Delta x}=\frac{\Delta x}{\Delta x}=1,$$

于是

$$\lim_{\Delta x\to 0^+}\frac{\Delta y}{\Delta x}=1;$$

当 $\Delta x < 0$ 时,

$$\frac{\Delta y}{\Delta x} = \frac{|\Delta x|}{\Delta x} = \frac{-\Delta x}{\Delta x} = -1,$$

于是

$$\lim_{\Delta x \to 0^-} \frac{\Delta y}{\Delta x} = -1.$$

所以,函数 $y = |x|$ 在 $x = 0$ 处不可导.①

习 题

用导数定义计算第 1—2 题中指定点处的导数.

1. $y = 2x, x_0 = 1$.

2. $y = \dfrac{1}{x}, x_0 = 2$.

3. 证明:$(\cos x)' = -\sin x$.

4. 证明:$(x^n)' = nx^{n-1}$ (n 为正整数).

5. 利用第 4 题结果计算 $(x^3)', (x^{10})'$.

6. 在曲线 $y = x^3$ 上哪一点的切线平行于直线 $y - 12x - 1 = 0$? 哪一点的法线平行于直线 $y + 12x - 1 = 0$?

7. 求曲线 $y = \cos x$ 在点 $\left(\dfrac{\pi}{4}, \dfrac{\sqrt{2}}{2}\right)$ 处的切线和法线方程.

8. 讨论函数 $y = x^{\frac{1}{3}}$ 在 $x = 0$ 处的连续性与可导性.

§2 函数的微分法

如果都要用定义求导数,显得较难且繁.为此,需要讨论求函数的导数的方法.求导数的方法称为函数的微分法.本节将介绍导数的四则运算及复合运算.

---

① 历史诠释,19 世纪中叶以前,多数数学家对连续与可导的关系的认识是不全面的.那时,多数数学家都相信除了个别的点以外,连续函数一定是可导的.而且那时的许多教科书上都给出了"证明".事实上,那时的证明都是凭直观得出的.1872 年数学家魏尔斯特拉斯(Weierstrass)找到了一个在数学发展史上很有影响的例子,即处处连续而又处处不可导的函数,从而纠正了上述错误概念,使数学的论证开始进入了严谨的轨道.

有了这些运算及基本初等函数与常数的导数,那么初等函数求导数问题就解决了.

一 导数的四则运算

定理 1 设 $u(x),v(x)$ 在点 x 处可导,则 $u(x)+v(x)$(或 $u(x)-v(x)$)在点 x 处可导,且
$$(u(x)+v(x))'=u'(x)+v'(x)$$
$$(或 (u(x)-v(x))'=u'(x)-v'(x)).$$
简记为
$$(u+v)'=u'+v',$$
$$(u-v)'=u'-v'.$$

证明 令 $f(x)=u(x)+v(x)$,则
$$f(x+\Delta x)-f(x)=u(x+\Delta x)+v(x+\Delta x)$$
$$-(u(x)+v(x))$$
$$=(u(x+\Delta x)-u(x))+(v(x+\Delta x)-v(x)),$$
从而
$$\lim_{\Delta x \to 0}\frac{f(x+\Delta x)-f(x)}{\Delta x}$$
$$=\lim_{\Delta x \to 0}\left[\frac{u(x+\Delta x)-u(x)}{\Delta x}+\frac{v(x+\Delta x)-v(x)}{\Delta x}\right].$$
因为 $u(x),v(x)$ 在点 x 处可导,即上式右边两项的极限均存在,且分别等于 $u'(x),v'(x)$.故
$$\lim_{\Delta x \to 0}\frac{f(x+\Delta x)-f(x)}{\Delta x}=u'(x)+v'(x),$$
即 $f(x)$ 在点 x 处可导,且
$$(u(x)+v(x))'=u'(x)+v'(x).$$

类似可证:
$$(u(x)-v(x))'=u'(x)-v'(x).$$

定理 2 设函数 $u(x),v(x)$ 在点 x 处可导,则函数 $u(x)v(x)$ 在点 x 处可导,且
$$(u(x)v(x))'=u'(x)v(x)+u(x)v'(x).$$
简记为
$$(uv)'=u'v+uv'.$$

证明　设 $y = u(x)v(x)$.

$$\Delta y = u(x + \Delta x)v(x + \Delta x) - u(x)v(x)$$
$$= (u(x) + \Delta u)(v(x) + \Delta v) - u(x)v(x)$$
$$= u(x)\Delta v + v(x)\Delta u + \Delta u \Delta v.$$

(因为 $\Delta u = u(x + \Delta x) - u(x)$, 所以 $u(x + \Delta x) = u(x) + \Delta u$, 同样 $v(x + \Delta x) = v(x) + \Delta v$).

$$\lim_{\Delta x \to 0} \frac{\Delta y}{\Delta x} = \lim_{\Delta x \to 0} \left(u(x) \frac{\Delta v}{\Delta x} + v(x) \frac{\Delta u}{\Delta x} + \Delta u \frac{\Delta v}{\Delta x} \right),$$

因为

$$\lim_{\Delta x \to 0} \frac{\Delta u}{\Delta x} = u'(x), \lim_{\Delta x \to 0} \frac{\Delta v}{\Delta x} = v'(x), \lim_{\Delta x \to 0} \Delta u = 0(可导必连续),$$

所以

$$\lim_{\Delta x \to 0} \frac{\Delta y}{\Delta x} = u(x)v'(x) + u'(x)v(x),$$

即 $u(x)v(x)$ 在点 x 处可导, 且

$$(u(x)v(x))' = u'(x)v(x) + u(x)v'(x).$$

定理 3　设函数 $u(x), v(x)$ 在点 x 处可导, 则函数

$$\frac{v(x)}{u(x)} \quad (u(x) \neq 0)$$

在点 x 处可导, 且

$$\left(\frac{v(x)}{u(x)} \right)' = \frac{u(x)v'(x) - v(x)u'(x)}{[u(x)]^2},$$

简记为

$$\left(\frac{v}{u} \right)' = \frac{uv' - u'v}{u^2}.$$

证明　令 $y = \frac{v(x)}{u(x)}$.

$$\lim_{\Delta x \to 0} \frac{\Delta y}{\Delta x} = \lim_{\Delta x \to 0} \left[\frac{v(x + \Delta x)}{u(x + \Delta x)} - \frac{v(x)}{u(x)} \right] \cdot \frac{1}{\Delta x}$$
$$= \lim_{\Delta x \to 0} \frac{v(x + \Delta x)u(x) - u(x + \Delta x)v(x)}{u(x + \Delta x)u(x)\Delta x}$$
$$= \lim_{\Delta x \to 0} \frac{(v(x) + \Delta v)u(x) - (u(x) + \Delta u)v(x)}{u(x + \Delta x)u(x)\Delta x}$$
$$= \lim_{\Delta x \to 0} \frac{u(x) \dfrac{\Delta v}{\Delta x} - v(x) \dfrac{\Delta u}{\Delta x}}{u(x + \Delta x)u(x)}$$

$$= \frac{u(x)v'(x) - v(x)u'(x)}{[u(x)]^2},$$

即

$$\left(\frac{v}{u}\right)' = \frac{uv' - u'v}{u^2}.$$

推论 1　若 $v(x) = c$,则

$$(cu)' = cu'.$$

这是因为 $c' = 0$(建议读者动手算一下),所以 $(cu)' = c'u + cu' = cu'$.

推论 2　若 $v(x) = 1$,则

$$\left(\frac{1}{u}\right)' = -\frac{u'}{u^2}.$$

运用定理 3 即可推得上式.

例 1 讲解

例 1　求 $(\tan x)'$.

解　利用定理 3,且注意到 $(\sin x)' = \cos x$, $(\cos x)' = -\sin x$,得

$$(\tan x)' = \left(\frac{\sin x}{\cos x}\right)' = \frac{\cos x(\sin x)' - (\cos x)'\sin x}{\cos^2 x}$$

$$= \frac{1}{\cos^2 x} = \sec^2 x.$$

类似可求得:$(\cot x)' = -\csc^2 x$.

例 2 讲解

例 2　求 $(\sec x)'$.

解　利用定理 3 的推论 2,且注意到 $(\cos x)' = -\sin x$,得

$$(\sec x)' = \left(\frac{1}{\cos x}\right)' = \frac{-(\cos x)'}{\cos^2 x} = \frac{\sin x}{\cos^2 x} = \sec x\tan x.$$

类似可求得:$(\csc x)' = -\csc x\cot x$.

我们把已得出的一些函数的导数公式列表如下.

$c' = 0.$	$(x^\alpha)' = \alpha x^{\alpha-1}.$
$(\mathrm{e}^x)' = \mathrm{e}^x.$	$(\ln x)' = \dfrac{1}{x}.$
$(\sin x)' = \cos x.$	$(\cos x)' = -\sin x.$
$(\tan x)' = \sec^2 x.$	$(\cot x)' = -\csc^2 x.$
$(\sec x)' = \sec x\tan x.$	$(\csc x)' = -\csc x\cot x.$
$(a^x)' = a^x\ln a.$	

关于 $(a^x)' = a^x\ln a$ 将在后面补证.

例 3　求 $(6a^x - 3\tan x + 5)'$.

解　　　$(6a^x - 3\tan x + 5)' = (6a^x)' - (3\tan x)' + (5)'$

$$= 6(a^x)' - 3(\tan x)' + 0$$
$$= 6a^x \ln a - 3\sec^2 x.$$

例 4 求 $\left(\dfrac{1}{\sqrt[3]{x^4}} \right)'$.

解 $\left(\dfrac{1}{\sqrt[3]{x^4}} \right)' = \left(x^{-\frac{4}{3}} \right)' = -\dfrac{4}{3} x^{-\frac{4}{3}-1} = -\dfrac{4}{3} x^{-\frac{7}{3}}.$

例 5 求 $(\sqrt{x} \cos x)'$.

解
$$(\sqrt{x} \cos x)' = \left(x^{\frac{1}{2}} \right)' \cos x + \sqrt{x}(\cos x)'$$
$$= \frac{1}{2} x^{\frac{1}{2}-1} \cos x - \sqrt{x} \, \sin x$$
$$= \frac{\cos x - 2x\sin x}{2\sqrt{x}}.$$

例 5 讲解

例 6 求 $\left(\dfrac{\ln x}{x} \right)'$.

解一
$$\left(\frac{\ln x}{x} \right)' = \frac{x(\ln x)' - \ln x(x)'}{x^2}$$
$$= \frac{1 - \ln x}{x^2}.$$

例 6 讲解

解二 这题也可用乘法的导数公式来解.
$$\left(\frac{\ln x}{x} \right)' = (x^{-1} \ln x)' = (x^{-1})' \ln x + x^{-1} (\ln x)'$$
$$= -1 \cdot x^{-1-1} \ln x + x^{-1} \frac{1}{x} = \frac{1 - \ln x}{x^2}.$$

例 7 设 $f(x) = \dfrac{1-\sqrt{x}}{1+\sqrt{x}}$,求 $f'(4)$.

解
$$f'(x) = \left(\frac{1-\sqrt{x}}{1+\sqrt{x}} \right)'$$
$$= \frac{(1+\sqrt{x})(1-\sqrt{x})' - (1+\sqrt{x})'(1-\sqrt{x})}{(1+\sqrt{x})^2}$$
$$= \frac{-\dfrac{1}{2\sqrt{x}}(1+\sqrt{x}) - \dfrac{1}{2\sqrt{x}}(1-\sqrt{x})}{(1+\sqrt{x})^2}$$
$$= \frac{-1}{\sqrt{x}(1+\sqrt{x})^2}.$$

所以 $f'(4) = -\dfrac{1}{18}.$

二 复合函数的微分法

定理 4（复合函数微分法）　若 $y=f(u), u=\varphi(x)$，且 $\varphi(x)$ 在点 x 处可导，$f(u)$ 在对应点 u 处可导，则 $f(\varphi(x))$ 在点 x 处可导，且

$$[f(\varphi(x))]'=f'(u)\varphi'(x).$$

简记为

$$y'_x=y'_u u'_x.$$

证明　当自变量 x 的增量为 Δx 时，变量 u 对应的增量为 Δu，变量 y 的对应增量为 Δy，则

$$\frac{\Delta y}{\Delta x}=\frac{\Delta y}{\Delta u}\frac{\Delta u}{\Delta x}\ (\Delta u\neq 0),$$

$$\lim_{\Delta x\to 0}\frac{\Delta y}{\Delta x}=\lim_{\Delta x\to 0}\left(\frac{\Delta y}{\Delta u}\cdot\frac{\Delta u}{\Delta x}\right).$$

因为 $u=\varphi(x)$ 在点 x 处可导，所以 $u=\varphi(x)$ 在点 x 处连续，即当 $\Delta x\to 0$ 时，$\Delta u\to 0$，又

$$\lim_{\Delta u\to 0}\frac{\Delta y}{\Delta u}=f'(u),\ \lim_{\Delta x\to 0}\frac{\Delta u}{\Delta x}=\varphi'(x),$$

故得

$$\lim_{\Delta x\to 0}\frac{\Delta y}{\Delta x}=\lim_{\Delta u\to 0}\frac{\Delta y}{\Delta u}\cdot\lim_{\Delta x\to 0}\frac{\Delta u}{\Delta x}=f'(u)\varphi'(x).$$

即

$$[f(\varphi(x))]'=f'(u)\varphi'(x).$$

当 $\Delta u=0$ 时，可以证明上述结论仍成立.

同样可证，如果 $y=f(u), u=\varphi(v), v=\psi(x)$，则

$$y'_x=y'_u u'_v v'_x.$$

上述公式称为复合函数的导数公式.运用上式公式时，关键是分析清楚复合过程.

例 8　设 $y=\sin(2x+1)$，求 y'_x.

解　这个函数由 $y=\sin u, u=2x+1$ 复合而成，所以有

$$y'_x=y'_u\cdot u'_x=(\sin u)'_u\cdot(2x+1)'_x=(\cos u)\cdot 2$$
$$=2\cos(2x+1).$$

例 9　设 $y=\mathrm{e}^{3x^2+x}$，求 y'_x.

解　这个函数由 $y=\mathrm{e}^u, u=3x^2+x$ 复合而成，所以有

注意　最后应该将 $u=2x+1$ 代入.

$$y'_x = (e^u)'_u (3x^2 + x)'_x = e^u \cdot ((3x^2)' + (x)')$$

$$= (6x + 1) e^{3x^2 + x}.$$

例 10　设 $y = \ln \sin\left(x - \dfrac{1}{x}\right)$，求 y'_x.

例 10 讲解

解　$y = \ln u, u = \sin v, v = x - \dfrac{1}{x}$. 所以

$$y'_x = y'_u \cdot u'_v \cdot v'_x = (\ln u)'_u \cdot (\sin v)'_v \cdot \left(x - \frac{1}{x}\right)'_x$$

$$= \frac{1}{u} \cdot \cos v \cdot \left((x)' - \left(\frac{1}{x}\right)'\right) = \left(1 + \frac{1}{x^2}\right) \frac{\cos\left(x - \dfrac{1}{x}\right)}{\sin\left(x - \dfrac{1}{x}\right)}$$

$$= \left(1 + \frac{1}{x^2}\right) \cot\left(x - \frac{1}{x}\right).$$

复合函数微分法熟练后可不必再设中间变量.

例 11　设 $y = \sqrt{1 - x^2}$，求 y'.

解　将中间变量 $u = 1 - x^2$ 记在头脑中，$y'_u = (\sqrt{u})' = \dfrac{1}{2} u^{-\frac{1}{2}}$ 也在脑子中运算，这样可直接写出下式：

$$y'_x = \frac{1}{2}(1 - x^2)^{-\frac{1}{2}} \cdot (1 - x^2)'_x = \frac{1}{2}(1 - x^2)^{-\frac{1}{2}}(-2x)$$

$$= -x(1 - x^2)^{-\frac{1}{2}}.$$

例 12　设 $y = e^{3\sin^2(2x)}$，求 y'_x.

解　对于较复杂函数求导可一步一步地求. 先把 $3\sin^2(2x)$ 看成中间变量 u，对 u 求导，乘 u'_x 得

例 12 讲解

$$y'_x = e^{3\sin^2(2x)} \cdot (3\sin^2(2x))' = 3e^{3\sin^2(2x)}(\sin^2(2x))'.$$

再把 $\sin(2x)$ 看成新的中间变量 v，对 v 求导，乘 v'_x 得

$$y'_x = 3e^{3\sin^2(2x)} \cdot 2\sin(2x) \cdot (\sin 2x)'.$$

然后把 $2x$ 看成新的中间变量 ω，对 ω 求导乘 ω'_x 得

$$y'_x = 6\sin(2x) e^{3\sin^2(2x)} \cdot \cos(2x) \cdot (2x)'$$

$$= 6\sin(4x) e^{3\sin^2(2x)}.$$

熟练后可很快写出其结果.

例 13　设 $y = \sin \ln(1 - 2x)$，求 y'_x.

解　$$y'_x = \cos \ln(1 - 2x) \cdot [\ln(1 - 2x)]'$$

$$= \cos \ln(1 - 2x) \cdot \frac{1}{1 - 2x} \cdot (1 - 2x)'$$

$$= \frac{-2}{1-2x}\cos\ln(1-2x).$$

例 14 讲解

例 14 设 $y = \dfrac{x^2}{\sqrt{1-x^2}}$，求 y'_x.

解 这个函数有除法运算又有复合运算，在求导过程中要相应地运用这些公式

$$y' = \left(\frac{x^2}{\sqrt{1-x^2}}\right)' = \frac{\sqrt{1-x^2}\cdot(x^2)' - x^2(\sqrt{1-x^2})'}{(\sqrt{1-x^2})^2}.$$

计算 $(\sqrt{1-x^2})'$ 时要用复合函数求导公式. 即

$$(\sqrt{1-x^2})' = \frac{1}{2}\frac{-2x}{\sqrt{1-x^2}} = \frac{-x}{\sqrt{1-x^2}},$$

所以

$$y' = \frac{1}{1-x^2}\left[\sqrt{1-x^2}\cdot(2x) - x^2\cdot\frac{-x}{\sqrt{1-x^2}}\right]$$

$$= \frac{x(2-x^2)}{(1-x^2)^{\frac{3}{2}}}.$$

例 15 讲解

例 15 设 $y = \tan^3\ln\left(x^2 - \dfrac{1}{x}\right)$，求 y'.

解
$$y' = 3\tan^2\ln\left(x^2 - \frac{1}{x}\right)\cdot\left(\tan\ln\left(x^2 - \frac{1}{x}\right)\right)'$$

$$= 3\tan^2\ln\left(x^2 - \frac{1}{x}\right)\cdot\sec^2\ln\left(x^2 - \frac{1}{x}\right)\cdot\left(\ln\left(x^2 - \frac{1}{x}\right)\right)'$$

$$= 3\tan^2\ln\left(x^2 - \frac{1}{x}\right)\cdot\sec^2\ln\left(x^2 - \frac{1}{x}\right)\cdot\frac{1}{x^2 - \dfrac{1}{x}}\cdot\left(x^2 - \frac{1}{x}\right)'$$

$$= 3\tan^2\ln\left(x^2 - \frac{1}{x}\right)\cdot\sec^2\ln\left(x^2 - \frac{1}{x}\right)\cdot\frac{x}{x^3 - 1}\cdot\left(2x + \frac{1}{x^2}\right).$$

我们来补证 $(x^\alpha)' = \alpha x^{\alpha-1}$ 及 $(a^x)' = a^x\ln a$.

$$(x^\alpha)' = (e^{\alpha\ln x})' = e^{\alpha\ln x}\cdot(\alpha\ln x)' = \frac{\alpha}{x}e^{\alpha\ln x}$$

$$= \frac{\alpha}{x}x^\alpha = \alpha x^{\alpha-1}.$$

注意 $u^v = e^{\ln(u^v)} = e^{v\ln u}$.

同样，

$$(a^x)' = (e^{x\ln a})' = e^{x\ln a}(x\ln a)' = e^{x\ln a}\cdot\ln a = a^x\ln a.$$

求第 9—49 题的导数（其中 x,t,θ 为变量，a,b 为常数）.

9. $3x^2-5x+1$.

10. $2\sqrt{x}-\dfrac{1}{x}+\sqrt[4]{3}$.

11. $(\sqrt{x}+1)\left(\dfrac{1}{\sqrt{x}}-1\right)$.

12. $x\ln x$.

13. $\theta\sin\theta+\cos\theta$.

14. $x\sin x\ln x$.

15. $f(x)=3x-2\sqrt{x}$，求 $f'(1),f'(4),f'(a^2)$.

16. $e^x\sin x$.

17. $e^x\ln x$.

18. $(2+\sec t)\sin t$.

19. $\dfrac{2}{\tan x}+\dfrac{\cot x}{3}$.

20. x^3e^x.

21. $\dfrac{x+1}{x-1}$.

22. $\dfrac{x}{1+x^2}$.

23. $\dfrac{1-e^x}{1+e^x}$.

24. $\dfrac{1-\ln t}{1+\ln t}$.

25. $\dfrac{t}{1-\cos t}$.

26. $\dfrac{3}{5-t}+\dfrac{t^2}{5}$.

27. $\dfrac{\sin x}{1+\cos x}$.

28. $\dfrac{x^3+2x}{e^x}$.

29. $\dfrac{\tan x}{e^x}$.

30. $(1-x^2)^{100}$.

31. $\left(t^3-\dfrac{1}{t^3}+3\right)^4$.

32. $\sqrt[3]{\dfrac{1}{1+x^2}}$.

33. $\sqrt{1+\ln x}$.

34. $\cos^2 t$.

35. $\ln(1-2x)$.

36. $\cos(4-3x)$.

37. $\sqrt{1-3x}$.

38. $\tan(1+x)+\sec(1-x)$.

39. $\tan\dfrac{x}{2}+\cot\dfrac{x}{2}$.

40. $y=\sqrt{\dfrac{x+1}{x-1}}$，求 $y'(2)$.

41. $e^{\tan\frac{1}{x}}$.

42. $e^{\sqrt{\ln x}}$.

43. $\sin(e^{x^2+3x-2})$.

44. $\ln(x+\sqrt{a^2+x^2})$.

45. $\sqrt{\tan\dfrac{x}{2}}$.

46. $\sin^2(\cos 3x)$.

47. $x^2 \sin \dfrac{1}{x}$.

48. $\ln\ln\ln x$.

49. $(1+\sin^2 x)^4$.

50. 已知 $f(t) = \ln(1+a^{-2t})$，求 $f'(0)$.

51. 已知 $F(\theta) = \dfrac{\cos^2 \theta}{1+\sin^2 \theta}$，证明 $F\left(\dfrac{\pi}{4}\right) - 3F'\left(\dfrac{\pi}{4}\right) = 3$.

§3 微分及其在近似计算中的应用

一 微分概念

如果当函数 $f(x)$ 在某一点 x 处的值不易计算时，就要考虑用近似方法.在 x 附近找一点 x_0，使 $f(x_0)$ 容易计算，这样就得到了 $f(x)$ 的一个近似值

$$f(x) \approx f(x_0),$$

或写为

$$f(x_0 + \Delta x) \approx f(x_0). \qquad ①$$

显然①式误差较大（图 3-5），那么如何改善①式呢？见图 3-6，过点 P 作切线 PT.在①式右边加上切线 PT 的纵坐标的增量 $f'(x_0)\Delta x$，就是说用 $f(x_0)+f'(x_0)\Delta x$ 近似 $f(x_0+\Delta x)$，即

$$f(x_0+\Delta x) \approx f(x_0) + f'(x_0)\Delta x. \qquad ②$$

②式的误差比①式小.$f'(x_0)\Delta x$ 起改善近似公式①的作用.我们把它叫做微分.

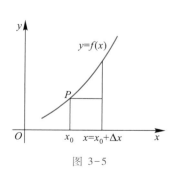

图 3-5

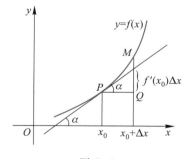

图 3-6

定义 1 若函数 $y=f(x)$ 在点 x_0 处可导，则

$$f'(x_0)\Delta x,$$

称为函数 $f(x)$ 在点 x_0 处的微分，记作 $\mathrm{d}y$，即

$$\mathrm{d}y = f'(x_0)\Delta x.$$

为了式子对称起见,用 $\mathrm{d}x$ 表示 Δx,即规定自变量的增量就是自变量的微分,这样

$$\mathrm{d}y = f'(x_0)\mathrm{d}x. \qquad\qquad ③$$

③式也可写为

$$\frac{\mathrm{d}y}{\mathrm{d}x} = f'(x_0).$$

上式指出,函数 $f(x)$ 的导数就是函数的微分与自变量的微分之商,因而导数也称微商.而且常用 $\dfrac{\mathrm{d}y}{\mathrm{d}x}$ 表示导数.

我们进一步来讨论②式,它可写为

$$f(x_0 + \Delta x) - f(x_0) \approx f'(x_0)\Delta x,$$

即

$$\Delta y \approx \mathrm{d}y.$$

上式表明,在 x_0 附近 Δy 与 $\mathrm{d}y$ 相差不大,但究竟有多大差别呢? 下面来讨论这个问题.

如果函数 $f(x)$ 在点 x_0 可导,即

$$\lim_{\Delta x \to 0} \frac{\Delta y}{\Delta x} = f'(x_0),$$

根据有极限的函数与极限值的关系,得

$$\frac{\Delta y}{\Delta x} = f'(x_0) + \beta,$$

$$\Delta y = f'(x_0)\Delta x + \beta\Delta x,$$

其中 β 是当 $\Delta x \to 0$ 时的无穷小量.而

$$\lim_{\Delta x \to 0} \frac{\beta\Delta x}{\Delta x} = \lim_{\Delta x \to 0} \beta = 0.$$

这就是说,函数的增量与函数的微分之差是 Δx 的高阶无穷小量.这个结论描述了 Δy 与 $\mathrm{d}y$ 之间差别的程度.再深入一步,我们要问如果有一个表达式 $A\Delta x$(A 与 Δx 无关),它与 Δy 之差是 Δx 的高阶无穷小量,那么 $A\Delta x$ 是否为函数的微分呢? 而 A 是否等于 $f'(x_0)$ 呢?

设

$$\Delta y - A\Delta x = \alpha,$$

其中 α 是 Δx 的高阶无穷小量,即 $\lim\limits_{\Delta x \to 0} \dfrac{\alpha}{\Delta x} = 0$.

$$\Delta y = A\Delta x + \alpha,$$

两边除 Δx 得

$$\frac{\Delta y}{\Delta x} = A + \frac{\alpha}{\Delta x},$$

两边取极限:

$$\lim_{\Delta x \to 0} \frac{\Delta y}{\Delta x} = \lim_{\Delta x \to 0}\left(A + \frac{\alpha}{\Delta x}\right),$$

由于 A 与 Δx 无关,所以得

$$\lim_{\Delta x \to 0} \frac{\Delta y}{\Delta x} = A,$$

即 $A = f'(x_0)$. 也就是说,$A\Delta x = f'(x_0)\Delta x$ 是函数的微分.

上面讨论揭示了微分的重要性质.因而有时也把这种性质作为微分的定义.

定义 2 如果函数 $y = f(x)$ 在 x_0 处的增量 Δy 可以表达为

$$\Delta y = A\Delta x + \alpha \quad (\Delta y = f(x_0 + \Delta x) - f(x_0)),$$

其中 A 与 Δx 无关,而 α 是 Δx 的高阶无穷小量,则称 $A\Delta x$ 为函数 $f(x)$ 在 x_0 处的微分.

从上面讨论可知 $A = f'(x_0)$. 讨论中可以看出这两个定义是等价的.

函数 $f(x)$ 在点 x_0 处有微分,则称函数 $f(x)$ 在点 x_0 处可微.易知可微与可导是等价的.

由微分的定义,立即可以写出基本初等函数的微分公式:

$$\mathrm{d}(x^\alpha) = \alpha x^{\alpha-1}\mathrm{d}x. \qquad\qquad \mathrm{d}(\mathrm{e}^x) = \mathrm{e}^x\mathrm{d}x.$$

$$\mathrm{d}(a^x) = a^x \ln a\,\mathrm{d}x. \qquad\qquad \mathrm{d}(\ln x) = \frac{1}{x}\mathrm{d}x.$$

$$\mathrm{d}(\sin x) = \cos x\,\mathrm{d}x. \qquad\qquad \mathrm{d}(\cos x) = -\sin x\,\mathrm{d}x.$$

$$\mathrm{d}(\tan x) = \sec^2 x\,\mathrm{d}x. \qquad\qquad \mathrm{d}(\cot x) = -\csc^2 x\,\mathrm{d}x.$$

微分的几何意义:函数 $y = f(x)$ 在点 x_0 处的微分是

$$\mathrm{d}y = f'(x_0)\mathrm{d}x.$$

微分的几何意义

由图 3-6 可以看出 $f'(x_0) = \tan\alpha$, $\mathrm{d}x = PQ$,所以微分 $\mathrm{d}y$ 就是 QT,即 $\mathrm{d}y = QT$.这就是说微分是曲线 $y = f(x)$ 在点 $(x_0, f(x_0))$ 处切线的纵坐标的增量.

例 1 用微分定义 1 和定义 2 计算函数 $y = x^2$ 在 $x_0 = 1$ 处的微分.

解 用定义 1.

因 $y' = 2x$, $y'(1) = 2$,所以

$$\mathrm{d}y = y'(1)\mathrm{d}x = 2\mathrm{d}x.$$

用定义 2.

因 $\Delta y = f(1+\Delta x) - f(1) = (1+\Delta x)^2 - 1^2 = 2\Delta x + \Delta x^2$,其中 Δx^2 是 Δx 的高阶无穷小量,即

$$\lim_{\Delta x \to 0} \frac{\Delta x^2}{\Delta x} = 0,$$

所以

$$\mathrm{d}y = 2\Delta x = 2\mathrm{d}x.$$

显然用定义 1 求微分简明,但定义 2 对认识微分本质是有好处的.

例 2 设 $y = \ln(1 + 2x)$,求在 $x_0 = 1$ 处的微分 $\mathrm{d}y$.

解
$$y' = \frac{2}{1 + 2x}, \quad y'(1) = \frac{2}{3},$$

所以

$$\mathrm{d}y = y'(1)\mathrm{d}x = \frac{2}{3}\mathrm{d}x.$$

如果是求任意一点 x 处的微分,则

$$\mathrm{d}y = y'\mathrm{d}x = \frac{2}{1 + 2x}\mathrm{d}x.$$

例 3 设 $y = \cos(1 - 3x)$,求 $\mathrm{d}y$(即任意一点的微分).

解
$$y' = -\sin(1 - 3x)(-3),$$

所以
$$\mathrm{d}y = 3\sin(1 - 3x)\mathrm{d}x.$$

 二 微分运算

由导数运算,容易得到微分运算.

设 $u(x), v(x)$(简记为 u, v)均为可微函数.则

$$\mathrm{d}(u \pm v) = \mathrm{d}u \pm \mathrm{d}v. \qquad ①$$

$$\mathrm{d}(uv) = u\mathrm{d}v + v\mathrm{d}u. \qquad ②$$

$$\mathrm{d}(cu) = c\mathrm{d}u \ (c \ \text{为常数}). \qquad ③$$

$$\mathrm{d}\frac{v}{u} = \frac{u\mathrm{d}v - v\mathrm{d}u}{u^2}. \qquad ④$$

我们来证明②.设 $y = uv$,则

$$\mathrm{d}y = (uv)'\mathrm{d}x = uv'\mathrm{d}x + vu'\mathrm{d}x$$
$$= u\mathrm{d}v + v\mathrm{d}u,$$

即

$$\mathrm{d}(uv) = u\mathrm{d}v + v\mathrm{d}u.$$

其他公式可类似证明.下面介绍复合函数的微分规律.

设 $y = f(u), u = \varphi(x)$ 复合为 $y = f(\varphi(x))$.如果 $u = \varphi(x)$ 可微,且相应点处 $y = f(u)$ 可微,显然有

$$\mathrm{d}y = [f(\varphi(x))]_x'\mathrm{d}x = f'(u)\varphi'(x)\mathrm{d}x,$$

由于 $\mathrm{d}u = \varphi'(x)\mathrm{d}x$,所以得到公式:

$$\mathrm{d}y = f'(u)\mathrm{d}u.$$

与前面③式对比,我们看到一个事实,当 u 是 x 的函数时,微分的形式仍与③式相同.这一性质称为微分形式不变性.具体地讲,不论 u 是自变量还是可微函数,函数

$y=f(u)$ 的微分的形式不变.

下面举一些用微分运算求微分的例子.

例 4 设 $y=\dfrac{x^2}{\ln x}$,求 $\mathrm{d}y$.

解
$$\mathrm{d}y=\mathrm{d}\left(\frac{x^2}{\ln x}\right)=\frac{\ln x\,\mathrm{d}(x^2)-x^2\,\mathrm{d}\ln x}{\ln^2 x}$$

$$=\frac{2x\ln x\,\mathrm{d}x-x^2\cdot\dfrac{1}{x}\mathrm{d}x}{\ln^2 x}$$

$$=\frac{x(2\ln x-1)\,\mathrm{d}x}{\ln^2 x}.$$

例 5 讲解

例 5 设 $y=\cos(3x)\cdot\mathrm{e}^{-x}$,求 $\mathrm{d}y$.

解
$$\mathrm{d}y=\mathrm{d}\left[\cos(3x)\cdot\mathrm{e}^{-x}\right]$$

$$=\cos(3x)\,\mathrm{d}(\mathrm{e}^{-x})+\mathrm{e}^{-x}\,\mathrm{d}(\cos 3x)$$

$$=\cos(3x)\cdot\mathrm{e}^{-x}\,\mathrm{d}(-x)+\mathrm{e}^{-x}(-\sin 3x)\,\mathrm{d}(3x)$$

$$=\cos(3x)\cdot\mathrm{e}^{-x}(-1)\,\mathrm{d}x+\mathrm{e}^{-x}(-\sin 3x)\cdot 3\,\mathrm{d}x$$

$$=-\mathrm{e}^{-x}(\cos 3x+3\sin 3x)\,\mathrm{d}x.$$

例 6 讲解

例 6 设 $y=\ln\sin\dfrac{1}{x}$,求 $\mathrm{d}y$.

解
$$\mathrm{d}y=\frac{1}{\sin\dfrac{1}{x}}\mathrm{d}\sin\frac{1}{x}=\frac{1}{\sin\dfrac{1}{x}}\cos\frac{1}{x}\,\mathrm{d}\frac{1}{x}$$

$$=-\frac{1}{x^2}\cot\frac{1}{x}\,\mathrm{d}x.$$

三 参数方程所表示的函数的微分法

用微分求由参数方程所表示的函数的导数特别方便.

设变量 x 与 y 之间的函数关系由方程组

$$\begin{cases}x=\varphi(t),\\ y=f(t)\end{cases}$$

所确定,求 y'_x(已知 $\varphi(t)$,$f(t)$ 均可微).

根据微分形式不变性,得

$$\mathrm{d}x=\varphi'(t)\,\mathrm{d}t,$$

$$\mathrm{d}y=f'(t)\,\mathrm{d}t,$$

所以

$$y'_x = \frac{\mathrm{d}y}{\mathrm{d}x} = \frac{f'(t)\,\mathrm{d}t}{\varphi'(t)\,\mathrm{d}t} = \frac{f'(t)}{\varphi'(t)} \quad (\varphi'(t) \neq 0).$$

上述公式不必记住.

例 7 设 $\begin{cases} x = R\cos t, \\ y = R\sin t, \end{cases} R$ 为常数. 求 y'_x.

解 利用微分得

$$\mathrm{d}x = -R\sin t\,\mathrm{d}t,$$

$$\mathrm{d}y = R\cos t\,\mathrm{d}t,$$

所以

$$y'_x = \frac{\mathrm{d}y}{\mathrm{d}x} = \frac{R\cos t\,\mathrm{d}t}{-R\sin t\,\mathrm{d}t} = -\cot t.$$

例 8 设 $\begin{cases} x = t + \dfrac{1}{t}, \\ y = t - \dfrac{1}{t}, \end{cases}$ 求 y'_x.

解 $$\mathrm{d}x = \left(1 - \frac{1}{t^2}\right)\mathrm{d}t, \mathrm{d}y = \left(1 + \frac{1}{t^2}\right)\mathrm{d}t,$$

例 8 讲解

所以

$$\frac{\mathrm{d}y}{\mathrm{d}x} = \frac{\left(1 + \dfrac{1}{t^2}\right)\mathrm{d}t}{\left(1 - \dfrac{1}{t^2}\right)\mathrm{d}t} = \frac{1 + t^2}{t^2 - 1}.$$

四 隐函数的微分法

如果变量 x, y 之间的函数关系由一个方程

$$F(x, y) = 0$$

所确定,那么这种形式的函数称为隐函数.

隐函数的微分法是指不从方程 $F(x, y) = 0$ 中解出 y 或 x,而求 y'_x 或 x'_y.

例 9 方程 $x^2 + y^2 = R^2$(R 为常数)确定了函数 $y = y(x)$. 求 y'_x.

解 当我们将方程中的 y 看成是由它所确定的函数时,方程 $x^2 + y^2 = R^2$ 就是恒等式,那么两边求微分后也是恒等式,即

$$\mathrm{d}(x^2 + y^2) = \mathrm{d}R^2.$$

利用微分形式不变性,得

$$2x\mathrm{d}x + 2y\mathrm{d}y = 0.$$

从而求得

$$y_x' = \frac{\mathrm{d}y}{\mathrm{d}x} = -\frac{x}{y}.$$

在 y' 式中出现 y 是允许的.

我们也可从方程中解出 y,求 y_x',从而可以验证结果的正确性.

例 10   方程 $xy - \mathrm{e}^x + \mathrm{e}^y = 0$ 确定了函数 $y = y(x)$,求 y_x',并求 $y_x'(0)$.

解   方程两边求微分,

$$\mathrm{d}(xy - \mathrm{e}^x + \mathrm{e}^y) = \mathrm{d}0,$$

$$\mathrm{d}(xy) - \mathrm{d}\mathrm{e}^x + \mathrm{d}\mathrm{e}^y = 0,$$

$$x\mathrm{d}y + y\mathrm{d}x - \mathrm{e}^x\mathrm{d}x + \mathrm{e}^y\mathrm{d}y = 0,$$

例 10 讲解

得

$$y_x' = \frac{\mathrm{d}y}{\mathrm{d}x} = \frac{\mathrm{e}^x - y}{\mathrm{e}^y + x}.$$

把 $x = 0$ 代入原方程,得 $y = 0$.所以

$$y_x'(0) = \frac{\mathrm{e}^x - y}{\mathrm{e}^y + x}\bigg|_{\substack{x=0\\y=0}} = 1.$$

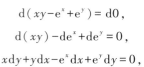

例 11   证明 $(\arcsin x)' = \dfrac{1}{\sqrt{1-x^2}}$.

例 11 讲解

证明   设 $y = \arcsin x$,则 $x = \sin y$.两边求微分,得

$$\mathrm{d}x = \cos y\mathrm{d}y,$$

$$\frac{\mathrm{d}y}{\mathrm{d}x} = \frac{1}{\cos y}\ (= y').$$

因 $\cos y = \pm\sqrt{1-\sin^2 y}$,$y \in \left[-\dfrac{\pi}{2}, \dfrac{\pi}{2}\right]$,故 $\cos y$ 非负,即

$$\cos y = \sqrt{1-\sin^2 y} = \sqrt{1-x^2}.$$

代入上式得

$$\frac{\mathrm{d}y}{\mathrm{d}x} = \frac{1}{\sqrt{1-x^2}}\ ,$$

即

$$(\arcsin)' = \frac{1}{\sqrt{1-x^2}}.$$

类似可证

$$(\arccos x)' = -\frac{1}{\sqrt{1-x^2}},$$

$$(\arctan x)' = \frac{1}{1+x^2},$$

$$(\text{arccot } x)' = -\frac{1}{1+x^2}.$$

为了熟悉以上的求导公式,再举两个反三角函数的求导例子.

例 12 设 $y = \arcsin(x^2)$,求 y'.

解 将中间变量 $u = x^2$ 及其求导运算在脑子中算出:

$$y'_x = \frac{1}{\sqrt{1-x^4}} \cdot (x^2)'_x = \frac{2x}{\sqrt{1-x^4}}.$$

例 13 设 $y = \arcsin(x^2 + e^x)$,求 y'.

解

$$y' = \frac{1}{\sqrt{1-(x^2+e^x)^2}} \cdot (x^2+e^x)'$$

$$= \frac{2x+e^x}{\sqrt{1-(x^2+e^x)^2}}.$$

五 利用微分计算近似值

由微分定义知道当 $|\Delta x|$ 很小时,用 dy 代替 Δy 所引起的误差是不大的,有

$$\Delta y \approx dy,$$

即

$$f(x_0 + \Delta x) - f(x_0) \approx f'(x_0)\Delta x,$$

或

$$f(x) \approx f(x_0) + f'(x_0)(x - x_0).$$

下面举例说明上式的用法.

例 14 求 $\sqrt{8.9}$ 的近似值.

解 首先把 $\sqrt{8.9}$ 看成是函数 $f(x) = \sqrt{x}$ 在 $x = 8.9$ 时的函数值,这一步叫做选函数.第二步,选 $x_0 = 9$,它与 8.9 比较接近,且 $f(x_0)$ 与 $f'(x_0)$ 容易计算.第三步,计算公式中各项的值.

$$f(x) = \sqrt{x},\ f'(x) = \frac{1}{2\sqrt{x}},$$

$$f(9) = 3,\ f'(9) = \frac{1}{6},$$

$$x = 8.9,\ x - x_0 = 8.9 - 9 = -0.1,$$

代入公式,得

$$\sqrt{8.9} \approx f(9) + f'(9)(8.9 - 9) = 3 - \frac{1}{6} \times 0.1$$

$$\approx 2.98.$$

计算近似值都可仿例 14 进行.

例 15 计算 $\sin 29°$ 的近似值.

解 选函数 $f(x) = \sin x$,$x_0 = 30° = \frac{\pi}{6}$.

$$f'(x) = \cos x.$$

$$f\left(\frac{\pi}{6}\right) = \frac{1}{2}, \quad f'\left(\frac{\pi}{6}\right) = \frac{\sqrt{3}}{2},$$

$$x - x_0 = 29° - 30° = -1° = -\frac{\pi}{180}.$$

代入公式,得

$$\sin 29° \approx f\left(\frac{\pi}{6}\right) + f'\left(\frac{\pi}{6}\right)\left(-\frac{\pi}{180}\right)$$

$$= \frac{1}{2} - \frac{\sqrt{3}}{2} \cdot \frac{\pi}{180} \approx 0.5 - 1.732 \times 0.009$$

$$\approx 0.5 - 0.016 = 0.484.$$

(查表得 $\sin 29° \approx 0.484$.)

例 16 当 $|x| \ll 1$(指 $|x|$ 很小),证明:

$$\sqrt{1 + x} \approx 1 + \frac{1}{2}x.$$

证明 选函数 $f(x) = \sqrt{1+x}$,要证的是函数 $\sqrt{1+x}$ 在点 x 处的近似值为 $1 + \frac{1}{2}x$. 因为 $|x|$ 很小,可选 $x_0 = 0$,

$$f'(x) = \frac{1}{2\sqrt{1+x}}, f'(0) = \frac{1}{2}, \text{又} f(0) = 1.$$

代入公式,得

$$\sqrt{1+x} \approx 1 + \frac{1}{2}(x - 0) = 1 + \frac{1}{2}x.$$

六 利用微分估计误差

在实际工作,特别是试验中,常常会遇到估计误差的问题.例如要测量球的体积,往往测量出的是球的直径 D,由球的体积公式 $V = \frac{1}{6}\pi D^3$,计算出球的体积.由于在测量直径 D 时有误差,因而计算球的体积时也会有误差.直径 D 的测量误差常可由测量工具知道,那么,由直径的误差所引起的球的体积误差是多少呢?

问题的一般提法是:设函数 $y = f(x)$,由于 x 有误差,函数 y 的误差如何估计?

我们先介绍几个定义.如果某个量的精确值为 A,它的近似值为 a,那么 $|A - a|$ 叫做近似值 a 的绝对误差,简称误差. $\frac{|A - a|}{|a|}$ 叫做近似值 a 的相对误差.但在实际工作中精确值 A 无法量得,于是近似值 a 的误差与相对误差也就无法知道.但使用的测量

工具又能告诉误差的范围,即误差不超过 δ_A,也就是

$$|A - a| \leqslant \delta_A,$$

我们把 δ_A 叫做近似值 a 的绝对误差限或误差限.有时也简称为误差,即误差限与误差不加区分.而 $\dfrac{\delta_A}{|a|}$ 叫做相对误差限,有时也简称为相对误差,即相对误差限与相对误差不加区分,用 δ_A^* 表示.

设 x_0 是精确值 x 的一个近似值,那么 $f(x_0)$ 是精确值 $f(x)$ 的一个近似值.这时近似值 x_0 的绝对误差 $|x-x_0| = |\Delta x|$ 记作 δ_x,即 $\delta_x = |\Delta x|$.而函数的绝对误差为

$$|f(x) - f(x_0)| = |\Delta y|,$$

记作 δ_y,即 $\delta_y = |\Delta y|$.现在来讨论 δ_x,δ_y 以及相对误差 $\left|\dfrac{\Delta x}{x_0}\right|$(记作 δ_x^*)与函数 y 的相对误差 $\left|\dfrac{\Delta y}{y_0}\right|$(记作 δ_y^*)之间的关系.讨论的基本思想是用微分 $\mathrm{d}y = f'(x_0)\mathrm{d}x$ 代替 Δy.即认为 Δy 就是 $\mathrm{d}y$.下面举例来说明.

例 17 测得球的直径 D 为 20 cm,已知 D 的绝对误差 $\delta_D = 0.05$ cm,试计算体积 V 的绝对误差 δ_V 及相对误差 δ_V^*.

解 因为 $V = \dfrac{1}{6}\pi D^3$,所以

$$\mathrm{d}V = \frac{1}{2}\pi D^2 \mathrm{d}D.$$

得

$$\delta_V = |\Delta V| \overset{*}{=\!=} |\mathrm{d}V| = \left|\frac{1}{2}\pi D^2 \mathrm{d}D\right|$$

$$= \frac{1}{2}\pi D^2 |\Delta D| = \frac{1}{2}\pi D^2 \delta_D,$$

> 注意 * 号这一步就是用 $\mathrm{d}V$ 代替 ΔV.

即

$$\delta_V \approx \frac{1}{2} \times 3.14 \times 400 \times 0.05 \approx 31 \text{(cm)}.$$

相对误差

$$\delta_V^* = \left|\frac{\mathrm{d}V}{V}\right| = \left|\frac{\frac{1}{2}\pi D^2 \mathrm{d}D}{\frac{1}{6}\pi D^3}\right| = 3\left|\frac{\Delta D}{D}\right| = 3\delta_D^*.$$

而 $\delta_D^* = \left|\dfrac{\Delta D}{D}\right| = \dfrac{0.05}{20}$,所以

$$\delta_V^* = 3 \times \frac{0.05}{20} = 0.75\%.$$

求第 52—69 题的微分.

52. $y = \sqrt{1+x^2}$.

53. $y = \dfrac{\cos x}{1-x^2}$.

54. $y = 2^{-\frac{1}{\cos x}}$.

55. $y = \tan^2 t$.

56. $y = \dfrac{1}{2}\arcsin(2x)$.

57. $y = \sqrt{\cos 3x} + \ln\tan\dfrac{x}{2}$.

58. $y = \arccos\dfrac{1}{x}$.

59. $y = \arcsin(1-2x)$.

60. $y = \arcsin\sqrt{1-4x}$.

61. $y = \arctan(1+x^2)$.

62. $y = \arccos(x+x^2)$.

63. $y = \operatorname{arccot}\dfrac{1+x}{x}$.

64. $y = \arctan(ax+b)$, a,b 为常数.

65. $y = \arctan\dfrac{1}{x}$.

66. $y = \arcsin\sqrt{x}$.

67. $y = x\arcsin x^2$.

68. $y = (x+1)\arctan(1-x)$.

69. $y = \dfrac{\arccos x}{x}$.

求第 70—78 题中 y 对 x 的导数.

70. $\begin{cases} x = 2e^t, \\ y = e^{-t}. \end{cases}$

71. $\begin{cases} x = \sin t, \\ y = \cos 2t. \end{cases}$

72. $\begin{cases} x = a(t-\sin t), \\ y = a(1-\cos t) \end{cases}$ (a 为常数).

73. $\begin{cases} x = at\cos t, \\ y = at\sin t \end{cases}$ (a 为常数).

74. $\begin{cases} x = \dfrac{3at}{1+t^2}, \\ y = \dfrac{3at^2}{1+t^2}. \end{cases}$

75. $x^3 + y^3 - 3a^2xy = 0$ (a 为常数).

76. $x^{\frac{2}{3}} + y^{\frac{2}{3}} = a^{\frac{2}{3}}$ (a 为常数).

77. $y = \cos(x+y)$.

78. $x = y + \arctan y$.

79. 计算 $\arctan 1.02$ 的近似值.

80. 计算 $\sqrt[3]{998}$ 的近似值.

81. 有一立方体的铁箱,测得其边长为 70 cm,已知边长的误差为 0.1 cm,求体积的绝对误差和相对误差.

82. 用公式 $A = \pi R^2$ 计算圆面积,如果要求面积的相对误差不得大于 1%,问测量圆的直径时允许有多大的相对误差?

83. 计算 $\sqrt[n]{x}$ 时,要求其相对误差不超过 δ^*,问测量 x 时允许其相对误差不超过多少?

§4 高 阶 导 数

 一 高阶导数

对函数 $f(x)$ 的导函数再求一次导数(如果 $f'(x)$ 仍可导)就得到函数 $f(x)$ 的二阶导数.

定义 1 设导函数 $f'(x)$ 在点 x_0 处的一个邻域内有定义,如果

$$\lim_{\Delta x \to 0} \frac{f'(x_0 + \Delta x) - f'(x_0)}{\Delta x}$$

存在,则称此极限值为函数 $y = f(x)$ 在点 x_0 处的二阶导数,记作 $f''(x_0)$,或 $y''(x_0)$,或 $\left. \dfrac{\mathrm{d}^2 y}{\mathrm{d} x^2} \right|_{x_0}$.

类似地可定义三阶,四阶,$\cdots$,n 阶导数,它们分别记为 y''',$y^{(4)}$,$\cdots$,$y^{(n)}$ 或分别记为 $\dfrac{\mathrm{d}^3 y}{\mathrm{d} x^3}$,$\dfrac{\mathrm{d}^4 y}{\mathrm{d} x^4}$,$\cdots$,$\dfrac{\mathrm{d}^n y}{\mathrm{d} x^n}$.请注意四阶及四阶以上的记号,四阶记号是 $y^{(4)}$ 而非 y''''.二阶及二阶以上导数称为高阶导数,而把 y' 称作一阶导数.

如果质点作直线运动,其运动方程为 $s = s(t)$.那么我们知道 $s'(t)$ 就是质点运动的速度 v,即 $v = s'(t)$,而 $s''(t)$ 就是质点运动的加速度 $a = s''(t)$.

显然,求高阶导数并不需要建立新的公式和方法.

例 1 设 $y = 2x^3 - 2x + 1$.求 y',y'',y''',$y^{(4)}$.

解
$$y' = 6x^2 - 2.$$
$$y'' = 12x.$$
$$y''' = 12.$$
$$y^{(4)} = 0.$$

例 2 设 $y = \arctan x$.求 $y''(0)$,$y'''(0)$.

解 $y' = \dfrac{1}{1+x^2}$,$y'' = \dfrac{-2x}{(1+x^2)^2}$,$y''' = \dfrac{2(3x^2-1)}{(1+x^2)^3}$.

将 $x = 0$ 代入以上各式,得
$$y''(0) = 0, \quad y'''(0) = -2.$$

例 3 设 $y = \mathrm{e}^x$.求 $y^{(n)}$.

解 显然有 $y^{(n)} = \mathrm{e}^x$.

例 4 设 $y = \ln(1+x)$.求 $y^{(n)}$.

解
$$y' = \frac{1}{1+x} = (1+x)^{-1}.$$
$$y'' = (-1)(1+x)^{-2}.$$
$$y''' = (-1)(-2)(1+x)^{-3}.$$
$$\cdots\cdots\cdots\cdots\cdots$$
$$y^{(n)} = (-1)(-2)\cdots(-(n-1))(1+x)^{-n}$$
$$= (-1)^{n-1}(n-1)!\ (1+x)^{-n}.$$

例 5 设 $y = \sin x$. 求 $y^{(n)}$.

解
$$y' = \cos x = \sin\left(\frac{\pi}{2}+x\right).$$
$$y'' = \cos\left(\frac{\pi}{2}+x\right) = \sin\left(2\cdot\frac{\pi}{2}+x\right).$$
$$y''' = \cos\left(2\cdot\frac{\pi}{2}+x\right) = \sin\left(3\cdot\frac{\pi}{2}+x\right).$$
$$\cdots\cdots\cdots\cdots\cdots$$
$$y^{(n)} = \sin\left(\frac{n\pi}{2}+x\right).$$

例 5 讲解

二 多元函数的偏导数

多元函数的偏导数是指对其中一个自变量求导数,而把其他的自变量视作常数.所以求偏导数的实质就是求导数.下面着重介绍二元函数的偏导数.

> **定义 2** 设函数 $z = f(x,y)$ 在点 $P(x_0,y_0)$ 的一个邻域内有定义,如果
> $$\lim_{\Delta x \to 0} \frac{f(x_0+\Delta x,y_0)-f(x_0,y_0)}{\Delta x}$$
> 存在,则称此极限值为函数 $z = f(x,y)$ 在点 $P(x_0,y_0)$ 处对 x 的偏导数,记作 $z'_x(x_0,y_0)$ 或 $\left.\dfrac{\partial z}{\partial x}\right|_{(x_0,y_0)}$.

同样,可以定义对 y 的偏导数
$$\left.\frac{\partial z}{\partial y}\right|_{(x_0,y_0)} = \lim_{\Delta y \to 0} \frac{f(x_0,y_0+\Delta y)-f(x_0,y_0)}{\Delta y}.$$

从上述定义中可以看到二元函数 $z = f(x,y)$ 对 x 求偏导数时,把 y 视作常数,对 y 求偏导数时,把 x 视作常数.

上述偏导数的定义可以推广到三元,四元,$\cdots$,n 元函数. 如 n 元函数 $z = f(x_1,x_2,\cdots,x_n)$ 对 x_1 的偏导数是指
$$\frac{\partial z}{\partial x_1} = \lim_{\Delta x_1 \to 0} \frac{f(x_1+\Delta x_1,x_2,\cdots,x_n)-f(x_1,x_2,\cdots,x_n)}{\Delta x_1}$$

注意 不能把偏导数的记号 $\dfrac{\partial z}{\partial x}$ 或 $\dfrac{\partial z}{\partial y}$ 理解为 ∂z 与 ∂x 或 ∂z 与 ∂y 之商.它仅仅是一种不可分开的记号.

(如果上述极限存在).其余可以类推.

显然,根据偏导数的定义,求偏导数用不着建立新的求导法则,只需注意是对哪一个变量求偏导数.

例 6 求函数 $z = x\sin y$ 在点 $\left(1, \dfrac{\pi}{4}\right)$ 处的两个偏导数.

解
$$\frac{\partial z}{\partial x} = \sin y,\ \text{则}\ \left.\frac{\partial z}{\partial x}\right|_{\left(1,\frac{\pi}{4}\right)} = \sin y\Big|_{\left(1,\frac{\pi}{4}\right)} = \frac{\sqrt{2}}{2},$$

$$\frac{\partial z}{\partial y} = x\cos y,\ \text{则}\ \left.\frac{\partial z}{\partial y}\right|_{\left(1,\frac{\pi}{4}\right)} = x\cos y\Big|_{\left(1,\frac{\pi}{4}\right)} = \frac{\sqrt{2}}{2}.$$

例 7 求函数 $z = x^y$ 的 $\dfrac{\partial z}{\partial x}, \dfrac{\partial z}{\partial y}$.

解 对 x 求偏导数时,把 y 视作常数,则 z 是幂函数;对 y 求偏导数时,把 x 视作常数,则 z 是指数函数.所以

$$\frac{\partial z}{\partial x} = yx^{y-1}, \frac{\partial z}{\partial y} = x^y \ln x.$$

例 8 求函数 $z = xy^2 + yx^2 + x^3 - y^3$ 的两个偏导数.

解
$$\frac{\partial z}{\partial x} = y^2 + 2xy + 3x^2.$$

$$\frac{\partial z}{\partial y} = 2xy + x^2 - 3y^2.$$

例 9 设关系式 $PV = RT$(R 为常量),试证

$$\frac{\partial P}{\partial V} \cdot \frac{\partial V}{\partial T} \cdot \frac{\partial T}{\partial P} = -1.$$

证明 对于 $P = R \cdot \dfrac{T}{V}$,则

$$\frac{\partial P}{\partial V} = RT \cdot \frac{-1}{V^2}.$$

对于 $V = R \dfrac{T}{P}$,则

$$\frac{\partial V}{\partial T} = \frac{R}{P}.$$

对于 $T = \dfrac{1}{R} PV$,则

$$\frac{\partial T}{\partial P} = \frac{1}{R} V.$$

三式相乘,得

$$\frac{\partial P}{\partial V} \cdot \frac{\partial V}{\partial T} \cdot \frac{\partial T}{\partial P} = \frac{-RT}{V^2} \cdot \frac{R}{P} \cdot \frac{V}{R} = -\frac{RT}{PV} = -1.$$

这个例子进一步说明了不能把偏导数记号 $\dfrac{\partial z}{\partial x}$ 或 $\dfrac{\partial z}{\partial y}$ 看成 ∂z 与 ∂x 或 ∂z 与 ∂y 之商.

例 10 求 $r=\sqrt{x^2+y^2+z^2}$ 的各个偏导数.

解
$$\frac{\partial r}{\partial x}=\frac{1}{2}\cdot\frac{2x}{\sqrt{x^2+y^2+z^2}}=\frac{x}{r},$$

$$\frac{\partial r}{\partial y}=\frac{1}{2}\cdot\frac{2y}{\sqrt{x^2+y^2+z^2}}=\frac{y}{r},$$

$$\frac{\partial r}{\partial z}=\frac{1}{2}\cdot\frac{2z}{\sqrt{x^2+y^2+z^2}}=\frac{z}{r}.$$

例 10 中的函数有如下的特点:当 x 与 y 对换时,函数形式不变,同样 y 与 z 对换,或 z 与 x 对换,函数形式也不变.函数的这种特点称为函数具有对称性.对这种函数,在求出 $\dfrac{\partial r}{\partial x}$ 后,把其中 x 与 y 对换即得 $\dfrac{\partial r}{\partial y}$,把 y 与 z 对换即得 $\dfrac{\partial r}{\partial z}$.

高阶偏导数

若二元函数 $z=f(x,y)$ 在区域 D 内的偏导数存在,则 $\dfrac{\partial z}{\partial x},\dfrac{\partial z}{\partial y}$ 在区域 D 内仍是 x,y 的函数,对这两个函数再求偏导数(如果存在的话),则称它们是 $f(x,y)$ 的二阶偏导数.这样的二阶偏导数共有四个:

$$\left(\frac{\partial z}{\partial x}\right)'_x=\frac{\partial^2 z}{\partial x^2}=f''_{xx}(x,y).$$

$$\left(\frac{\partial z}{\partial x}\right)'_y=\frac{\partial^2 z}{\partial x \partial y}=f''_{xy}(x,y).$$

$$\left(\frac{\partial z}{\partial y}\right)'_x=\frac{\partial^2 z}{\partial y \partial x}=f''_{yx}(x,y).$$

$$\left(\frac{\partial z}{\partial y}\right)'_y=\frac{\partial^2 z}{\partial y^2}=f''_{yy}(x,y).$$

第二、三式的二阶偏导数称为混合偏导数.类似地,可以定义三阶,四阶,$\cdots$,n 阶偏导数.二阶及二阶以上的偏导数称为高阶偏导数,而把原来偏导数 $\dfrac{\partial z}{\partial x},\dfrac{\partial z}{\partial y}$ 称为一阶偏导数.

例 11 设 $z=x^4+3x^2y^2+y^5x^3-xy^3$,求所有的二阶偏导数.

解
$$\frac{\partial z}{\partial x}=4x^3+6xy^2+3x^2y^5-y^3.$$

$$\frac{\partial z}{\partial y}=6x^2y+5y^4x^3-3xy^2.$$

$$\frac{\partial^2 z}{\partial x^2} = 12x^2 + 6y^2 + 6xy^5.$$

$$\frac{\partial^2 z}{\partial x \partial y} = 12xy + 15x^2 y^4 - 3y^2.$$

$$\frac{\partial^2 z}{\partial y \partial x} = 12xy + 15x^2 y^4 - 3y^2.$$

$$\frac{\partial^2 z}{\partial y^2} = 6x^2 + 20y^3 x^3 - 6xy.$$

例 11 中我们看到两个二阶混合偏导数相等,即

$$\frac{\partial^2 z}{\partial x \partial y} = \frac{\partial^2 z}{\partial y \partial x}.$$

这并非偶然,事实上,我们有下述定理.

定理 若函数 $f(x,y)$ 在区域 D 上二阶混合偏导数 $\frac{\partial^2 z}{\partial x \partial y}, \frac{\partial^2 z}{\partial y \partial x}$ 连续,则在区域 D 上,有

$$\frac{\partial^2 z}{\partial x \partial y} = \frac{\partial^2 z}{\partial y \partial x}.$$

证明从略.

在一般情形下定理的条件是满足的,所以总有 $\frac{\partial^2 z}{\partial x \partial y} = \frac{\partial^2 z}{\partial y \partial x}$.

例 12   设 $z = \ln(x^2 + y^2 - x)$, 求 $\frac{\partial^2 z}{\partial x^2}, \frac{\partial^2 z}{\partial x \partial y}, \frac{\partial^2 z}{\partial y^2}$.

解
$$\frac{\partial z}{\partial x} = \frac{2x-1}{x^2+y^2-x}, \quad \frac{\partial z}{\partial y} = \frac{2y}{x^2+y^2-x}.$$

$$\frac{\partial^2 z}{\partial x^2} = \frac{(x^2+y^2-x) \cdot 2 - (2x-1) \cdot (2x-1)}{(x^2+y^2-x)^2}$$

$$= \frac{-2x^2+2x+2y^2-1}{(x^2+y^2-x)^2}.$$

$$\frac{\partial^2 z}{\partial x \partial y} = \frac{-2(2x-1)y}{(x^2+y^2-x)^2}.$$

$$\frac{\partial^2 z}{\partial y^2} = \frac{2(x^2+y^2-x) - 2y \cdot 2y}{(x^2+y^2-x)^2} = \frac{2x^2-2y^2-2x}{(x^2+y^2-x)^2}.$$

84. 设 $y = \tan x$. 求 $y''\left(\dfrac{\pi}{4}\right)$.

求第 85—90 题的一阶、二阶导数.

85. $y = x^3 + 2x^2 + 1$.

86. $y = \arcsin x$.

87. $y = x\mathrm{e}^{-x^2}$.

88. $y = x^3 \cos 2x$.

89. $y = \mathrm{e}^{2x} \sin(2x+1)$.

90. $y = x \arctan x$.

求第 91—94 题的 n 阶导数.

91. $y = \cos x$.

92. $y = \ln x$.

93. $y = (1+x)^{\alpha}$.

94. $y = x\mathrm{e}^x$.

求第 95—103 题的对各自变量的一阶偏导数.

95. $z = \dfrac{x+y}{x-y}$.

96. $z = \arctan \dfrac{y}{x}$.

97. $f(x,y) = \ln \sqrt{x^2+y^2}$.

98. $f(x,y) = xy\ln(x+y)$.

99. $z = (2a+y)^x$ （a 为常数）.

100. $u = x^{\frac{y}{z}}$.

101. $u = \arctan(x-y)^z$.

102. $f(x,y,z) = \sin \dfrac{x}{y} \cos \dfrac{y}{x} + z$.

103. $u = \ln(1+x+y^2+z^3)$.

104. 设 $f(x,y,z) = xy^2 + yz^2 + zx^2$, 求 $f''_{xx}(0,0,1)$, $f''_{xz}(1,0,2)$, $f''_{yz}(0,-1,0)$, $f'''_{zzx}(2,0,1)$.

求第 105—108 题各自的二阶偏导数.

105. $z = x^4 + y^4 - 4x^2y^2$.

106. $z = x^{2y}$.

107. $z = \sin^2(ax+by)$ （a,b 均为常数）.

108. $z = \dfrac{x+y}{x-y}$.

109. 设 $z = 2\cos^2\left(x - \dfrac{t}{2}\right)$, 求证 $2\,\dfrac{\partial^2 z}{\partial t^2} + \dfrac{\partial^2 z}{\partial x \partial t} = 0$.

110. 设 $u = \dfrac{1}{2a\sqrt{\pi t}} \mathrm{e}^{-\frac{(x-b)^2}{4a^2 t}}$, 试证: $\dfrac{\partial u}{\partial t} = a^2\,\dfrac{\partial^2 u}{\partial x^2}$.

111. 设 $u = \mathrm{e}^{xyz}$, 求 $\dfrac{\partial^3 u}{\partial x^2 \partial y}$, $\dfrac{\partial^3 u}{\partial x \partial y \partial z}$.

112. 设 $w = x^3 + y^3 + z^3 + 3x^2y + 3xyz$, 求 $\dfrac{\partial^3 w}{\partial x \partial y \partial z}$.

§5 极值 最值

一 极值

> **定义 1**　如果函数 $f(x)$ 在 x_0 的一个邻域内有定义,且除 x_0 外,恒有
> $$f(x) < f(x_0)\,(\text{或}\,f(x) > f(x_0)).$$
> 则称点 x_0 为函数 $f(x)$ 的极大值点(或极小值点),$f(x_0)$ 称为极大值(或极小值).
> 极大值点、极小值点统称极值点,极大值、极小值统称极值.

在图 3-7 中,x_1,x_4 是极大值点;x_2,x_5 是极小值点.有时极小值会比极大值大.如图 3-7 中 $f(x_5) > f(x_1)$.这是因为极值是在一个邻域内的最大值或最小值,而不是在整个所考虑的区域内的最大值或最小值.

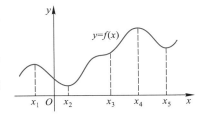

图 3-7

如何去寻找极值点呢? 有下述定理.

> **定理 1**(极值点的必要条件)　如果 x_0 是函数 $f(x)$ 的极值点,且在 x_0 处函数可微,则 $f'(x_0) = 0$.

证明从略.

定理 1 讲的是这样一个事实,对于可微函数,极值点必在导数等于零的点中,即在方程 $f'(x) = 0$ 的根中.然而,满足方程 $f'(x) = 0$ 的点则不一定是极值点.例如函数 $f(x) = x^3$.显然在 $x = 0$ 处的导数为 0,即

$$(x^3)'\,\Big|_{x=0} = 3x^2\,\Big|_{x=0} = 0.$$

但 $x = 0$ 不是函数 $f(x) = x^3$ 的极值点(图 3-8).因为在 $x = 0$ 的任何一个邻域内,此函数在 $x = 0$ 的左侧为负,而右侧为正,又 $f(0) = 0$.因此,对于可微函数讲,定理 1 的逆定理不成立.为了区分极值点与导数为零的点,称后者为函数 $f(x)$ 的驻点.

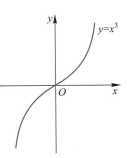

图 3-8

例 1　求函数 $f(x) = 6x^4 - 8x^3 - 12x^2 + 24x$ 的驻点.

解　$f'(x)=24(x^3-x^2-x+1)$. 令 $f'(x)=0$, 即

$$x^3-x^2-x+1=0,$$
$$(x-1)^2(x+1)=0.$$

解得驻点为: $x=1, x=-1$.

往后我们可以判断出 $x=-1$ 是极值点, $x=1$ 不是极值点. 为了介绍判断极值点的方法, 需先讲拉格朗日[①]定理.

证明从略. 拉格朗日定理又称微分中值定理, 现仅从几何上作一个说明. 该定理说的是如下的事实: 曲线 $y=f(x)$ 的 AB 弧段上至少有一点 ξ 处的切线斜率 $f'(\xi)$ 等于弦 AB 的斜率, 即

$$\frac{f(b)-f(a)}{b-a}=f'(\xi),$$

如图 3-9 所示.

有了微分中值定理, 就可以建立判断极值点的充分条件.

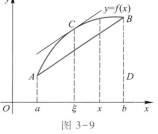

图 3-9

 函数增减与极值的判定法

定理 3　设函数 $f(x)$ 在 (a,b) 内可微.

(1) 如果在 (a,b) 内 $f'(x)>0$[②], 则 $f(x)$ 在 (a,b) 内是单调递增的;

(2) 如果在 (a,b) 内 $f'(x)<0$[③], 则 $f(x)$ 在 (a,b) 内是单调递减的;

(3) 如果在 (a,b) 内恒有 $f'(x)=0$, 则 $f(x)$ 在 (a,b) 内是常数.

---

①　约瑟夫·路易斯·拉格朗日(Joseph Louis Lagrange, 1736—1813)是法国数学家、力学家、天文学家. 1736 年 1 月 25 日生于意大利的都灵, 19 岁被皇家炮兵学院聘任为数学教授. 1766 年经欧拉推荐, 普鲁士国王要拉格朗日来柏林, 国王说"我——欧洲最伟大的君王, 希望你——欧洲最伟大的数学家到我的宫廷来". 在柏林的 20 年间, 拉格朗日完成了牛顿以后最伟大的经典力学著作《分析力学》. 这本书他从 19 岁起酝酿, 经 33 年而完成, 出版时他已 52 岁, 这是一本不朽的著作. 法国资产阶级大革命期间下令所有外国人出境, 但特别声明拉格朗日是这法令的例外, 可见当时人们对拉格朗日的尊崇.

②③　个别点处导数可以为 0.

定理 3 在几何上表述了一个非常明显的事实.见图 3-10.

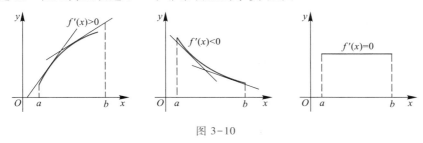

图 3-10

证明 在(a,b)内任取两点x_1,x_2,不妨设$x_2>x_1$,根据微分中值定理,有

$$\frac{f(x_2)-f(x_1)}{x_2-x_1}=f'(\xi),$$

其中$\xi\in(x_1,x_2)$.

（1）因为$f'(x)>0$,所以$f'(\xi)>0$,得

$$\frac{f(x_2)-f(x_1)}{x_2-x_1}>0.$$

由于$x_2-x_1>0$,故

$$f(x_2)>f(x_1),$$

所以$f(x)$在(a,b)内是单调递增的.

（2）因为$f'(x)<0$,所以$f'(\xi)<0$,得

$$\frac{f(x_2)-f(x_1)}{x_2-x_1}<0.$$

由于$x_2-x_1>0$,故

$$f(x_2)<f(x_1).$$

所以$f(x)$在(a,b)内是单调递减的.

（3）因为$f'(x)$恒为 0,所以$f'(\xi)=0$,得

$$f(x_2)=f(x_1).$$

故$f(x)$在(a,b)内为常数.

定理 4（极值点的第一充分条件） 设函数$f(x)$在点x_0的一个邻域内可微（x_0处可不要求可微,但要连续）.如果x_0两侧附近的导数$f'(x)$变号,则x_0是函数$f(x)$的极值点;且当x_0的左（右）侧导数为正,右（左）侧导数为负时,x_0是极大（小）值点,如果x_0两侧导数$f'(x)$不变号,则x_0不是函数$f(x)$的极值点.

证明 设x_0的左侧$f'(x)>0$而右侧$f'(x)<0$,由定理 3 可知x_0的左侧函数$f(x)$为增,右侧$f(x)$为减.又x_0是函数$f(x)$的连续点,故在点x_0的一个邻域内（除x_0外）恒有

$$f(x_0) > f(x),$$

即点 x_0 是极大值点.反之,可证 x_0 是极小值点.

例 2 求函数 $f(x) = x^3 - 3x$ 的增减区间及极值点.

所谓增(减)区间是指:在该区间上函数是增的(或减的).

解 函数的定义域为 $(-\infty, +\infty)$.又

$$f'(x) = 3x^2 - 3.$$

令

$$f'(x) = 0,$$

即

$$3(x^2 - 1) = 0,$$
$$3(x - 1)(x + 1) = 0,$$

得驻点 $x = 1, x = -1$.

当 $x < -1$ 时,$f'(x) > 0$,所以函数是递增的;

当 $-1 < x < 1$ 时,$f'(x) < 0$,所以函数是递减的;

当 $x > 1$ 时,$f'(x) > 0$,所以函数是递增的.

于是可得 $(-\infty, -1)$ 和 $(1, +\infty)$ 是函数的递增区间;$(-1, 1)$ 是函数的递减区间.因而 $x = -1$ 是极大值点,$x = 1$ 是极小值点.

例 3 求函数 $f(x) = \sqrt[5]{x^2}$ 的极值点(如图 3-11 所示).

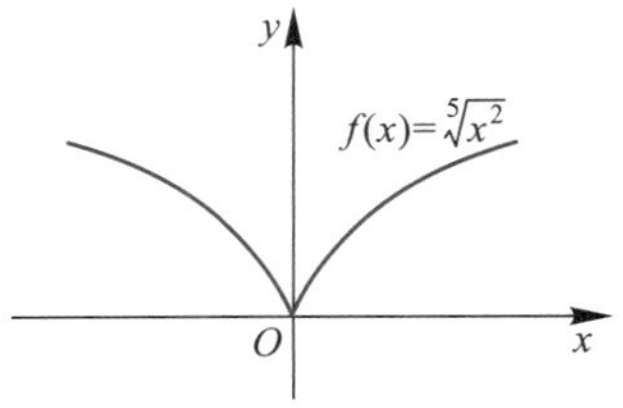

图 3-11

解 定义域为 $(-\infty, +\infty)$.又

$$f'(x) = \frac{2}{5\sqrt[5]{x^3}}.$$

函数没有驻点,但有不可微的点 $x = 0$,且 $x = 0$ 处函数 $f(x)$ 连续,又当 $x < 0$ 时,$f'(x) < 0$;当 $x > 0$ 时,$f'(x) > 0$.根据定理 4,$x = 0$ 是函数的极小值点.

例 3 告诉我们一个重要事实,连续而不可微的点有可能是极值点.

例 4 讨论函数 $f(x) = \ln(x^2 - 1)$ 的极值点.

解 $f'(x) = \frac{2x}{x^2 - 1}$.

例 4 讲解

可见函数 $\ln(x^2 - 1)$ 在其定义域 $(-\infty, -1) \cup (1, +\infty)$ 内可微,且无驻点,所以无极值点.

要注意:此例虽有使 $f'(x) = 0$ 的点 $x = 0$,也有使 $f'(x)$ 无定义的点 $x = 1$,$x = -1$,但这些点都不在定义域内,所以不需考虑.

在例 1 中 $x = 1, x = -1$ 均为函数的驻点,但 $x = 1$ 的两侧导数均为正,即在包括 $x = 1$ 的某一个邻域内函数是递增的,所以 $x = 1$ 不是极值点,而 $x = -1$ 是极值点且是极小值点.

定理 5 设函数 $f(x)$ 在 x_0 处二阶导数存在,且 $f'(x_0)=0$,$f''(x_0)\neq 0$,则 x_0 是函数 $f(x)$ 的极值点,且当 $f''(x_0)>0$ 时,则 x_0 是极小值点;当 $f''(x_0)<0$ 时,则 x_0 是极大值点.

证明从略.

例 5 用定理 5 求函数 $f(x)=x^2+\dfrac{1}{x}$ 的极值点.

解
$$f'(x)=2x-\frac{1}{x^2},$$

$$f''(x)=2+\frac{2}{x^3}.$$

例 5 讲解

令 $f'(x)=0$,即

$$2x-\frac{1}{x^2}=0.$$

通分得

$$\frac{2x^3-1}{x^2}=0,$$

解得驻点 $x=\dfrac{1}{\sqrt[3]{2}}$.代入 $f''(x)$ 中,得

$$f''\left(\frac{1}{\sqrt[3]{2}}\right)>0.$$

根据定理 5,$x=\dfrac{1}{\sqrt[3]{2}}$ 是函数的极小值点($x=0$ 不在定义域中,故不必讨论).

现将求极值点的步骤小结一下:

(1)求函数 $y=f(x)$ 的驻点及连续而不可微点.注意这些点均应在函数的定义域内,否则不必讨论.

(2)如果用定理 4,那么就讨论驻点和不可微点两侧附近导数的正负,从而判断出极值点.

(3)如果用定理 5,那么就计算驻点处 $f''(x)$ 的正负号,从而判断出极值点.当 $f''(x)=0$ 时,需另做判断.注意对于不可微点不能用定理 5.

 三 最值

定义 2 如果 $f(x_0)$ 是函数 $f(x)$ 的最大(小)值,则称点 x_0 为函数的最大(小)点.

最大值和最小值统称最值.怎样求最值呢? 在实际问题中常遇到下列情形.假定所讨论的函数可微.

（1）如果函数 $f(x)$ 在 $[a,b]$（或 (a,b),或无穷区间）的内部只有一个驻点,而这个驻点是极值点,那么这个驻点就是最值点,当驻点是极大值点时,它就是最大点,当驻点是极小值点时,它就是最小点.

（2）如果从实际问题的分析中知道,函数 $f(x)$ 在所考虑的区间（可以是开区间或无穷区间）内有最值,而该区间内只有一个驻点,那么这个驻点就是最大点（或最小点）.

例 6　在一块边长为 a 的正方形纸板上四角截去相等的小方块,把各边折叠成无盖盒子.问截去多大的小方块能使盒子容量最大（图 3-12）?

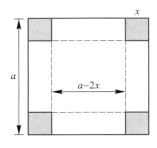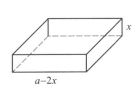

图 3-12

解　设截去的方块边长为 x,盒子容量为 V,则

$$V = x(a - 2x)^2,$$

称为目标函数,其中 $x \in \left(0, \dfrac{a}{2}\right)$,且 V 可微.

$$V' = (a - 2x)^2 - 4x(a - 2x) = (a - 2x)(a - 6x),$$

在 $\left(0, \dfrac{a}{2}\right)$ 内只有一个驻点 $x = \dfrac{a}{6}\left(x = \dfrac{a}{2} \text{舍去}\right)$.

$$V'' = 8(3x - a).$$

将 $x = \dfrac{a}{6}$ 代入,得

$$V''\left(\frac{a}{6}\right) = -4a < 0.$$

所以 $x = \dfrac{a}{6}$ 是极大值点,故最大点为 $x = \dfrac{a}{6}$,最大容积为

$$V = \frac{2}{27}a^3.$$

例 7　求内接于球（半径为 R）的圆柱体的最大体积.

解　设圆柱体的高为 h,底半径为 r,体积为 V（图 3-13）,则目标函数为

$$V = \pi r^2 h,$$

其中 r, h 应满足

$$r^2 + \frac{h^2}{4} = R^2,$$

即

$$r^2 = R^2 - \frac{h^2}{4}.$$

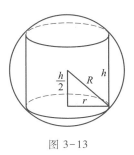

图 3-13

代入 V 中,得

$$V = \pi \left(R^2 h - \frac{h^3}{4} \right).$$

其中 $h \in (0, 2R)$ 且 V 可微.

$$V' = \pi \left(R^2 - \frac{3}{4} h^2 \right).$$

令 $V' = 0$,得 $h_1 = \dfrac{2}{\sqrt{3}} R, h_2 = -\dfrac{2}{\sqrt{3}} R, h_2$ 不在 $(0, 2R)$ 中应舍去.这样在 $(0, 2R)$ 内有唯一

驻点 $h_1 = \dfrac{2}{\sqrt{3}} R$.容易看到 V 的最大值是存在的.所以

$$h_1 = \frac{2}{\sqrt{3}} R$$

是最大点,最大值为

$$V\left(\frac{2}{\sqrt{3}} R \right) = \frac{4}{3\sqrt{3}} \pi R^3.$$

例 8 有一物体放在水平面上其所受重力为 **G**,试在其上加一力 **F** 使物体刚开始移动(设摩擦存在,摩擦系数为 μ),问当力 **F** 与水平面成什么角时,力 $|F|$ 最小.

解 从物理学中知道摩擦力与平面的正压力成正比,其比例系数就是摩擦系数 μ.其方向与运动方向相反.设力 **F** 与水平面成 θ 角,其模用 F 表示.当 F 在水平方向分力与摩擦力相等时物体就将要移动(图 3-14).

容易求得正压力为 $G - F\sin\theta$(G 为 **G** 的模),于是

摩擦力 $= \mu(G - F\sin\theta)$,

F 的水平分力的大小 $= F\cos\theta$,

从而得 $\quad F\cos\theta = \mu(G - F\sin\theta).$

则目标函数为

$$F = \frac{\mu G}{\cos\theta + \mu\sin\theta},$$

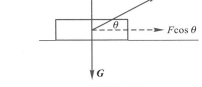

图 3-14

其中 $\theta \in \left[0, \dfrac{\pi}{2}\right)$. 因为 μG 为常数, 故求 F 的最小值也就是求 $\cos \theta + \mu \sin \theta$ 的最大值. 令

$$y = \cos \theta + \mu \sin \theta,$$

$$y' = -\sin \theta + \mu \cos \theta,$$

令 $y' = 0$, 解得

$$\tan \theta = \mu,$$

在 $\left[0, \dfrac{\pi}{2}\right)$ 内只有一个驻点且 y 可微. 解得

$$\theta = \arctan \mu.$$

又 $y'' = -\cos \theta - \mu \sin \theta$, 当 $\theta = \arctan \mu \in \left[0, \dfrac{\pi}{2}\right)$ 时, $y'' < 0$. 因而 $\theta = \arctan \mu$ 是极大值点, 从而知 $\theta = \arctan \mu$ 也是最大点. 即力 F 与水平成角 θ 时, F 的模为最小.

四 多元函数的极值、最值

多元函数的极值与最值讨论的思路与一元函数类似. 以二元函数为例.

1. 极值

定义 3 设函数 $z = f(x, y)$ 在点 (x_0, y_0) 的一个邻域内有定义, 如果在此邻域内异于点 (x_0, y_0) 的任何点 (x, y), 都有

$$f(x, y) < f(x_0, y_0) \ (\text{或} f(x, y) > f(x_0, y_0)),$$

则称 $f(x_0, y_0)$ 为函数 $z = f(x, y)$ 的极大值(或极小值), 称点 (x_0, y_0) 为函数 $z = f(x, y)$ 的极大值点(或极小值点). 极大值与极小值统称函数的极值, 极大值点与极小值点统称函数的极值点.

定理 6(极值点的必要条件)

设函数 $z = f(x, y)$ 在点 $P(x_0, y_0)$ 的两个偏导数存在, 且点 P 为极值点, 则

$$\begin{cases} f'_x(x_0, y_0) = 0, \\ f'_y(x_0, y_0) = 0. \end{cases}$$

证明 因点 $P(x_0, y_0)$ 是函数 $z = f(x, y)$ 的极值点. 所以当 y 固定为 y_0 时, 一元函数 $z = f(x, y_0)$(图 3-15) 在 x_0 处是极值点. 所以根据一元函数极值点的必要条件, 有 $f'_x(x_0, y_0) = 0$. 从几何上讲, 在曲面 $z = f(x, y)$ 上对应于点 P 处的点 M 有平行于 x 轴的切线.

同理可证 $f'_y(x_0, y_0) = 0$.

满足方程组

$$\begin{cases} f'_x(x, y) = 0, \\ f'_y(x, y) = 0 \end{cases}$$

的解所对应的点 (x_0, y_0) 称为函数 $z = f(x, y)$ 的驻点.与一元函数一样,驻点不一定是极值点.例如点 $(0,0)$ 是函数 $z = xy$ 的驻点(读者可验算一下).但在点 $(0,0)$ 的任何一个邻域内.函数 $z = xy$ 有正有负,又 $z \big|_{(0,0)} = 0$,所以点 $(0,0)$ 不是极值点.

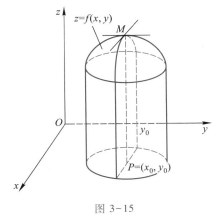

图 3-15

虽然函数的驻点不一定是函数的极值点,但可用它来求函数的最值.

> **定理 7** 设函数 $z = f(x, y)$ 在点 $P(x_0, y_0)$ 的一个邻域内有连续的二阶偏导数,$P(x_0, y_0)$ 是驻点.令 $A = f''_{xx}(x_0, y_0)$,$B = f''_{xy}(x_0, y_0)$,$C = f''_{yy}(x_0, y_0)$.如果
>
> $$\Delta = B^2 - AC < 0,$$
>
> 则点 P 是函数 $z = f(x, y)$ 的极值点,且(Ⅰ)当 $A < 0$(此时必有 $C < 0$)时,点 P 是极大值点.(Ⅱ)当 $A > 0$(此时必有 $C > 0$)时,点 P 是极小值点.

证明从略.

例 9 求函数 $z = x^3 + y^3 - 3xy$ 的极值点.

解 令

$$\begin{cases} \dfrac{\partial z}{\partial x} = 3x^2 - 3y = 0, \\ \dfrac{\partial z}{\partial y} = 3y^2 - 3x = 0, \end{cases}$$

解得驻点 $P_1(0,0)$,$P_2(1,1)$.$\dfrac{\partial^2 z}{\partial x^2} = 6x$,$\dfrac{\partial^2 z}{\partial y^2} = 6y$,$\dfrac{\partial^2 z}{\partial x \partial y} = -3$.

$$\Delta = B^2 - AC \big|_{P_1} = 9 > 0,$$

$$\Delta = B^2 - AC \big|_{P_2} = -27 < 0,$$

且 $\dfrac{\partial^2 z}{\partial x^2} \bigg|_{P_2} = 6 > 0$,所以 $P_2(1,1)$ 是极小值点,$P_1(0,0)$ 不是极值点.

2. 最值

下面通过例子阐明求最值的思路与方法.

例 10 要设计周长为 2.4 m(无盖),横断面为等腰梯形的水槽(图3-16).问 x 与角度 α 为何值时,其横断面的面积为最大?

解 建立目标函数,设横断面的面积为 A.由图 3-16 可知,梯形的高为 $x\sin\alpha$,上底长为 $2.4-2x+2x\cos\alpha$,下底长为 $2.4-2x$,故有

$$A = \frac{1}{2}(2.4-2x+2x\cos\alpha+2.4-2x)x\sin\alpha$$

$$= 2.4x\sin\alpha-2x^2\sin\alpha+x^2\sin\alpha\cos\alpha.$$

图 3-16

定义域为

$$0<\alpha<\frac{\pi}{2},0<x<12.$$

$$\frac{\partial A}{\partial x} = 2.4\sin\alpha-4x\sin\alpha+2x\sin\alpha\cos\alpha,$$

$$\frac{\partial A}{\partial\alpha} = 2.4x\cos\alpha-2x^2\cos\alpha+x^2(\cos^2\alpha-\sin^2\alpha).$$

令 $\dfrac{\partial A}{\partial x}=0,\dfrac{\partial A}{\partial\alpha}=0$,解出驻点 $\alpha=\dfrac{\pi}{3},x=0.8(\text{m})$.由实际问题可知最大值是存在的,且目标函数的驻点唯一,无其他可疑极值点,所以当 $\alpha=\dfrac{\pi}{3},x=0.8$(m)时,水槽的横断面面积为最大.

例 11 设椭球面方程为 $\dfrac{x^2}{a^2}+\dfrac{y^2}{b^2}+\dfrac{z^2}{c^2}=1$,其中 a,b,c 均为常数且大于 0,求椭球内接长方体的最大体积.

解 设内接长方体的体积为 V,点 $P(x,y,z)$ 在椭球上(图 3-17),则

$$V = 8xyz \quad (x>0,y>0,z>0),$$

其中 x,y,z 满足椭球面的方程

$$\frac{x^2}{a^2}+\frac{y^2}{b^2}+\frac{z^2}{c^2}=1.$$

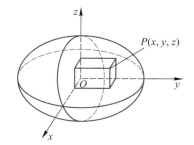

解出 $z=c\sqrt{1-\dfrac{x^2}{a^2}-\dfrac{y^2}{b^2}}$,代入 V 中

$$V = 8cxy\sqrt{1-\frac{x^2}{a^2}-\frac{y^2}{b^2}},$$

图 3-17

$$\frac{\partial V}{\partial x} = 8cy\sqrt{1-\frac{x^2}{a^2}-\frac{y^2}{b^2}}-\frac{8cx^2y}{a^2\sqrt{1-\dfrac{x^2}{a^2}-\dfrac{y^2}{b^2}}},$$

$$\frac{\partial V}{\partial y} = 8cx\sqrt{1-\frac{x^2}{a^2}-\frac{y^2}{b^2}}-\frac{8cy^2x}{b^2\sqrt{1-\dfrac{x^2}{a^2}-\dfrac{y^2}{b^2}}}.$$

令 $\dfrac{\partial V}{\partial x}=0,\dfrac{\partial V}{\partial y}=0$,得

$$\begin{cases} 1 - \dfrac{2}{a^2}x^2 - \dfrac{y^2}{b^2} = 0, \\ 1 - \dfrac{x^2}{a^2} - \dfrac{2y^2}{b^2} = 0. \end{cases}$$

解得 $x = \dfrac{a}{\sqrt{3}}$，$y = \dfrac{b}{\sqrt{3}}$，代入 z 式中得 $z = \dfrac{c}{\sqrt{3}}$.

由问题本身知 V 的最大值是存在的，又驻点 $x = \dfrac{a}{\sqrt{3}}$，$y = \dfrac{b}{\sqrt{3}}$，$z = \dfrac{c}{\sqrt{3}}$ 唯一，无其他可疑极值点，故当 $x = \dfrac{a}{\sqrt{3}}$，$y = \dfrac{b}{\sqrt{3}}$，$z = \dfrac{c}{\sqrt{3}}$ 时，V 为最大.

$$V_{max} = \dfrac{8}{3\sqrt{3}}abc.$$

习题

求第 113—115 题的增减区间及极值点.

113. $y = \arctan x - x$. 　　　　114. $y = x + \sqrt{1-x}$.

115. $y = 2x^2 - \ln x$.

116. 求二元函数的极值：(a) $z = 2xy - 3x^2 - 2y^2$；(b) $z = e^{2x}(x + y^2 + 2y)$.

117. 设长方形一边就是直线上的一段，其余三边的总长为定长 l. 问长方形边长取何值时长方形的面积为最大？

118. 试证面积为一定的矩形中，正方形周长最短.

119. 半径为 R 的半圆内接一梯形，其梯形一底是半圆的直径，求梯形面积的最大值.

120. 求内接于椭圆 $\dfrac{x^2}{a^2} + \dfrac{y^2}{b^2} = 1$ 的、面积最大的矩形的长与宽.

121. 一鱼雷艇停泊在距海岸 9 km 处（设海岸为直线），派人送信给距鱼雷艇为 $3\sqrt{34}$ km 处设在海岸边上的司令部，若送信人步行速率为 5 km/h，划船速率为 4 km/h，问他在何处上岸到达司令部的时间最短？

122. 设圆桌的半径为 a，在桌面中心的上方挂一电灯，问灯距桌面多高时，才能使桌的边缘照得最亮 $\left(\text{灯的照明度 } I = K\dfrac{\sin \varphi}{r^2}, K \text{ 为常数. 见图 3-18}\right)$？

123. 制作一个体积为 v 的长方体无盖的盒子. 问其长、宽、高各为多少可使用料最省？

124. 在平面 $3x-2z=0$ 上求一点,使它与点 $(1,1,1)$ 和点 $(2,3,4)$ 的距离平方和为最小.

125. 将硬纸折成长方体无盖盒,若纸面积一定,问 x,y,z 成何比例时,可使盒的容积最大(图 3-19)?

126. 在所有对角线为 $2\sqrt{3}$ 的长方体中,求体积最大的长方体.

127. 将长为 l 的线段分为两段,分别围成正方形和正三角形,问怎样分法使它们的面积之和为最小?

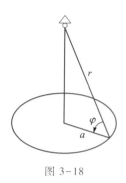

图 3-18

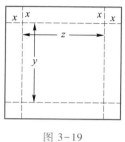

图 3-19

§6　未定型的极限

对“$\dfrac{0}{0}$”“$\dfrac{\infty}{\infty}$”型(称为未定型)的极限,在第二章中已经介绍过一些求法,但对不同类型的极限使用的方法是不同的,没有统一的方法.本节将介绍一个求未定型的方法——洛必达法则,它较好地解决了此类问题.

 ## 柯西[①]定理(广义中值定理)

在本章的 §1 中,介绍了拉格朗日定理或叫微分中值定理.这里我们要把这个定理推广.

---

① 柯西(Cauchy,1789—1857)是法国数学家,1809 年当上一名工程师,后听从拉格朗日和拉普拉斯的劝告转攻数学.1816 年晋升为巴黎综合理工学院的教授.他一生写论文 800 多篇,出版专著 7 本,全集共 27 卷.从 23 岁写出第一篇论文到 68 岁逝世的 45 年中,平均每月发表两篇论文.仅 1849 年 8 月至 12 月的法国科学院 9 次会上,他就提交了 24 篇短文和 15 篇研究报告.一生中最大贡献之一是在微积分中引进严格的方法.1821 年出版的《分析教程》以及以后的《无穷小计算讲义》和《无穷小计算在几何中的应用》具有划时代的价值,其中给出了分析学一系列基本概念的严格定义.

从几何角度看(图 3-20),曲线 AB 可以用不同形式表示.如果用参数方程表示:

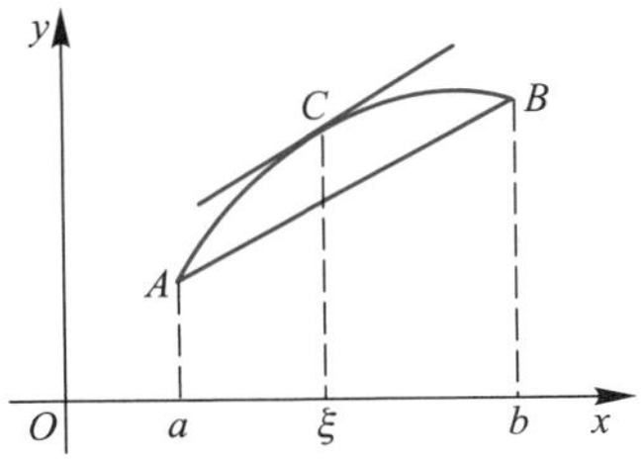

$$\begin{cases} x = F(t), \\ y = \Phi(t), \end{cases}$$

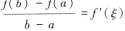

图 3-20

微分中值定理的结论将变成什么形式?事实上等式

$$\frac{f(b) - f(a)}{b - a} = f'(\xi)$$

的左边也可用曲线 AB 的端点 A, B 的坐标来表示:

$$\frac{y_B - y_A}{x_B - x_A} = \frac{\mathrm{d}y}{\mathrm{d}x}\bigg|_{x = \xi}, \qquad ①$$

其中 y_B, y_A 与 x_B, x_A 分别表示点 B 与点 A 的纵坐标与横坐标.

设 $t = t_1$ 时,对应于点 A,$t = t_2$ 时,对应于点 B,则

$$A(F(t_1), \Phi(t_1)), B(F(t_2), \Phi(t_2)).$$

如果当 $t = \eta$ 时,对应于点 C,而 $\dfrac{\mathrm{d}y}{\mathrm{d}x} = \dfrac{\Phi'(t)}{F'(t)}$,则

$$\frac{\mathrm{d}y}{\mathrm{d}x}\bigg|_{t = \eta} = \frac{\Phi'(\eta)}{F'(\eta)}.$$

这样,①式就表示为

$$\frac{\Phi(t_2) - \Phi(t_1)}{F(t_2) - F(t_1)} = \frac{\Phi'(\eta)}{F'(\eta)}.$$

这就是微分中值定理的推广.

柯西定理(广义微分中值定理) 设函数 $\Phi(x), F(x)$ 在闭区间 $[a, b]$ 上连续,在 (a, b) 内可微,且 $F'(x) \neq 0$,则在 (a, b) 内至少存在一点 ξ,使

$$\frac{\Phi(b) - \Phi(a)}{F(b) - F(a)} = \frac{\Phi'(\xi)}{F'(\xi)}.$$

证明从略.

二 洛必达法则

> **定理** 设函数 $\Phi(x)$、$F(x)$ 在 x_0 的一个邻域内可微,且满足:
>
> (1) $\lim\limits_{x \to x_0} \Phi(x) = \lim\limits_{x \to x_0} F(x) = 0$;
>
> (2) $F'(x) \neq 0$;
>
> (3) $\lim\limits_{x \to x_0} \dfrac{\Phi'(x)}{F'(x)} = A(\text{或} \infty)$,
>
> 则
>
> $$\lim_{x \to x_0} \frac{\Phi(x)}{F(x)} = A(\text{或} \infty),$$
>
> 即
>
> $$\lim_{x \to x_0} \frac{\Phi(x)}{F(x)} = \lim_{x \to x_0} \frac{\Phi'(x)}{F'(x)}.$$

证明 设 x 是 x_0 的一个邻域内任意一点,那么,在 $[x_0, x]$ 或 $[x, x_0]$ 上函数 $\Phi(x)$,$F(x)$ 满足广义微分中值定理的条件,所以有

$$\frac{\Phi(x) - \Phi(x_0)}{F(x) - F(x_0)} = \frac{\Phi'(\xi)}{F'(\xi)}, \qquad\qquad ②$$

其中 ξ 在 x_0 与 x 之间.

因为函数 $\Phi(x)$,$F(x)$ 在 x_0 处可微,所以在 x_0 处也是连续的,又 $\lim\limits_{x \to x_0} \Phi(x) = \lim\limits_{x \to x_0} F(x) = 0$,故有 $\Phi(x_0) = F(x_0) = 0$,②式简化为

$$\frac{\Phi(x)}{F(x)} = \frac{\Phi'(\xi)}{F'(\xi)}.$$

两边取极限,注意到 $x \to x_0$ 时,$\xi \to x_0$.

$$\lim_{x \to x_0} \frac{\Phi(x)}{F(x)} = \lim_{\xi \to x_0} \frac{\Phi'(\xi)}{F'(\xi)},$$

由条件(3)知 $\lim\limits_{\xi \to x_0} \dfrac{\Phi'(\xi)}{F'(\xi)} = A(\text{或} \infty)$,所以有

$$\lim_{x \to x_0} \frac{\Phi(x)}{F(x)} = \lim_{x \to x_0} \frac{\Phi'(x)}{F'(x)} = A(\text{或} \infty).$$

---

① 洛必达(L'Hospital,1661—1704)是法国数学家.青年时期一度任骑兵军官,因眼睛近视而自行告退.他是约翰·伯努利(Johann Bernoulli)的学生,成功地解答过他老师提出的"最速降线"问题.他的最大功绩是写了世界第一本系统的微积分教程——《阐明曲线的无穷小分析》.为在欧洲大陆,特别是在法国普及微积分起了重要作用.

附带说明几点(不加证明):

(1) 函数 $\Phi(x),F(x)$ 在 x_0 处可以不可微,甚至可以没有定义.

(2) 对于 $\lim\limits_{x\to\infty}\Phi(x)=\lim\limits_{x\to\infty}F(x)=0$,在满足相应的条件时,结论仍成立.

(3) 对于 $\lim\limits_{x\to\infty}\Phi(x)=\infty$,$\lim\limits_{x\to\infty}F(x)=\infty$,在满足相应的条件时,结论仍成立.

简而言之,只要是"$\dfrac{0}{0}$"型与"$\dfrac{\infty}{\infty}$"型,不管自变量趋向 x_0 或 ∞,在满足相应的条件时,结论均成立.

例 1 求 $\lim\limits_{x\to 0}\dfrac{\ln(1+x)}{\sin 2x}$.

解 $\Phi(x)=\ln(1+x)$,$F(x)=\sin 2x$ 在 $x=0$ 的一个邻域内可微,且 $\lim\limits_{x\to 0}\ln(1+x)=0$,$\lim\limits_{x\to 0}\sin 2x=0$,而

$$\lim_{x\to 0}\frac{\Phi'(x)}{F'(x)}=\lim_{x\to 0}\frac{\dfrac{1}{1+x}}{2\cos 2x}=\frac{1}{2}$$

满足洛必达法则的条件,所以,有

$$\lim_{x\to 0}\frac{\ln(1+x)}{\sin 2x}=\lim_{x\to 0}\frac{\dfrac{1}{1+x}}{2\cos 2x}=\frac{1}{2}.$$

在应用洛必达法则时,主要检查极限是否为"$\dfrac{0}{0}$"型或"$\dfrac{\infty}{\infty}$"型.写的格式可以简化,见下面一些例子.

例 2 求 $\lim\limits_{x\to 0}\dfrac{x-\sin x}{x^3}$.

解 "$\dfrac{0}{0}$"型.

$$\lim_{x\to 0}\frac{x-\sin x}{x^3}=\lim_{x\to 0}\frac{1-\cos x}{3x^2}.$$

例 2 讲解

这仍是"$\dfrac{0}{0}$"型,可继续使用洛必达法则,

$$\lim_{x\to 0}\frac{x-\sin x}{x^3}=\lim_{x\to 0}\frac{1-\cos x}{3x^2}=\lim_{x\to 0}\frac{\sin x}{6x}=\frac{1}{6}.$$

例 3 求 $\lim\limits_{x\to +\infty}\dfrac{\ln x}{x}$.

解 "$\dfrac{\infty}{\infty}$"型,用洛必达法则

$$\lim_{x\to +\infty}\frac{\ln x}{x}=\lim_{x\to +\infty}\frac{\dfrac{1}{x}}{1}=0.$$

例 4　求 $\lim\limits_{x \to 0^+} \dfrac{\ln\cot x}{\ln x}$.

例 4 讲解

解　"$\dfrac{\infty}{\infty}$"型.

$$\lim_{x \to 0^+} \frac{\ln\cot x}{\ln x} = \lim_{x \to 0^+} \frac{\dfrac{1}{\cot x}(-\csc^2 x)}{\dfrac{1}{x}} = \lim_{x \to 0^+} \frac{-x}{\sin x \cos x}$$

$$= \lim_{x \to 0^+} \frac{-1}{\cos x} \cdot \lim_{x \to 0^+} \frac{x}{\sin x} = -1.$$

例 5 讲解

例 5　求 $\lim\limits_{x \to +\infty} \dfrac{\sqrt{1+x^2}}{x}$.

解　"$\dfrac{\infty}{\infty}$"型.

$$\lim_{x \to +\infty} \frac{\sqrt{1+x^2}}{x} = \lim_{x \to +\infty} \frac{\dfrac{x}{\sqrt{1+x^2}}}{1} = \lim_{x \to +\infty} \frac{x}{\sqrt{1+x^2}}$$

$$= \lim_{x \to +\infty} \frac{1}{\dfrac{x}{\sqrt{1+x^2}}} = \lim_{x \to +\infty} \frac{\sqrt{1+x^2}}{x}.$$

经过两次运用洛必达法则后,又回到了原来形式,这说明洛必达法则失效.其实这题易求.

$$\lim_{x \to +\infty} \frac{\sqrt{1+x^2}}{x} = \lim_{x \to +\infty} \sqrt{\frac{1}{x^2}+1} = 1.$$

例 5 使我们认识到洛必达法则并非万能,对某些情形还需要用第二章介绍过的方法.

有时洛必达法则与等价无穷小代换综合使用,效果会更好些.

例 6　求 $\lim\limits_{x \to 0} \dfrac{x-\sin x}{x(\mathrm{e}^{x^2}-1)}$.

解　
$$\lim_{x \to 0} \frac{x-\sin x}{x(\mathrm{e}^{x^2}-1)} = \lim_{x \to 0} \frac{x-\sin x}{x \cdot x^2} \qquad (\mathrm{e}^{x^2}-1 \sim x^2)$$

$$= \lim_{x \to 0} \frac{1-\cos x}{3x^2} = \frac{1}{6}.$$

如果一直使用洛必达法则,计算将是冗长的.读者不妨试一试.

其他类型的未定型的极限

1. "$0 \cdot \infty$"型

设 $\lim \Phi(x) = 0, \lim F(x) = \infty$,则称 $\Phi(x) \cdot F(x)$ 为"$0 \cdot \infty$"型.它可变形为

"$\dfrac{0}{0}$"型或"$\dfrac{\infty}{\infty}$"型.

例 7 求 $\lim\limits_{x\to 0^+} x\ln x$.

解 "$0\cdot\infty$"型.

$$\lim_{x\to 0^+} x\ln x = \lim_{x\to 0^+}\frac{\ln x}{\dfrac{1}{x}}\quad\left(\text{``}\dfrac{\infty}{\infty}\text{''型}\right)$$

$$= \lim_{x\to 0^+}\frac{\dfrac{1}{x}}{-\dfrac{1}{x^2}} = \lim_{x\to 0^+}(-x) = 0.$$

读者可以试一下,如果把 $\ln x$ 放到分母中去,情况会怎样?

例 8 求 $\lim\limits_{x\to +\infty}\ln\left(1+\dfrac{1}{x}\right)\ln x$.

解 "$0\cdot\infty$"型.

两个对数的乘积,用洛必达方法做会遇到一些麻烦,先用等价无穷小量代换.当 $x\to +\infty$ 时,$\ln\left(1+\dfrac{1}{x}\right)\sim\dfrac{1}{x}$.

$$\lim_{x\to +\infty}\ln\left(1+\frac{1}{x}\right)\ln x = \lim_{x\to +\infty}\frac{\ln x}{x} = \lim_{x\to +\infty}\frac{\dfrac{1}{x}}{1} = 0.$$

2. "$\infty - \infty$"型

若 $\lim \varPhi(x) = \infty$,$\lim F(x) = \infty$(两个均为同号无穷大),则称 $\varPhi(x) - F(x)$ 为 "$\infty - \infty$"型.这种极限可化为"$\dfrac{0}{0}$"型或"$\dfrac{\infty}{\infty}$"型.

例 9 求 $\lim\limits_{x\to 1}\left(\dfrac{x}{x-1}-\dfrac{1}{\ln x}\right)$.

解 "$\infty - \infty$"型.把它化为"$\dfrac{0}{0}$"型.

$$\lim_{x\to 1}\left(\frac{x}{x-1}-\frac{1}{\ln x}\right) = \lim_{x\to 1}\frac{x\ln x - x + 1}{(x-1)\ln x}\quad\left(\text{``}\dfrac{0}{0}\text{''型}\right)$$

$$= \lim_{x\to 1}\frac{1+\ln x - 1}{\dfrac{x-1}{x}+\ln x} = \lim_{x\to 1}\frac{\ln x}{1-\dfrac{1}{x}+\ln x}$$

$$= \lim_{x\to 1}\frac{\dfrac{1}{x}}{\dfrac{1}{x^2}+\dfrac{1}{x}} = \frac{1}{2}.$$

例 7 讲解

例 8 讲解

例 9 讲解

习 题

求第 128—139 题的极限.

128. $\lim\limits_{x\to\pi}\dfrac{\sin 3x}{\tan 5x}$.

129. $\lim\limits_{x\to 0}\dfrac{e^x-e^{-x}}{\sin x}$.

130. $\lim\limits_{x\to 0^+}\dfrac{\ln\tan 7x}{\ln\tan 2x}$.

131. $\lim\limits_{x\to 0}\dfrac{e^x-1}{xe^x+e^x-1}$.

132. $\lim\limits_{x\to 0}\dfrac{\arcsin x}{x}$.

133. $\lim\limits_{x\to 0}\dfrac{\tan\beta x-\tan\alpha x}{x}$.

134. $\lim\limits_{x\to\frac{\pi}{2}}(\sec x-\tan x)$.

135. $\lim\limits_{x\to 0}\left(\cot x-\dfrac{1}{x}\right)$.

136. $\lim\limits_{x\to 1}(1-x)\tan\dfrac{\pi}{2}x$.

137. $\lim\limits_{x\to 0^+}\ln x\cdot\ln(1+x)$.

138. $\lim\limits_{x\to 0}\left(\dfrac{1}{x}-\dfrac{1}{e^x-1}\right)$.

139. $\lim\limits_{x\to 0^+}\dfrac{\ln x}{\ln\sin x}$.

§7　曲线的凹凸及拐点　函数作图

 曲线的凹凸及拐点

函数的作图问题在中学里已经有所介绍,但能使用的手段却不多.用导数的正负判断函数的增减及极值,无疑是增加了作图的有效手段.但有时仍不能较清晰地掌握其形状.如图 3-21 所示,函数 $y=f(x)$ 的 AB 段与 $y=g(x)$ 的 CD 段,它们都是递增的,但 AB 段是凸的递增,CD 段是凹的递增,因此还需要判断曲线的凹凸.从图 3-22 中可以看到,当 x 增大时,曲线上对应点处的切线斜率递减(图 3-22(a)),则曲线是凸的;当 x 增大时,曲线上对应点处的切线斜率递增(图 3-22(b)),则曲线是凹的,从而可得到下列的判别法:

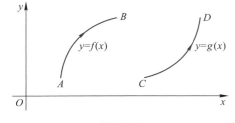

图 3-21

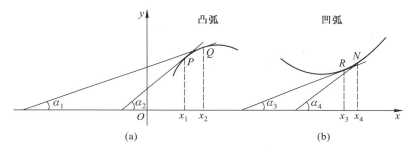

图 3-22

证明略.

例 1 求曲线 $y=\ln(1+x^2)$ 的拐点.并判断曲线在什么区间上是凸的(称为凸区间),在什么区间上是凹的(称为凹区间)?

解 函数的定义域是 $(-\infty,+\infty)$.

$$y'=\frac{2x}{1+x^2},$$

$$y''=\frac{2(1-x^2)}{(1+x^2)^2}.$$

令 $y''=0$,得 $x=1,x=-1$.

例 1 讲解

讨论如下:

当 $-\infty<x<-1$ 时,$y''<0$,曲线是凸的;

当 $-1<x<1$ 时,$y''>0$,曲线是凹的;

当 $1<x<+\infty$ 时,$y''<0$ 曲线是凸的.

由此知拐点为 $(-1,\ln 2)$ 及 $(1,\ln 2)$.$(-\infty,-1)$,$(1,+\infty)$ 为凸区间,$(-1,1)$ 为凹区间.

例 2 讨论曲线 $y=\dfrac{x^2+1}{x}$ 的凸凹及拐点.

解
$$y'=1-\frac{1}{x^2},$$

$$y''=\frac{2}{x^3},$$

函数的定义域为$(-\infty,0)\cup(0,+\infty)$,讨论如下:

当$x<0$时,$y''<0$,曲线是凸的;当$x>0$时,$y''>0$,曲线是凹的,所以$(-\infty,0)$为凸区间,$(0,+\infty)$为凹区间.因为$x=0$不在定义域内,所以曲线无拐点.

二 函数作图

作函数的图形,大致应遵循以下步骤:

(1) 初步研究:如讨论定义域,对称性,周期性,等等;

(2) 讨论增减区间、极值点及极值;

(3) 讨论凹凸区间及拐点;

(4) 讨论一些特殊情形,如有点x_0使$\lim\limits_{x\to x_0}f(x)=\infty$,及$\lim\limits_{x\to\infty}f(x)=A$.前者说明曲线与直线$x=x_0$无限接近(图3-23),直线$x=x_0$称为曲线$y=f(x)$的垂直渐近线.后者说明曲线与直线$y=A$无限接近.直线$y=A$称为曲线$y=f(x)$的水平渐近线(图3-24).

(5) 根据需要再增算几个点.

有时,不必拘泥于以上的步骤.

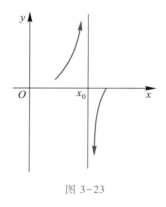

图3-23

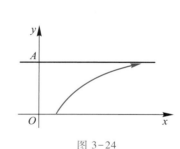

图3-24

例3 作函数

$$y = \mathrm{e}^{-x^2}$$

的图形.

解 函数的定义域为$(-\infty,+\infty)$,是偶函数,图形关于y轴对称,且$y>0$,所以图形在x轴的上方.

$$y' = -2x\mathrm{e}^{-x^2},$$

令$y'=0$,得驻点$x=0$.

x	$(-\infty,0)$	$x=0$	$(0,+\infty)$
y'	$+$	0	$-$
图形	↗	极大值点	↘

极大值为 $e^0 = 1$.

$$y'' = 2(2x^2 - 1)e^{-x^2}.$$

令 $y'' = 0$，得 $x = \pm\dfrac{1}{\sqrt{2}}$.

	$\left(-\infty,-\dfrac{1}{\sqrt{2}}\right)$	$\dfrac{-1}{\sqrt{2}}$	$\left(-\dfrac{1}{\sqrt{2}},\dfrac{1}{\sqrt{2}}\right)$	$\dfrac{1}{\sqrt{2}}$	$\left(\dfrac{1}{\sqrt{2}},+\infty\right)$
y''	$+$	0	$-$	0	$+$
图形	凹	拐点	凸	拐点	凹

拐点为 $\left(-\dfrac{1}{\sqrt{2}},e^{-\frac{1}{2}}\right)$，$\left(\dfrac{1}{\sqrt{2}},e^{-\frac{1}{2}}\right)$.

$$\lim_{x\to\infty}e^{-x^2} = 0，\text{有水平渐近线 } y = 0.$$

根据以上讨论的情况，可大致地作出图形（图 3-25）.

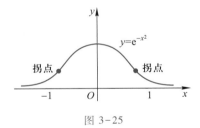

图 3-25

习题

140. 求曲线 $y = 3x^4 - 4x^3 + 1$ 的拐点及凹凸区间.

141. 求曲线 $y = x + \dfrac{x}{x-1}$ 的拐点及凹凸区间.

142. 作 $y = x^3 + \dfrac{1}{4}x^4$ 的图形.

143. 作 $y = \dfrac{x^2}{1+x^2}$ 的图形.

144. 作 $y = \ln(1+x^2)$ 的图形.

解释第 145—146 题的导数的物理意义.

145. $\dfrac{\mathrm{d}\theta}{\mathrm{d}t}$, t 为时间, θ 为物体对应于 t 时刻的转角.

146. $\dfrac{\mathrm{d}q}{\mathrm{d}t}$, t 为时间, q 为对应 t 时刻已通过的电荷量.

147. 当 $\Delta x \to 0$ 时, 试将下述命题用导数表示.

（1）$\Delta y = f(x_0 + \Delta x) - f(x_0)$ 是 Δx 的高阶无穷小量;

（2）$\Delta y = f(x_0 + \Delta x) - f(x_0)$ 与 Δx 是同阶无穷小量;

（3）$\Delta y = f(x_0 + \Delta x) - f(x_0)$ 与 Δx 是等价无穷小量.

148. 设 $f(x)$ 可微. 如果 $\lim\limits_{x \to \infty} f(x) = \infty$, 则 $\lim\limits_{x \to \infty} f'(x) = \infty$. 对吗? 请研究例子 $f(x) = x + \dfrac{1}{x}$.

求第 149—153 题的导数 y'.

149. $y = \sqrt{1 + \sqrt{2px}}$　（p 为常数）.

150. $y = \ln(x - \cos x)$.

151. $y = \arcsin\sqrt{\sin x}$.

152. $y = x - \sqrt{1 - x^2}\,\arcsin x$.

153. $y = \sqrt{x^2 - a^2} - \arccos\dfrac{a}{x}$　（a 为常数, $x > 0$）

154. 设 $y = \sin^2 x$. 求 $y^{(n)}$.

155. 设 $\mathrm{e}^{x+y} = xy$ 确定了函数 $y = y(x)$. 求 y'_x.

156. 设方程 $\begin{cases} x = a\cos^3 t, \\ y = a\sin^3 t \end{cases}$ 确定了函数 $y = y(x)$. 求 y'_x.

求第 157—159 题的一阶偏导数.

157. $z = \arctan\dfrac{x+y}{x-y}$.

158. $z = \dfrac{x^2}{y^2}\ln(3x - 2y)$.

159. $z = \mathrm{e}^{xy}\cos(x^2 - y^2)$.

160. 如果函数 $y = f(x)$ 在 x_0 处可微, 且 $f'(x_0) = 0$, 则 x_0 是函数 $y = f(x)$ 的极值点, 对吗?

161. 如果函数 $y = f(x_0)$ 在 x_0 处可微, 且 x_0 是其极值点, 则 $f'(x_0) = 0$, 对吗?

162. 一炮弹与地面成 α 角射出（α 为锐角）, 初速为 v_0. 问 α 等于多少时, 离炮

位水平距离为 b 千米处,炮弹飞得最高 $\left(0<b<\dfrac{v_0^2}{g},g\text{ 为重力加速度}\right)$?

163. 宽为 6 厘米的长方形纸片,将其右角折叠到左边沿上,如图 3-26 所示.问 B' 在什么位置时,折痕 CD 最短.

164. 设杠杆的支点在左端,力点在右端(图 3-27).离支点一个单位处挂一重 490 单位的物体,杠杆每单位长重为 5 个单位.试证当杠杆长为 14 单位时,用力最省.

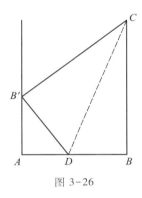

图 3-26

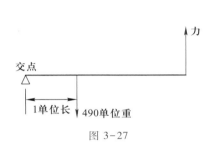

图 3-27

第三章部分习题答案

1. 2.

2. $-\dfrac{1}{4}$.

5. $3x^2,10x^9$.

6. $(2,8),(-2,-8)\left(\dfrac{1}{6},\dfrac{1}{216}\right),\left(-\dfrac{1}{6},-\dfrac{1}{216}\right)$.

7. $y+\dfrac{\sqrt{2}}{2}x-\dfrac{\sqrt{2}}{2}-\dfrac{\sqrt{2}}{8}\pi=0;y-\sqrt{2}\,x-\dfrac{\sqrt{2}}{2}+\dfrac{\sqrt{2}}{4}\pi=0$.

8. $x=0$ 处连续而不可导.

9. $6x-5$.

10. $\dfrac{1}{\sqrt{x}}+\dfrac{1}{x^2}$.

11. $-\dfrac{1}{2\sqrt{x}}\left(1+\dfrac{1}{x}\right)$.

12. $1+\ln x$.

13. $\theta\cos\theta$.

14. $\sin x\ln x+x\cos x\ln x+\sin x$.

15. $f'(1)=2,f'(4)=\dfrac{5}{2},f'(a^2)=3-\dfrac{1}{|a|}$.

16. $e^x(\cos x + \sin x)$.

17. $e^x\left(\ln x + \dfrac{1}{x}\right)$.

18. $2\cos t + \sec^2 t$.

19. $-\dfrac{7}{3}\csc^2 x$.

20. $x^2 e^x(3+x)$.

21. $-\dfrac{2}{(x-1)^2}$.

22. $\dfrac{1-x^2}{(1+x^2)^2}$.

23. $-\dfrac{2e^x}{(1+e^x)^2}$.

24. $-\dfrac{2}{t(1+\ln t)^2}$.

25. $\dfrac{1-\cos t - t\sin t}{(1-\cos t)^2}$.

26. $\dfrac{2}{5}t + \dfrac{3}{(5-t)^2}$.

27. $\dfrac{1}{2}\sec^2\dfrac{x}{2}$.

28. $e^{-x}(3x^2 - x^3 - 2x + 2)$.

29. $e^{-x}(\sec^2 x - \tan x)$.

30. $-200x(1-x^2)^{99}$.

31. $4\left(t^3 - \dfrac{1}{t^3} + 3\right)^3\left(3t^2 + \dfrac{3}{t^4}\right)$.

32. $-\dfrac{2}{3}x(1+x^2)^{-\frac{4}{3}}$.

33. $\dfrac{1}{2x\sqrt{1+\ln x}}$.

34. $-\sin 2t$.

35. $-\dfrac{2}{1-2x}$.

36. $3\sin(4-3x)$.

37. $-\dfrac{3}{2\sqrt{1-3x}}$.

38. $\sec^2(1+x) - \sec(1-x)\tan(1-x)$.

39. $\dfrac{1}{2}\sec^2\dfrac{x}{2} - \dfrac{1}{2}\csc^2\dfrac{x}{2}$.

40. $-\dfrac{\sqrt{3}}{3}$.

41. $-x^{-2}e^{\tan\frac{1}{x}}\sec^2\dfrac{1}{x}$.

42. $\dfrac{1}{2x\sqrt{\ln x}}e^{\sqrt{\ln x}}$.

43. $(2x+3)e^{(x^2+3x-2)}\cos e^{(x^2+3x-2)}$.

44. $\dfrac{1}{\sqrt{a^2+x^2}}$.

45. $\dfrac{1}{4}\left(\tan\dfrac{x}{2}\right)^{-\frac{1}{2}}\sec^2\dfrac{x}{2}$.

46. $-3\sin(3x)\sin 2(\cos 3x)$.

47. $-\cos\dfrac{1}{x} + 2x\sin\dfrac{1}{x}$.

48. $(x\ln x \cdot \ln\ln x)^{-1}$.

49. $4(1+\sin^2 x)^3\sin 2x$.

50. $-\ln a$.

52. $\dfrac{x\mathrm{d}x}{\sqrt{1+x^2}}$.

53. $\dfrac{-(1-x^2)\sin x+2x\cos x}{(1-x^2)^2}\mathrm{d}x$.

54. $-\sec x\cdot\tan x2^{-\sec x}\ln 2\mathrm{d}x$.

55. $2\tan t\sec^2 t\mathrm{d}t$.

56. $\dfrac{\mathrm{d}x}{\sqrt{1-4x^2}}$.

57. $\left(\dfrac{-3\sin 3x}{2\sqrt{\cos 3x}}+\dfrac{1}{\sin x}\right)\mathrm{d}x$.

58. $\dfrac{\mathrm{d}x}{|x|\sqrt{x^2-1}}$.

59. $-2(1-(1-2x)^2)^{-\frac{1}{2}}\mathrm{d}x$.

60. $-\dfrac{1}{\sqrt{x-4x^2}}\mathrm{d}x$.

61. $\dfrac{2x\mathrm{d}y}{1+(1+x^2)^2}$.

62. $-\dfrac{(2x+1)\mathrm{d}x}{\sqrt{1-(x^2+x)^2}}$.

63. $[x^2+(1+x)^2]^{-2}\mathrm{d}x$

64. $\dfrac{a\mathrm{d}x}{1+(ax+b)^2}$.

65. $-\dfrac{1}{1+x^2}\mathrm{d}x$

66. $\dfrac{\mathrm{d}x}{2\sqrt{x}\sqrt{1-x}}$.

67. $\left(\arcsin x^2+\dfrac{2x^2}{\sqrt{1-x^4}}\right)\mathrm{d}x$.

68. $\left(\arctan(1-x)-\dfrac{1+x}{1+(1-x)^2}\right)\mathrm{d}x$

69. $-\dfrac{x+\sqrt{1-x^2}\cdot\arccos x}{x^2\sqrt{1-x^2}}\mathrm{d}x$.

70. $-\dfrac{1}{2}\mathrm{e}^{-2t}$.

71. $-4\sin t$.

72. $\cot\dfrac{t}{2}$.

73. $\dfrac{\sin t+t\cos t}{\cos t-t\sin t}$.

74. $\dfrac{2t}{1-t^2}$.

75. $(a^2y-x^2)/(y^2-a^2x)$.

76. $-\sqrt[3]{\dfrac{y}{x}}$.

77. $-\dfrac{\sin(x+y)}{1+\sin(x+y)}$.

78. $(1+y^2)/(2+y^2)$.

79. $0.795\ 4$.

80. $9.993\ 3$.

81. $\delta_V=1\ 470\ \mathrm{cm}^3,\delta_V^*=0.4\%$.

82. 0.5%.

83. $n\delta^*$.

84. 4.

85. $3x^2+4x,6x+4$.

86. $\dfrac{1}{\sqrt{1-x^2}},\dfrac{x}{\sqrt{(1-x^2)^3}}$.

87. $e^{-x^2}(1-2x^2)$, $2e^{-x^2}(2x^3-3x)$.

88. $3x^2\cos 2x - 2x^3\sin 2x$, $6x\cos 2x - 12x^2\sin 2x - 4x^3\cos 2x$.

89. $2e^{2x}(\sin(2x+1)+\cos(2x+1))$, $8e^{2x}\cos(2x+1)$.

90. $\dfrac{x}{1+x^2}+\arctan x$, $\dfrac{2}{(1+x^2)^2}$. 91. $\cos\left(\dfrac{n\pi}{2}+x\right)$.

92. $(-1)^{n-1}(n-1)!\ x^{-n}$. 93. $\alpha(\alpha-1)\cdots(\alpha-n+1)x^{\alpha-n}$.

94. $e^x(n+x)$.

95. $\dfrac{\partial z}{\partial x}=-\dfrac{2y}{(x-y)^2}$, $\dfrac{\partial z}{\partial y}=\dfrac{2x}{(x-y)^2}$.

96. $-\dfrac{y}{x^2+y^2}$, $\dfrac{x}{x^2+y^2}$. 97. $\dfrac{x}{x^2+y^2}$, $\dfrac{y}{x^2+y^2}$.

98. $\dfrac{xy}{x+y}+y\ln(x+y)$, $\dfrac{xy}{x+y}+x\ln(x+y)$.

99. $(2a+y)^x\ln(2a+y)$, $x(2a+y)^{x-1}$.

100. $\dfrac{y}{z}x^{\frac{y-z}{z}}$, $\dfrac{1}{z}x^{\frac{y}{z}}\ln x$, $-\dfrac{y\ln x}{z^2}x^{\frac{y}{z}}$.

101. $\dfrac{z(x-y)^{z-1}}{1+(x-y)^{2z}}$, $-\dfrac{z(x-y)^{z-1}}{1+(x-y)^{2z}}$, $\dfrac{(x-y)^z\ln(x-y)}{1+(x-y)^{2z}}$.

102. $\dfrac{y}{x^2}\sin\dfrac{x}{y}\sin\dfrac{y}{x}+\dfrac{1}{x}\cos\dfrac{x}{y}\cos\dfrac{y}{x}$, $-\dfrac{x}{y^2}\cos\dfrac{x}{y}\cos\dfrac{y}{x}-\dfrac{1}{y}\sin\dfrac{x}{y}\sin\dfrac{y}{x}$, 1.

103. $\dfrac{1}{1+x+y^2+z^3}$, $\dfrac{2y}{1+x+y^2+z^3}$, $\dfrac{3z^2}{1+x+y^2+z^3}$.

104. $f''_{xx}(0,0,1)=2$, $f''_{xz}(1,0,2)=2$, $f''_{yz}(0,-1,0)=0$, $f'''_{zzx}(2,0,1)=0$.

105. $z''_{xx}=12x^2-8y^2$, $z''_{xy}=-16xy$, $z''_{yy}=12y^2-8x^2$.

106. $z''_{xx}=2y(2y-1)x^{2y-2}$, $z''_{xy}=2x^{2y-1}+4yx^{2y-1}\ln x$, $z''_{yy}=4x^{2y}(\ln x)^2$.

107. $z''_{xx}=2a^2\cos 2(ax+by)$, $z''_{xy}=2ab\cos 2(ax+by)$, $z''_{yy}=2b^2\cos 2(ax+by)$.

108. $z''_{xx}=\dfrac{4y}{(x-y)^3}$, $z''_{xy}=\dfrac{-2(x+y)}{(x-y)^3}$, $z''_{yy}=\dfrac{4x}{(x-y)^3}$.

111. $\dfrac{\partial^3 u}{\partial x^2\partial y}=yz(2z+xyz^2)e^{xyz}$, $\dfrac{\partial^3 u}{\partial x\partial y\partial z}=(1+3xyz+x^2y^2z^2)e^{xyz}$,

112. $\dfrac{\partial^3 w}{\partial x\partial y\partial z}=3$. 113. $(-\infty,+\infty)\searrow$.

114. $\left(-\infty,\dfrac{3}{4}\right)\nearrow\left(\dfrac{3}{4},1\right)\searrow$, $y\left(\dfrac{3}{4}\right)=\dfrac{5}{4}$ 为极大值.

115. $\left(0,\dfrac{1}{2}\right)\searrow$, $\left(\dfrac{1}{2},+\infty\right)\nearrow$, $y\left(\dfrac{1}{2}\right)=\dfrac{1}{2}+\ln 2$ 为极小值.

116. （a）极大值 $z(0,0)=0$，（b）极小值 $z\left(\dfrac{1}{2},-1\right)=-\dfrac{\mathrm{e}}{2}$.

117. $\dfrac{l}{4},\dfrac{l}{4},\dfrac{l}{2}$.

119. $\dfrac{3}{4}\sqrt{3}\,R^{2}$.

120. $\sqrt{2}\,a\,,\sqrt{2}\,b$.

121. 3 km.

122. $\dfrac{\sqrt{2}}{2}a$.

123. $\sqrt[3]{2v}\,,\sqrt[3]{2v}\,,\dfrac{1}{2}\sqrt[3]{2v}$.

124. $\left(\dfrac{21}{13},2,\dfrac{63}{26}\right)$.

125. $x=\dfrac{1}{6}\sqrt{A}\,,y=\dfrac{2}{3}\sqrt{A}=z$.

126. $2,2,2$.

127. 正方形边长为 $\dfrac{\sqrt{3}\,l}{9+4\sqrt{3}}$，正三角形边长为 $\dfrac{3l}{9+4\sqrt{3}}$.

128. $-\dfrac{3}{5}$.

129. 2.

130. 1.

131. $\dfrac{1}{2}$.

132. 1.

133. $\beta-\alpha$.

134. 0.

135. 0.

136. $\dfrac{2}{\pi}$.

137. 0.

138. $\dfrac{1}{2}$.

139. 1.

140. 凹区间为 $(-\infty,0)$，$\left(\dfrac{2}{3},+\infty\right)$；凸区间为 $\left(0,\dfrac{2}{3}\right)$. 拐点为 $(0,1)$，$\left(\dfrac{2}{3},\dfrac{11}{27}\right)$.

141. 凸区间为 $(-\infty,1)$，凹区间为 $(1,+\infty)$，无拐点.

145. 角速度.

146. 电流.

147. （1）$\dfrac{\mathrm{d}y}{\mathrm{d}x}=0$；（2）$\dfrac{\mathrm{d}y}{\mathrm{d}x}=a\neq0$；（3）$\dfrac{\mathrm{d}y}{\mathrm{d}x}=1$.

148. 不对.

149. $\dfrac{p}{2\sqrt{1+\sqrt{2px}}}\cdot\dfrac{1}{\sqrt{2px}}$.

150. $\dfrac{1+\sin x}{x-\cos x}$.

151. $\dfrac{\cos x}{2\sqrt{\sin x-\sin^{2}x}}$.

152. $\dfrac{x\arcsin x}{\sqrt{1-x^2}}$.

153. $\dfrac{1}{x}\sqrt{x^2-a^2}$.

154. $2^{n-1}\sin\left(2x+(n-1)\dfrac{\pi}{2}\right)$.

155. $\dfrac{y(1-x)}{x(y-1)}$.

156. $-\tan t$.

157. $-\dfrac{y}{x^2+y^2}$, $\dfrac{x}{x^2+y^2}$.

158. $z'_x=\dfrac{2x}{y^2}\ln(3x-2y)+\dfrac{3x^2}{y^2(3x-2y)}$. $z'_y=-\dfrac{2x^2}{y^3}\ln(3x-2y)-\dfrac{2x^2}{y^2(3x-2y)}$.

159. $z'_x=ye^{xy}\cos(x^2-y^2)-2xe^{xy}\sin(x^2-y^2)$. $z'_y=ye^{xy}\cos(x^2-y^2)+2ye^{xy}\sin(x^2-y^2)$.

160. 不对.

161. 对.

162. $\tan\alpha=\dfrac{v_0^2}{bg}$.

163. $\angle BDC=\arctan\sqrt{2}$.

第四章

积 分 学

§1 原函数与不定积分

一 原函数与不定积分

定义 1 设函数 $f(x)$ 定义在区间 M 上,如果存在函数 $F(x)$,对于任一点 $x \in M$,都有

$$F'(x) = f(x) \text{ 或 } \mathrm{d}F(x) = f(x)\mathrm{d}x,$$

则称函数 $F(x)$ 是 $f(x)$ 在 M 上的一个原函数.

例如在 $(-\infty, +\infty)$ 内,有 $\left(\dfrac{1}{2}x^2\right)' = x$,所以, $\dfrac{1}{2}x^2$ 是 x 在 $(-\infty, +\infty)$ 内的一个原函数.显然, $\left(\dfrac{1}{2}x^2 + 1\right)' = x$, $\left(\dfrac{1}{2}x^2 + C\right)' = x$ (C 为任意常数),即 $\dfrac{1}{2}x^2 + 1$, $\dfrac{1}{2}x^2 + C$ 也是 x 在 $(-\infty, +\infty)$ 内的原函数.

由以上情况可知,如果一个函数的原函数存在,那么必有无穷多个原函数(不久将会看到,如果 $f(x)$ 连续,则 $f(x)$ 的原函数存在).如何寻找所有的原函数呢?如果能寻找到原函数之间的关系,那么找出所有原函数也就不难了.

定理 如果函数 $f(x)$ 在区间 M 上有原函数 $F(x)$,则

$$F(x) + C \quad (C \text{ 为任意常数})$$

也是 $f(x)$ 在 M 上的原函数,且 $f(x)$ 的任一个原函数均可表示成 $F(x) + C$ 的形式.

证明 定理的前一部分结论是显然的,事实上$(F(x)+C)'=f(x)$.现证后一部分结论.

设$G(x)$是$f(x)$在M上的另一个原函数,令

$$\Phi(x) = G(x) - F(x),$$

则

$$\Phi'(x) = G'(x) - F'(x).$$

由于$G'(x)=f(x)$,$F'(x)=f(x)$,则在M上恒有

$$\Phi'(x) = 0.$$

根据第三章§5定理3,得

$$\Phi(x) = C(任意常数),$$

即

$$G(x) = F(x) + C.$$

这就是说只要找到$f(x)$的一个原函数,那么它的全体原函数均能找到.

定义2 若$F(x)$是$f(x)$在区间M上的一个原函数,那么表达式

$$F(x) + C \quad (C \text{ 为任意常数})$$

称为$f(x)$在M上的不定积分,记作

$$\int f(x)\,dx,$$

即

$$\int f(x)\,dx = F(x) + C,$$

其中x称为积分变量,$f(x)$称为被积函数,$f(x)dx$称为被积分式,C称为积分常数,$\int$称为积分号.

例如$\dfrac{1}{2}x^2$在$(-\infty, +\infty)$内是x的一个原函数,那么$\dfrac{1}{2}x^2+C$就是x的不定积分,即

$$\int x\,dx = \frac{1}{2}x^2 + C.$$

又如,$(\ln x)' = \dfrac{1}{x}(x>0)$,即在区间$(0,+\infty)$内$\ln x$是$\dfrac{1}{x}$的一个原函数,那么$\dfrac{1}{x}$的不定积分为

$$\int \frac{1}{x}\,dx = \ln x + C \quad (x > 0).$$

又$[\ln(-x)]' = \dfrac{1}{x}(x<0)$,得

$$\int \frac{1}{x}\mathrm{d}x = \ln(-x) + C \quad (x < 0),$$

以上两式可合并为一个,即

$$\int \frac{1}{x}\mathrm{d}x = \ln|x| + C \quad (|x| > 0)^{①}.$$

原函数之间的关系在几何上表示为:把曲线 $y = F(x)$ 向上或向下平行移动,就得曲线 $y = F(x) + C$.图 4-1 是函数 $f(x) = x$ 的原函数 $\frac{1}{2}x^2 + C$ 的图形.

由不定积分定义可得:

$$\left(\int f(x)\mathrm{d}x\right)' = f(x);$$

$$\mathrm{d}\left(\int f(x)\mathrm{d}x\right) = f(x)\mathrm{d}x;$$

$$\int F'(x)\mathrm{d}x = F(x) + C;\text{或记为}\int \mathrm{d}F(x) = F(x) + C.$$

如果不计积分常数,则微分运算与积分运算是互逆运算.

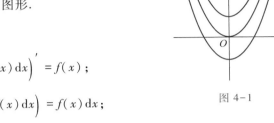

图 4-1

▶ 动画

积分曲线族

二 基本积分表

根据不定积分的定义,很容易从函数的微分公式,得到其积分公式.

例如 $\left(\dfrac{x^{\alpha+1}}{\alpha+1}\right)' = x^{\alpha}(\alpha \neq -1)$,得积分公式:

$$\int x^{\alpha}\mathrm{d}x = \frac{x^{\alpha+1}}{\alpha + 1} + C \quad (\alpha \neq -1).$$

又如 $(\sin x)' = \cos x$,得积分公式:

$$\int \cos x\mathrm{d}x = \sin x + C.$$

下面列出的一些积分,叫做基本积分表,要求熟记.

$$\int k\mathrm{d}x = kx + C \quad (k \text{ 为常数}).$$

$$\int x^{\alpha}\mathrm{d}x = \frac{1}{\alpha + 1}x^{\alpha+1} + C \quad (\alpha \neq -1).$$

$$\int \frac{1}{x}\mathrm{d}x = \ln|x| + C.$$

$$\int \cos x\mathrm{d}x = \sin x + C.$$

---

① 以后为简单起见,不再一一注明积分变量适用的区间.

$$\int \sin x\, dx = -\cos x + C.$$

$$\int \sec^2 x\, dx = \tan x + C.$$

$$\int \csc^2 x\, dx = -\cot x + C.$$

$$\int \sec x \tan x\, dx = \sec x + C.$$

$$\int \csc x \cot x\, dx = -\csc x + C.$$

$$\int a^x\, dx = \frac{1}{\ln a} a^x + C.$$

$$\int e^x\, dx = e^x + C.$$

$$\int \frac{dx}{\sqrt{1 - x^2}} = \arcsin x + C.$$

$$\int \frac{dx}{1 + x^2} = \arctan x + C.$$

三　不定积分的性质

$$\int kf(x)\, dx = k\int f(x)\, dx \quad (k \text{ 为非零常数}),\qquad ①$$

$$\int [f(x) + g(x)]\, dx = \int f(x)\, dx + \int g(x)\, dx.\qquad ②$$

上述两式的证明是容易的,只要两边的导数相等就行.事实上,有

$$\left(\int kf(x)\, dx\right)' = kf(x),$$

$$\left(k\int f(x)\, dx\right)' = k\left(\int f(x)\, dx\right)' = kf(x).$$

所以①式成立.同样可以证明②.读者可试证一下.

例 1　计算 $\int \left(\dfrac{1}{x^2} - 3\cos x + \dfrac{1}{x}\right) dx.$

解　　　$\displaystyle\int \left(\frac{1}{x^2} - 3\cos x + \frac{1}{x}\right) dx = \int \frac{1}{x^2}dx - 3\int \cos x\, dx + \int \frac{1}{x}dx$

$$= -\frac{1}{x} + C_1 - 3\sin x + C_2 + \ln|x| + C_3.$$

C_1, C_2, C_3 可以合并为一个积分常数,故

$$\int \left(\frac{1}{x^2} - 3\cos x + \frac{1}{x}\right) dx = -\frac{1}{x} - 3\sin x + \ln|x| + C.$$

为简便计,今后在计算各项不定积分时,不必分别加积分常数,只需最后加一个就行了.

例 2　求 $\int \dfrac{(x - \sqrt{x})(1 + \sqrt{x})}{x} \mathrm{d}x$.

解　$\int \dfrac{(x - \sqrt{x})(1 + \sqrt{x})}{x} \mathrm{d}x = \int \dfrac{x\sqrt{x} - \sqrt{x}}{x} \mathrm{d}x = \int x^{\frac{1}{2}} \mathrm{d}x - \int x^{-\frac{1}{2}} \mathrm{d}x$

$$= \dfrac{2}{3} x^{\frac{3}{2}} - 2 x^{\frac{1}{2}} + C.$$

例 3　求 $\int \left(\mathrm{e}^x + \dfrac{1}{1 + x^2} \right) \mathrm{d}x$.

解　$\int \left(\mathrm{e}^x + \dfrac{1}{1 + x^2} \right) \mathrm{d}x = \mathrm{e}^x + \arctan x + C.$

习题

求第 1—12 题的不定积分.

1. $\int x\sqrt{x} \, \mathrm{d}x$.

2. $\int \dfrac{1}{\sqrt{x}} \mathrm{d}x$.

3. $\int \dfrac{1}{\sqrt{2gh}} \mathrm{d}h$　（g 为常数）.

4. $\int \dfrac{10x^3 + 3}{x^4} \mathrm{d}x$.

5. $\int \left(\dfrac{2}{\sqrt{1 - x^2}} - \dfrac{3}{1 + x^2} \right) \mathrm{d}x$.

6. $\int 5^t \mathrm{d}t$.

7. $\int \dfrac{2^t - 3^t}{5^t} \mathrm{d}t$.

8. $\int \left(3 \sin t + \dfrac{1}{\sin^2 t} \right) \mathrm{d}t$.

9. $\int \mathrm{e}^x \left(1 - \dfrac{\mathrm{e}^{-x}}{x^2} \right) \mathrm{d}x$.

10. $\int a^x \mathrm{e}^x \mathrm{d}x$.

11. $\int \dfrac{(1 - x)^2}{x\sqrt{x}} \mathrm{d}x$.

12. $\int \dfrac{x^2 + 7x + 12}{x + 4} \mathrm{d}x$.

§2　凑微分法（简称凑法）

凑微分法在有的书上叫简单的变量置换法或第一类变量置换法,但这些名称都没有反映出该方法的特点.事实上,它的特点在凑微分上,所以才把它叫做凑微分法.

定理　设 $\displaystyle\int f(x)\,\mathrm{d}x = F(x) + C$，则 $\displaystyle\int f(\varphi(x))\varphi'(x)\,\mathrm{d}x = F(\varphi(x)) + C.$

在证明之前先对定理作一个简化以便掌握，令 $u = \varphi(x)$，则

$$\int f(\varphi(x))\varphi'(x)\,\mathrm{d}x = \int f(u)\,\mathrm{d}u.$$

从而可以将上述定理表述为：设 $\displaystyle\int f(x)\,\mathrm{d}x = F(x) + C$，则 $\displaystyle\int f(u)\,\mathrm{d}u = F(u) + C$. 这表明将积分变量 x 换为 u 后，原式仍成立.

证明　因为　$\mathrm{d}F(x) = f(x)\,\mathrm{d}x$，则

$$\begin{aligned}
\mathrm{d}F(\varphi(x)) &= F'(\varphi(x))\,\mathrm{d}\varphi(x) \\
&= f(\varphi(x))\varphi'(x)\,\mathrm{d}x.
\end{aligned}$$

证得

$$\int f(\varphi(x))\varphi'(x)\,\mathrm{d}x = F(\varphi(x)) + C.$$

运用这个公式的关键在于把被积式中一部分因子凑成微分 $\varphi'(x)\,\mathrm{d}x = \mathrm{d}\varphi(x)$.

为了掌握此法，下面分几种情况介绍.

1. 把被积分式中 $\mathrm{d}x$ 凑微分，$\mathrm{d}x = \dfrac{1}{a}\mathrm{d}(ax+b)$（常数 $a \neq 0$）

例 1　求 $\displaystyle\int \sin 2x\,\mathrm{d}x$.

分析　基本积分表中有 $\displaystyle\int \sin x\,\mathrm{d}x = -\cos x + C.$ 对比 $\displaystyle\int \sin 2x\,\mathrm{d}x$，把 $\mathrm{d}x$ 凑微分，$\mathrm{d}x = \dfrac{1}{2}\mathrm{d}(2x)$. 令 $u = 2x$ 后就可用公式 $\displaystyle\int \sin x\,\mathrm{d}x = -\cos x + C.$

解　$\displaystyle\int \sin 2x\,\mathrm{d}x = \frac{1}{2}\int \sin 2x\,\mathrm{d}(2x) \xlongequal{\text{令}\ u = 2x} \frac{1}{2}\int \sin u\,\mathrm{d}u$

$$= -\frac{1}{2}\cos u + C = -\frac{1}{2}\cos 2x + C.$$

熟练后，书写过程可以简化，通常可不写出 u.

这类题目的思路是：与基本积分表对比，将不相同的部分利用微分 $\mathrm{d}x = \dfrac{1}{a}\mathrm{d}(ax+b)$ 变为基本积分表中的形式.

例 2　求 $\displaystyle\int (1 + 4x)^3\,\mathrm{d}x$.

解　$\displaystyle\int (1 + 4x)^3\,\mathrm{d}x = \frac{1}{4}\int (1 + 4x)^3\,\mathrm{d}(1 + 4x) \xlongequal{\text{令}\ u = 1 + 4x} \frac{1}{4}\int u^3\,\mathrm{d}u$

$$= \frac{1}{16}u^4 + C = \frac{1}{16}(1 + 4x)^4 + C.$$

例 3　求 $\displaystyle\int \frac{dx}{1+x}$.

解　$\displaystyle\int \frac{dx}{1+x} = \int \frac{d(1+x)}{1+x} = \ln|1+x| + C.$

例 4　求 $\displaystyle\int \frac{1}{\sqrt{a^2 - x^2}} dx$ （$a > 0$ 为常数）.

解
$$\int \frac{1}{\sqrt{a^2 - x^2}} dx = \int \frac{1}{a\sqrt{1 - \left(\dfrac{x}{a}\right)^2}} dx$$

$$= \int \frac{1}{\sqrt{1 - \left(\dfrac{x}{a}\right)^2}} d\left(\frac{x}{a}\right)$$

$$= \arcsin \frac{x}{a} + C.$$

例 5　求 $\displaystyle\int \frac{1}{a^2 + x^2} dx$ （$a \neq 0$）.

解
$$\int \frac{1}{a^2 + x^2} dx = \int \frac{1}{a^2\left[1 + \left(\dfrac{x}{a}\right)^2\right]} dx$$

$$= \int \frac{1}{a\left[1 + \left(\dfrac{x}{a}\right)^2\right]} d\left(\frac{x}{a}\right)$$

$$= \frac{1}{a} \int \frac{1}{1 + \left(\dfrac{x}{a}\right)^2} d\left(\frac{x}{a}\right)$$

$$= \frac{1}{a} \arctan \frac{x}{a} + C.$$

以上两个例子可作为公式使用：

$$\int \frac{1}{\sqrt{a^2 - x^2}} dx = \arcsin \frac{x}{a} + C.$$

$$\int \frac{1}{a^2 + x^2} dx = \frac{1}{a} \arctan \frac{x}{a} + C.$$

2. 利用 $x^n dx = \dfrac{1}{(n+1)a} d(ax^{n+1} + b)$（$a$ 为常数，$a \neq 0, n \neq -1$）

利用凑微分把积分化为基本积分表中的形式，常常是试探性的. 因此在凑微分时，不要怕失败. 初学时不妨可作以下的试探：如果在被积分式中遇到有 $xdx, x^2 dx,$

$x^3 dx, \dfrac{1}{\sqrt{x}} dx$ 等因子时，将它们分别凑为 $\dfrac{1}{2a} d(ax^2 + b), \dfrac{1}{3a} d(ax^3 + b), \dfrac{1}{4a} d(ax^4 + b),$

例 6 讲解

$\dfrac{2}{a}d(a\sqrt{x}+b)$ 等试一试,其中 a,b 均为常数.

例 6　求 $\displaystyle\int xe^{x^2}dx$.

解　被积分式中有 xdx 因子,又 e^{x^2} 中有 x^2,所以试用

$$xdx=\frac{1}{2}d(x^2).$$

$$\int xe^{x^2}dx=\int\frac{1}{2}e^{x^2}d(x^2)=\frac{1}{2}\int e^{x^2}d(x^2)=\frac{1}{2}e^{x^2}+C.$$

例 7　求 $\displaystyle\int x\sqrt{1-x^2}dx$.

解　根式中有 $(1-x^2)$,所以将 xdx 凑为 $-\dfrac{1}{2}d(1-x^2)$,即

$$\int x\sqrt{1-x^2}dx=-\int\frac{1}{2}\sqrt{1-x^2}d(1-x^2)$$

$$=-\frac{1}{3}(1-x^2)^{\frac{3}{2}}+C.$$

例 8　求 $\displaystyle\int\frac{1}{x^2}\cos\frac{1}{x}dx$.

解　因为　$\dfrac{1}{x^2}dx=-d\dfrac{1}{x}$,

$$\int\frac{1}{x^2}\cos\frac{1}{x}dx=-\int\cos\frac{1}{x}d\left(\frac{1}{x}\right)=-\sin\frac{1}{x}+C.$$

3. 其他类型的微分变形

如　$\dfrac{1}{x}dx=d\ln x,e^xdx=d(e^x),\sin xdx=-d\cos x,\sec^2 xdx=d\tan x,\dfrac{1}{1+x^2}dx=$

$d\arctan x$,等等.

这种类型的思路与第 2 种情况类似,就是遇到被积分式中有 $\dfrac{1}{x}dx,e^xdx,\sin xdx$,

$\sec^2 xdx,\dfrac{1}{1+x^2}dx$ 等因子时,不妨把它们分别凑为 $d\ln x,d(e^x),-d\cos x,d\tan x,d\arctan x$

等试一试.

例 9　求 $\displaystyle\int\frac{\cos x}{\sqrt{\sin x}}dx$.

解　$$\int\frac{\cos x}{\sqrt{\sin x}}dx=\int(\sin x)^{-\frac{1}{2}}d(\sin x)=2\sqrt{\sin x}+C.$$

例 10　求 $\displaystyle\int\frac{1}{x\ln x}dx$.

解 $$\int \frac{1}{x\ln x}\mathrm{d}x = \int \frac{1}{\ln x}\mathrm{d}\ln x = \ln|\ln x| + C.$$

例 11 求 $\int \dfrac{\mathrm{e}^x}{1 + \mathrm{e}^x}\mathrm{d}x$.

解 $$\int \frac{\mathrm{e}^x}{1 + \mathrm{e}^x}\mathrm{d}x = \int \frac{1}{1 + \mathrm{e}^x}\mathrm{d}\mathrm{e}^x \xlongequal{\text{令 } u = \mathrm{e}^x} \int \frac{1}{1 + u}\mathrm{d}u$$

$$= \int \frac{1}{1 + u}\mathrm{d}(1 + u) = \ln|1 + u| + C$$

$$= \ln(1 + \mathrm{e}^x) + C.$$

4. 综合性例题

有些积分需要把被积函数作代数或三角恒等变形,然后利用前面介绍的方法求出积分.

(1) 将被积函数作代数恒等变形,变成分项积分.

例 12 求 $\int \dfrac{x}{1 + x}\mathrm{d}x$.

解 $$\int \frac{x}{1 + x}\mathrm{d}x = \int \frac{1 + x - 1}{1 + x}\mathrm{d}x = \int\left(1 - \frac{1}{1 + x}\right)\mathrm{d}x$$

$$= \int \mathrm{d}x - \int \frac{1}{1 + x}\mathrm{d}x = x - \int \frac{\mathrm{d}(1 + x)}{1 + x}$$

$$= x - \ln|1 + x| + C.$$

> 分子中加 1 减 1(或加上一个式子再减去同一个式子)是积分中常用的技巧.

例 13 求 $\int \dfrac{1}{a^2 - x^2}\mathrm{d}x\ (a > 0)$.

解 $$\int \frac{1}{a^2 - x^2}\mathrm{d}x = \int \frac{1}{(a - x)(a + x)}\mathrm{d}x$$

$$= \frac{1}{2a}\int \frac{(a - x) + (a + x)}{(a - x)(a + x)}\mathrm{d}x$$

$$= \frac{1}{2a}\int\left(\frac{1}{a + x} + \frac{1}{a - x}\right)\mathrm{d}x$$

$$= \frac{1}{2a}\int \frac{1}{a + x}\mathrm{d}(x + a) + \frac{1}{2a}\int \frac{-1}{a - x}\mathrm{d}(a - x)$$

$$= \frac{1}{2a}\ln|a + x| - \frac{1}{2a}\ln|a - x| + C$$

$$= \frac{1}{2a}\ln\left|\frac{a + x}{a - x}\right| + C.$$

由此得

$$\int \frac{1}{a^2 - x^2}\mathrm{d}x = \frac{1}{2a}\ln\left|\frac{a + x}{a - x}\right| + C.$$

> 这个结果可作为公式使用.

（2）将被积函数作三角恒等变形.

例 14 讲解

例 14 求 $\int \tan x \mathrm{d}x$.

解 $\int \tan x \mathrm{d}x = \int \dfrac{\sin x}{\cos x} \mathrm{d}x = -\int \dfrac{\mathrm{d}\cos x}{\cos x} = -\ln|\cos x| + C.$

例 15 求 $\int \sin^2 x \mathrm{d}x$.

分析 被积函数是 $\sin x$ 的平方,基本积分表中没有,由此想到三角恒等式

$$\sin^2 x = \frac{1 - \cos 2x}{2}.$$

例 15 讲解

解
$$\int \sin^2 x \mathrm{d}x = \int \frac{1 - \cos 2x}{2} \mathrm{d}x = \frac{1}{2} \int (1 - \cos 2x) \mathrm{d}x$$

$$= \frac{1}{2} \left(x - \frac{1}{2} \sin 2x \right) + C$$

$$= \frac{1}{2}x - \frac{1}{4} \sin 2x + C.$$

例 16 求 $\int \cos^3 x \mathrm{d}x$.

分析 将 $\cos^3 x$ 写成 $\cos^2 x \cdot \cos x$, $\cos x \mathrm{d}x$ 可以凑微分成 $\mathrm{d}\sin x$,而 $\cos^2 x$ 又可化为 $1 - \sin^2 x$.

解
$$\int \cos^3 x \mathrm{d}x = \int \cos^2 x \cos x \mathrm{d}x = \int \cos^2 x \mathrm{d}\sin x$$

$$= \int (1 - \sin^2 x) \mathrm{d}\sin x = \int \mathrm{d}\sin x - \int \sin^2 x \mathrm{d}\sin x$$

$$= \sin x - \frac{1}{3} \sin^3 x + C.$$

例 17 讲解

例 16 的方法是将被积函数中分离出一部分凑微分,这是积分中常用的技巧.

例 17 求 $\int \sin 3x \cos 2x \mathrm{d}x$.

分析 将乘积化为和差,即 $\sin 3x \cos 2x = \dfrac{1}{2}(\sin 5x + \sin x)$,就能积分.

解
$$\int \sin 3x \cos 2x \mathrm{d}x = \frac{1}{2} \int (\sin 5x + \sin x) \mathrm{d}x$$

$$= \frac{1}{2} \left(\frac{-1}{5} \cos 5x - \cos x \right) + C$$

$$= -\frac{1}{10} \cos 5x - \frac{1}{2} \cos x + C.$$

例 18 求 $\int \sec x \mathrm{d}x$.

解
$$\int \sec x \mathrm{d}x = \int \frac{1}{\cos x}\mathrm{d}x = \int \frac{\cos x}{\cos^2 x}\mathrm{d}x = \int \frac{\mathrm{d}\sin x}{1 - \sin^2 x}$$

$$\xrightarrow{\diamondsuit\, u\, =\, \sin x} \int \frac{\mathrm{d}u}{1 - u^2} = \frac{1}{2}\ln\left|\frac{1 + u}{1 - u}\right| + C$$

$$= \frac{1}{2}\ln\left|\frac{1 + \sin x}{1 - \sin x}\right| + C = \ln|\tan x + \sec x| + C.$$

由此得

$$\int \sec x \mathrm{d}x = \ln|\tan x + \sec x| + C.$$

这个结果可以作为公式使用.

例 19 求 $\int \dfrac{1 - \cos x}{1 + \cos x}\mathrm{d}x$.

解一
$$\int \frac{1 - \cos x}{1 + \cos x}\mathrm{d}x = \int \frac{(1 - \cos x)^2}{1 - \cos^2 x}\mathrm{d}x = \int \frac{1 - 2\cos x + \cos^2 x}{\sin^2 x}\mathrm{d}x$$

$$= \int \frac{\mathrm{d}x}{\sin^2 x} - 2\int \frac{\cos x \mathrm{d}x}{\sin^2 x} + \int \cot^2 x \mathrm{d}x$$

$$= -\cot x + \frac{2}{\sin x} + \int (\csc^2 x - 1)\mathrm{d}x$$

$$= 2\tan\frac{x}{2} - x + C.$$

分子分母同乘一个函数是积分中常用的技巧.

解二
$$\int \frac{1 - \cos x}{1 + \cos x}\mathrm{d}x = \int \frac{2\sin^2\dfrac{x}{2}}{2\cos^2\dfrac{x}{2}}\mathrm{d}x = \int \left(\sec^2\frac{x}{2} - 1\right)\mathrm{d}x = 2\tan\frac{x}{2} - x + C.$$

习 题

求第 13—57 题的不定积分.

13. $\int \dfrac{1}{\sqrt{1 + x}}\mathrm{d}x.$

14. $\int \cos(1 - x)\mathrm{d}x.$

15. $\int \dfrac{\mathrm{d}x}{(2x - 3)^4}.$

16. $\int \sqrt{7 + 5x}\,\mathrm{d}x.$

17. $\int \mathrm{e}^{3x-1}\mathrm{d}x.$

18. $\int \sin(3x)\mathrm{d}x.$

19. $\int \dfrac{1}{\cos^2(5x + 3)}\mathrm{d}x.$

20. $\int \dfrac{\mathrm{e}^{2x} - 1}{\mathrm{e}^x}\mathrm{d}x.$

21. $\int \dfrac{1}{5 - 4x}\mathrm{d}x.$

22. $\int \dfrac{1}{9 + x^2}\mathrm{d}x.$

23. $\displaystyle\int \frac{1}{9 + 4x^2}\mathrm{d}x.$

24. $\displaystyle\int \frac{1}{\sqrt{4 - 9x^2}}\mathrm{d}x.$

25. $\displaystyle\int \frac{x}{1 + x^2}\mathrm{d}x.$

26. $\displaystyle\int \frac{x^2}{4 + x^3}\mathrm{d}x.$

27. $\displaystyle\int x\sqrt{2 + x^2}\,\mathrm{d}x.$

28. $\displaystyle\int \frac{x}{\sqrt{1 - x^2}}\mathrm{d}x.$

29. $\displaystyle\int \cot(3x)\,\mathrm{d}x.$

30. $\displaystyle\int \frac{\ln x}{x}\mathrm{d}x.$

31. $\displaystyle\int \sin^3 x\cos x\,\mathrm{d}x.$

32. $\displaystyle\int \frac{\sin x}{\cos^2 x}\mathrm{d}x.$

33. $\displaystyle\int x^2\mathrm{e}^{-x^3}\mathrm{d}x.$

34. $\displaystyle\int \mathrm{e}^x\sin\,\mathrm{e}^x\,\mathrm{d}x.$

35. $\displaystyle\int \frac{1}{\sqrt{x}}\sin\sqrt{x}\,\mathrm{d}x.$

36. $\displaystyle\int \frac{1}{\cos^2 x\sqrt{1 + \tan x}}\mathrm{d}x.$

37. $\displaystyle\int \frac{x^3}{\sqrt{1 - x^8}}\mathrm{d}x.$

38. $\displaystyle\int \frac{\sin x\cos x}{1 + \cos^2 x}\mathrm{d}x.$

39. $\displaystyle\int \frac{x^2}{1 + x}\mathrm{d}x.$

40. $\displaystyle\int \cos^2 \frac{x}{2}\mathrm{d}x.$

41. $\displaystyle\int \sin^4 x\mathrm{d}x.$

42. $\displaystyle\int \sin^3 x\mathrm{d}x.$

43. $\displaystyle\int \tan^2 x\mathrm{d}x.$

44. $\displaystyle\int (\tan^2 x + \tan^4 x)\,\mathrm{d}x$

45. $\displaystyle\int \frac{1}{1 - \cos x}\mathrm{d}x.$

46. $\displaystyle\int \frac{1}{1 + \sin x}\mathrm{d}x.$

47. $\displaystyle\int \cos 2x\cos 3x\mathrm{d}x.$

48. $\displaystyle\int \frac{1}{2x^2 - 1}\mathrm{d}x.$

49. $\displaystyle\int \frac{x^3}{9 + x^2}\mathrm{d}x.$

50. $\displaystyle\int \frac{\sin x\cos x}{1 + \sin^4 x}\mathrm{d}x.$

51. $\displaystyle\int \frac{x^3}{1 - 3x^4}\mathrm{d}x.$

52. $\displaystyle\int \sin x\cos^{\frac{4}{3}} x\,\mathrm{d}x.$

53. $\displaystyle\int \tan^7 x\sec^2 x\mathrm{d}x.$

54. $\displaystyle\int \sec^4 x\mathrm{d}x.$

55. $\displaystyle\int \frac{x^2}{1 - x^2}\mathrm{d}x.$

56. $\displaystyle\int \frac{x^4}{1 + x}\mathrm{d}x.$

57. $\displaystyle\int \frac{1 + \sin x}{1 - \sin x}\mathrm{d}x.$

§3 变量置换法与分部积分法

一 变量置换法

求不定积分除直接用公式外,主要思路是变化被积分式,使之成为容易积分的形式.前节中已经介绍了变化被积分式的一些办法,如凑微分法等,这节再介绍一种方法叫做变量置换法.

譬如 $\int g(x)\mathrm{d}x$ 不易积分,设 $x = \varphi(t)$,将积分化为

$$\int g(\varphi(t)) \cdot \varphi'(t)\mathrm{d}t.$$

如果这个积分比原来的容易求出,就达到目的,这种方法叫做变量置换法.它可表示为

$$\int g(x)\mathrm{d}x \xrightarrow{\ \diamond\ x\,=\,\varphi(t)\ } \int g(\varphi(t))\varphi'(t)\mathrm{d}t.$$

关键在于选函数 $x = \varphi(t)$.本节主要介绍如何选 $x = \varphi(t)$,使被积函数去掉根号.

例 1　求 $\int \dfrac{1}{1 + \sqrt{x}}\mathrm{d}x$.

解　令 $\sqrt{x} = t$.即 $x = t^2$(可使被积分式有理化).则 $\mathrm{d}x = 2t\mathrm{d}t$.代入得

$$\int \frac{1}{1 + \sqrt{x}}\mathrm{d}x = \int \frac{2t}{1 + t}\mathrm{d}t = 2\int\left(1 - \frac{1}{1 + t}\right)\mathrm{d}t = 2t - 2\ln|1 + t| + C$$

$$\xrightarrow{\ \text{换回原变量}\ } 2\sqrt{x} - 2\ln(1 + \sqrt{x}) + C.$$

例 2　求 $\int \dfrac{\sqrt{x}}{1 + \sqrt[3]{x}}\mathrm{d}x$.

解　令 $\sqrt[6]{x} = t$,则 $x = t^6$,$\mathrm{d}x = 6t^5\mathrm{d}t$.

$$
\begin{aligned}
\int \frac{\sqrt{x}}{1 + \sqrt[3]{x}}\mathrm{d}x &= \int \frac{t^3}{1 + t^2}6t^5\mathrm{d}t = 6\int \frac{t^8 - 1 + 1}{1 + t^2}\mathrm{d}t \\
&= 6\int \frac{(t^2 + 1)(t^6 - t^4 + t^2 - 1) + 1}{1 + t^2}\mathrm{d}t \\
&= 6\int\left[(t^6 - t^4 + t^2 - 1) + \frac{1}{1 + t^2}\right]\mathrm{d}t
\end{aligned}
$$

$$= \frac{6}{7}t^7 - \frac{6}{5}t^5 + 2t^3 - 6t + 6\arctan t + C$$

$$= \frac{6}{7}x^{\frac{7}{6}} - \frac{6}{5}x^{\frac{5}{6}} + 2x^{\frac{1}{2}} - 6x^{\frac{1}{6}} + 6\arctan x^{\frac{1}{6}} + C.$$

例 3 求 $\int \sqrt{a^2 - x^2}\, \mathrm{d}x \quad (a > 0)$.

解 为了把被积函数的根号去掉,令 $x = a\sin t$,则 $\mathrm{d}x = a\cos t\mathrm{d}t$, $\sqrt{a^2 - x^2} = a\sqrt{1 - \sin^2 t} = a\sqrt{\cos^2 t} = a\cos t$, ①

$$\int \sqrt{a^2 - x^2}\, \mathrm{d}x = a^2 \int \sqrt{\cos^2 t}\cos t\mathrm{d}t = a^2 \int \cos^2 t\mathrm{d}t$$

$$= \frac{a^2}{2}\int (1 + \cos 2t)\,\mathrm{d}t$$

$$= \frac{a^2}{2}\left(t + \frac{1}{2}\sin 2t\right) + C$$

$$= \frac{a^2}{2}(t + \sin t\cos t) + C.$$

由 $x = a\sin t$ 作直角三角形,见图 4-2,得 $\cos t = \dfrac{\sqrt{a^2 - x^2}}{a}$.换回变量得

$$\int \sqrt{a^2 - x^2}\, \mathrm{d}x = \frac{a^2}{2}\arcsin\frac{x}{a} + \frac{a^2}{2}\cdot\frac{x}{a}\frac{\sqrt{a^2 - x^2}}{a} + C$$

$$= \frac{a^2}{2}\arcsin\frac{x}{a} + \frac{x}{2}\sqrt{a^2 - x^2} + C.$$

例 4 求 $\int \dfrac{1}{\sqrt{a^2 + x^2}}\mathrm{d}x \quad (a > 0)$.

解 如图 4-3 所示,令 $x = a\tan t$,则 $\mathrm{d}x = a\sec^2 t\mathrm{d}t$,

注意 作三角
变换时,常常
借助于一个直
角三角形换回
变量,不易出
错.

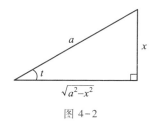

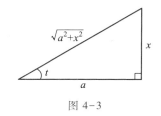

图 4-2   图 4-3

---

① 不考虑原积分变量 x 与新积分变量 t 的对应取值区间,并约定 $\sqrt{a^2}$ 取值为 a,即 $\sqrt{a^2} = a$.这样有
可能使结果的使用范围缩小,但有助于对变量置换法的掌握.在往后的定积分中再来讨论它.

$$\int \frac{1}{\sqrt{a^2 + x^2}} dx = \int \frac{a\sec^2 t}{a\sqrt{\sec^2 t}} dt$$

$$= \int \frac{\sec^2 t}{\sec t} dt = \int \sec t \, dt$$

$$= \ln|\tan t + \sec t| + C_1$$

$$\xlongequal{\text{图4-3}} \ln \left| \frac{x}{a} + \frac{\sqrt{a^2 + x^2}}{a} \right| + C_1$$

$$= \ln(x + \sqrt{a^2 + x^2}) + C,$$

其中 $C = C_1 - \ln a$. 因为 $x + \sqrt{a^2 + x^2} > 0$, 所以对数内绝对值号可以去掉.

例 5　求 $\int \dfrac{1+x}{\sqrt{1-x^2}} dx$.

解
$$\int \frac{1+x}{\sqrt{1-x^2}} dx = \int \frac{1}{\sqrt{1-x^2}} dx + \int \frac{x}{\sqrt{1-x^2}} dx$$

$$= \arcsin x - \frac{1}{2} \int \frac{d(1-x^2)}{\sqrt{1-x^2}}$$

$$= \arcsin x - \sqrt{1-x^2} + C.$$

这说明有些带根号的被积函数可用前几节讲的方法解决.

小结　变量置换法主要是解决被积函数中带有根式的某些积分, 要求掌握两种类型:

（1）根号内含有 x 的一次函数, 如 $\sqrt{ax+b}$, $\sqrt[3]{ax+b}$, 可分别令 $\sqrt{ax+b} = t$, $\sqrt[3]{ax+b} = t$.

（2）根号内含有 x 的二次函数, 如 $\sqrt{a^2+x^2}$, $\sqrt{a^2-x^2}$, $\sqrt{x^2-a^2}$, 可分别令 $x = a\tan t$, $x = a\sin t$, $x = a\sec t$.

二 分部积分法

分部积分法是不定积分中另一种基本积分法. 它是从乘积的微分公式逆转而来的.

函数 $u = u(x)$, $v = v(x)$ 的微分公式是

$$d(uv) = u dv + v du.$$

移项后两边积分得

$$\int u dv = uv - \int v du.$$

上述公式称为分部积分公式. 如果右边的不定积分 $\int v du$ 比左边不定积分 $\int u dv$ 容易, 那么使用此公式就有意义.

分部积分公式的特点是两边的不定积分中 u, v 的位置恰好交换, 见下式:

$$\int \underline{u}\,\mathrm{d}v = uv - \int \underline{v}\,\mathrm{d}u.$$

$$\longmapsto u,v\ 交换位置\longrightarrow$$

例 6 求 $\int \ln x\,\mathrm{d}x$.

解
$$\int \underline{\ln x}\,\mathrm{d}x = x\ln x - \int \underline{x}\,\mathrm{d}\ln x = x\ln x - \int x\cdot\frac{1}{x}\,\mathrm{d}x$$

$$\longmapsto u = \ln x, v = x\ 交换位置\longrightarrow$$

$$= x\ln x - x + C.$$

有时在使用分部积分公式前,先要凑一个微分.请看下例.

例 7 讲解

例 7 求 $\int x\ln x\,\mathrm{d}x$.

解
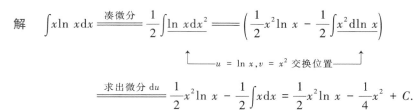

$$\int x\ln x\,\mathrm{d}x \xrightarrow{\text{凑微分}} \frac{1}{2}\int \ln x\,\mathrm{d}x^2 =\!=\!=\!= \left(\frac{1}{2}x^2\ln x - \frac{1}{2}\int x^2\,\mathrm{d}\ln x\right)$$

$$\longmapsto u = \ln x, v = x^2\ 交换位置\longrightarrow$$

$$\xrightarrow{\text{求出微分 d}u} \frac{1}{2}x^2\ln x - \frac{1}{2}\int x\,\mathrm{d}x = \frac{1}{2}x^2\ln x - \frac{1}{4}x^2 + C.$$

演算过程中带括号一步可以省略,即 u,v 交换位置与求出微分这一步用心算完成.

使用分部积分公式一般步骤是

$$凑微分\longrightarrow 使用分部积分公式(即\ u,v\ 交换位置)$$

同时求出微分 $\mathrm{d}u \longrightarrow$ 求出积分.

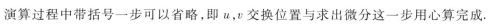

如果第一步
凑为
$$\int x\cos x\,\mathrm{d}x = \frac{1}{2}\int \cos x\,\mathrm{d}x^2$$
会出现什么现
象呢? 读者不
妨试一试.

例 8 求 $\int x\cos x\,\mathrm{d}x$.

解
$$\int x\cos x\,\mathrm{d}x = \int x\,\mathrm{d}\sin x = x\sin x - \int \sin x\,\mathrm{d}x$$
$$= x\sin x + \cos x + C.$$

例 9 求 $\int x\mathrm{e}^x\,\mathrm{d}x$.

解
$$\int x\mathrm{e}^x\,\mathrm{d}x = \int x\,\mathrm{d}\mathrm{e}^x = x\mathrm{e}^x - \int \mathrm{e}^x\,\mathrm{d}x = x\mathrm{e}^x - \mathrm{e}^x + C$$
$$= (x-1)\mathrm{e}^x + C.$$

例 10 求 $\int x^2\mathrm{e}^x\,\mathrm{d}x$.

解
$$\int x^2\mathrm{e}^x\,\mathrm{d}x = \int x^2\,\mathrm{d}\mathrm{e}^x = x^2\mathrm{e}^x - 2\int x\mathrm{e}^x\,\mathrm{d}x$$

$$(继续使用分部积分法)$$

$$= x^2\mathrm{e}^x - 2\int x\,\mathrm{d}\mathrm{e}^x = x^2\mathrm{e}^x - 2\left(x\mathrm{e}^x - \int \mathrm{e}^x\,\mathrm{d}x\right)$$

$$= x^2\mathrm{e}^x - 2x\mathrm{e}^x + 2\mathrm{e}^x + C$$

$$= (x^2 - 2x + 2)e^x + C.$$

例 11 求 $\int e^x \cos x dx$.

解
$$\int e^x \cos x dx = \int \cos x de^x = e^x \cos x - \int e^x d\cos x$$

$$= e^x \cos x + \int e^x \sin x dx = e^x \cos x + \int \sin x de^x$$

$$= e^x \cos x + e^x \sin x - \int e^x \cos x dx.$$

右边又出现了与左边相同的积分,移项得
$$2\int e^x \cos x dx = e^x \cos x + e^x \sin x + C_1,$$

$$\int e^x \cos x dx = \frac{1}{2}e^x(\cos x + \sin x) + C.$$

小结 遇到下列被积分式时,凑微分如下:

$P(x)e^x dx = P(x)de^x$ ($P(x)$ 为多项式,下同);

$P(x)\sin x dx$ 或 $P(x)\cos x dx$ 凑为 $-P(x)d\cos x$ 或 $P(x)d\sin x$;

$P(x)\ln x dx$ 把 $P(x)dx$ 凑成微分,如 $x^2 \ln x dx = \frac{1}{3}\ln x dx^3$;

$e^{ax}\cos bx dx$ 或 $e^{ax}\sin bx dx$ 把 $e^{ax}dx$ 凑微分或把 $\cos bx dx$, $\sin bx dx$ 凑微分都可以,经过两次分部积分后会出现原来的积分.

习题

求第 58—78 题的不定积分.

58. $\int \dfrac{1}{1 + \sqrt[3]{x}}dx$.

59. $\int \dfrac{\sqrt{x}}{\sqrt{x} - \sqrt[3]{x}}dx$.

60. $\int \dfrac{\sqrt{1 + x}}{1 + \sqrt{1 + x}}dx$.

61. $\int \dfrac{x^2}{\sqrt{a^2 - x^2}}dx$ $(a > 0)$.

62. $\int \dfrac{1}{(x^2 - a^2)^{\frac{3}{2}}}dx$ $(a > 0)$.

63. $\int \dfrac{\sqrt{x^2 + a^2}}{x^2}dx$.

64. $\int \dfrac{x^3}{\sqrt{1 + x^2}}dx$.

65. $\int \dfrac{1}{x\sqrt{1 - x^2}}dx$.

66. $\int \dfrac{dx}{\sqrt{1 - x - x^2}}$.

67. $\int x\sin x dx$.

68. $\int x\mathrm{e}^{-x}\mathrm{d}x.$

69. $\int x^2\mathrm{e}^{3x}\mathrm{d}x.$

70. $\int x^2\cos 3x\mathrm{d}x.$

71. $\int\ln(1+x^2)\mathrm{d}x.$

72. $\int\arcsin x\mathrm{d}x.$

73. $\int(\ln x)^2\mathrm{d}x.$

74. $\int\mathrm{e}^{-x}\sin 2x\mathrm{d}x.$

75. $\int x\cos^2 x\mathrm{d}x.$

76. $\int\dfrac{\ln x}{\sqrt{1+x}}\mathrm{d}x.$

77. $\int\ln(x+\sqrt{1+x^2})\mathrm{d}x.$

78. $\int\dfrac{1}{\sqrt{x}}\arcsin\sqrt{x}\,\mathrm{d}x.$

§4   定积分概念

几个例子

1. 曲边梯形的面积

由直线所围成的图形,如三角形、四边形等面积问题已经在中学课本中解决了,现在我们来求曲边梯形的面积.所谓曲边梯形是指由曲线 $y=f(x)(f(x)\geqslant 0)$, $x=a,x=b$ 以及 x 轴所围的图形(图 4-4).这种图形面积的计算中学没有遇到过.下面介绍计算曲边梯形的面积的一般方法.

设函数 $y=f(x)$ 在 $[a,b]$ 上连续,解决的思路是:将曲边梯形分成许多小长条(图 4-4),每一个长条都用相应的矩形代替,把这些矩形的面积加起来,就近似得到曲边梯形面积 A.小长条分得越细,近似程度越好,取"极限"就是面积 A.为了读者便于掌握,分几个步骤来讲.

第一步　将区间 $[a,b]$ 任意地分成 n 个子区间(记 $x_0=a,x_n=b$):

$[x_0,x_1],[x_1,x_2],\cdots,[x_{i-1},x_i],\cdots,[x_{n-1},x_n].$ 每个子区间的长度分别记为 $\Delta x_1,\Delta x_2,\cdots,$ $\Delta x_i,\cdots,\Delta x_n.$

第二步　在每一个子区间上任取一点 $\xi_i\in[x_{i-1},x_i]\,(i=1,2,\cdots,n).$ 作乘积

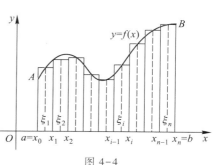

图 4-4

$$f(\xi_i)\Delta x_i,$$

第 i 个小曲边梯形面积 ΔA_i,可近似地表示为

$$\Delta A_i \approx f(\xi_i)\Delta x_i \quad (i = 1,2,\cdots,n).$$

第三步 把这些小矩形的面积相加就可近似地表示曲边梯形面积 A,即

$$A \approx f(\xi_1)\Delta x_1 + f(\xi_2)\Delta x_2 + \cdots + f(\xi_i)\Delta x_i + \cdots + f(\xi_n)\Delta x_n$$

$$= \sum_{i=1}^{n} f(\xi_i)\Delta x_i.$$

第四步 当所有子区间的长度趋向于零时,$\sum\limits_{i=1}^{n} f(\xi_i)\Delta x_i$ 的极限就是 A.记 $\lambda = \max(\Delta x_1, \Delta x_2, \cdots, \Delta x_n)$,则上述条件可表示为 $\lambda \to 0$,因而有

$$A = \lim_{\lambda \to 0} \sum_{i=1}^{n} f(\xi_i)\Delta x_i.$$

2. 变速直线运动的路程

设物体以等速作直线运动,则由时间 T_1 到 T_2 所经过的路程为

$$路程 = 速度 \times 时间.$$

如果物体作变速直线运动,由时间 T_1 到 T_2 的路程除个别情况外就不易计算了.这里介绍求变速直线运动的路程的一般方法.

设物体作直线运动,已知速度 $v = v(t)$ 在 $[T_1, T_2]$ 上连续,计算在时间 T_1 到 T_2 物体所经过的路程 s.解决的思路与解决曲边梯形的面积问题相同,将时间区间分成许多子区间,每个子区间上,由于划分得很细,速度 $v(t)$ 可以近似地看做不变,从而计算出子区间上路程的近似值.把这些近似值相加起来,得到路程 s 的近似值.当每个子区间的长度趋于零时,近似值的极限就是路程 s.下面具体写出其计算过程(不写四步了).

将区间 $[T_1, T_2]$ 任意地分成 n 个子区间,$[t_{i-1}, t_i]$($i = 1,2,\cdots,n$;$t_0 = T_1, t_n = T_2$),在每个子区间上任取一时刻 $\xi_i \in [t_{i-1}, t_i]$,将 $v(\xi_i)$ 作为第 i 个子区间上每一时刻的速度,作乘积

$$v(\xi_i)\Delta t_i,$$

其中 Δt_i 是第 i 个子区间的长度($i = 1,2,\cdots,n$).记 $\Delta s_1, \Delta s_2, \cdots, \Delta s_n$ 为相应子区间上的路程,得

$$\Delta s_i \approx v(\xi_i)\Delta t_i \quad (i = 1,2,\cdots,n),$$

相加起来,得到由 T_1 到 T_2 的路程 s 的近似值,即

$$s \approx \sum_{i=1}^{n} v(\xi_i)\Delta t_i.$$

记 $\lambda = \max(\Delta t_1, \Delta t_2, \cdots, \Delta t_n)$,则

$$s = \lim_{\lambda \to 0} \sum_{i=1}^{n} v(\xi_i)\Delta t_i.$$

3. 变力做功

如果物体在力 $\boldsymbol{F}$ 作用下作直线运动,当力 $\boldsymbol{F}$ 的方向与模不变,且力 $\boldsymbol{F}$ 与物体运动方向保持一致,则物体受力 $\boldsymbol{F}$ 经过路程 s,所做的功(记作 w)为

$$w = |\boldsymbol{F}|s.$$

当力 $\boldsymbol{F}$ 的模变化时,所做的功就不易计算了,这里介绍求变力做功的一般方法.

设力 $\boldsymbol{F}$ 的模是路程 s 的连续函数 $|\boldsymbol{F}| = F(s)$,力 $\boldsymbol{F}$ 与物体运动方向一致.求物体由点 a 运动到点 b,力 $\boldsymbol{F}$ 所做的功(图 4-5).

将区间 $[a,b]$ 任意地分成 n 个子区间 $[s_{i-1},s_i](i=1,2,\cdots,n;s_0=a,s_n=b)$,在第 i 个子区间 $[s_{i-1},s_i]$ 上任取一点 ξ_i,由于子区间较小,模 $|\boldsymbol{F}|$ 可看做不变.并取 $F(\xi_i)$ 作为该子区间上不变的力,作乘积

图 4-5

$$F(\xi_i)\Delta s_i \quad (i=1,2,\cdots,n),$$

其中 Δs_i 是子区间 $[s_{i-1},s_i]$ 的长度.记 $\Delta w_1,\Delta w_2,\cdots,\Delta w_n$ 为相应子区间上力所做的功,得

$$\Delta w_i \approx F(\xi_i)\Delta s_i \quad (i=1,2,\cdots,n),$$

相加起来得到力 $\boldsymbol{F}$ 由 a 到 b 所做的功的近似值

$$w \approx \sum_{i=1}^{n} F(\xi_i)\Delta s_i.$$

记 $\lambda = \max(\Delta s_1,\Delta s_2,\cdots,\Delta s_n)$,则

$$w = \lim_{\lambda \to 0} \sum_{i=1}^{n} F(\xi_i)\Delta s_i.$$

以上三个问题虽然研究的对象不同,但解决它们的思路及形式都有共同之处.由这些共同之处就形成了定积分概念.

二　定积分定义

定义　设函数 $f(x)$ 在区间 $[a,b]$ 上有定义且有界,在 $[a,b]$ 上任意地插入 $n-1$ 个分点

$$a = x_0 < x_1 < x_2 < \cdots < x_{n-1} < x_n = b,$$

将 $[a,b]$ 分成 n 个子区间 $[x_{i-1},x_i](i=1,2,\cdots,n)$,记 $\Delta x_i = x_i - x_{i-1}(i=1,2,\cdots,n)$ 为第 i 个子区间的长度,在每一个子区间上任取一点 $\xi \in [x_{i-1},x_i]$,作和式

$$\sum_{i=1}^{n} f(\xi_i)\Delta x_i,$$

记 $\lambda = \max(\Delta x_1, \Delta x_2, \cdots, \Delta x_n)$. 若极限

$$\lim_{\lambda \to 0} \sum_{i=1}^{n} f(\xi_i) \Delta x_i \qquad \text{①}$$

存在, 则称此极限值为函数 $f(x)$ 在 $[a,b]$ 上的定积分, 记作

$$\int_a^b f(x) \, \mathrm{d}x,$$

即

$$\int_a^b f(x) \, \mathrm{d}x = \lim_{\lambda \to 0} \sum_{i=1}^{n} f(\xi_i) \Delta x_i,$$

其中 x 称为积分变量, $f(x)$ 称为被积函数, $f(x) \, \mathrm{d}x$ 称为被积分式, $[a,b]$ 称为积分区间, a 称为积分下限, b 称为积分上限, $\int$ 称为积分号, $\sum_{i=1}^{n} f(\xi_i) \Delta x_i$ 称为 $f(x)$ 在 $[a,b]$ 上的积分和.

若式①的极限存在, 则称函数 $f(x)$ 在 $[a,b]$ 上可积.

根据定积分定义, 前面三个例子可以表示为

$$A = \int_a^b f(x) \, \mathrm{d}x \quad (\text{曲边梯形的面积}),$$

$$s = \int_{T_1}^{T_2} v(t) \, \mathrm{d}t \quad (\text{变速直线运动的路程}),$$

$$w = \int_a^b F(s) \, \mathrm{d}s \quad (\text{变力做功}).$$

所谓极限 $\lim_{\lambda \to 0} \sum_{i=1}^{n} f(\xi_i) \Delta x_i$ 存在是指不管对区间 $[a,b]$ 怎样划分, 也不管 ξ_i 在 $[x_{i-1}, x_i]$ 上怎样选取, 极限

$$\lim_{\lambda \to 0} \sum_{i=1}^{n} f(\xi_i) \Delta x_i$$

都存在且相等. 当极限 $\lim_{\lambda \to 0} \sum_{i=1}^{n} f(\xi_i) \Delta x_i$ 存在时, 其极限值与区间分法及与 ξ_i 的取法无关, 只与被积函数及积分区间有关. 特别要提一下, 积分值也与积分变量采用什么记号无关, 即

$$\int_a^b f(x) \, \mathrm{d}x = \int_a^b f(u) \, \mathrm{d}u.$$

什么条件下 $f(x)$ 可积?

定理 设函数 $f(x)$ 在 $[a,b]$ 上连续, 则函数 $f(x)$ 在 $[a,b]$ 上可积.

证明从略.

从前面的例子,我们看到当 $f(x) \geqslant 0$ 时,定积分

$$\int_a^b f(x)\,\mathrm{d}x$$

表示曲边梯形的面积;当 $f(x) \leqslant 0$ 时,那么曲边梯形在 x 轴的下方.定积分

$$\int_a^b f(x)\,\mathrm{d}x$$

在几何上表示上述曲边梯形面积的负值.当 $f(x)$ 在 $[a,b]$ 上有正、有负时,如果我们约定(图 4-6):在 x 轴上方的图形的面积为正,在 x 轴下方的图形的面积为负,则定积分

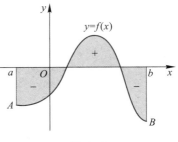

$$\int_a^b f(x)\,\mathrm{d}x$$

表示的是介于直线 $x=a,x=b$ 之间,x 轴上、下图形面积的代数和(图 4-6).

图 4-6

 例

为了帮助读者理解定积分定义,我们举一个例子.

例 计算 $\int_0^1 \mathrm{e}^x \mathrm{d}x$.

解 因为 $f(x) = \mathrm{e}^x$ 在 $[0,1]$ 上连续,所以 $f(x)$ 在 $[0,1]$ 上可积.因而定积分值与区间 $[0,1]$ 的分法及 ξ_i 的取法无关.将区间 $[0,1]$ n 等分(图 4-7),且取 ξ_i 为每一个子区间的左端点,即

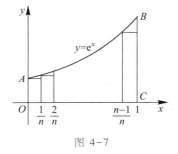

$$\xi_i = \frac{i-1}{n} \quad (i = 1,2,\cdots,n),\ \Delta x_i = \frac{1}{n},$$

图 4-7

而

$$f(\xi_i) = f\left(\frac{i-1}{n}\right) = \mathrm{e}^{\frac{i-1}{n}},$$

则

$$\sum_{i=1}^n f(\xi_i)\Delta x_i = \mathrm{e}^0 \cdot \frac{1}{n} + \mathrm{e}^{\frac{1}{n}} \cdot \frac{1}{n} + \mathrm{e}^{\frac{2}{n}} \cdot \frac{1}{n} + \cdots + \mathrm{e}^{\frac{n-1}{n}} \cdot \frac{1}{n}$$

$$= \frac{1}{n}\left(\mathrm{e}^0 + \mathrm{e}^{\frac{1}{n}} + \mathrm{e}^{\frac{2}{n}} + \cdots + \mathrm{e}^{\frac{n-1}{n}}\right)$$

$$= \frac{1}{n} \cdot \frac{1-(\mathrm{e}^{\frac{1}{n}})^n}{1-\mathrm{e}^{\frac{1}{n}}} = (\mathrm{e}-1)\frac{\frac{1}{n}}{\mathrm{e}^{\frac{1}{n}}-1}.$$

注意,此时 $\lambda = \dfrac{1}{n}$,当 $\lambda \to 0$ 时,$n \to \infty$,于是有

$$\int_0^1 e^x dx = \lim_{\lambda \to 0} \sum_{i=1}^n f(\xi_i) \Delta x_i$$

$$= \lim_{n \to \infty} (e - 1) \frac{\dfrac{1}{n}}{e^{\frac{1}{n}} - 1} = e - 1.$$

习题

从定积分的几何意义,计算第 79—85 题的定积分:

79. $\int_a^b dx.$

80. $\int_{-1}^1 x dx.$

81. $\int_a^b x dx.$

82. $\int_0^1 (x + 1) dx.$

83. $\int_0^1 (x - 1) dx.$

84. $\int_0^a \sqrt{a^2 - x^2} dx \quad (a > 0$ 为常数$).$

85. $\int_0^{2\pi} \sin x dx.$

86. 若函数 $y = f(x)$ 在区间 $[-a, a]$ 上连续,且为奇函数.试根据定积分的几何意义,计算 $\int_{-a}^a f(x) dx.$

§5 定积分的性质

如果每一个定积分都像 §4 中的例子那样计算,显然太不方便.为了得到简便的计算方法,先介绍定积分的性质,在 §6 中将解决定积分的计算问题.

为了方便起见,再作一些合理的规定:

$$\int_a^b f(x) dx = -\int_b^a f(x) dx,$$

$$\int_a^a f(x) dx = 0.$$

下面提到的函数在所论及的区间上都假定是可积的.

性质 1 $\int_a^b [f(x) + g(x)] dx = \int_a^b f(x) dx + \int_a^b g(x) dx.$

证明 $\int_a^b [f(x) + g(x)] dx = \lim_{\lambda \to 0} \sum_{i=1}^n [f(\xi_i) + g(\xi_i)] \Delta x_i$

$$= \lim_{\lambda \to 0} \Big[\sum_{i=1}^{n} f(\xi_i) \Delta x_i + \sum_{i=1}^{n} g(\xi_i) \Delta x_i \Big]$$

$$= \lim_{\lambda \to 0} \sum_{i=1}^{n} f(\xi_i) \Delta x_i + \lim_{\lambda \to 0} \sum_{i=1}^{n} g(\xi_i) \Delta x_i$$

$$= \int_a^b f(x)\,\mathrm{d}x + \int_a^b g(x)\,\mathrm{d}x.$$

性质 2 $\qquad \int_a^b kf(x)\,\mathrm{d}x = k\int_a^b f(x)\,\mathrm{d}x \qquad (k\ 为常数).$

证明与性质 1 类似.

性质 3 $\qquad \int_a^b f(x)\,\mathrm{d}x = \int_a^c f(x)\,\mathrm{d}x + \int_c^b f(x)\,\mathrm{d}x,$

其中 c 可以在 $[a,b]$ 内也可以在 $[a,b]$ 之外.

对这个性质我们只作一个几何解释. 见图 4-8(a), $c \in (a,b)$, 显然有

$$\int_a^b f(x)\,\mathrm{d}x = \int_a^c f(x)\,\mathrm{d}x + \int_c^b f(x)\,\mathrm{d}x.$$

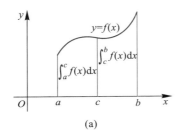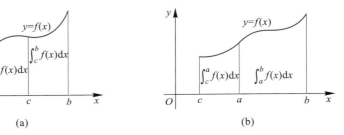

(a)   (b)

图 4-8

若 c 在 $[a,b]$ 之外, 见图 4-8(b), 则有

$$\int_c^b f(x)\,\mathrm{d}x = \int_c^a f(x)\,\mathrm{d}x + \int_a^b f(x)\,\mathrm{d}x.$$

因为

$$\int_c^a f(x)\,\mathrm{d}x = -\int_a^c f(x)\,\mathrm{d}x,$$

所以

$$\int_c^b f(x)\,\mathrm{d}x = -\int_a^c f(x)\,\mathrm{d}x + \int_a^b f(x)\,\mathrm{d}x,$$

即

$$\int_a^b f(x)\,\mathrm{d}x = \int_a^c f(x)\,\mathrm{d}x + \int_c^b f(x)\,\mathrm{d}x.$$

性质 4 若在 $[a,b]$ 上有 $f(x) \geqslant 0$, 则 $\int_a^b f(x)\,\mathrm{d}x \geqslant 0.$

这个性质从几何上看是很明显的, 因为被积函数 $\geqslant 0$, 所以它所表示的曲边梯形在 x 轴的上方, 因而 $\int_a^b f(x)\,\mathrm{d}x \geqslant 0$ (证明从略).

性质 5　若在 $[a,b]$ 上 $f(x) \geqslant g(x)$,则

$$\int_a^b f(x)\,\mathrm{d}x \geqslant \int_a^b g(x)\,\mathrm{d}x.$$

从几何上看(图 4-9),显然曲边梯形 $aABb$ 面积不小于曲边梯形 $aCDb$ 的面积(证明从略).

性质 6(估值定理)　设在 $[a,b]$ 上,有

$$m \leqslant f(x) \leqslant M,$$

其中 M,m 为常数,则

$$m(b-a) \leqslant \int_a^b f(x)\,\mathrm{d}x \leqslant M(b-a).$$

估值定理

性质 6 的几何意义是:曲边梯形的面积介于矩形 $aCDb$ 与矩形 $aABb$ 面积之间(图 4-10).

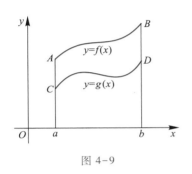

图 4-9

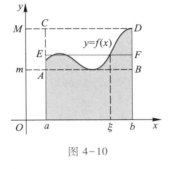

图 4-10

证明　因为 $\displaystyle\int_a^b \mathrm{d}x = \lim_{\lambda \to 0} \sum_{i=1}^n \Delta x_i = b-a.$ 又

$$m \leqslant f(x) \leqslant M,$$

由性质 5,得

$$\int_a^b m\,\mathrm{d}x \leqslant \int_a^b f(x)\,\mathrm{d}x \leqslant \int_a^b M\,\mathrm{d}x.$$

而

$$\int_a^b m\,\mathrm{d}x = m\int_a^b \mathrm{d}x = m(b-a),$$

$$\int_a^b M\,\mathrm{d}x = M(b-a),$$

所以有

$$m(b-a) \leqslant \int_a^b f(x)\,\mathrm{d}x \leqslant M(b-a).$$

性质 7(定积分中值定理)　如果 $f(x)$ 在 $[a,b]$ 上连续,则在 $[a,b]$ 上至少存在一点 ξ,使

$$\int_a^b f(x)\,\mathrm{d}x = f(\xi)(b-a).$$

从几何上看,性质 7 是成立的(图 4-10),当直线 AB 向上移动到某一合适的位

动画

定积分中值
定理

置 EF 时,矩形 $aEFb$ 的面积恰好为定积分 $\int_a^b f(x)\mathrm{d}x$(若 $f(x) \geqslant 0$). 而曲线 $y=f(x)$ 是连续的,所以直线 EF 必与曲线 $y=f(x)$ 至少相交一点,其交点的横坐标就是 ξ. 此结论也适用于 $b \leqslant a$ 的情况.

证明 因为 $f(x)$ 在 $[a,b]$ 上连续,所以存在最大值 M 和最小值 m,即
$$m \leqslant f(x) \leqslant M,$$
根据性质 6,得
$$m(b-a) \leqslant \int_a^b f(x)\mathrm{d}x \leqslant M(b-a).$$
用 $(b-a)$ 除不等式得
$$m \leqslant \frac{\int_a^b f(x)\mathrm{d}x}{b-a} \leqslant M.$$
令 $\mu = \dfrac{\int_a^b f(x)\mathrm{d}x}{b-a}$,则
$$m \leqslant \mu \leqslant M,$$
根据闭区间上连续函数的性质,在 $[a,b]$ 上至少存在一点 ξ,使
$$f(\xi) = \mu,$$
即
$$\frac{\int_a^b f(x)\mathrm{d}x}{b-a} = f(\xi),$$
即
$$\int_a^b f(x)\mathrm{d}x = f(\xi)(b-a).$$

由于 ξ 是 $[a,b]$ 上哪一点不知道,所以仍不能用它计算出定积分,但在下一节中将看到它在证明定积分的基本公式中起着重要的作用.

习 题

根据定积分的性质说明第 87—89 题中哪一个定积分的值大?

87. $\int_0^1 x^2 \mathrm{d}x$ 与 $\int_0^1 x^3 \mathrm{d}x$.

88. $\int_{-2}^{-1} \left(\dfrac{1}{3}\right)^x \mathrm{d}x$ 与 $\int_{-2}^{-1} 3^x \mathrm{d}x$.

89. $\int_3^4 (\ln x)^3 \mathrm{d}x$ 与 $\int_3^4 (\ln x)^4 \mathrm{d}x$.

§6 定积分的基本公式(牛顿[①]-莱布尼茨[②]公式)

 导语

我们已经看到用定义计算定积分是非常烦琐的,有时几乎是不可能的.17 世纪60—70 年代,牛顿与莱布尼茨二人各自独立地将定积分计算问题与原函数联系起来,极大地推动了数学的发展,从而创建了微积分学.他们是怎样将二者联系起来的呢? 我们不想探究这段历史的源头,仅想从一个物理问题来看清其中的联系.

我们从两个角度研究同一个问题——质点作直线运动的路程问题.具有速度$v = v(t)$的质点由时刻T_1到T_2所经过的路程从定积分角度研究应为

$$s = \int_{T_1}^{T_2} v(t)\,\mathrm{d}t.$$

从另一个角度研究它等于$s(T_2) - s(T_1)$.两者应相等,即

$$\int_{T_1}^{T_2} v(t)\,\mathrm{d}t = s(T_2) - s(T_1).$$

---

① 艾萨克·牛顿(Issac Newton,1642—1727)生于英格兰的一个小村庄,他父亲在他出生前两个月就去世了.牛顿出生后虚弱瘦小,他妈妈说一夸脱(约一升)的杯子就可装得下他.两个到附近为这婴儿取药的妇女心想,牛顿等不到她们回来就会死的,可谁也没有想到他竟活到 85 岁.

1665 年伦敦地区鼠疫流行,大学被迫停办,牛顿回到家乡.在家渡过 1665 年、1666 年,这两年期间他发现了万有引力、微积分和光谱,那时牛顿才 23 岁.1669 年,牛顿的老师伊萨克·巴罗(Issac Barrow,数学家)宣布牛顿的学识已超过自己,决定把具有很高荣誉的"路卡斯教授"的职位让给牛顿,一时传为佳话,牛顿时年 26 岁.牛顿一生对人类作出了极大贡献,可他临终说"如果我所见的比笛卡尔远一点的话,那是因为我站在巨人们肩上的缘故".

② 戈特弗里德·威廉·莱布尼茨(Gottfried Wilhelm Leibniz,1646—1716)生于德国莱比锡,是微积分发明者之一,他的职业是外交官,但他还是哲学家、法学家、历史学家、语言学家和先驱的地质学家.在逻辑学、力学、数学、气体学、海洋学和计算机等方面作了许多重要工作.

牛顿的主要微积分著作是在 1665—1666 年完成的,莱布尼茨的著作则在 1673—1676 年完成,可莱布尼茨却比牛顿早了三年发表.围绕着到底是谁先发明了微积分的争吵,英国和欧洲大陆的数学家停止了思想交流,从而使数学界丧失了一些最有才能的人本应作出贡献的机会.

又从微分学知道 $s'(t) = v(t)$,即 $s(t)$ 是被积函数 $v(t)$ 的原函数. 由此是否可推测到一般情形. 如果 $F(x)$ 是 $f(x)$ 的一个原函数,即 $F'(x) = f(x)$,则下式成立

$$\int_a^b f(x)\,dx = F(b) - F(a).$$

这就是牛顿-莱布尼茨公式,它把定积分与原函数联系起来了. 下面证明这个推测.

原函数存在定理

设函数 $f(x)$ 在 $[a,b]$ 上可积,$x \in [a,b]$,则函数 $f(x)$ 在 $[a,x]$ 上可积. 显然,定积分

$$\int_a^x f(t)\,dt$$

(为了区分积分变量与上限变量,我们用 t 表示积分变量)是上限变量 x 的函数,记作 $\Phi(x)$,即

$$\Phi(x) = \int_a^x f(t)\,dt,$$

见图 4-11.

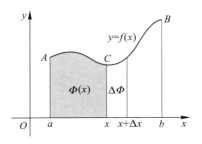

图 4-11

这个函数在推导定积分的基本公式中将起到重要作用.

定理 1(原函数存在定理)   如果函数 $f(x)$ 在 $[a,b]$ 上连续,$x \in [a,b]$,则函数

$$\Phi(x) = \int_a^b f(t)\,dt$$

在 x 处可微,且

$$\left(\int_a^x f(t)\,dt \right)'_x = f(x),$$

即变上限定积分对其上限变量 x 求导等于被积函数在上限 x 处的值.

证明   因为 $\Phi(x) = \int_a^x f(t)\,dt$,则

$$\Phi(x + \Delta x) = \int_a^{x+\Delta x} f(t)\,dt,\ x + \Delta x \in [a,b],$$

函数 $\Phi(x)$ 在 x 处的增量为

$$\Delta \Phi(x) = \Phi(x + \Delta x) - \Phi(x) = \int_a^{x+\Delta x} f(t)\,dt - \int_a^x f(t)\,dt$$

$$= \int_a^{x+\Delta x} f(t)\,dt + \int_x^a f(t)\,dt$$

$$= \int_x^{x+\Delta x} f(t)\,dt.$$

见图 4-11,因 $f(t)$ 在 $[a,b]$ 上连续,而 x 与 $x+\Delta x$ 均在 $[a,b]$ 上,根据定积分中值定理有

$$\int_x^{x+\Delta x} f(t)\,dt = f(\xi)\Delta x,$$

其中 ξ 在 x 与 $x+\Delta x$ 之间.于是有

$$\Delta \Phi(x) = f(\xi)\Delta x,$$

$$\lim_{\Delta x \to 0} \frac{\Delta \Phi(x)}{\Delta x} = \lim_{\xi \to x} \frac{f(\xi)\Delta x}{\Delta x} = f(x),$$

即函数 $\Phi(x)$ 可微,且

$$\Phi'(x) = f(x),$$

即

$$\left(\int_a^x f(t)\,dt \right)_x' = f(x).$$

上述定理告诉我们这样的一个结论:连续函数的原函数是存在的.

例 1　求 $\left(\int_1^x \sin(t^2)\,dt \right)_x'$.

解　由原函数存在定理知,变上限 x 的定积分对上限变量 x 求导等于被积函数 $\sin(t^2)$ 在上限 $t=x$ 处的值,即

$$\left(\int_1^x \sin(t^2)\,dt \right)_x' = \sin(t^2)\,\Big|_{t=x} = \sin(x^2).$$

例 2　求 $\left(\int_x^0 \sin(t^2)\,dt \right)_x'$.

解　这个积分不是变上限,而是变下限,不能直接运用上述定理,交换上下限得

$$\left(\int_x^0 \sin(t^2)\,dt \right)_x' = -\left(\int_0^x \sin(t^2)\,dt \right)_x' = -\sin(t^2)\,\Big|_{t=x}$$
$$= -\sin(x^2).$$

例 3　求 $\left(\int_0^{x^2} \sin(t^2)\,dt \right)_x'$.

解　这是变上限定积分,但上限变量是 x^2,而不是 x,对变量 x 求导时,这个变上限积分是一个复合函数.事实上,令 $u=x^2$,则变上限 x^2 的定积分由 $\int_0^u \sin(t^2)\,dt$ 与 $u=x^2$ 复合而成.所以对 x 求导时,应按复合函数求导法则,即

$$\left(\int_0^{x^2} \sin(t^2)\,dt \right)_x' = \left(\int_0^{x^2} \sin(t^2)\,dt \right)_{x^2}' \cdot (x^2)_x'$$
$$= \sin(t^2)\,\Big|_{t=x^2} \cdot 2x = 2x\sin(x^4).$$

定理2 设 $f(x)$ 在 $[a,b]$ 上连续,$F(x)$ 是 $f(x)$ 的任一个原函数,即 $F'(x)=f(x)$,则

$$\int_a^b f(x)\,\mathrm{d}x = F(b) - F(a) \xlongequal{\text{记作}} F(x)\ \Big|_a^b .$$

证明 已知 $F(x)$ 是 $f(x)$ 的一个原函数,又知道 $\int_a^x f(t)\,\mathrm{d}t$ 也是 $f(x)$ 的一个原函数,它们之间相差一个常数.令

$$\int_a^x f(t)\,\mathrm{d}t - F(x) = C.$$

C 等于多少呢? 将 $x=a$ 代入,因 $\int_a^a f(t)\,\mathrm{d}t = 0$,故有

$$C = -F(a),$$

即

$$\int_a^x f(t)\,\mathrm{d}t = F(x) - F(a),$$

当 $x=b$ 时,得

$$\int_a^b f(t)\,\mathrm{d}t = F(b) - F(a).$$

又因定积分的值与积分变量用什么字母无关,习惯上积分变量用 x 表示,这样上述公式可写为

$$\int_a^b f(x)\,\mathrm{d}x = F(b) - F(a).$$

为了便于使用上面的公式,令 $F(x)\ \Big|_a^b = F(b)-F(a)$,则

$$\int_a^b f(x)\,\mathrm{d}x = F(x)\ \Big|_a^b .$$

上述公式称为定积分的基本公式或称牛顿-莱布尼茨公式.这是因为牛顿和莱布尼茨两人各自独立地发现了这个公式.

例4 计算 $\int_0^1 \mathrm{e}^x\,\mathrm{d}x$.

解 我们在 §4 中用定义计算过这个题目,现用基本公式再计算一次.因 $(\mathrm{e}^x)'=\mathrm{e}^x$,所以有

$$\int_0^1 \mathrm{e}^x\,\mathrm{d}x = \mathrm{e}^x\ \Big|_0^1 = \mathrm{e}^1 - \mathrm{e}^0 = \mathrm{e} - 1.$$

例5 计算由曲线 $y=\sin x$ 在 $x=0,x=\pi$ 之间与 x 轴所围曲边梯形的面积.

解 由图 4-12,利用定积分的几何意义有

$$A = \int_0^\pi \sin x \mathrm{d}x = -\cos x \Big|_0^\pi$$

$$= -(\cos \pi - \cos 0) = 2.$$

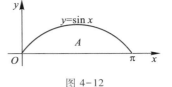

图 4-12

例 6 计算 $\int_{-4}^{-2} \dfrac{1}{x} \mathrm{d}x$.

解

$$\int_{-4}^{-2} \frac{1}{x} \mathrm{d}x = \ln|x| \Big|_{-4}^{-2}$$

$$= \ln 2 - \ln 4 = \ln \frac{1}{2}.$$

请读者说明这个定积分的几何意义.

例 7 计算 $\int_0^{\sqrt{\frac{\pi}{2}}} x\cos(x^2) \mathrm{d}x$.

解

$$\int_0^{\sqrt{\frac{\pi}{2}}} x\cos(x^2) \mathrm{d}x = \frac{1}{2} \int_0^{\sqrt{\frac{\pi}{2}}} \cos(x^2) \mathrm{d}x^2$$

$$= \frac{1}{2} \sin(x^2) \Big|_0^{\sqrt{\frac{\pi}{2}}} = \frac{1}{2}.$$

习题

90. 求 $\left(\displaystyle\int_1^x \dfrac{\sin t}{t} \mathrm{d}t \right)'_x$.

91. 求 $\left(\displaystyle\int_t^0 \mathrm{e}^{-x^2} \mathrm{d}x \right)'_t$.

92. 求 $\left(\displaystyle\int_t^{t^2} \mathrm{e}^{-x^2} \mathrm{d}x \right)'_t$ $\left(提示: \displaystyle\int_t^{t^2} = \int_t^a + \int_a^{t^2} \right)$.

计算第 93—105 题的定积分.

93. $\displaystyle\int_0^1 \mathrm{e}^{-x} \mathrm{d}x$.

94. $\displaystyle\int_1^{\sqrt{3}} \dfrac{1}{1+x^2} \mathrm{d}x$.

95. $\displaystyle\int_4^9 \sqrt{x}(1+\sqrt{x}) \mathrm{d}x$.

96. $\displaystyle\int_0^1 \dfrac{\mathrm{d}x}{\sqrt{4-x^2}}$.

97. $\displaystyle\int_{-3}^{-2} \dfrac{1}{1+x} \mathrm{d}x$.

98. $\displaystyle\int_1^e \dfrac{1+\ln x}{x} \mathrm{d}x$.

99. $\displaystyle\int_0^1 \dfrac{1}{(1+x)^2} \mathrm{d}x$.

100. $\displaystyle\int_0^{\frac{\pi}{2}} \cos x \mathrm{d}x$.

101. $\displaystyle\int_0^{\frac{\pi}{6}} \dfrac{1}{\cos^2 2\varphi} \mathrm{d}\varphi$.

102. $\displaystyle\int_{-1}^1 \dfrac{2x-1}{x-2} \mathrm{d}x$.

103. $\displaystyle\int_0^1 \dfrac{x}{1+x^2} \mathrm{d}x$.

104. $\displaystyle\int_{\frac{1}{\pi}}^{\frac{2}{\pi}} \dfrac{\sin \dfrac{1}{y}}{y^2} \mathrm{d}y$.

105. $\int_0^{\frac{\pi}{4}} \tan^2\theta \mathrm{d}\theta.$

§7 定积分的变量置换法与定积分的分部积分法

一 定积分的变量置换法

定积分的基本公式解决了定积分的计算问题.为什么还要研究定积分的变量置换法与分部积分法呢? 这是因为原来的计算步骤尚嫌烦琐,请看下例.

计算 $\int_0^4 \dfrac{1}{1+\sqrt{x}} \mathrm{d}x.$

第一步 找原函数:

$$\int \frac{1}{1+\sqrt{x}} \mathrm{d}x \xlongequal{\diamondsuit\, t=\sqrt{x}} \int \frac{2t\mathrm{d}t}{1+t} = 2(t - \ln(1+t)) + C$$

$$\xlongequal{\text{换回变量}} 2(\sqrt{x} - \ln(1+\sqrt{x})) + C.$$

第二步 计算定积分:

$$\int_0^4 \frac{\mathrm{d}x}{1+\sqrt{x}} = 2(\sqrt{x} - \ln(1+\sqrt{x})) \Big|_0^4 = 2(2 - \ln 3).$$

事实上可按下式计算.

$$\int_0^4 \frac{\mathrm{d}x}{1+\sqrt{x}} \xlongequal{\diamondsuit\, t=\sqrt{x}} \int_0^2 \frac{2t\mathrm{d}t}{1+t} = 2(t - \ln(1+t)) \Big|_0^2 = 2(2 - \ln 3). \qquad ①$$

省略了不少步骤,①式中采用的方法就是定积分的变量置换法.

> **定理** 设函数 $f(x)$ 在 $[a,b]$ 上连续,函数 $x=\varphi(t)$ 的导数在 α 与 β 之间的闭区间上连续且 $\varphi(t)$ 单调.又 $\varphi(\alpha)=a, \varphi(\beta)=b$,则
>
> $$\int_a^b f(x) \mathrm{d}x = \int_\alpha^\beta f(\varphi(t)) \varphi'(t) \mathrm{d}t.$$

证明 因为 $f(x), \varphi(t)$ 及 $\varphi'(t)$ 均为连续,所以 $f(x)$ 及 $f(\varphi(t))\varphi'(t)$ 都有原函数.设 $F(x)$ 是 $f(x)$ 的一个原函数,即 $F'(x)=f(x)$,可知 $F(\varphi(t))$ 是 $f(\varphi(t))\varphi'(t)$ 的一个原函数,这是因为

$$[F(\varphi(t))]_t' = F_u'(u) \cdot \varphi'(t) = f(u)\varphi'(t)$$

$$= f(\varphi(t))\varphi'(t) \ (\text{其中}\ u = \varphi(t)).$$

根据基本公式,有

$$\int_a^b f(x)\,\mathrm{d}x = F(b) - F(a),$$

及

$$\int_\alpha^\beta f(\varphi(t))\varphi'(t)\,\mathrm{d}t = F(\varphi(\beta)) - F(\varphi(\alpha))$$

$$= F(b) - F(a) \quad (\varphi(\beta) = b, \varphi(\alpha) = a).$$

所以证明了

$$\int_a^b f(x)\,\mathrm{d}x = \int_\alpha^\beta f(\varphi(t))\varphi'(t)\,\mathrm{d}t.$$

用上述公式时,注意积分上下限要相应地变换.即 a, b 与 α, β 的关系是 $a = \varphi(\alpha), b = \varphi(\beta)$,$\alpha$ 不一定比 β 小.

例 1 求 $\displaystyle\int_0^a \sqrt{a^2 - x^2}\,\mathrm{d}x \quad (a > 0)$.

解 设 $x = a\sin t, \mathrm{d}x = a\cos t\,\mathrm{d}t$,列表:

x	0	a
t	0	$\dfrac{\pi}{2}$

$\left(\text{可以看到当 } t \in \left[0, \dfrac{\pi}{2}\right], x = a\sin t \text{ 是单调增的.}\right)$

$$\int_0^a \sqrt{a^2 - x^2}\,\mathrm{d}x = \int_0^{\frac{\pi}{2}} a^2 \mid \cos t \mid \cos t\,\mathrm{d}t$$

$$= \int_0^{\frac{\pi}{2}} a^2 \cos^2 t\,\mathrm{d}t = \frac{a^2}{2}\int_0^{\frac{\pi}{2}}(1 + \cos 2t)\,\mathrm{d}t$$

$$= \frac{a^2}{2}\left(t + \frac{1}{2}\sin 2t\right)\Bigg|_0^{\frac{\pi}{2}} = \frac{\pi}{4}a^2.$$

从例 1 可以看出定积分的变量置换法与不定积分的变量置换的不同之处主要在于:定积分变量置换法不必换回原积分变量.

在例 1 中,用 $x = a\cos t$ 也可,读者不妨一试.

例 2 计算 $\displaystyle\int_1^5 \frac{\sqrt{x-1}}{x}\,\mathrm{d}x$.

解 设 $t = \sqrt{x-1}$,则 $x = t^2 + 1, \mathrm{d}x = 2t\,\mathrm{d}t$.列表:

x	1	5
t	0	2

$$\int_1^5 \frac{\sqrt{x-1}}{x}\,\mathrm{d}x = \int_0^2 \frac{2t^2}{t^2 + 1}\,\mathrm{d}t = 2\int_0^2 \frac{(t^2 + 1) - 1}{t^2 + 1}\,\mathrm{d}t$$

$$= 2(t - \arctan t)\Bigg|_0^2 = 2(2 - \arctan 2).$$

例 3 若 $f(x)$ 在 $[-a,a]$ 上连续,则

(1) 当 $f(x)$ 为偶函数时,$\displaystyle\int_{-a}^{a} f(x)\,\mathrm{d}x = 2\int_{0}^{a} f(x)\,\mathrm{d}x$;

(2) 当 $f(x)$ 为奇函数时,$\displaystyle\int_{-a}^{a} f(x)\,\mathrm{d}x = 0$.

证明 我们只证 $f(x)$ 为偶函数的情形,$f(x)$ 为奇函数情形留给读者自证.
因为

$$\int_{-a}^{a} f(x)\,\mathrm{d}x = \int_{-a}^{0} f(x)\,\mathrm{d}x + \int_{0}^{a} f(x)\,\mathrm{d}x.$$

只要证明

$$\int_{-a}^{0} f(x)\,\mathrm{d}x = \int_{0}^{a} f(x)\,\mathrm{d}x.$$

为此对积分

$$\int_{-a}^{0} f(x)\,\mathrm{d}x$$

作变换,令 $x = -t$,则 $\mathrm{d}x = -\mathrm{d}t$.

x	$-a$	0
t	a	0

$$\int_{-a}^{0} f(x)\,\mathrm{d}x = -\int_{a}^{0} f(-t)\,\mathrm{d}t = \int_{0}^{a} f(-t)\,\mathrm{d}t.$$

又因 $f(-x) = f(x)$.所以

$$\int_{-a}^{0} f(x)\,\mathrm{d}x = \int_{0}^{a} f(t)\,\mathrm{d}t.$$

由于积分的值与积分变量用什么字母无关,即

$$\int_{0}^{a} f(t)\,\mathrm{d}t = \int_{0}^{a} f(x)\,\mathrm{d}x.$$

因此证得

$$\int_{-a}^{a} f(x)\,\mathrm{d}x = \int_{-a}^{0} f(x)\,\mathrm{d}x + \int_{0}^{a} f(x)\,\mathrm{d}x = 2\int_{0}^{a} f(x)\,\mathrm{d}x.$$

请读者作出对例 3 的几何解释.

例 4 计算 $\displaystyle\int_{-\frac{\pi}{2}}^{\frac{\pi}{2}} x^{10}\sin x\,\mathrm{d}x$.

解 因 $f(x) = x^{10}\sin x$ 是奇函数,积分区间对称于原点,利用例 3 得

$$\int_{-\frac{\pi}{2}}^{\frac{\pi}{2}} x^{10}\sin x\,\mathrm{d}x = 0.$$

例 5 计算 $\displaystyle\int_{-a}^{a} \frac{a-x}{\sqrt{a^2-x^2}}\,\mathrm{d}x$.

解
$$\int_{-a}^{a} \frac{a-x}{\sqrt{a^2-x^2}}\,\mathrm{d}x = \int_{-a}^{a} \frac{a}{\sqrt{a^2-x^2}}\,\mathrm{d}x - \int_{-a}^{a} \frac{x}{\sqrt{a^2-x^2}}\,\mathrm{d}x.$$

右边第一个积分的被积函数是偶函数,而第二个被积函数是奇函数,又积分区间对称于原点,所以第二个积分为 0,从而有

$$\int_{-a}^{a} \frac{a-x}{\sqrt{a^2-x^2}}dx = 2\int_{0}^{a} \frac{a}{\sqrt{a^2-x^2}}dx = 2a\arcsin\frac{x}{a}\bigg|_{0}^{a}$$

$$= \pi a.$$

二 定积分的分部积分法

设函数 $u'(x), v'(x)$ 在 $[a,b]$ 上连续. 由乘积的微分公式

$$d(uv) = uv'dx + u'vdx,$$

两边求定积分,得

$$uv\bigg|_{a}^{b} = \int_{a}^{b} uv'dx + \int_{a}^{b} u'vdx.$$

移项得

$$\int_{a}^{b} uv'dx = uv\bigg|_{a}^{b} - \int_{a}^{b} u'vdx.$$

这就是定积分的分部积分公式.

例 6　计算 $\int_{0}^{\frac{1}{2}} \arcsin x dx$.

解　$\int_{0}^{\frac{1}{2}} \arcsin x dx = x\arcsin x\bigg|_{0}^{\frac{1}{2}} - \int_{0}^{\frac{1}{2}} \frac{x}{\sqrt{1-x^2}}dx$

$$= \frac{\pi}{12} + \sqrt{1-x^2}\bigg|_{0}^{\frac{1}{2}} = \frac{\pi}{12} + \frac{\sqrt{3}}{2} - 1.$$

例 7　求 $\int_{0}^{\frac{\pi}{2}} x\sin x dx$.

解　$\int_{0}^{\frac{\pi}{2}} x\sin x dx = -\int_{0}^{\frac{\pi}{2}} x d\cos x = -x\cos x\bigg|_{0}^{\frac{\pi}{2}} + \int_{0}^{\frac{\pi}{2}} \cos x dx$

$$= \sin x\bigg|_{0}^{\frac{\pi}{2}} = 1.$$

例 8　求 $\int_{0}^{\left(\frac{\pi}{2}\right)^2} \cos\sqrt{x}\, dx$.

解　先作变量置换,然后再用分部积分法. 令 $\sqrt{x}=t$,则 $x=t^2, dx=2tdt$,

$$\int_{0}^{\left(\frac{\pi}{2}\right)^2} \cos\sqrt{x}\, dx = 2\int_{0}^{\frac{\pi}{2}} t\cos t dt = 2\int_{0}^{\frac{\pi}{2}} t d\sin t$$

$$= 2t\sin t \Big|_0^{\frac{\pi}{2}} - 2\int_0^{\frac{\pi}{2}} \sin t \mathrm{d}t = \pi + 2\cos t \Big|_0^{\frac{\pi}{2}} = \pi - 2.$$

例 9 计算 $\int_0^{\frac{\pi}{2}} \sin^n x \mathrm{d}x \quad (n > 1, n$ 是整数$)$.

解
$$\int_0^{\frac{\pi}{2}} \sin^n x \mathrm{d}x = \int_0^{\frac{\pi}{2}} \sin^{n-1} x \sin x \mathrm{d}x = -\int_0^{\frac{\pi}{2}} \sin^{n-1} x \mathrm{d}\cos x$$

$$= -\cos x \sin^{n-1} x \Big|_0^{\frac{\pi}{2}} + \int_0^{\frac{\pi}{2}} \cos x \cdot (n-1) \cdot \sin^{n-2} x \cdot \cos x \mathrm{d}x$$

$$= (n-1)\int_0^{\frac{\pi}{2}} (1 - \sin^2 x) \sin^{n-2} x \mathrm{d}x$$

$$= (n-1)\int_0^{\frac{\pi}{2}} \sin^{n-2} x \mathrm{d}x - (n-1)\int_0^{\frac{\pi}{2}} \sin^n x \mathrm{d}x.$$

右边又出现 $\int_0^{\frac{\pi}{2}} \sin^n x \mathrm{d}x$，移项得

$$\int_0^{\frac{\pi}{2}} \sin^n x \mathrm{d}x = \frac{n-1}{n} \int_0^{\frac{\pi}{2}} \sin^{n-2} x \mathrm{d}x.$$

上述公式称为递推公式.

当 n 为正偶数时，结果中最后一个因子为 $\frac{\pi}{2}$；当 n 为正奇数时，最后一个因子为 1，即

$$\int_0^{\frac{\pi}{2}} \sin^n x \mathrm{d}x = \begin{cases} \dfrac{n-1}{n} \cdot \dfrac{n-3}{n-2} \cdot \cdots \cdot \dfrac{1}{2} \cdot \dfrac{\pi}{2}, & n \text{ 为偶数}, \\ \dfrac{n-1}{n} \cdot \dfrac{n-3}{n-2} \cdot \cdots \cdot \dfrac{2}{3} \cdot 1, & n \text{ 为奇数}. \end{cases}$$

例如

$$\int_0^{\frac{\pi}{2}} \sin^6 x \mathrm{d}x = \frac{5}{6} \int_0^{\frac{\pi}{2}} \sin^4 x \mathrm{d}x = \frac{5}{6} \cdot \frac{3}{4} \int_0^{\frac{\pi}{2}} \sin^2 x \mathrm{d}x$$

$$= \frac{5}{6} \cdot \frac{3}{4} \cdot \frac{1}{2} \int_0^{\frac{\pi}{2}} \mathrm{d}x = \frac{5}{6} \cdot \frac{3}{4} \cdot \frac{1}{2} \cdot \frac{\pi}{2}$$

$$= \frac{5}{32} \pi.$$

又如

$$\int_0^{\frac{\pi}{2}} \sin^5 x \mathrm{d}x = \frac{4}{5} \int_0^{\frac{\pi}{2}} \sin^3 x \mathrm{d}x = \frac{4}{5} \cdot \frac{2}{3} \int_0^{\frac{\pi}{2}} \sin x \mathrm{d}x$$

$$= \frac{4}{5} \cdot \frac{2}{3} \cdot (-\cos x) \Big|_0^{\frac{\pi}{2}} = \frac{4}{5} \cdot \frac{2}{3} \cdot 1 = \frac{8}{15}.$$

同理可证

$$\int_0^{\frac{\pi}{2}} \cos^n x \, dx = \begin{cases} \dfrac{n-1}{n} \cdot \dfrac{n-3}{n-2} \cdot \cdots \cdot \dfrac{1}{2} \cdot \dfrac{\pi}{2}, & n \text{ 为偶数}, \\[2mm] \dfrac{n-1}{n} \cdot \dfrac{n-3}{n-2} \cdot \cdots \cdot \dfrac{2}{3} \cdot 1, & n \text{ 为奇数} \end{cases} \quad (n > 1).$$

习题

计算第 106—124 题的定积分.

106. $\displaystyle\int_4^9 \frac{\sqrt{x}}{\sqrt{x}-1} \, dx$.

107. $\displaystyle\int_{-1}^1 \frac{x}{\sqrt{5-4x}} \, dx$.

108. $\displaystyle\int_0^{\sqrt{2}} \sqrt{2-x^2} \, dx$.

109. $\displaystyle\int_0^1 \sqrt{(1-x^2)^3} \, dx$.

110. $\displaystyle\int_{\sqrt{2}}^2 \frac{dx}{x\sqrt{x^2-1}}$.

111. $\displaystyle\int_{-1}^1 \frac{x}{\sqrt{1+x^2}} \, dx$.

112. $\displaystyle\int_{\frac{\sqrt{2}}{2}}^1 \frac{\sqrt{1-x^2}}{x^2} \, dx$.

113. $\displaystyle\int_0^1 \frac{dx}{\sqrt{(1+x^2)^3}}$.

114. $\displaystyle\int_0^1 x e^{-x} \, dx$.

115. $\displaystyle\int_0^{\pi} (x+1)\cos x \, dx$.

116. $\displaystyle\int_0^{\frac{\pi}{2}} x^2 \sin x \, dx$.

117. $\displaystyle\int_1^e x^2 \ln x \, dx$.

118. $\displaystyle\int_0^{\frac{\pi}{2}} e^{2t} \cos t \, dt$.

119. $\displaystyle\int_0^{\sqrt{3}} x \arctan x \, dx$.

120. $\displaystyle\int_0^{\frac{\pi}{2}} \cos^4 x \, dx$.

121. $\displaystyle\int_0^{\frac{\pi}{2}} \sin^7 x \, dx$.

122. $\displaystyle\int_{-\pi}^{\pi} x \cos x \, dx$.

123. $\displaystyle\int_{-1}^1 \frac{x^7}{x^2+1} \, dx$.

124. $\displaystyle\int_{-1}^1 (x+\sqrt{1-x^2})^2 \, dx$(提示:将被积函数展开).

§8 反 常 积 分

前面讨论的定积分,事实上有两个前提:积分区间是有限的;被积函数是有界的.但实际问题常常需要突破这两个前提,因而需要将定积分概念推广,从而产生了反常积分.

无穷区间的反常积分

> **定义 1** 设函数 $f(x)$ 在区间 $[a, +\infty)$ 上连续, $B>a$, 如果极限
>
> $$\lim_{B \to +\infty} \int_a^B f(x)\,\mathrm{d}x$$
>
> 存在, 则称此极限值为函数 $f(x)$ 在 $[a, +\infty)$ 上的反常积分, 记作 $\int_a^{+\infty} f(x)\,\mathrm{d}x$, 即
>
> $$\int_a^{+\infty} f(x)\,\mathrm{d}x = \lim_{B \to +\infty} \int_a^B f(x)\,\mathrm{d}x.$$
>
> 这时也称反常积分 $\int_a^{+\infty} f(x)\,\mathrm{d}x$ 收敛. 否则称其发散. 发散时仍用记号 $\int_a^{+\infty} f(x)\,\mathrm{d}x$ 表示, 但它不表示任何数.

类似可定义:

$$\int_{-\infty}^b f(x)\,\mathrm{d}x = \lim_{A \to -\infty} \int_A^b f(x)\,\mathrm{d}x.$$

而 $(-\infty, +\infty)$ 上的反常积分定义为

$$\int_{-\infty}^{+\infty} f(x)\,\mathrm{d}x = \int_{-\infty}^0 f(x)\,\mathrm{d}x + \int_0^{+\infty} f(x)\,\mathrm{d}x.$$

当右边两个反常积分同时收敛时, 称反常积分 $\int_{-\infty}^{+\infty} f(x)\,\mathrm{d}x$ 收敛, 否则称为发散.

若 $F(x)$ 是 $f(x)$ 的一个原函数, 并记

$$F(+\infty) = \lim_{x \to +\infty} F(x), \quad F(-\infty) = \lim_{x \to -\infty} F(x)$$

(如果极限存在), 则反常积分可表示为

$$\int_a^{+\infty} f(x)\,\mathrm{d}x = F(x)\Big|_a^{+\infty} = F(+\infty) - F(a),$$

$$\int_{-\infty}^b f(x)\,\mathrm{d}x = F(x)\Big|_{-\infty}^b = F(b) - F(-\infty),$$

$$\int_{-\infty}^{+\infty} f(x)\,\mathrm{d}x = F(x)\Big|_{-\infty}^{+\infty} = F(+\infty) - F(-\infty).$$

如果 $\lim\limits_{x \to +\infty} F(x)$ 或 $\lim\limits_{x \to -\infty} F(x)$ 不存在, 记号: $F(x)\Big|_a^{+\infty}$, $F(x)\Big|_{-\infty}^b$ 和 $F(x)\Big|_{-\infty}^{+\infty}$ 就是指

$$F(x)\Big|_a^{+\infty} = \lim_{x \to +\infty}[F(x) - F(a)],$$

$$F(x)\Big|_{-\infty}^b = \lim_{x \to -\infty}[F(b) - F(x)],$$

和

$$F(x)\Big|_{-\infty}^{+\infty} = \lim_{\substack{x \to +\infty \\ y \to -\infty}} [F(x) - F(y)].$$

例 1 计算反常积分 $\displaystyle\int_0^{+\infty} x\mathrm{e}^{-x^2}\mathrm{d}x$.

解
$$\int_0^{+\infty} x\mathrm{e}^{-x^2}\mathrm{d}x = \frac{-1}{2}\int_0^{+\infty} \mathrm{e}^{-x^2}\mathrm{d}(-x^2)$$

$$= \frac{-1}{2}\mathrm{e}^{-x^2}\Big|_0^{+\infty}$$

$$= 0 + \frac{1}{2} = \frac{1}{2}.$$

例 2 计算 $\displaystyle\int_0^{+\infty} \frac{x}{1+x^2}\mathrm{d}x$.

解
$$\int_0^{+\infty} \frac{x}{1+x^2}\mathrm{d}x = \frac{1}{2}\int_0^{+\infty} \frac{\mathrm{d}(1+x^2)}{1+x^2}$$

$$= \frac{1}{2}\ln(1+x^2)\Big|_0^{+\infty} = +\infty.$$

所以 $\displaystyle\int_0^{+\infty} \frac{x}{1+x^2}\mathrm{d}x$ 发散.

例 3 计算 $\displaystyle\int_{-\infty}^{-1} \frac{1}{x^2}\mathrm{d}x$.

解
$$\int_{-\infty}^{-1} \frac{1}{x^2}\mathrm{d}x = -\frac{1}{x}\Big|_{-\infty}^{-1} = 1.$$

二 无界函数的反常积分

定义 2 设函数 $f(x)$ 在 $[a,b)$ 上连续,而 $\lim\limits_{x \to b^-} f(x) = \infty$,如果极限

$$\lim_{B \to b^-}\int_a^B f(x)\mathrm{d}x$$

存在,则称此极限值为函数 $f(x)$ 在 $[a,b)$ 上的反常积分,记作 $\displaystyle\int_a^b f(x)\mathrm{d}x$,即

$$\int_a^b f(x)\mathrm{d}x = \lim_{B \to b^-}\int_a^B f(x)\mathrm{d}x.$$

这时也称反常积分 $\displaystyle\int_a^b f(x)\mathrm{d}x$ 收敛.否则就称反常积分发散,发散时仍用记号 $\displaystyle\int_a^b f(x)\mathrm{d}x$.

类似可定义：

$$\int_a^b f(x)\,dx = \lim_{A \to a^+} \int_A^b f(x)\,dx,$$

其中 $\lim_{x \to a^+} f(x) = \infty$；

$$\int_a^b f(x)\,dx = \int_a^c f(x)\,dx + \int_c^b f(x)\,dx,$$

其中 $\lim_{x \to a^+} f(x) = \infty$，$\lim_{x \to b^-} f(x) = \infty$，当上式右边两个反常积分同时收敛时,称反常积分 $\int_a^b f(x)\,dx$ 收敛,否则称为发散.

若 $F(x)$ 是 $f(x)$ 的一个原函数.记

$$\int_a^b f(x)\,dx = F(x)\ \Big|_a^b,$$

记号的意义与无穷区间的反常积分类同.

例 4 求 $\int_0^1 \dfrac{1}{\sqrt{1-x}}\,dx$.

解 $\lim_{x \to 1} \dfrac{1}{\sqrt{1-x}} = \infty$，所以 $\int_0^1 \dfrac{1}{\sqrt{1-x}}\,dx$ 是反常积分.

$$\int_0^1 \frac{dx}{\sqrt{1-x}} = -2\sqrt{1-x}\ \Big|_0^1 = 2.$$

例 5 计算 $\int_0^1 \dfrac{1}{x}\,dx$.

解
$$\int_0^1 \frac{1}{x}\,dx = \ln|x|\ \Big|_0^1 = -\infty,$$

故 $\int_0^1 \dfrac{1}{x}\,dx$ 发散.

例 4 讲解

习 题

125. 计算反常积分 $\int_0^{+\infty} e^{-x}\,dx$.

126. 问反常积分 $\int_1^{+\infty} \dfrac{1}{x+1}\,dx$ 收敛吗?

127. 计算反常积分 $\int_{-\infty}^{-1} \dfrac{1}{x^2(x^2+1)}\,dx$.

128. 问反常积分 $\int_0^{+\infty} \sin x\,dx$ 收敛吗?

129. 计算 $\displaystyle\int_0^1 \frac{1}{\sqrt{x}}\mathrm{d}x$.

130. 计算 $\displaystyle\int_0^1 \ln x\mathrm{d}x$.

§9 定积分的应用

 概述

···

有不少实际问题需要用定积分来解决.我们已介绍过的就有面积、路程和功等问题,以后还会遇到其他的几何量和物理量,需用定积分解决.因此,回顾一下用定积分解决面积、路程和功等问题时的方法和步骤是很有必要的.以曲边梯形的面积为例,总的思路是:将区间 $[a,b]$ 分成 n 个子区间,第 i 个子区间上的面积 ΔA_i 的近似值为

$$\Delta A_i \approx f(\xi_i)\Delta x_i, \qquad\qquad ①$$

从而总面积 A 的近似值为

$$A \approx \sum_{i=1}^{n} f(\xi_i)\Delta x_i,$$

取极限得

$$A = \lim_{\lambda\to 0} \sum_{i=1}^{n} f(\xi_i)\Delta x_i = \int_a^b f(x)\,\mathrm{d}x. \qquad\qquad ②$$

路程和功的问题也是如此处理的.为了今后使用方便,把上述步骤简化一下.对比①式与②式,可以看到①式就是②式的雏形.有了①式,积分式中的主要部分已经形成.为此,简化如下:把①式中的 ξ_i 写为 x, Δx_i 写为 $\mathrm{d}x$.这样在①式上加积分号就可得到②式.设所求量为 Q,具体做法如下:

(1) 在区间 $[a,b]$ 内任取一个子区间,用 $[x,x+\mathrm{d}x]$ 表示.此区间上 Q 的部分量记为 ΔQ.取 $\xi_i=x$.求出 ΔQ 具有 $f(x)\mathrm{d}x$ 形式的近似值,即

$$\Delta Q \approx f(x)\mathrm{d}x.$$

理论上要求 ΔQ 与 $f(x)\mathrm{d}x$ 之差是 $\mathrm{d}x$ 的高阶无穷小量,在实际问题中,人们取出的近似值一般都具有这个性质.将上式写成

$$\mathrm{d}Q = f(x)\mathrm{d}x.(称为微元)$$

(2) 求和、取极限后,得

$$Q = \int_a^b f(x)\,\mathrm{d}x.$$

简化后的方法称为微元法.

二 定积分的几何应用

1. 直角坐标系中的平面图形的面积

问题　设 $f(x) \geqslant g(x), x \in [a,b], f(x), g(x)$ 均为连续函数,求由曲线 $y = f(x), y = g(x), x = a$ 及 $x = b$ 所围图形的面积(图 4-13).

解　在 $[a,b]$ 内任取一个子区间 $[x, x+\mathrm{d}x]$. 在此子区间上面积的微元为

$$\mathrm{d}A = [f(x) - g(x)]\mathrm{d}x,$$

所以

$$A = \int_a^b [f(x) - g(x)]\mathrm{d}x.$$

例 1　求由曲线 $y = x^2$ 与 $y = \sqrt{x}$ 所围成的平面图形的面积(图 4-14).

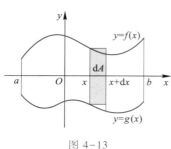

图 4-13　　　　　　　　图 4-14

解　先求出 $y = x^2$ 与 $y = \sqrt{x}$ 的交点,得 $(0,0), (1,1)$,根据上述公式得

$$A = \int_0^1 (\sqrt{x} - x^2)\mathrm{d}x$$

$$= \left(\frac{2}{3}x^{\frac{3}{2}} - \frac{1}{3}x^3 \right) \Bigg|_0^1 = \frac{1}{3}.$$

例 2　求椭圆 $\dfrac{x^2}{a^2} + \dfrac{y^2}{b^2} = 1, a > 0, b > 0$ 的面积.

例 2 讲解

解　因图形对称于 x 轴和 y 轴,所以,所求面积 A 为(图 4-15)

$$A = 4 \int_0^a y\mathrm{d}x.$$

从方程中解出 y 得　$y = \dfrac{b}{a}\sqrt{a^2 - x^2}$. 代入上式,得

$$A = 4 \int_0^a \frac{b}{a} \sqrt{a^2 - x^2}\,\mathrm{d}x,$$

令 $x = a\sin t, \mathrm{d}x = a\cos t\mathrm{d}t$.

$$原式 = 4ab \int_0^{\frac{\pi}{2}} \cos^2 t\mathrm{d}t = \pi ab.$$

椭圆的面积等于 πab,读者应该把它记住,作为

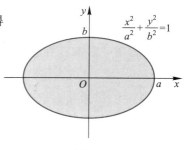

图 4-15

公式使用.

2. 极坐标系中的平面图形的面积

问题　设曲线由极坐标方程 $\rho=\rho(\theta)$ 表示,求由曲线 $\rho=\rho(\theta)$ 及射线 $\theta=\alpha,\theta=\beta$ 所围图形的面积(图 4-16),此类图形称为曲边扇形.

解　在 $[\alpha,\beta]$ 上任取一个子区间 $[\theta,\theta+\mathrm{d}\theta]$,把此区间上的面积近似看做扇形面积,得面积的微元:

$$\mathrm{d}A = \frac{1}{2}\rho^2(\theta)\,\mathrm{d}\theta,$$

积分后得

$$A = \frac{1}{2}\int_\alpha^\beta \rho^2(\theta)\,\mathrm{d}\theta$$

例 3　求心形线 $\rho=a(1+\cos\theta)$ 所围图形的面积($a>0$).

解　图形对称于极轴(图 4-17),得面积

$$\begin{aligned}
A &= 2\cdot\frac{1}{2}\int_0^\pi \rho^2\,\mathrm{d}\theta \\
&= a^2\int_0^\pi (1+\cos\theta)^2\,\mathrm{d}\theta \\
&= a^2\int_0^\pi (1+2\cos\theta+\cos^2\theta)\,\mathrm{d}\theta \\
&= a^2\int_0^\pi \left(\frac{3}{2}+2\cos\theta+\frac{1}{2}\cos 2\theta\right)\mathrm{d}\theta = \frac{3}{2}\pi a^2.
\end{aligned}$$

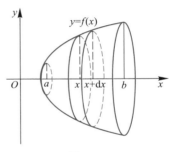

例 3 讲解

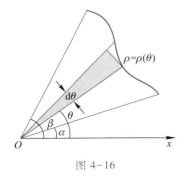

图 4-16

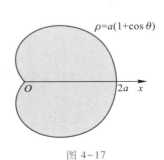

图 4-17

3. 旋转体的体积

问题　求由曲线 $y=f(x)\geqslant 0$,x 轴,$x=a$ 及 $x=b$ 所围成的曲边梯形绕 x 轴旋转所成的旋转体的体积.

解　在区间 $[a,b]$ 内任取一子区间 $[x,x+\mathrm{d}x]$ (图 4-18),将该子区间上的旋转体视作底面积为 $\pi[f(x)]^2$,高为 $\mathrm{d}x$ 的薄圆柱,得体积的微元

图 4-18

$$dV = \pi[f(x)]^2 dx = \pi y^2 dx,$$

则旋转体的体积为

$$V = \int_a^b \pi y^2 dx.$$

若由曲线 $x = \varphi(y) \geqslant 0, y$ 轴, $y = c$ 及 $y = d$ 所围成的图形绕 y 轴旋转,则所成旋转体的体积为

$$V = \int_c^d \pi x^2 dy.$$

例4讲解

例 4 求椭圆 $\dfrac{x^2}{a^2} + \dfrac{y^2}{b^2} = 1$ 所围的图形分别绕 x 轴和 y 轴旋转所得到的旋转体的体积.

解 绕 x 轴旋转,由公式得

$$V = \pi \int_{-a}^{a} y^2 dx = \pi b^2 \int_{-a}^{a} \left(1 - \frac{x^2}{a^2}\right) dx$$

$$= 2\pi b^2 \int_{0}^{a} \left(1 - \frac{x^2}{a^2}\right) dx$$

$$= 2\pi b^2 \left(x - \frac{x^3}{3a^2}\right) \Big|_0^a = \frac{4}{3}\pi a b^2.$$

绕 y 轴旋转,得

$$V = \pi \int_{-b}^{b} x^2 dy = \pi a^2 \int_{-b}^{b} \left(1 - \frac{y^2}{b^2}\right) dy$$

$$= 2\pi a^2 \int_{0}^{b} \left(1 - \frac{y^2}{b^2}\right) dy$$

$$= 2\pi a^2 \left(y - \frac{y^3}{3b^2}\right) \Big|_0^b = \frac{4}{3}\pi b a^2.$$

三 定积分的物理应用

我们仍然用微元法来解决一些物理问题.

1. 引力

由万有引力知道,两个质量分别为 m_1, m_2 的质点之间的引力大小为

$$f = k \frac{m_1 m_2}{r^2},$$

其中 r 是两个质点之间的距离.现在来求较复杂的质点与杆之间的引力.

例 5 设长为 l, 质量均匀分布的杆, 在杆的一端的延长线上距该端点为 a 的位置有一质量为 m 的质点. 求杆与质点之间的引力 (图 4-19).

解 取坐标如图 4-19 所示, 由于杆不能看成一个质点, 不能直接使用万有引力公式. 在区间 $[0, l]$ 上任取一个子区间 $[x, x+dx]$. 由于子区间的长度很短, 可近似地看成一个质点, 设 μ 为单位长度上杆的质量 (称为线密度), 这个质点的质量为 μdx. 这样子区间 $[x, x+dx]$ 上的小段杆与质量为 m 的质点之间的引力可用万有引力公式, 得引力 f 的微元:

$$df = \frac{\mu km \, dx}{(a + l - x)^2},$$

其中 k 为引力系数, 积分得

$$f = \int_0^l \frac{\mu km \, dx}{(a + l - x)^2} = \frac{\mu km}{a + l - x} \bigg|_0^l$$

$$= \frac{\mu km l}{a(a + l)} = \frac{kMm}{a(a + l)},$$

其中 M 是杆的质量 ($M = \mu l$).

题中坐标系可随方便而取, 不影响结果. 如取图 4-20 的坐标系也可以, 在此坐标系下读者可以试算一下, 以检验自己是否已掌握微元法 $\left(\text{积分式为 } f = \int_{-l}^0 \frac{\mu km \, dx}{(a - x)^2}\right)$.

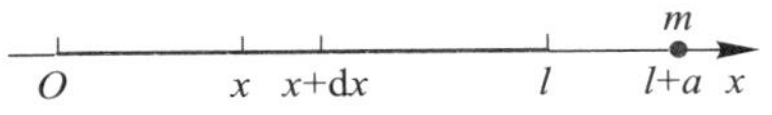

图 4-19

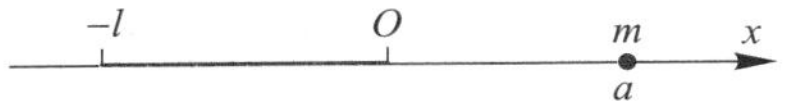

图 4-20

例 6 设半圆弧细铁丝, 半径为 R, 质量均匀分布. 在圆心处有一质量为 m 的质点. 求该铁丝与质点 m 之间的引力.

解 由于对称性, 铁丝与质点 m 之间引力在 x 轴上的分力为零, 故只需求引力在 y 轴上的分力, 记为 f_y. 将 0 到 π 之间的圆心角任意划分. 在 $[0, \pi]$ 上任取一个子区间 $[\theta, \theta+d\theta]$, 其上的圆弧长为 $R d\theta$ (图 4-21). 设线密度为 μ, 由于圆弧上各点距圆心的距离均为 R, 所以 f_y 的微元为

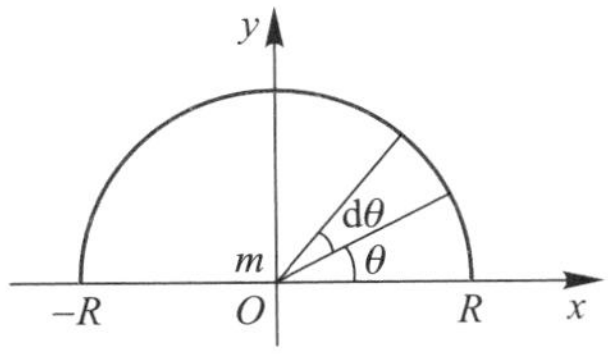

图 4-21

$$df_y = \frac{\mu km R \, d\theta}{R^2} \sin\theta \ (\text{其中 } k \text{ 为与引力有关的常数}),$$

因而

$$f_y = \int_0^\pi \frac{\mu km}{R} \sin\theta \, d\theta = \frac{\mu km}{R} (-\cos\theta) \bigg|_0^\pi = \frac{2km\mu}{R} = 2k \frac{mM}{\pi R^2},$$

其中 M 为半圆铁丝的质量.

2. 变力做功

例 7 设有质量分别为 m_1 和 m_2 的两个质点 A, B, 它们相距为 a, 将质点 B 沿直线 AB 移至距 A 为 b 的位置. 求克服引力所做的功(图 4-22).

解 取坐标如图 4-22 所示, 在区间 $[a,b]$ 上任取一个子区间 $[x,x+\mathrm{d}x]$, 这样在该区间上功的微元可表示为

$$\mathrm{d}w = f \cdot \mathrm{d}x,$$

即

$$\mathrm{d}w = k\frac{m_1 m_2}{x^2}\mathrm{d}x,$$

其中 k 为与引力有关的常数. 积分得

$$w = \int_a^b \frac{km_1 m_2}{x^2}\mathrm{d}x = km_1 m_2\left(\frac{1}{a} - \frac{1}{b}\right).$$

如果坐标取为如图 4-23 所示, 读者可试算一下, 结果应是一样的 $\Bigg($ 积分式为

$$w = \int_0^{b-a} \frac{km_1 m_2}{(a+x)^2}\mathrm{d}x \Bigg).$$

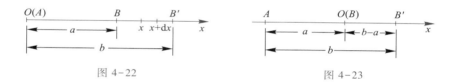

图 4-22   图 4-23

例 8 半径为 $R(\mathrm{m})$, 高为 $H(\mathrm{m})$ 的圆柱体水桶中盛满了水. 问水泵将水桶内的水全部吸出至少要做多少功(水的质量密度为 $1\ \mathrm{t/m^3}$)?

分析 这个问题可以理解为水是一层一层地被抽到桶口的. 这也是一个做功问题, 如果我们把每一层水量看成一样, 那么力是不变的, 但每一层水提到桶口的位移是不同的, 位移是变量.

解 取坐标系如图 4-24 所示, 在区间 $[0,H]$ 上任取一个子区间 $[y,y+\mathrm{d}y]$, 其上的水的体积为 $\pi R^2 \mathrm{d}y$, 将这一层水提到桶口的位移是 $(H-y)$, 所以功 w 的微元为

$$\mathrm{d}w = g(H - y)\pi R^2 \mathrm{d}y. \quad (g = 9.8\ \mathrm{m \cdot s^{-2}}, \text{为重力加速度})$$

则

$$w = g\pi\int_0^H (H - y)R^2 \mathrm{d}y$$

$$= \frac{\pi}{2}R^2 H^2 g\ (\mathrm{kJ}).$$

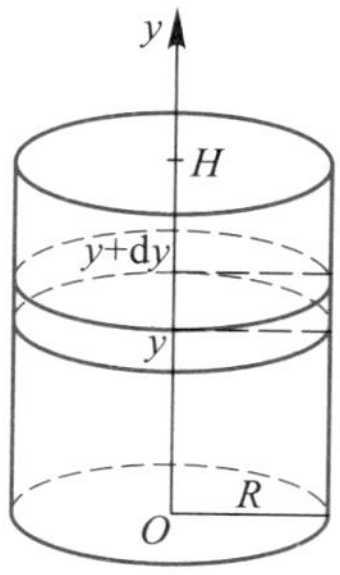

图 4-24

3. 水压力

由物理学知道,水深为 h 处的水的压强为

$$p = \gamma h \quad (\gamma \text{ 为水的比重}, \gamma = 1 \text{ t/m}^3),$$

其方向垂直于物体表面.如果物体表面上各点压强 p 的大小与方向皆不变,则物体受的总压力为

$$P = \text{压强} \times \text{面积}.$$

例 9 设半径为 $R(\text{m})$ 的圆形水闸门.水面与闸顶齐(图 4-25),求闸门所受的总压力.

解 取坐标如图 4-25 所示,在 $[0, 2R]$ 上任取一个子区间 $[y, y+dy]$,其上水的压强看成不变,且用矩形代替原来的长条,这样得压力 P 的微元

$$dP = p \cdot 2x\,dy = \gamma y \cdot 2x\,dy$$
$$= 2xy\,dy \quad (\gamma = 1 \text{ t/m}^3),$$

则

$$P = \int_0^{2R} 2xy\,dy,$$

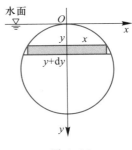

水面

图 4-25

其中 $x^2 + (y-R)^2 = R^2$, $x = \sqrt{R^2 - (y-R)^2}$,代入上式,得

$$P = 2\int_0^{2R} y\sqrt{R^2 - (y-R)^2}\,dy$$

$$= 2\int_0^{2R} (y - R + R)\sqrt{R^2 - (y-R)^2}\,dy$$

$$= 2\int_0^{2R} (y-R)\sqrt{R^2 - (y-R)^2}\,d(y-R) +$$

$$2R\int_0^{2R} \sqrt{R^2 - (y-R)^2}\,dy$$

$$= -\frac{2}{3}\left[R^2 - (y-R)^2\right]^{\frac{3}{2}}\Big|_0^{2R} + 2R \cdot \frac{1}{2}\pi R^2$$

$$= \pi R^3 (\text{t}).$$

....
后一个积分为
半圆的面积

4. 函数在区间上的平均值

n 个数 $y_1, y_2, \cdots, y_n$ 的算术平均值(用 $\bar{y}$ 表示)是

$$\bar{y} = \frac{y_1 + y_2 + \cdots + y_n}{n}.$$

现在介绍函数 $y = f(x)$ 在区间 $[a, b]$ 上的平均值.显然不能直接利用上式,因为在区间上,函数值有无穷多个.用微元法来解决,将区间 $[a, b]$ n 等分,得 n 个有相等长度的子区间.将每一个子区间上函数值看成相等的(图 4-26),得平均值

$$\frac{y_0 + y_1 + y_2 + \cdots + y_{n-1}}{n}.$$

n 愈大，这个平均值就愈接近于 $f(x)$ 在区间 $[a,b]$ 上的平均值. 记它为 $\bar{y}$. 显然，

$$\bar{y}=\lim_{n\to\infty}\frac{y_0+y_1+y_2+\cdots+y_{n-1}}{n},$$

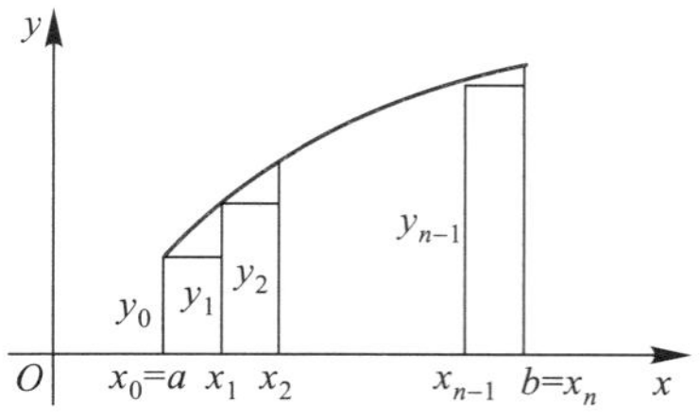

图 4-26

又因为 $\Delta x=\dfrac{b-a}{n}$，即 $\dfrac{1}{n}=\dfrac{\Delta x}{b-a}$，且当 $n\to\infty$ 时，$\Delta x\to 0$. 上式为

$$\begin{aligned}\bar{y}&=\lim_{\Delta x\to 0}\frac{1}{b-a}(y_0\Delta x+y_1\Delta x+\cdots+y_{n-1}\Delta x)\\&=\lim_{\Delta x\to 0}\frac{1}{b-a}\sum_{i=0}^{n-1}y_i\Delta x\\&=\frac{1}{b-a}\int_a^b y\mathrm{d}x,\end{aligned}$$

即

$$\bar{y}=\frac{1}{b-a}\int_a^b y\mathrm{d}x.$$

例 10 设交流电流的电动势 $E=E_0\sin\omega t$. 求在半周期内，即 $\left[0,\dfrac{\pi}{\omega}\right]$ 上的平均电动势（记作 $\bar{E}$）.

解 代入公式，得

$$\begin{aligned}\bar{E}&=\frac{1}{\dfrac{\pi}{\omega}}\int_0^{\frac{\pi}{\omega}}E_0\sin\omega t\mathrm{d}t\\&=\frac{\omega}{\pi}\cdot\frac{E_0}{\omega}(-\cos\omega t)\Big|_0^{\frac{\pi}{\omega}}\\&=\frac{2}{\pi}E_0.\end{aligned}$$

习题

求第 131—136 题中由曲线所围图形的面积.

131. $y=\dfrac{1}{x}$，$y=x$，$x=2$.

132. $y=\mathrm{e}^{x}(x\leqslant 0)$，$y=\mathrm{e}^{-x}(x\geqslant 0)$，$x=-1$，$x=1$，$y=0$.

133. $y=x^2$，$y=1$.

134. $y=x^2$，$y=3x+4$.

135. $y^2=2x, x-y=4.$ 136. $y=\sqrt{4-x^2}, y=4-x^2.$

求第 137—139 题极坐标系中图形的面积.

137. $\rho=a(1-\cos\theta).$

138. $\rho=a(1+\sin\theta).$

139. $\rho^2=a^2\cos2\theta$(双纽线)(图 4-27).

140. $\rho=1$ 与 $\rho=1+\cos\theta$ 之间所围图形的面积(在一、四象限部分).

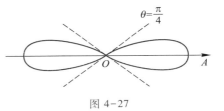

图 4-27

141. 求由曲线 $y=x^2$ 与 $x=1, y=0$ 所围图形分别绕 x 轴、y 轴旋转所得旋转体的体积.

142. 求由曲线 $y=x^2$ 与 $y^2=x$ 所围图形绕 x 轴旋转所得旋转体的体积.

143. 求 $x^2+(y-5)^2=16$ 绕 x 轴旋转所得旋转体的体积.

144. 设半径为 R 的四分之一圆弧,质量均匀分布,其总质量为 M.在圆心处有一质量为 m 的质点.求它们之间的引力沿 x 轴、y 轴方向的分力的大小(图 4-28).

145. 长为 $2l$ 的杆,质量均匀分布,其总质量为 M.在其中垂线上高为 h 处有一质量为 m 的质点.求杆与该质点之间的引力的大小(图 4-29).

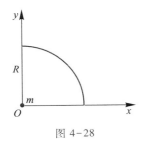

图 4-28

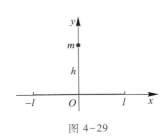

图 4-29

146. 由胡克定律知,弹簧伸长量 s 与受力的大小 F 成正比,即

$$F=ks \quad (k \text{ 为比例常数}).$$

如果把弹簧拉伸 6 单位,问力做多少功?

147. 证明:把质量为 m 的物体从地面升高到 h 处,克服引力所做的功是

$$w=k\frac{mMh}{R(R+h)}.$$

其中 k 是引力常量,M 是地球质量,R 是地球半径.

148. 长 50 m,宽 20 m,深 3 m 盛满水的池子,现将水抽出,问需做功多少?

149. 一个金字塔的形状可近似地看做正棱锥.高 140 m,底正方形每边为 200 m.所用石料密度为 2 500 kg/m³.试计算在建筑中克服重力所消耗的功.

150. 矩形水闸门,宽 20 m,高 16 m,水面与闸顶齐.求闸门上所受的总压力.

151. 一断面为圆,半径为 3 m 的水管,水平放置,水是半满的,求作用在闸门上

的总压力.

152. 半径为 r m 的球沉入水中与水面相切,球的密度为 1 t/m³,现将球从水中取出到水面,要做多少功?

§10 二 重 积 分

 二重积分概念

二重积分处理问题的思路和方法类似定积分.

例 1 曲顶柱体的体积.

由曲面 $z=f(x,y)\geqslant 0$,xy 坐标面上的闭区域 D 以及以闭区域 D 的边界为准线,母线平行于 z 轴的柱面所围成的立体称为曲顶柱体(图 4-30).如何计算该立体的体积?

将闭区域 D 任意地分成 n 个子区域 $\Delta\sigma_i(i=1,2,\cdots,n)$,它也表示第 i 个子区域的面积,在第 i 个子区域上任取一点 (ξ_i,η_i),那么第 i 个子区域上小曲顶柱体的体积可近似地表示为 $f(\xi_i,\eta_i)\Delta\sigma_i$,于是曲顶柱体的体积 v 为

$$v \approx \sum_{i=1}^{n} f(\xi_i,\eta_i)\Delta\sigma_i.$$

当所有子区域缩成一点时的极限就是 v,即

$$v \approx \lim \sum_{i=1}^{\infty} f(\xi_i,\eta_i)\Delta\sigma_i.$$

用 d_i 表示第 i 个子区域上任意两点之间距离的最大值,称为第 i 个子区域的直径,又记 $\lambda=\max(d_i)$ $(i=1,2,\cdots,n)$,则上述极限可表示为

$$v \approx \lim_{\lambda \to 0} \sum_{i=1}^{n} f(\xi_i,\eta_i)\Delta\sigma_i.$$

求解曲顶柱体体积过程中,所体现出的方法在处理其他的几何量与物理量时还会用到,由此形成了二重积分的概念.

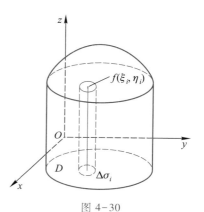

图 4-30

> **定义** 设函数 $z=f(x,y)$ 在闭区域 D 上有定义,将闭区域 D 任意地分为 n 个子区域,记为 $\Delta\sigma_i(i=1,2,\cdots,n)$,同时也用它表示子区域的面积.在每个子区域 $\Delta\sigma_i(i=1,2,\cdots,n)$ 上任取一点 (ξ_i,η_i),作和式 $\sum_{i=1}^{n} f(\xi_i,\eta_i)\Delta\sigma_i$(称为积分和

式).如果当各子区域直径中最大者 λ 趋于零时,和式 $\sum\limits_{i=1}^{n} f(\xi_i, \eta_i) \Delta\sigma_i$ 的极限存

在,则称此极限值为函数 $f(x,y)$ 在闭区域 D 上的二重积分,记作 $\iint\limits_{D} f(x,y) \mathrm{d}\sigma$,即

$$\iint\limits_{D} f(x,y) \mathrm{d}\sigma = \lim_{\lambda \to 0} \sum_{i=1}^{n} f(\xi_i, \eta_i) \Delta\sigma_i,$$

其中 $f(x,y)$ 称为被积函数, $f(x,y)\mathrm{d}\sigma$ 称为被积分式, $\mathrm{d}\sigma$ 称为面积元素, x, y 称为
积分变量, D 称为积分域.

曲顶柱体的体积 v 用二重积分表示为

$$v = \iint\limits_{D} f(x,y) \mathrm{d}\sigma.$$

若 $\lim\limits_{\lambda \to 0} \sum\limits_{i=1}^{n} f(\xi_i, \eta_i) \Delta\sigma_i$ 存在,则称函数 $f(x,y)$ 在闭区域 D 上可积.

什么条件下函数可积呢?

定理 若函数 $f(x,y)$ 在闭区域 D 上连续,则函数 $f(x,y)$ 在闭区域 D 上
可积.

证明从略.

从曲顶柱体的体积讨论中容易得到:如果 $f(x,y) = 1$,则二重积分就等于闭区
域 D 的面积,即

$$\iint\limits_{D} \mathrm{d}\sigma = 闭区域 D 的面积.$$

二重积分有与定积分类似的性质,在此仅介绍三个:

(1) $\iint\limits_{D} kf(x,y) \mathrm{d}\sigma = k\iint\limits_{D} f(x,y) \mathrm{d}\sigma, k$ 为常数;

(2) $\iint\limits_{D} [f(x,y) + g(x,y)] \mathrm{d}\sigma$

$= \iint\limits_{D} f(x,y) \mathrm{d}\sigma + \iint\limits_{D} g(x,y) \mathrm{d}\sigma$;

(3) $\iint\limits_{D} f(x,y) \mathrm{d}\sigma$

$= \iint\limits_{D_1} f(x,y) \mathrm{d}\sigma + \iint\limits_{D_2} f(x,y) \mathrm{d}\sigma$,

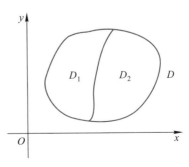

图 4 - 31

其中 D 由 D_1 与 D_2 所组成(图4-31).

二 二重积分在直角坐标系中的累次积分法

我们将从几何直观中推导出二重积分的计算方法.

假定积分域 D 是这样的:作平行于 y 轴(或 x 轴)的直线,除紧贴闭区域 D 的直线外,与边界的交点都不超过两点(图 4-32),称为凸区域.对于图 4-33 非凸区域的情形,则可分成形如图 4-33 的三个凸区域 D_1,D_2,D_3.

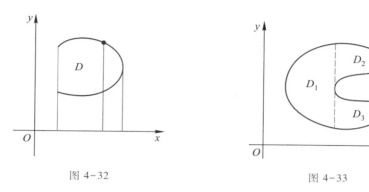

图 4-32   图 4-33

假设函数 $f(x,y) \geqslant 0,(x,y) \in D$,则二重积分 $\iint\limits_{D} f(x,y)\mathrm{d}\sigma$ 表示曲顶柱体的体积 v,即

$$v = \iint\limits_{D} f(x,y)\mathrm{d}\sigma.$$

另一方面,体积 v 也可用定积分方法计算(图4-34).在 xy 坐标面上作直线 $x=a$, $x=b$ 使它们分别紧贴积分域 D 的边界.把边界分为 ABC 与 AEC.设 ABC 的曲线方程为 $y=y_1(x)$,AEC 的曲线方程为 $y=y_2(x)$ $(y_2(x) \geqslant y_1(x),x \in [a,b])$.在区间 $[a,b]$ 内任意固定一点 x,过 x 作垂直 x 轴的平面,曲顶柱体被截出面积为 $S(x)$ 的截面.由定积分的微元法容易得

$$v = \int_a^b S(x)\,\mathrm{d}x.$$

而面积 $S(x)$ 又可用定积分表示,即

$$S(x) = \int_{y_1(x)}^{y_2(x)} f(x,y)\,\mathrm{d}y,$$

这样得

$$\iint\limits_{D} f(x,y)\mathrm{d}\sigma = \int_a^b \left[\int_{y_1(x)}^{y_2(x)} f(x,y)\,\mathrm{d}y \right]\mathrm{d}x$$

$$\xlongequal{\text{记作}} \int_a^b \mathrm{d}x \int_{y_1(x)}^{y_2(x)} f(x,y)\,\mathrm{d}y.$$

上述计算公式是先对 y 积分（称为内积分）（此时 x 为常数），再对 x 积分（称为外积分）.用类似方法可得出先对 x 积分（内积分），再对 y 积分（外积分）的计算公式:作直线 $y=c,y=d$，使它们分别紧贴积分域（图 4-35），将边界分为 ABF 与 AEF，设 ABF 的曲线方程为 $x=x_1(y)$，AEF 的曲线方程为 $x=x_2(y)(x_2(y)\geqslant x_1(y)$，$y\in[c,d])$.在 $[c,d]$ 内任意固定一点 y，过 y 作垂直 y 轴的平面，将曲顶柱体截出面积为 $S(y)$ 的截面，容易得到

$$\iint\limits_{D}f(x,y)\mathrm{d}\sigma = \int_{c}^{d}\Big[\int_{x_1(y)}^{x_2(y)}f(x,y)\mathrm{d}x\Big]\mathrm{d}y \xlongequal{\text{记作}} \int_{c}^{d}\mathrm{d}y\int_{x_1(y)}^{x_2(y)}f(x,y)\mathrm{d}x.$$

上面得出的计算公式对一般二重积分都适用.

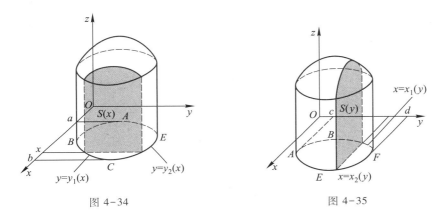

图 4-34 　　　　　　　　　　　图 4-35

把二重积分化为两次定积分的方法称为累次积分法.

要把二重积分化为累次积分主要的工作是定出两次积分的上下限，它的做法归纳如下（图 4-36）:

（1）画出积分域;

（2）作直线 $x=a,x=b$ 使它们分别紧贴积分域 D 的边界，换言之，将积分域投影到 x 轴上得区间 $[a,b]$，这时 $a\leqslant x\leqslant b,b$ 就是外积分的上限，a 是下限;

（3）在区间 $[a,b]$ 内任意固定一点 x，作与 y 轴平行的直线，它与边界线 ABC 及 ADC 分别相交于 B,D，设 B,D 的纵坐标分别为 $y_1(x)$ 与 $y_2(x)$.设定 $y_1(x)\leqslant y_2(x)$，这时，$y_2(x)$ 就是内积分的上限，$y_1(x)$ 是下限.

综上所述，得

$$\iint\limits_{D}f(x,y)\mathrm{d}\sigma = \int_{a}^{b}\Big[\int_{y_1(x)}^{y_2(x)}f(x,y)\mathrm{d}y\Big]\mathrm{d}x \xlongequal{\text{记作}} \int_{a}^{b}\mathrm{d}x\int_{y_1(x)}^{y_2(x)}f(x,y)\mathrm{d}y.$$

以上定限步骤我们常用图 4-36 示意.

类似地可以归纳出内积分对 x;外积分对 y 的累次积分的定限步骤.我们用图 4-37 表示其定限的示意图.

$$\iint\limits_{D}f(x,y)\mathrm{d}\sigma = \int_{c}^{d}\Big[\int_{x_1(y)}^{x_2(y)}f(x,y)\mathrm{d}x\Big]\mathrm{d}y = \int_{c}^{d}\mathrm{d}y\int_{x_1(y)}^{x_2(y)}f(x,y)\mathrm{d}x.$$

注意　累次积分中的上限不小于下限.

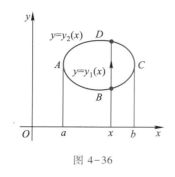

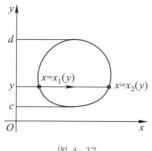

图 4-36   图 4-37

例2 设积分域是由 $x=a,x=b,y=c,y=d$ 所围成的闭区域($a<b,c<d$).试将二重积分 $\iint\limits_{D}f(x,y)\mathrm{d}\sigma$ 化为累次积分.

解 见图 4-38,考虑内积分对 y 积分,外积分对 x,将区域 D 投影到 x 轴,得闭区间 $[a,b]$.在 $[a,b]$ 内任意固定 x,作与 y 轴平行的直线交积分域 D 的边界于两点,它们的纵坐标分别为 $c,d,c\leq d$,于是得到

$$\iint\limits_{D}f(x,y)\mathrm{d}\sigma=\int_{a}^{b}\mathrm{d}x\int_{c}^{d}f(x,y)\mathrm{d}y.$$

若内积分对 x 积分,外积分对 y 积分,则有

$$\iint\limits_{D}f(x,y)\mathrm{d}\sigma=\int_{c}^{d}\mathrm{d}y\int_{a}^{b}f(x,y)\mathrm{d}x.$$

例3 将二重积分 $\iint\limits_{D}f(x,y)\mathrm{d}\sigma$ 化为累次积分,其中 $D:\dfrac{x^2}{a^2}+\dfrac{y^2}{b^2}\leq 1$ ($a>0$, $b>0$).

解 画出积分域(图 4-39),考虑内积分对 y,外积分对 x.将积分域投影到 x 轴上,得区间 $[-a,a]$,其上任意固定一个 x.作平行于 y 轴的直线,交边界于 A,B,其纵坐标分别为

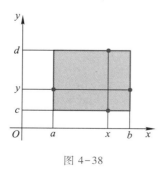

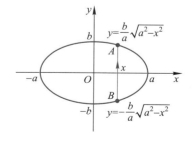

图 4-38   图 4-39

$$y=\frac{b}{a}\sqrt{a^2-x^2},\quad y=-\frac{b}{a}\sqrt{a^2-x^2}.$$

于是得到

$$\iint\limits_{D} f(x,y)\,\mathrm{d}\sigma = \int_{-a}^{a} \mathrm{d}x \int_{-\frac{b}{a}\sqrt{a^2-x^2}}^{\frac{b}{a}\sqrt{a^2-x^2}} f(x,y)\,\mathrm{d}y.$$

也可考虑内积分对 x,外积分对 y,由图 4-40 得

$$\iint\limits_{D} f(x,y)\,\mathrm{d}\sigma = \int_{-b}^{b} \mathrm{d}y \int_{-\frac{a}{b}\sqrt{b^2-y^2}}^{\frac{a}{b}\sqrt{b^2-y^2}} f(x,y)\,\mathrm{d}x.$$

例 4 将二重积分 $\iint\limits_{D} f(x,y)\,\mathrm{d}\sigma$ 化为累次积

分,其中 D 是由 $y=x,y=2-x,y=0$ 所围成的闭区域.

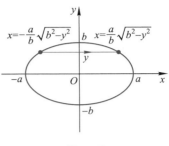

图 4-40

解 画出积分域(图 4-41),将积分域投影到 x 轴上,得区间 $[0,2]$,显然在 $[0,2]$ 上积分域的边界 OAB 是由两段直线组成,因而需要将 D 分成两个子区域 D_1 及 D_2(图 4-41).

$$\iint\limits_{D} f(x,y)\,\mathrm{d}\sigma = \iint\limits_{D_1} f(x,y)\,\mathrm{d}\sigma + \iint\limits_{D_2} f(x,y)\,\mathrm{d}\sigma.$$

D_1 投影到 x 轴上得区间 $[0,1]$,在其上任意固定一点 x,作平行 y 轴的直线,交边界线于两点.这两点的纵坐标分别为 $y_1 = 0$ 与 $y_2 = x$.于是得到对 y 的内积分和对 x 的外积分的积分限

$$\iint\limits_{D_1} f(x,y)\,\mathrm{d}\sigma = \int_0^1 \mathrm{d}x \int_0^x f(x,y)\,\mathrm{d}y.$$

同理有

$$\iint\limits_{D_2} f(x,y)\,\mathrm{d}\sigma = \int_1^2 \mathrm{d}x \int_0^{2-x} f(x,y)\,\mathrm{d}y,$$

所以

$$\iint\limits_{D} f(x,y)\,\mathrm{d}\sigma = \int_0^1 \mathrm{d}x \int_0^x f(x,y)\,\mathrm{d}y + \int_1^2 \mathrm{d}x \int_0^{2-x} f(x,y)\,\mathrm{d}y.$$

如果内积分对 x 积分,那么将积分域 D 投影到 y 轴上,得区间 $[0,1]$.由图 4-42,容易得到

$$\iint\limits_{D} f(x,y)\,\mathrm{d}\sigma = \int_0^1 \mathrm{d}y \int_y^{2-y} f(x,y)\,\mathrm{d}x.$$

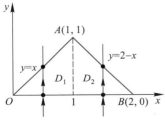

图 4-41

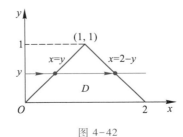

图 4-42

如果仅就积分的个数来考虑,那么上述积分法只要计算一个累次积分,比内积分对 y 外积分对 x 的积分简单些.

例 5 计算 $\iint\limits_{D}(x+y)\mathrm{d}\sigma$,其中 D 是由 $y=\dfrac{1}{x}$,$y=2$,$x=2$ 所围成的闭区域.

解 画出积分域(图 4-43),将积分域投影到 x 轴上,得区间 $\left[\dfrac{1}{2},2\right]$ $\left(y=\dfrac{1}{x}\text{ 与}\right.$

$y=2$ 的交点的横坐标为 $\dfrac{1}{2}$$\bigg)$,其上任意固定 x 后,由图 4-43 容易得到内积分对 y

积分的累次积分

$$
\begin{aligned}
\iint\limits_{D}(x+y)\mathrm{d}\sigma &= \int_{\frac{1}{2}}^{2}\left(\int_{\frac{1}{x}}^{2}(x+y)\,\mathrm{d}y\right)\mathrm{d}x \\
&= \int_{\frac{1}{2}}^{2}\left(xy+\frac{1}{2}y^2\right)\bigg|_{y=\frac{1}{x}}^{y=2}\mathrm{d}x \\
&= \int_{\frac{1}{2}}^{2}\left(2x-\frac{1}{2x^2}+1\right)\mathrm{d}x \\
&= \left(x^2+\frac{1}{2x}+x\right)\bigg|_{\frac{1}{2}}^{2}=\frac{9}{2}.
\end{aligned}
$$

例 6 计算 $\iint\limits_{D}xy\mathrm{d}\sigma$,其中 D 是由 $y=x^2$ 与 $y=2+x$ 所围成的闭区域.

解 画出积分域(图 4-44),解出 $y=x^2$ 与 $y=2+x$ 的交点 A 及 B 的坐标,它们分别为 $A(-1,1)$,$B(2,4)$.将积分域 D 投影到 x 轴,得区间 $[-1,2]$,容易得到内积分对 y 积分的累次积分

$$
\iint\limits_{D}xy\mathrm{d}\sigma=\int_{-1}^{2}\left(\int_{x^2}^{2+x}xy\,\mathrm{d}y\right)\mathrm{d}x=\frac{1}{2}\int_{-1}^{2}\left[x(x+2)^2-x^5\right]\mathrm{d}x=\frac{45}{8}.
$$

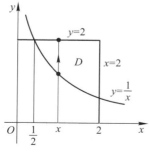

图 4-43

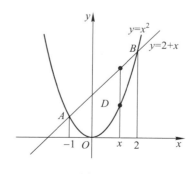

图 4-44

三 二重积分在极坐标系中的累次积分法

有些二重积分在直角坐标系中计算比较烦琐,或不易计算,但是在极坐标系中计算就比较简便.有些则反之,两种计算二重积分的方法是互为补充的.

1. 极坐标系中的面积元素

假定函数 $z=f(x,y)$ 在闭区域 D 上连续.

用两族曲线 $\varphi=$ 常数与 $\rho=$ 常数,即一族射线与一族圆心在极点的同心圆,将积分域 D 分割为 n 个子区域,则第 i 个子区域 $\Delta\sigma_i$ 的面积为

$$\Delta\sigma \approx \rho\Delta\rho\Delta\varphi.$$

(为简单起见下标 i 均省略不写,见图 4-45).而直角坐标与极坐标的关系为

$$\begin{cases} x=\rho\cos\varphi, \\ y=\rho\sin\varphi \end{cases} \quad 0 \leqslant \varphi \leqslant 2\pi,$$

所以,有

$$\lim_{\lambda\to 0}\sum f(x,y)\Delta\sigma = \lim_{\lambda\to 0}\sum f(\rho\cos\varphi,\rho\sin\varphi)\rho\Delta\rho\Delta\varphi,$$

即

$$\iint\limits_{D}f(x,y)\,\mathrm{d}\sigma = \iint\limits_{D}f(\rho\cos\varphi,\rho\sin\varphi)\rho\mathrm{d}\rho\mathrm{d}\varphi.$$

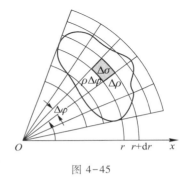

图 4-45

面积元素为

$$\mathrm{d}\sigma = \rho\mathrm{d}\rho\mathrm{d}\varphi.$$

2. 将二重积分化为极坐标系中的累次积分

二重积分在极坐标系中化为累次积分的思路与直角坐标系中化为累次积分相类似.

现分两种情形:第一种,如果极点 O 在积分域 D 的内部,其边界曲线为 $\rho=\rho(\varphi)$(图 4-46),则

$$\iint\limits_{D}f(x,y)\,\mathrm{d}\sigma = \iint\limits_{D}f(\rho\cos\varphi,\rho\sin\varphi)\rho\mathrm{d}\rho\mathrm{d}\varphi$$

$$= \int_{0}^{2\pi}\left(\int_{0}^{\rho(\varphi)}f(\rho\cos\varphi,\rho\sin\varphi)\rho\mathrm{d}\rho\right)\mathrm{d}\varphi.$$

第二种,如果极点 O 不在积分域 D 的内部,且假定积分域 D 与过极点的射线除紧贴积分域 D 的边界的射线外相交不多于两点,过极点作两条紧贴积分域 D 的射线:$\varphi=\alpha,\varphi=\beta(\alpha<\beta)$,如图 4-47 所示,把边界分为 ACB 与 AEB 两段.设 ACB 的曲线方程为 $\rho=\rho_1(\varphi)$,AEB 的曲线方程为 $\rho=\rho_2(\varphi)(\rho_1(\varphi)\leqslant\rho_2(\varphi))$,在区间 $[\alpha,\beta]$ 上任意固定一个 φ,作射线与边界交于两点.这两点的极半径分别是 $\rho_1(\varphi)$,$\rho_2(\varphi)$.这样就得到在极坐标系中的累次积分:

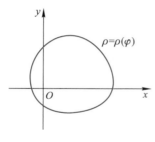

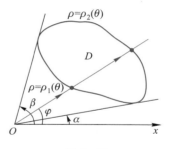

图 4-46   图 4-47

$$\iint\limits_{D} f(\rho\cos\varphi, \rho\sin\varphi)\rho\,\mathrm{d}\rho\,\mathrm{d}\varphi$$

$$= \int_{\alpha}^{\beta}\left(\int_{\rho_1(\varphi)}^{\rho_2(\varphi)} f(\rho\cos\varphi, \rho\sin\varphi)\rho\,\mathrm{d}\rho\right)\mathrm{d}\varphi.$$

将 $\iint\limits_{D} f(x,y)\mathrm{d}\sigma$ 化为在极坐标系中的累次积分的要点是

（1）将 x,y 换为 $x=\rho\cos\varphi, y=\rho\sin\varphi$；

（2）将面积元素 $\mathrm{d}\sigma$ 换为 $\rho\,\mathrm{d}\rho\,\mathrm{d}\varphi$，即

$$\mathrm{d}\sigma = \rho\,\mathrm{d}\rho\,\mathrm{d}\varphi\,;$$

（3）画出积分域；

（4）如果极点 O 在积分域 D 内部，而边界曲线方程为 $\rho=\rho(\varphi)$，则

$$\iint\limits_{D} f(\rho\cos\varphi, \rho\sin\varphi)\rho\,\mathrm{d}\rho\,\mathrm{d}\varphi$$

$$= \int_{0}^{2\pi}\left(\int_{0}^{\rho(\varphi)} f(\rho\cos\varphi, \rho\sin\varphi)\rho\,\mathrm{d}\rho\right)\mathrm{d}\varphi.$$

如果极点 O 不在积分域 D 的内部，则再进行下列步骤：

（5）作紧贴积分域 D 边界的两条射线

$$\varphi = \alpha, \varphi = \beta\,;$$

（6）在 $[\alpha,\beta]$ 上任意固定一个 φ 作射线，交曲线 ACB 于 C，其极半径为 $\rho_1(\varphi)$，交曲线 AEB 于 E，其极半径为 $\rho_2(\varphi)$. 设 $\rho_2(\varphi)\geqslant\rho_1(\varphi)$，则

$$\iint\limits_{D} f(\rho\cos\varphi, \rho\sin\varphi)\rho\,\mathrm{d}\rho\,\mathrm{d}\varphi$$

$$= \int_{\alpha}^{\beta}\left(\int_{\rho_1(\varphi)}^{\rho_2(\varphi)} f(\rho\cos\varphi, \rho\sin\varphi)\rho\,\mathrm{d}\rho\right)\mathrm{d}\varphi.$$

例 7 将二重积分 $\iint\limits_{D} f(x,y)\mathrm{d}\sigma$ 化为极坐标系中的累次积分，其中积分域 D 为 $x^2+y^2\leqslant R^2(R>0)$.

解 将 x,y 换为 $x=\rho\cos\varphi, y=\rho\sin\varphi$，同时将面积元素 $\mathrm{d}\sigma$ 换为 $\rho\,\mathrm{d}\rho\,\mathrm{d}\varphi$. 画出积分域（图 4-48）. 极点在积分域 D 的内部，其边界曲线方程

注意 累次积分中上限不小于下限.

$$x^2 + y^2 = R^2$$

在极坐标系中的方程为

$$\rho = R,$$

所以

$$\iint\limits_{D} f(x,y)\,\mathrm{d}\sigma = \iint\limits_{D} f(\rho\cos\varphi,\rho\sin\varphi)\rho\mathrm{d}\rho\mathrm{d}\varphi$$

$$= \int_0^{2\pi}\left(\int_0^R f(\rho\cos\varphi,\rho\sin\varphi)\rho\mathrm{d}\rho\right)\mathrm{d}\varphi.$$

例 8　计算二重积分 $\iint\limits_{D}(x+y)\,\mathrm{d}\sigma$，其中 $D: x^2+y^2\leqslant 2x, y\geqslant 0$.

解　画出积分域(图 4–49)，极点不在区域 D 内，作紧贴积分域 D 的两条射线

为 $\varphi=0, \varphi=\dfrac{\pi}{2}$，在区间 $\left[0,\dfrac{\pi}{2}\right]$ 内任意固定 φ 作射线，交边界于两点 O, A. 它们的极

半径分别为 0 与 $\rho=2\cos\varphi$. 化为累次积分为

$$\iint\limits_{D}(x+y)\,\mathrm{d}\sigma = \iint\limits_{D}\rho(\cos\varphi+\sin\varphi)\rho\mathrm{d}\rho\mathrm{d}\varphi$$

$$= \int_0^{\frac{\pi}{2}}\left(\int_0^{2\cos\varphi}\rho(\cos\varphi+\sin\varphi)\rho\mathrm{d}\rho\right)\mathrm{d}\varphi$$

$$= \frac{8}{3}\int_0^{\frac{\pi}{2}}(\cos^4\varphi+\cos^3\varphi\sin\varphi)\,\mathrm{d}\varphi$$

$$= \frac{8}{3}\left(\frac{3}{4}\cdot\frac{1}{2}\cdot\frac{\pi}{2}+\frac{1}{4}\right)$$

$$= \frac{\pi}{2}+\frac{2}{3}.$$

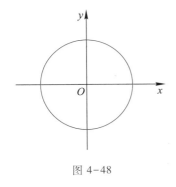

图 4–48

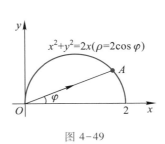

图 4–49

例 9　计算 $\iint\limits_{D}\sqrt{4R^2-x^2-y^2}\,\mathrm{d}\sigma$，其中 $D: x^2+y^2\leqslant 2Ry$（常数 $R>0$）.

解　画出积分域，如图 4–50 所示. 极点不在区域 D 内部. 作紧贴区域 D 的两条射

线 $\varphi=0, \varphi=\pi$. 在 $[0,\pi]$ 内任意固定 φ 作射线交边界于两点 O, A. 它们的极半径分别为

注意 * 在区间 $[0,\pi]$ 上，有 $\sqrt{\cos^2\varphi}=|\cos\varphi|$.

0 与 $\rho=2R\sin\varphi$. 化为累次积分为

$$\iint\limits_{D}\sqrt{4R^2-x^2-y^2}\,\mathrm{d}\sigma=\iint\limits_{D}\sqrt{4R^2-\rho^2}\,\rho\,\mathrm{d}\rho\,\mathrm{d}\varphi$$

$$=\int_0^\pi\mathrm{d}\varphi\int_0^{2R\sin\varphi}\sqrt{4R^2-\rho^2}\,\rho\,\mathrm{d}\rho$$

$$=\int_0^\pi\frac{-1}{3}(4R^2-\rho^2)^{\frac{3}{2}}\bigg|_{\rho=0}^{\rho=2R\sin\varphi}\mathrm{d}\varphi$$

$$=\frac{1}{3}\int_0^\pi(8R^3-8R^3|\cos\varphi|^3)\mathrm{d}\varphi\overset{*}{=\!=\!=}\frac{8}{3}R^3\left(\pi-\frac{4}{3}\right).$$

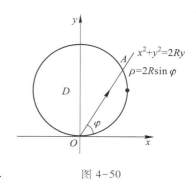

图 4-50

四 体积

例 10 求由旋转抛物面 $z=2-x^2-y^2$，柱面 $x^2+y^2=1$ 与坐标面 $z=0$ 所围的立体的体积（图4-51）.

解 这是以曲面 $z=2-x^2-y^2$（由 xz 坐标面上的抛物线 $z=2-x^2$ 绕 z 轴旋转而成的旋转抛物面）为顶，xy 坐标面上闭区域 $D:x^2+y^2\leqslant1$ 为底的曲顶柱体，其体积 v 可用二重积分来计算（图4-51）.

$$v=\iint\limits_{D}(2-x^2-y^2)\mathrm{d}\sigma=\int_0^{2\pi}\mathrm{d}\varphi\int_0^1(2-\rho^2)\rho\,\mathrm{d}\rho=\frac{3}{2}\pi.$$

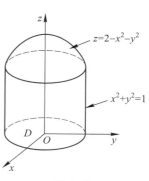

图 4-51

例 11 求由曲面 $z=x^2+y^2$，$x+y=1$ 及三个坐标面所围的立体的体积（图4-52(a)）.

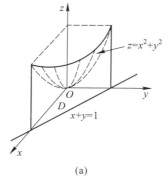

(a)

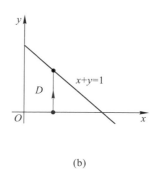

(b)

图 4-52

解 这是在 xy 坐标面上以三条直线 $x=0,y=0$ 及 $x+y=1$ 所围的三角形闭区域 D 上（图 4-52(a)），以曲面 $z=x^2+y^2$ 为顶的曲顶柱体.设其体积为 v，则

$$v=\iint\limits_{D}(x^2+y^2)\mathrm{d}\sigma=\int_0^1\mathrm{d}x\int_0^{1-x}(x^2+y^2)\mathrm{d}y\quad(\text{图}4-52(b))$$

$$= \int_0^1 \left(\frac{1}{3} - x + 2x^2 - \frac{4}{3}x^3 \right) dx = \frac{1}{6}.$$

习题

将第 153—155 题的二重积分化为直角坐标系中的累次积分.

153. $\iint\limits_D f(x,y) d\sigma$,其中 D 是由 $x+y=1$,$x-y=1$ 及 $x=0$ 所围成的闭区域.

154. $\iint\limits_D f(x,y) d\sigma$,其中 D 是由 $y=\dfrac{1}{x}$,$y=x$ 及 $x=2$ 所围成的闭区域.

155. $\iint\limits_D f(x,y) d\sigma$,其中 D 是由 $y=x^2$,$y^2=x$ 所围成的闭区域.

156. 计算 $\iint\limits_D x\sin y d\sigma$,其中 D 是由 $x=1$,$x=2$,$y=0$ 及 $y=\dfrac{\pi}{2}$ 所围成的闭区域.

157. 计算 $\iint\limits_{x^2+y^2\leqslant 1} x^2 d\sigma$.

158. 计算 $\iint\limits_D \cos(x+y) d\sigma$,其中 D 是由 $x=0$,$y=\pi$ 及 $y=x$ 所围成的闭区域.

159. 计算 $\iint\limits_D (x^2+y^2-y) d\sigma$,其中 D 是由 $y=x$,$y=x+1$,$y=1$ 及 $y=3$ 所围成的闭

区域.

将第 160—162 题的二重积分化为极坐标系中的累次积分.

160. $\iint\limits_D f(x,y) d\sigma$,$D:a^2\leqslant x^2+y^2\leqslant b^2$ $(a>0,b>0)$.

161. $\iint\limits_D f(x,y) d\sigma$,$D:x^2+y^2\leqslant R^2$,$x\geqslant 0$,$y\geqslant 0$ $(R>0)$.

162. $\iint\limits_D f(x,y) d\sigma$,$D:x^2+y^2\leqslant 2Rx$,$x^2+y^2\geqslant 2rx$ $(R>r>0)$.

163. 计算 $\iint\limits_D (x^2+y^2) d\sigma$,其中 $D:x^2+y^2\leqslant 1$.

164. 计算 $\iint\limits_D \sin\sqrt{x^2+y^2} d\sigma$,其中 $D:\pi^2\leqslant x^2+y^2\leqslant 4\pi^2$.

165. 计算 $\iint\limits_D e^{-x^2-y^2} d\sigma$,其中 $D:x^2+y^2\leqslant R^2$,$x\leqslant 0$,$y\leqslant 0$ $(R>0)$.

166. 计算 $\iint\limits_D \arctan\dfrac{y}{x} d\sigma$,其中 $D:x^2+y^2\leqslant 4$,$x^2+y^2\geqslant 1$,$y\geqslant 0$,$y\leqslant x$.

167. 计算由 $x+y+z=1$, $x=0$, $y=0$, $z=0$ 所围立体的体积(用二重积分计算).

168. 计算由 $x^2+y^2+z^2=2$, $x^2+y^2=1$ 与 $z=0$ 所围立体的体积($z \geq 0$).

*§11　曲 线 积 分

 第一类曲线积分

1. 第一类曲线积分的概念及其性质

例 1　平面曲线的质量.

所谓平面曲线的质量是指平面上细长物体 L 的质量.

如果曲线 L 上的线密度 μ 为常数,则其质量 $M=\mu L$(L 也表示平面曲线的长度).如果曲线 L 上的线密度 μ 是点的函数,那么质量怎样计算呢?

设曲线 L 在 xy 平面上,其线密度 μ 是点(x,y)的函数,即 $\mu=\mu(x,y)$,求曲线 L 的质量.

用 $n-1$ 个分点:$s_1,s_2,s_3,\cdots,s_{n-1}$ 将曲线 L(即$\overset{\frown}{AB}$)任意地分成 n 个子弧段$\overset{\frown}{s_{i-1}s_i}$
($i=1,2,\cdots,n$),见图 4-53,其中 $s_0=A$,$s_n=B$.每个子
弧段的长度分别记为 $\Delta l_i(i=1,2,\cdots,n)$.在每一个子
弧段上任取一点$(x_i,y_i)\in\overset{\frown}{s_{i-1}s_i}(i=1,2,\cdots,n)$,则第 i
个子弧段的质量

$$\Delta m_i \approx \mu(x_i,y_i)\Delta l_i$$

$$(i=1,2,\cdots,n),$$

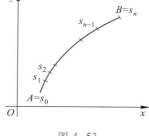

图 4-53

曲线 L 的总质量

$$M \approx \sum_{i=1}^{n}\mu(x_i,y_i)\Delta l_i.$$

记 $\lambda=\max(\Delta l_i)(i=1,2,\cdots,n)$,则

$$M = \lim_{\lambda \to 0}\sum_{i=1}^{n}\mu(x_i,y_i)\Delta l_i.$$

类似于上式的极限在其他的物理量或几何量中还会遇到.定义如下:

---

*　选学内容.

定义 1 设 $\overset{\frown}{AB}$(或 L)是 xy 坐标面上的一条平面曲线,函数 $f(x,y)$ 在 $\overset{\frown}{AB}$ 上有定义. 把 $\overset{\frown}{AB}$ 任意地分为 n 个子弧段 $\overset{\frown}{s_{i-1}s_i}$,其长度记为 $\Delta l_i(i=1,2,\cdots,n)$,其中 $A=s_0,B=s_n$. 在每一个子弧段上任取一点 (x_i,y_i),并作积分和式

$$\sum_{i=1}^{n} f(x_i,y_i)\Delta l_i.$$

如果 $\lim\limits_{\lambda\to 0}\sum\limits_{i=1}^{n} f(x_i,y_i)\Delta l_i(\lambda=\max(\Delta l_i),i=1,2,\cdots,n)$ 存在,则称此极限值为函数 $f(x,y)$ 在曲线 $\overset{\frown}{AB}$(或 L)上的第一类曲线积分或称为对弧长的曲线积分,记作

$$\int_{AB} f(x,y)\mathrm{d}l \quad 或 \quad \int_L f(x,y)\mathrm{d}l,$$

即

$$\int_{AB} f(x,y)\mathrm{d}l=\lim_{\lambda\to 0}\sum_{i=1}^{n} f(x_i,y_i)\Delta l_i.$$

曲线 AB(或 L)称为积分路径. $f(x,y)$ 称为被积函数,$f(x,y)\mathrm{d}l$ 称为被积分式,其中 x,y 是曲线 L 上点的坐标,即 (x,y) 要满足曲线 L 的方程,它们不是相互独立的. 这一点将在后面的计算中体现出来.

当积分路径是封闭曲线时,记作 $\oint_L f(x,y)\mathrm{d}l$.

第一类曲线积分的性质主要有

(1) 设积分路径 L 由 L_1 及 L_2 组成(图 4-54),则

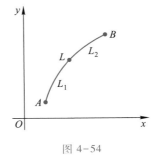

图 4-54

$$\int_L f(x,y)\mathrm{d}l=\int_{L_1} f(x,y)\mathrm{d}l+\int_{L_2} f(x,y)\mathrm{d}l.$$

(2) $f(x,y)$ 在曲线 AB 上与 BA 上的第一类曲线积分相等,即

$$\int_{AB} f(x,y)\mathrm{d}l=\int_{BA} f(x,y)\mathrm{d}l.$$

证明从略.

这就是说第一类曲线积分无方向性,即由点 A 沿曲线 L 到点 B 与由点 B 沿曲线 L 到点 A 的第一类曲线积分相等.

2. 第一类曲线积分的计算

(1) 曲线的方程以 $y=y(x)$ 给出

假定曲线 L 端点的横坐标中较大者为 b,较小者为 a,函数 $f(x,y)$ 在 L 上连续,且函数 $y=y(x)$ 在 $[a,b]$ 上的一阶导数连续. 则

$$\int_L f(x,y)\mathrm{d}l=\int_a^b f(x,y(x))\sqrt{1+(y')^2}\,\mathrm{d}x.$$

证明从略.

若曲线 L 的方程以 $x = x(y)$ 给出,则

$$\int_L f(x,y)\,\mathrm{d}l = \int_c^d f(x(y),y)\sqrt{1+(x')^2}\,\mathrm{d}y,$$

其中 c 是曲线 L 的端点中的纵坐标较小者,d 是较大者.

(2) 曲线 L 的方程以 $x = x(t),y = y(t)$ 给出

$f(x,y)$ 在 L 上连续,$x'(t),y'(t)$ 在 $[\alpha,\beta]$ 上连续,且 $x'^2 + y'^2 \neq 0$. 则

$$\int_L f(x,y)\,\mathrm{d}l = \int_\alpha^\beta f(x(t),y(t))\sqrt{(x')^2+(y')^2}\,\mathrm{d}t,$$

其中 α 是曲线 L 的端点中参数较小者,β 是较大者,即 $\alpha < \beta$. 且当 t 由 α 变到 β 时,对应点恰好画出曲线 L.

例 2 计算 $\int_L (x+y)\,\mathrm{d}l$,其中 L 分别是下列三种情形:

(i) L 是直线 $y = x$ 上点 $O(0,0)$ 与点 $A(1,1)$ 之间的一段;

(ii) L 是折线 OBA,其中点是 $O(0,0),B(1,0),A(1,1)$;

(iii) L 是上半圆周 $x^2 + y^2 = R^2$.

解 (i) 图 4-55,直线 $y = x$ 两端点的横坐标为 0 与 1,则 $y' = 1$,

$$\int_L (x+y)\,\mathrm{d}l = \int_0^1 (x+x)\sqrt{1+(y')^2}\,\mathrm{d}x$$
$$= \int_0^1 2x\sqrt{2}\,\mathrm{d}x = \sqrt{2}.$$

(ii) L 为折线 OBA,则

$$\int_L (x+y)\,\mathrm{d}l = \int_{OB} (x+y)\,\mathrm{d}l + \int_{BA} (x+y)\,\mathrm{d}l.$$

在 OB 上 $y = 0,\mathrm{d}l = \mathrm{d}x$;在 BA 上,$x = 1,\mathrm{d}l = \mathrm{d}y$. 所以

$$\int_L (x+y)\,\mathrm{d}l = \int_{OB} (x+y)\,\mathrm{d}l + \int_{BA} (x+y)\,\mathrm{d}l$$
$$= \int_0^1 x\,\mathrm{d}x + \int_0^1 (1+y)\,\mathrm{d}y$$
$$= 2.$$

(iii) 如图 4-56 所示,把圆周 $x^2 + y^2 = R^2$ 转化为参数方程表示,$x = R\cos t,y = R\sin t$. 其端点对应的参数为 0 与 π. $x' = -R\sin t,y' = R\cos t$,则 $\sqrt{(x')^2+(y')^2} = R$. 所以,

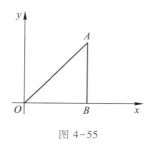

图 4-55

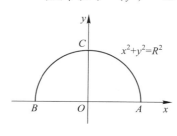

图 4-56

$$\int_L (x+y)\,\mathrm{d}l = \int_0^\pi (R\cos t+R\sin t)\sqrt{(x')^2+(y')^2}\,\mathrm{d}t$$

$$= R^2(\sin t-\cos t)\Big|_0^\pi = 2R^2.$$

例 3 计算 $\int_L y\mathrm{d}l$,其中 L 是抛物线 $y^2=2x$ 上点 $(2,2)$ 与点 $(1,-\sqrt{2})$ 之间的一段弧.

解 见图 4-57,化为对 y 积分比较方便. 曲线 L 的端点的纵坐标为 2 与 $-\sqrt{2}$,$x'=y$,$\sqrt{1+(x')^2}=\sqrt{1+y^2}$,所以

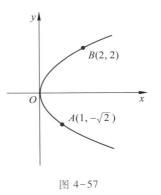

图 4-57

$$\int_L y\mathrm{d}l = \int_{-\sqrt{2}}^2 y\sqrt{1+(x')^2}\,\mathrm{d}y$$

$$= \int_{-\sqrt{2}}^2 y\sqrt{1+y^2}\,\mathrm{d}y$$

$$= \frac{1}{3}(1+y^2)^{\frac{3}{2}}\Big|_{-\sqrt{2}}^2$$

$$= \frac{1}{3}(\sqrt{125}-\sqrt{27}).$$

二 第二类曲线积分

1. 第二类曲线积分的概念及其性质

例 4 变力做功.

设在 xy 坐标平面上一质点受力 $\boldsymbol{F}$ 作用由点 A 沿曲线 L 运动到点 B. 力

$$\boldsymbol{F} = X(x,y)\boldsymbol{i} + Y(x,y)\boldsymbol{j},$$

其中 $X(x,y)$,$Y(x,y)$ 是力 $\boldsymbol{F}$ 在 x 轴、y 轴上的投影. 求力 $\boldsymbol{F}$ 所做的功.

把曲线 L 由 A 到 B 任意分成 n 个有方向的子弧段 Δl_i,$i=1,2,\cdots,n$.记 Δx_i,Δy_i 分别是 Δl_i 在 x 轴、y 轴上的投影即 $\Delta l_i=\Delta x_i\boldsymbol{i}+\Delta y_i\boldsymbol{j}$(图4-58).在每一个有向子弧段上任取一点 (x_i,y_i),用

$$\boldsymbol{F} = X(x_i,y_i)\boldsymbol{i}+Y(x_i,y_i)\boldsymbol{j}$$

代替其上每一点的力,那么在第 i 个有向子弧段上,力 $\boldsymbol{F}$ 所做的功可近似地表示为

$$\Delta w_i \approx \boldsymbol{F} \cdot \Delta l_i = [X(x_i,y_i)\boldsymbol{i}+Y(x_i,y_i)\boldsymbol{j}] \cdot (\Delta x_i\boldsymbol{i}+\Delta y_i\boldsymbol{j})$$

$$= X(x_i,y_i)\Delta x_i+Y(x_i,y_i)\Delta y_i,$$

总的功 w 为

$$w \approx \sum_{i=1}^n [X(x_i,y_i)\Delta x_i+Y(x_i,y_i)\Delta y_i],$$

记 $\lambda = \max(\,|\,\Delta \boldsymbol{l}_i\,|\,)\,(i=1,2,\cdots,n)$,则

$$w = \lim_{\lambda \to 0} \sum_{i=1}^{n} \big[\, X(x_i,y_i)\Delta x_i + Y(x_i,y_i)\Delta y_i \,\big].$$

这里出现了两个极限:

$$\lim_{\lambda \to 0} \sum_{i=1}^{n} X(x_i,y_i)\Delta x_i$$

及

$$\lim_{\lambda \to 0} \sum_{i=1}^{n} Y(x_i,y_i)\Delta y_i.$$

上两式就是第二类曲线积分.

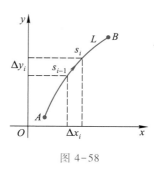

图 4-58

定义 2 设曲线 AB 是 xy 坐标平面上由点 A 到点 B 的有向弧段,记作 $\overset{\frown}{AB}$ 或 L. 函数 $X(x,y)$(或 $Y(x,y)$)在 L 上有定义. 由点 A 到点 B 任意地将 L 划分为 n 个有向子弧段

$$\Delta \boldsymbol{l}_i \quad (i=1,2,\cdots,n),$$

记 Δx_i(或 Δy_i)为有向子弧段 $\Delta \boldsymbol{l}_i$ 在 x 轴上(或在 y 轴上)的投影,在 $\Delta \boldsymbol{l}_i$ 上任取一点 (x_i,y_i),作积分和式

$$\sum_{i=1}^{n} X(x_i,y_i)\Delta x_i \Big(\text{或} \sum_{i=1}^{n} Y(x_i,y_i)\Delta y_i\Big),$$

记 $\lambda = \max(\,|\,\Delta \boldsymbol{l}_i\,|\,)\,(i=1,2,\cdots,n)$,如果

$$\lim_{\lambda \to 0} \sum_{i=1}^{n} X(x_i,y_i)\Delta x_i \Big(\text{或} \lim_{\lambda \to 0} \sum_{i=1}^{n} Y(x_i,y_i)\Delta y_i\Big)$$

存在,则称此极限值为函数 $X(x,y)$(或 $Y(x,y)$)在 L 上由 A 到 B(A 称始点,B 称终点)的第二类曲线积分或称对坐标 x 的曲线积分(或称对坐标 y 的曲线积分),记作

$$\int_L X(x,y)\mathrm{d}x \quad \Big(\text{或} \int_L Y(x,y)\mathrm{d}y\Big),$$

即

$$\int_L X(x,y)\mathrm{d}x = \lim_{\lambda \to 0} \sum_{i=1}^{n} X(x_i,y_i)\Delta x_i \Big(\text{或} \int_L Y(x,y)\mathrm{d}y = \lim_{\lambda \to 0} \sum_{i=1}^{n} Y(x_i,y_i)\Delta y_i\Big).$$

记

$$\int_L X(x,y)\mathrm{d}x + Y(x,y)\mathrm{d}y = \int_L X(x,y)\mathrm{d}x + \int_L Y(x,y)\mathrm{d}y$$

为组合曲线积分.

记

$$\boldsymbol{F} = X(x,y)\,\boldsymbol{i} + Y(x,y)\boldsymbol{j},\mathrm{d}\boldsymbol{l} = \mathrm{d}x\boldsymbol{i} + \mathrm{d}y\boldsymbol{j}.$$

这样,组合曲线积分也可表示为

$$\int_L \boldsymbol{F} \cdot \mathrm{d}\boldsymbol{l} = \int_L X(x,y)\,\mathrm{d}x + Y(x,y)\,\mathrm{d}y,$$

其中 x,y 是曲线 L 上点的坐标,因此,点 (x,y) 满足曲线 L 的方程,即 x,y 是有关系的,它们不是相互独立的,这一点在下面计算中将会体现出来.

当积分路径是封闭曲线时,记为 $\oint \boldsymbol{F} \cdot \mathrm{d}\boldsymbol{l}$.

第二类曲线积分主要有以下两条性质:

(1) $\displaystyle\int_{AB} X(x,y)\,\mathrm{d}x = -\int_{BA} X(x,y)\,\mathrm{d}x$,

即如果积分路径的方向由 A 到 B 改为由 B 到 A,则第二类曲线积分相差一个负号. 事实上,因为方向改变了,所以它们在轴上的投影相差一个负号.

这个性质常表示为

$$\int_L X(x,y)\,\mathrm{d}x = -\int_{(-L)} X(x,y)\,\mathrm{d}x,$$

其中 $(-L)$ 表示与 L 方向相反的路径.

(2) 设 L 分为两段(图 4-59),记 $L = L_1 + L_2$,则

$$\int_L X(x,y)\,\mathrm{d}x = \int_{L_1} X(x,y)\,\mathrm{d}x + \int_{L_2} X(x,y)\,\mathrm{d}x.$$

对 y 坐标的曲线积分同样有性质(1),(2).

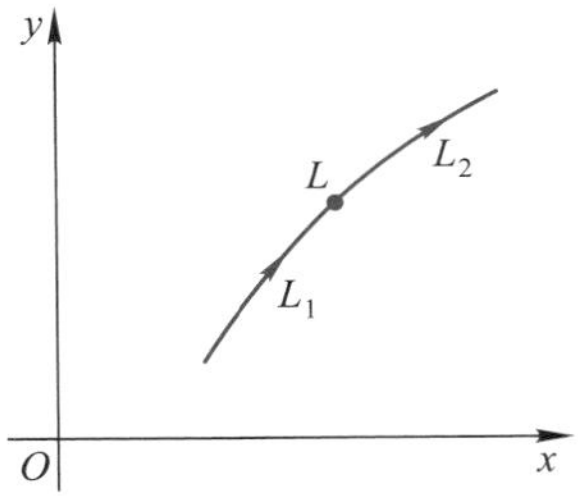

图 4-59

2. 第二类曲线积分的计算

(1) 曲线 L 的方程以 $y = y(x)$ 给出

假定 $X(x,y)$,$y'(x)$ 均连续,曲线 L 的起点的横坐标为 a,终点的横坐标为 b. 因为被积函数 $X(x,y)$ 中 (x,y) 是在曲线 L 上变化,所以它们有关系 $y = y(x)$. 这样由定义可得

$$\int_L X(x,y)\,\mathrm{d}x = \lim_{\lambda \to 0} \sum X(x,y)\,\Delta x = \lim_{\lambda \to 0} \sum X(x,y(x))\,\Delta x$$

$$= \int_a^b X(x,y(x))\,\mathrm{d}x \quad (\text{下标均省略}).$$

同理曲线 L 的方程以 $x = x(y)$ 给出,得

$$\int_L Y(x,y)\,\mathrm{d}y = \int_c^d Y(x(y),y)\,\mathrm{d}y,$$

其中 c 是 L 的起点的纵坐标,d 是其终点的纵坐标.

(2) 曲线 L 的方程以 $x = x(t)$,$y = y(t)$ 给出

假设 X,Y,x',y' 均连续,$x'^2 + y'^2 \neq 0$,且 $t = \alpha$ 对应于曲线 L 的起点,$t = \beta$ 对应于曲线 L 的终点,且当 t 由 α 变到 β 时,曲线上对应的点恰好画出曲线 L. 由定义容易得出

$$\int_L X(x,y)\,\mathrm{d}x = \int_\alpha^\beta X(x(t),y(t))\,x'(t)\,\mathrm{d}t,$$

$$\int_L Y(x,y)\,\mathrm{d}y = \int_\alpha^\beta Y(x(t),y(t))y'(t)\,\mathrm{d}t.$$

例5 计算 $\int_L (x+y)\,\mathrm{d}x$,积分路径 L 分别是下列三种情形:

(i) 由 $O(0,0)$ 经直线 $y=x$ 到 $A(1,1)$(图 4-60);

(ii) 由 $O(0,0)$ 经 x 轴到 $B(1,0)$,再经 $x=1$ 到 $A(1,1)$(图 4-60);

(iii) 由 $B(-R,0)$ 经半径为 R 的上半圆周 $x^2+y^2=R^2$ 到 $A(R,0)$(图4-61).

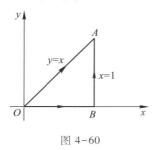
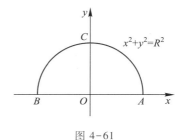

图 4-60   图 4-61

解 (i) $\int_L (x+y)\,\mathrm{d}x = \int_0^1 (x+x)\,\mathrm{d}x = 1.$

(ii) $\int_L (x+y)\,\mathrm{d}x = \int_{OB} (x+y)\,\mathrm{d}x + \int_{BA} (x+y)\,\mathrm{d}x,$

在 OB 上 $y=0$,BA 上 $x=1$,$\mathrm{d}x=0$,所以有

$$\int_{OB} (x+y)\,\mathrm{d}x = \int_0^1 x\,\mathrm{d}x = \frac{1}{2},$$

$$\int_{BA} (x+y)\,\mathrm{d}x = 0.$$

因而得

$$\int_L (x+y)\,\mathrm{d}x = \frac{1}{2}.$$

(iii) 把曲线 $L:x^2+y^2=R^2$ 表示为参数方程 $x=R\cos t$,$y=R\sin t$,当 $t=\pi$ 时,对应于起点 B;当 $t=0$ 时,对应于终点 A. 这样有

$$\int_L (x+y)\,\mathrm{d}x = \int_\pi^0 (R\cos t + R\sin t)(-R\sin t)\,\mathrm{d}t$$

$$= R^2 \int_0^\pi (\cos t\sin t + \sin^2 t)\,\mathrm{d}t = \frac{\pi R^2}{2}.$$

例6 计算 $\int_L x\,\mathrm{d}y - y\,\mathrm{d}x$,其中 L 由点 $B(1,1)$ 经抛物线 $y=x^2$ 到点 $A(-1,1)$(图 4-62).

解 组合曲线积分可以分开来一个一个地做,也可以都化为对 x 或对 y 积分一次完成.

$$\mathrm{d}y = 2x\,\mathrm{d}x,$$

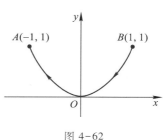

图 4-62

起点的横坐标为 1,终点的横坐标为 -1,则

$$\int_L x\mathrm{d}y-y\mathrm{d}x = \int_1^{-1} x\cdot 2x\mathrm{d}x-x^2\mathrm{d}x$$

$$= \int_1^{-1} x^2\mathrm{d}x = -\frac{2}{3}.$$

如果化为对 y 积分,积分路径就要分 BO 与 OA 两段,计算就繁一些.

例 7 计算 $\oint_L \dfrac{x\mathrm{d}y-y\mathrm{d}x}{x^2+y^2}$,其中 L 是圆周 $x^2+y^2=R^2$ 闭路,逆时针方向 $(R>0)$.

解 将 L 表示为参数方程 $x=R\cos t,y=R\sin t$. 由 A 以逆时针方向再回到 A,起点 A 对应 $t=0$,再回到 A(终点)对应 $t=2\pi$. 当 t 由 0 变到 2π 时,对应的点恰好由点 A 沿逆时针转一圈回到 A(图 4-63),所以有

$$\oint_L \frac{x\mathrm{d}y-y\mathrm{d}x}{x^2+y^2} = \int_0^{2\pi} \frac{R\cos t R\cos t\mathrm{d}t-R\sin t(-R\sin t)\mathrm{d}t}{R^2\cos^2 t+R^2\sin^2 t}$$

$$= \int_0^{2\pi} \mathrm{d}t = 2\pi.$$

最后介绍一下两类曲线积分之间的关系.

$$\int_L X(x,y)\mathrm{d}x+Y(x,y)\mathrm{d}y$$

$$= \lim_{\lambda\to 0}\sum_{i=1}^n \left(X(x_i,y_i)\Delta x_i+Y(x_i,y_i)\Delta y_i\right)$$

$$= \lim_{\lambda\to 0}\sum_{n=1}^n \left(X(x_i,y_i)\frac{\Delta x_i}{\Delta l_i}+Y(x_i,y_i)\frac{\Delta y_i}{\Delta l_i}\right)\Delta l_i,$$

其中 Δl_i 为第 i 个子弧段的长度.

设 $\boldsymbol{t}_i$ 是点 (x_i,y_i) 处切线的方向(指向 L 的方向).记 $<\boldsymbol{t}_i,x>$ 与 $<\boldsymbol{t}_i,y>$ 分别表示 $\boldsymbol{t}_i$ 与 x 轴的正向与 y 轴的正向之间的夹角(图 4-64),则

$$\frac{\Delta x_i}{\Delta l_i} \approx \cos<\boldsymbol{t}_i,x>,\frac{\Delta y}{\Delta l_i} \approx \cos<\boldsymbol{t}_i,y>,$$

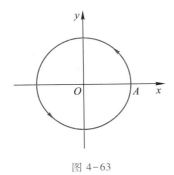

图 4-63

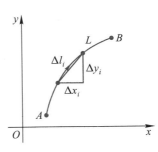

图 4-64

上式为

$$\lim_{\lambda \to 0} \sum_{i=1}^{n} \left[X(x_i, y_i) \cos\langle \boldsymbol{t}_i, x \rangle + Y(x_i, y_i) \cos\langle \boldsymbol{t}_i, y \rangle \right] \Delta l_i$$

$$= \int_L \left[X(x, y) \cos\langle \boldsymbol{t}, x \rangle + Y(x, y) \cos\langle \boldsymbol{t}, y \rangle \right] \mathrm{d}l,$$

即

$$\int_L X(x, y) \mathrm{d}x + Y(x, y) \mathrm{d}y = \int_L \left[X(x, y) \cos\langle \boldsymbol{t}, x \rangle + Y(x, y) \cos\langle \boldsymbol{t}, y \rangle \right] \mathrm{d}l,$$

其中 $\dfrac{\mathrm{d}x}{\mathrm{d}l} = \cos\langle \boldsymbol{t}, x \rangle, \dfrac{\mathrm{d}y}{\mathrm{d}l} = \cos\langle \boldsymbol{t}, y \rangle.$

注意 当积分路径的方向改变时,左边积分改变符号,右边积分中 $\cos\langle \boldsymbol{t}, x \rangle,$ $\cos\langle \boldsymbol{t}, y \rangle$ 也都改变符号,所以等式仍成立.

习题

169. 计算 $\displaystyle\int_L \frac{\mathrm{d}l}{x-y}$,$L$ 是以点 $A(0, -2)$ 与 $B(4, 0)$ 为端点的直线段.

170. 计算 $\displaystyle\oint_L (x+y) \mathrm{d}l$,$L$ 是以 $O(0, 0)$,$A(1, 0)$,$B(0, 1)$ 为顶点的三角形闭路.

171. 计算 $\displaystyle\oint_L \sqrt{x^2+y^2} \mathrm{d}l$,$L$ 是圆周 $x^2+y^2=Rx (R>0)$ 的闭路.

172. 计算 $\displaystyle\int_L y^2 \mathrm{d}l$,$L$ 是曲线 $x=a(t-\sin t)$,$y=a(1-\cos t)$ 在 $t=0$ 与 $t=2\pi$ 之间的一拱.

173. 计算 $\displaystyle\oint_L x \mathrm{d}l$,$L$ 是由 $y=x$ 与抛物线 $y=x^2$ 所围成的区域的边界.

174. 计算 $\displaystyle\oint_L |xy| \mathrm{d}l$,$L$ 是圆周 $x^2+y^2=R^2$ 的闭路.

175. 计算 $\displaystyle\int_L y \mathrm{d}x + x \mathrm{d}y$,$L$ 是 $x=R\cos t$,$y=R\sin t$,且 t 由 0 到 $\dfrac{\pi}{4}$ 的方向.

176. 计算 $\displaystyle\int_L 2xy \mathrm{d}x + x^2 \mathrm{d}y$,$L$ 分别为下列三种情形:

(i) 从点 $O(0, 0)$ 经 $y=x$ 到 $A(1, 1)$;

(ii) 从点 $O(0, 0)$ 经 $y=x^2$ 到 $A(1, 1)$;

(iii) 从点 $O(0, 0)$ 经 $y=x^3$ 到 $A(1, 1)$.

177. 计算 $\displaystyle\int_L (x^2-y^2) \mathrm{d}x$,$L$ 是抛物线 $y=x^2$ 上由点 $(0, 0)$ 到点 $(2, 4)$ 的一段.

178. 计算 $\displaystyle\oint_L (x^2+y^2) \mathrm{d}y$,$L$ 是由直线 $x=1$,$y=1$,$x=3$,$y=5$ 围成的逆时针闭路.

179. 计算 $\displaystyle\oint_L \boldsymbol{F} \cdot \mathrm{d}\boldsymbol{l}$,其中 $\boldsymbol{F} = -y\boldsymbol{i} + x\boldsymbol{j}$,$L$ 是由 $y=x$,$x=1$ 及 $y=0$ 所围成的三角形

逆时针闭路.

180. 计算 $\oint_L \dfrac{y}{x+1}\mathrm{d}x + 2xy\mathrm{d}y$, L 是由 $y=x^2$ 与 $y=x$ 所围成的逆时针闭路.

181. 计算 $\oint_L x^2\mathrm{d}y + y^2\mathrm{d}x$, L 是沿圆周 $x^2+y^2=2Rx$ 的逆时针闭路.

总习题

求第 182—195 题的不定积分.

182. $\displaystyle\int \cot(2x+1)\,\mathrm{d}x$.

183. $\displaystyle\int \dfrac{m}{\sqrt[3]{(a+bx)^2}}\mathrm{d}x$ (a,b,m 为常数, $b\neq 0$).

184. $\displaystyle\int \sin^2 3x\,\mathrm{d}x$.

185. $\displaystyle\int \dfrac{1-x}{\sqrt{1-x^2}}\mathrm{d}x$.

186. $\displaystyle\int \dfrac{3+x}{3-x}\mathrm{d}x$.

187. $\displaystyle\int \dfrac{(1+x)^2}{1+x^2}\mathrm{d}x$.

188. $\displaystyle\int \dfrac{1}{x^4-x^2}\mathrm{d}x$.

189. $\displaystyle\int \dfrac{x(1-x^2)}{1+x^4}\mathrm{d}x$.

190. $\displaystyle\int \dfrac{x}{\sqrt{2+4x-x^2}}\mathrm{d}x$.

191. $\displaystyle\int x^5 \mathrm{e}^{-x^2}\mathrm{d}x$.

192. $\displaystyle\int \mathrm{e}^{\sin^2 x}\sin 2x\,\mathrm{d}x$.

193. $\displaystyle\int \dfrac{x}{1-\cos x}\mathrm{d}x$.

194. $\displaystyle\int \dfrac{x^3}{\sqrt{1-x^2}}\mathrm{d}x$.

195. $\displaystyle\int \dfrac{1}{\sqrt{1+x}+\sqrt[3]{1+x}}\mathrm{d}x$.

第 196—198 题的做法正确否? 为什么?

196. $\displaystyle\int_{-1}^{1} \dfrac{1}{x^2}\mathrm{d}x = -\dfrac{1}{x}\Big|_{-1}^{1} = -2$.

197. $\displaystyle\int_0^\pi \sqrt{\sin x - \sin^3 x}\,\mathrm{d}x = \int_0^\pi \cos x\sqrt{\sin x}\,\mathrm{d}x = \dfrac{2}{3}(\sin x)^{\frac{3}{2}}\Big|_0^\pi = 0$.

198. $\displaystyle\int_0^{-1}\sqrt{1-x^2}\,\mathrm{d}x \xlongequal{\text{令}\ x=\sin t} \int_{2\pi}^{\frac{3}{2}\pi}\cos^2 x\,\mathrm{d}x$.

199. 求 c 值, 使得 $\displaystyle\int_0^c x(1-x)\,\mathrm{d}x = 0$.

200. 使曲线 $y=x-x^2$ 与曲线 $y=ax$ 所围的平面图形的面积为 $\dfrac{9}{2}$, 求 a 的值.

201. 求由曲线 $\rho = 1$ 与 $\rho = 1 + \sin\theta$(极坐标)所围平面图形的面积.

202. 求由曲线 $y = \sqrt{x^3}$, x 轴和 $x = 4$ 所围图形绕直线 $x = 4$ 旋转所得的旋转体的体积.

203. 洒水车上的水箱是一个横放椭圆柱体,尺寸如图 4-65 所示.装满水时,试计算水箱一端所受的总压力.

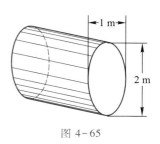
图 4-65

204. 计算由 $x^2 + y^2 = 1$, $x + y + z = 2$ 与 $z = 0$ 所围立体的体积.

第四章部分习题答案

1. $\dfrac{2}{5}x^{\frac{5}{2}} + C.$

2. $2\sqrt{x} + C.$

3. $\sqrt{\dfrac{2h}{g}} + C.$

4. $10\ln|x| - x^{-3} + C.$

5. $2\arcsin x - 3\arctan x + C.$

6. $\dfrac{1}{\ln 5}5^t + C.$

7. $\left(\dfrac{2}{5}\right)^t \Big/ \ln\dfrac{2}{5} - \left(\dfrac{3}{5}\right)^t \Big/ \ln\dfrac{3}{5} + C.$

8. $-3\cos t - \cot t + C.$

9. $e^x + \dfrac{1}{x} + C.$

10. $(ae)^x / \ln(ae) + C.$

11. $-2x^{-\frac{1}{2}} - 4x^{\frac{1}{2}} + \dfrac{2}{3}x^{\frac{3}{2}} + C.$

12. $\dfrac{x^2}{2} + 3x + C.$

13. $2\sqrt{1+x} + C.$

14. $-\sin(1-x) + C.$

15. $-\dfrac{1}{6(2x-3)^3} + C.$

16. $\dfrac{2}{15}(7+5x)^{\frac{3}{2}} + C.$

17. $\dfrac{1}{3}e^{3x-1} + C.$

18. $-\dfrac{1}{3}\cos 3x + C.$

19. $\dfrac{1}{5}\tan(5x+3) + C.$

20. $e^x + e^{-x} + C.$

21. $-\dfrac{1}{4}\ln|5-4x| + C.$

22. $\dfrac{1}{3}\arctan\dfrac{x}{3} + C.$

23. $\dfrac{1}{6}\arctan\dfrac{2}{3}x + C.$

24. $\dfrac{1}{3}\arcsin\dfrac{3}{2}x + C.$

25. $\dfrac{1}{2}\ln(1 + x^2) + C.$

26. $\dfrac{1}{3}\ln|4 + x^3| + C.$

27. $\dfrac{1}{3}(2 + x^2)^{\frac{3}{2}} + C.$

28. $-\sqrt{1 - x^2} + C.$

29. $\dfrac{1}{3}\ln|\sin 3x| + C.$

30. $\dfrac{1}{2}\ln^2 x + C.$

31. $\dfrac{1}{4}\sin^4 x + C.$

32. $\dfrac{1}{\cos x} + C.$

33. $-\dfrac{1}{3}e^{-x^3} + C.$

34. $-\cos e^x + C.$

35. $-2\cos\sqrt{x} + C.$

36. $2\sqrt{1 + \tan x} + C.$

37. $\dfrac{1}{4}\arcsin x^4 + C.$

38. $-\dfrac{1}{2}\ln(1 + \cos^2 x) + C.$

39. $\dfrac{x^2}{2} - x + \ln|1 + x| + C.$

40. $\dfrac{1}{2}x + \dfrac{1}{2}\sin x + C.$

41. $\dfrac{3}{8}x - \dfrac{1}{4}\sin 2x + \dfrac{1}{32}\sin 4x + C.$

42. $-\cos x + \dfrac{1}{3}\cos^3 x + C.$

43. $\tan x - x + C.$

44. $\dfrac{1}{3}\tan^3 x + C.$

45. $-\cot\dfrac{x}{2} + C.$

46. $\tan x - \sec x + C.$

47. $\dfrac{1}{10}\sin 5x + \dfrac{1}{2}\sin x + C.$

48. $\dfrac{1}{2\sqrt{2}}\ln\left|\dfrac{\sqrt{2}x - 1}{\sqrt{2}x + 1}\right| + C.$

49. $\dfrac{1}{2}x^2 - \dfrac{9}{2}\ln(9 + x^2) + C.$

50. $\dfrac{1}{2}\arctan(\sin^2 x) + C.$

51. $-\dfrac{1}{12}\ln|1 - 3x^4| + C.$

52. $-\dfrac{3}{7}\cos^{\frac{7}{3}}x + C.$

53. $\dfrac{1}{8}\tan^8 x + C.$

54. $\tan x + \dfrac{1}{3}\tan^3 x + C.$

55. $-x + \dfrac{1}{2}\ln\left|\dfrac{1 + x}{1 - x}\right| + C.$

56. $\dfrac{1}{4}x^4 - \dfrac{1}{3}x^3 + \dfrac{1}{2}x^2 - x + \ln|1 + x| + C.$

57. $2\tan\left(\dfrac{x}{2} + \dfrac{\pi}{4}\right) - x + C.$

58. $\dfrac{3}{2}x^{\frac{2}{3}} - 3x^{\frac{1}{3}} + 3\ln\left|1 + x^{\frac{1}{3}}\right| + C.$

59. $x + \dfrac{6}{5}x^{\frac{5}{6}} + \dfrac{3}{2}x^{\frac{2}{3}} + 2x^{\frac{1}{2}} + 3x^{\frac{1}{3}} + 6x^{\frac{1}{6}} + 6\ln|\sqrt[6]{x} - 1| + C.$

60. $x - 2\sqrt{1 + x} + 2\ln(1 + \sqrt{1 + x}) + C.$

61. $\dfrac{a^2}{2}\arcsin\dfrac{x}{a} - \dfrac{x}{2}\sqrt{a^2 - x^2} + C.$ 62. $-\dfrac{x}{a^2\sqrt{x^2 - a^2}} + C.$

63. $-\dfrac{1}{x}\sqrt{x^2 + a^2} + \ln(x + \sqrt{x^2 + a^2}) + C.$

64. $\dfrac{1}{3}(x^2 - 2)\sqrt{1 + x^2} + C.$

65. $\ln\left|\dfrac{1 - \sqrt{1 - x^2}}{x}\right| + C.$ 66. $\arcsin\dfrac{2x + 1}{\sqrt{5}} + C.$

67. $-x\cos x + \sin x + C.$ 68. $-\mathrm{e}^{-x}(x + 1) + C.$

69. $\left(\dfrac{1}{3}x^2 - \dfrac{2}{9}x + \dfrac{2}{27}\right)\mathrm{e}^{3x} + C.$

70. $\left(\dfrac{1}{3}x^2 - \dfrac{2}{27}\right)\sin 3x + \dfrac{2}{9}x\cos 3x + C.$

71. $x\ln(1 + x^2) - 2x + 2\arctan x + C.$

72. $x\arcsin x + \sqrt{1 - x^2} + C.$

73. $x(\ln x)^2 - 2x\ln x + 2x + C.$

74. $-\dfrac{\mathrm{e}^{-x}}{5}(\sin 2x + 2\cos 2x) + C.$

75. $\dfrac{1}{4}x^2 + \dfrac{1}{4}x\sin 2x + \dfrac{1}{8}\cos 2x + C.$

76. $2\sqrt{1 + x}\ln x - 4\sqrt{1 + x} - 2\ln\left|\dfrac{\sqrt{1 + x} - 1}{\sqrt{1 + x} + 1}\right| + C.$

77. $x\ln(x + \sqrt{1 + x^2}) - \sqrt{1 + x^2} + C.$

78. $2\sqrt{1 - x} + 2\sqrt{x}\arcsin\sqrt{x} + C.$

79. $b - a.$ 80. $0.$

81. $\dfrac{1}{2}(b^2 - a^2).$ 82. $\dfrac{3}{2}.$

83. $-\dfrac{1}{2}.$ 84. $\dfrac{\pi}{4}a^2.$

85. $0.$ 86. $0.$

87. $\displaystyle\int_0^1 x^2\,\mathrm{d}x > \int_0^1 x^3\,\mathrm{d}x.$

88. $\int_{-2}^{-1}\left(\dfrac{1}{3}\right)^x \mathrm{d}x > \int_{-2}^{-1} 3^x \mathrm{d}x.$

89. $\int_{3}^{4}(\ln x)^4 \mathrm{d}x > \int_{3}^{4}(\ln x)^3 \mathrm{d}x.$

90. $\dfrac{\sin x}{x}.$

91. $-\mathrm{e}^{-t^2}.$

92. $2t\mathrm{e}^{-t^4} - \mathrm{e}^{-t^2}.$

93. $1 - \mathrm{e}^{-1}.$

94. $\dfrac{\pi}{12}.$

95. $\dfrac{271}{6}.$

96. $\dfrac{\pi}{6}.$

97. $-\ln 2.$

98. $\dfrac{3}{2}.$

99. $\dfrac{1}{2}.$

100. $1.$

101. $\dfrac{1}{2}\sqrt{3}.$

102. $4 - 3\ln 3.$

103. $\dfrac{1}{2}\ln 2.$

104. $1.$

105. $1 - \dfrac{\pi}{4}.$

106. $7 + 2\ln 2.$

107. $\dfrac{1}{6}.$

108. $\dfrac{1}{2}\pi.$

109. $\dfrac{3}{16}\pi.$

110. $\dfrac{\pi}{12}.$

111. $0.$

112. $1 - \dfrac{\pi}{4}.$

113. $\dfrac{1}{2}\sqrt{2}.$

114. $1 - \dfrac{2}{\mathrm{e}}.$

115. $-2.$

116. $\pi - 2.$

117. $\dfrac{1}{9}(1 + 2\mathrm{e}^3).$

118. $\dfrac{1}{5}(\mathrm{e}^{\pi} - 2).$

119. $\dfrac{2}{3}\pi - \dfrac{1}{2}\sqrt{3}.$

120. $\dfrac{3}{16}\pi.$

121. $\dfrac{16}{35}.$

122. $0.$

123. $0.$

124. $2.$

125. $1.$

126. 发散.

127. $1 - \dfrac{\pi}{4}.$

128. 发散.

129. 2.

130. -1.

131. $\dfrac{3}{2}-\ln 2$.

132. $2(1-\mathrm{e}^{-1})$.

133. $\dfrac{4}{3}$.

134. $\dfrac{125}{6}$.

135. 18.

136. $\dfrac{32}{3}-2\pi$.

137. $\dfrac{3}{2}\pi a^2$.

138. $\dfrac{3}{2}\pi a^2$.

139. a^2.

140. $2+\dfrac{\pi}{4}$.

141. $\dfrac{1}{5}\pi,\dfrac{\pi}{2}$.

142. $\dfrac{3}{10}\pi$.

143. $160\ \pi^2$.

144. $2\dfrac{kmM}{\pi R^2},2\dfrac{kmM}{\pi R^2}$.

145. $\dfrac{kmM}{h\sqrt{h^2+l^2}}$.

146. $18k$.

148. 44 100 kJ.

149. $\approx 15.97\times 10^{11}$ J

150. 2 560 t.

151. 18 t.

152. $\dfrac{4}{3}\pi r^4 g\ (\mathrm{kJ})\ (g\approx 9.8\ \mathrm{m/s^2})$.

153. $\displaystyle\int_0^1 \mathrm{d}x\int_{x-1}^{1-x} f(x,y)\mathrm{d}y$ 或 $\displaystyle\int_{-1}^0 \mathrm{d}y\int_0^{y+1} f(x,y)\mathrm{d}x+\int_0^1 \mathrm{d}y\int_0^{1-y} f(x,y)\mathrm{d}x$.

154. $\displaystyle\int_1^2 \mathrm{d}x\int_{\frac{1}{x}}^x f(x,y)\mathrm{d}y$.

155. $\displaystyle\int_0^1 \mathrm{d}x\int_{x^2}^{\sqrt{x}} f(x,y)\mathrm{d}y$.

156. $\dfrac{3}{2}$.

157. $\dfrac{\pi}{4}$.

158. -2.

159. 10.

160. $\displaystyle\int_0^{2\pi} \mathrm{d}\varphi\int_a^b f(\rho\cos\varphi,\rho\sin\varphi)\rho\mathrm{d}\rho$.

161. $\displaystyle\int_0^{\frac{\pi}{2}} \mathrm{d}\varphi\int_0^R f(\rho\cos\varphi,\rho\sin\varphi)\rho\mathrm{d}\rho$.

162. $\displaystyle\int_{-\frac{\pi}{2}}^{\frac{\pi}{2}} \mathrm{d}\varphi\int_{2r\cos\varphi}^{2R\cos\varphi} f(\rho\cos\varphi,\rho\sin\varphi)\rho\mathrm{d}\rho$.

163. $\dfrac{1}{2}\pi$.

164. $-6\pi^2$.

165. $\dfrac{\pi}{4}(1-\mathrm{e}^{-R^2})$.

166. $\dfrac{3}{64}\pi^2$.

167. $\dfrac{1}{6}$.

168. $\dfrac{2}{3}\pi\left(2\sqrt{2}-1\right)$.

169. $\sqrt{5}\ln 2$.

170. $1+\sqrt{2}$.

171. $2R^2$.

172. $\dfrac{256}{15}a^3$.

173. $\dfrac{1}{2}\sqrt{2}+\dfrac{1}{12}\left(5\sqrt{5}-1\right)$.

174. $2R^3$.

175. $\dfrac{1}{2}R^2$.

176. (i) 1;(ii) 1;(iii) 1.

177. $\dfrac{-56}{15}$.

178. 32.

179. 1.

180. $-\dfrac{41}{30}+2\ln 2$.

181. $2\pi R^3$.

182. $\dfrac{1}{2}\ln\mid\sin\left(2x+1\right)\mid+C$.

183. $\dfrac{3m}{b}\left(a+bx\right)^{\frac{1}{3}}+C$.

184. $\dfrac{1}{2}x-\dfrac{1}{12}\sin 6x+C$.

185. $\arcsin x+\sqrt{1-x^2}+C$.

186. $-x-6\ln\mid 3-x\mid+C$.

187. $x+\ln\left(1+x^2\right)+C$.

188. $\dfrac{1}{x}-\dfrac{1}{2}\ln\left|\dfrac{1+x}{1-x}\right|+C$.

189. $\dfrac{1}{2}\arctan x^2-\dfrac{1}{4}\ln\left(1+x^4\right)+C$.

190. $-\sqrt{2+4x-x^2}+2\arcsin\dfrac{x-2}{\sqrt{6}}+C$.

191. $-\dfrac{1}{2}\mathrm{e}^{-x^2}\left(x^4+2x^2+2\right)+C$.

192. $\mathrm{e}^{\sin^2 x}+C$.

193. $-x\cot\dfrac{x}{2}+2\ln\left|\sin\dfrac{x}{2}\right|+C$.

194. $-\dfrac{1}{3}\sqrt{1-x^2}\left(2+x^2\right)+C$.

195. $2\sqrt{1+x}-3\sqrt[3]{1+x}+6\sqrt[6]{1+x}-6\ln\left(1+\sqrt[6]{1+x}\right)+C$.

196. 不对,有第二类间断点 $x=0$.

197. 不对,$\sqrt{1-\sin^2 x}=\mid\cos x\mid$.

198. 对.

199. $c=0,\dfrac{3}{2}$.

200. -2.

201. $2-\dfrac{\pi}{4},\dfrac{5}{4}\pi-2,\dfrac{\pi}{4}+2$.

202. $\dfrac{1\ 024}{35}\pi$.

203. 500π kg.

204. 2π.

第五章

微 分 方 程

寻找变量之间的函数关系是高等数学研究的重要课题.在实际问题中往往不能直接找出这种函数关系,而是先找出这种函数关系及其导数之间的关系式(称为微分方程),进而解出这种函数关系.本章介绍两方面的内容:建立微分方程与求解微分方程,着重介绍后者.

§1 微分方程的基本概念

例 1 求一条曲线,使其上任意一点的切线斜率等于该点的横坐标加上 1,且该曲线过点 $(0,1)$.

解 设所求曲线的方程为 $y = y(x)$,则根据已知条件,有

$$y' = x + 1. \qquad ①$$

等式两边积分,得

$$y = \frac{1}{2}x^2 + x + C,$$

其中 C 为任意常数.上式表示了满足曲线上任意一点切线的斜率为 $x+1$ 的所有的曲线.本题要求的曲线过点 $(0,1)$,即

$$y\big|_{x=0} = 1. \qquad ②$$

将此代入上式,得 $C=1$,所以

$$y = \frac{1}{2}x^2 + x + 1$$

为所求之曲线.

例 2　已知镭在任何时刻的衰变速率与该时刻所剩余的镭的质量成正比,又 $t=0$ 时镭有 M_0 克,求任何时刻 t 剩余镭的质量.

解　设时刻 t 时的剩余镭的质量为 $M(t)$. 镭的衰变速率即镭的质量随时间 t 增加而减少的速率是 $\dfrac{\mathrm{d}M}{\mathrm{d}t}$. 根据已知条件,得

$$\frac{\mathrm{d}M}{\mathrm{d}t}=-kM(t), \tag{③}$$

其中 $k>0$ 为比例常数,因为 M 随时间增加而减少,所以 $\dfrac{\mathrm{d}M}{\mathrm{d}t}$ 不大于 0,故上式有负号.又

$$M(t)\,\big|_{t=0}=M_0. \tag{④}$$

把③式写为

$$\frac{\mathrm{d}M}{M}=-k\mathrm{d}t,$$

等式两边积分得

$$\ln M=-kt+C_1.$$
$$M=\mathrm{e}^{-kt+C_1}=\mathrm{e}^{C_1}\mathrm{e}^{-kt}=C\mathrm{e}^{-kt}(\text{记 }C=\mathrm{e}^{C_1}).$$

利用④,得

$$C=M_0.$$

所以在 t 时刻剩余镭的质量为

$$M=M_0\mathrm{e}^{-kt}.$$

以上两个例子体现了利用微分方程寻找函数关系的全过程.

下面介绍一般概念.

定义 1　包含未知函数及其导数(或微分)的方程叫做微分方程.

例 1 和例 2 中的①与③式都是微分方程.

微分方程中出现的未知函数导数的最高阶数叫微分方程的阶.如①,③式是一阶微分方程,微分方程 $y''+y'+2y+x=0$ 是二阶微分方程.

定义 2　如果函数 $y=\varphi(x)$ 代入微分方程能使其恒等,则 $y=\varphi(x)$ 叫做这个微分方程的解.

解有两种形式,凡解中包含任意常数,其个数与方程阶数相同,且这些任意常数相互独立,则该解叫做通解;凡满足特定条件的解叫做特解.例如,例 2 的 $M=M_0\mathrm{e}^{-kt}$ 是满足 $M\,\big|_{t=0}=M_0$ 的特解.例 1 中的 $y=\dfrac{1}{2}x^2+x+1$ 是满足 $y\,\big|_{x=0}=1$ 的特解.这

些特定条件如 $y(0)=1, M|_{t=0}=M_0$ 称为初值条件.

通解的图形表示为一族曲线,叫做积分曲线族.特解的图形是积分曲线族中的一条曲线.

例 3 验证函数 $y=C_1 \mathrm{e}^x + C_2 \mathrm{e}^{-x}$ 是二阶微分方程 $y''-y=0$ 的通解(C_1, C_2 为任意常数).

解
$$y = C_1 \mathrm{e}^x + C_2 \mathrm{e}^{-x},$$
$$y' = C_1 \mathrm{e}^x - C_2 \mathrm{e}^{-x},$$
$$y'' = C_1 \mathrm{e}^x + C_2 \mathrm{e}^{-x}.$$

将 y'' 及 y 代入方程.得
$$(C_1 \mathrm{e}^x + C_2 \mathrm{e}^{-x}) - (C_1 \mathrm{e}^x + C_2 \mathrm{e}^{-x}) = 0,$$

所以函数 $y=C_1 \mathrm{e}^x + C_2 \mathrm{e}^{-x}$ 是微分方程的解.因为解中有两个任意常数,与微分方程的阶数相同,且相互独立,故 $y=C_1 \mathrm{e}^x + C_2 \mathrm{e}^{-x}$ 是微分方程 $y''-y=0$ 的通解.

习 题

指出第 1—3 题中微分方程的阶.

1. $xy''-y'+x=0$.   2. $(y')^2+y=0$.

3. $2xy\mathrm{d}y+(x^2+y^2)\mathrm{d}x=0$.

指出第 4—7 题中的函数是否为所给微分方程的解或通解(下题中出现的 C 均为任意常数).

4. $xy'=2y, y=5x^2$.   5. $(x+y)\mathrm{d}x+x\mathrm{d}y=0, y=\dfrac{C-x^2}{2x}$.

6. $\dfrac{\mathrm{d}^2 y}{\mathrm{d}x^2}+a^2 y=\mathrm{e}^x, y=C_1 \sin ax+C_2 \cos ax+\dfrac{1}{1+a^2}\mathrm{e}^x$.

7. $y''-2y'+y=0, y=C_1 \mathrm{e}^x+C_2 \mathrm{e}^{-x}$.

§2 一阶微分方程

一阶微分方程的一般形式是
$$F(x,y,y')=0.$$

以后我们仅讨论形如
$$y'=f(x,y) \quad 或 \quad M(x,y)\mathrm{d}x + N(x,y)\mathrm{d}y=0$$

的微分方程.其初值条件的一般形式是

$$y(x)\big|_{x=x_0} = y_0 \quad \text{或} \quad y(x_0) = y_0.$$

微分方程与其初值条件构成的问题,称为初值问题,例如求微分方程 $y' = f(x,y)$ 满足初值条件 $y\big|_{x=x_0} = y_0$ 的解,即求初值问题:

$$\begin{cases} y' = f(x,y), \\ y\big|_{x=x_0} = y_0. \end{cases}$$

一阶微分方程的类型较多,本节仅介绍常用的几种.

 可分离变量的微分方程

形如

$$y' = f_1(x)f_2(y)$$

或

$$M_1(x)N_2(y)\mathrm{d}x + M_2(x)N_1(y)\mathrm{d}y = 0 \qquad ①$$

的方程叫做可分离变量的微分方程,其中 $M_1(x),M_2(x),N_1(y),N_2(y),f_1(x),f_2(y)$ 均为已知函数.

①式的求解较简单.把变量 x 及 $\mathrm{d}x$ 与 y 及 $\mathrm{d}y$ 分列于等式两边,然后再积分,即可求得微分方程①的解.

我们以

$$M_1(x)N_2(y)\mathrm{d}x + M_2(x)N_1(y)\mathrm{d}y = 0$$

为例,两边除以 $N_2(y)M_2(x)$ $(N_2(y) \neq 0, M_2(x) \neq 0)$,移项后(这一步叫分离变量)得

$$\frac{M_1(x)}{M_2(x)}\mathrm{d}x = -\frac{N_1(y)}{N_2(y)}\mathrm{d}y.$$

等式两边积分,得

$$\int \frac{M_1(x)}{M_2(x)}\mathrm{d}x = -\int \frac{N_1(y)}{N_2(y)}\mathrm{d}y.$$

容易验证,上式方程所确定的隐函数就是方程①的解.

例 1 求 $y' = xy$ 的通解.

解 分离变量,得

$$\frac{\mathrm{d}y}{y} = x\mathrm{d}x.$$

等式两边积分,得

$$\int \frac{\mathrm{d}y}{y} = \int x\mathrm{d}x,$$

即

$$\ln |y| = \frac{x^2}{2} + C_1,$$

$$|y| = e^{\frac{x^2}{2}+C_1} = e^{C_1}e^{\frac{x^2}{2}},$$

$$y = \pm e^{C_1}e^{\frac{x^2}{2}}.$$

设 $C = \pm e^{C_1}$,得

$$y = Ce^{\frac{x^2}{2}}.$$

验证:$y = Ce^{\frac{x^2}{2}}$ 及 $y' = Cxe^{\frac{x^2}{2}}$ 代入原微分方程中,得恒等式:

$$Cxe^{\frac{x^2}{2}} = Cxe^{\frac{x^2}{2}},$$

所以 $y = Ce^{\frac{x^2}{2}}$ 是微分方程的通解.

为了以后计算方便,我们约定凡是 $\ln |y|$ 均写成 $\ln y$,求解过程中对任意常数不再像例 1 那样做详细的讨论,请看例 2.

例 2 求解初值问题

$$\begin{cases} x\mathrm{d}y - 3y\mathrm{d}x = 0, \\ y\big|_{x=1} = 1. \end{cases}$$

(也就是:求微分方程 $x\mathrm{d}y - 3y\mathrm{d}x = 0$,满足初值条件 $y\big|_{x=1} = 1$ 的特解.)

解 分离变量,得

$$\frac{\mathrm{d}y}{y} = \frac{3\mathrm{d}x}{x}.$$

等式两边积分,得

$$\ln y = 3\ln x + \ln C.$$

(将积分常数写成 $\ln C$,是为了简化.)于是得

$$\ln y = \ln Cx^3,$$

即

$$y = Cx^3.$$

将 $x=1$,$y=1$ 代入,得 $C=1$,所以初值问题的解为

$$y = x^3.$$

容易验证 $y = x^3$ 是微分方程的特解.今后除特殊情形外,一般不再验证.

例 3 求微分方程 $\sin x\cos y\mathrm{d}x - \cos x\sin y\mathrm{d}y = 0$ 的通解.

解 分离变量,得

$$\frac{\sin x}{\cos x}\mathrm{d}x = \frac{\sin y}{\cos y}\mathrm{d}y.$$

等式两边积分,得

$$\int \frac{\sin x}{\cos x}\mathrm{d}x = \int \frac{\sin y}{\cos y}\mathrm{d}y,$$

$$-\ln \cos x = -\ln \cos y - \ln C.$$

化简,得通解

$$\cos x = C\cos y.$$

 齐次型方程

形如

$$y' = f\left(\frac{y}{x}\right)$$

的微分方程叫做齐次型微分方程,简称齐次型方程.它的解法:设 $u = \dfrac{y}{x}$,则 $y = xu$,

$y' = u + xu'$,代入后即可化为可分离变量的微分方程.

例 4 求解初值问题

$$\begin{cases} y' = \dfrac{y}{x} + \tan \dfrac{y}{x}, \\ y \big|_{x=1} = \dfrac{\pi}{6}. \end{cases}$$

解 令 $u = \dfrac{y}{x}$,则 $y = xu$,$y' = u + xu'$,代入得

$$u + xu' = u + \tan u,$$

化简,分离变量,得$\left(利用 \; u' = \dfrac{\mathrm{d}u}{\mathrm{d}x}\right)$

$$\cot u \mathrm{d}u = \frac{1}{x}\mathrm{d}x.$$

等式两边积分,得

$$\ln \sin u = \ln x + \ln C,$$

即

$$\sin u = Cx.$$

换回原变量,得通解

$$\sin \frac{y}{x} = Cx.$$

将 $x = 1$,$y = \dfrac{\pi}{6}$代入,得 $C = \dfrac{1}{2}$,所以初值问题的解为

$$\sin \frac{y}{x} = \frac{1}{2}x.$$

例 5 求 $y' = \dfrac{x+y}{x-y}$的通解.

解 将方程写为

$$y' = \frac{1 + \dfrac{y}{x}}{1 - \dfrac{y}{x}}.$$

令 $u = \dfrac{y}{x}$，则 $y = xu$，$y' = u + xu'$，代入并化简，分离变量后，得

$$\frac{1 - u}{1 + u^2} du = \frac{dx}{x}.$$

等式两边积分，得

$$\arctan u - \frac{1}{2}\ln(1 + u^2) = \ln x + \ln C,$$

即

$$\frac{e^{\arctan u}}{\sqrt{1 + u^2}} = Cx.$$

换回原变量，得通解

$$e^{\arctan \frac{y}{x}} = C\sqrt{x^2 + y^2}.$$

 一阶线性微分方程

形如

$$y' + P(x)y = Q(x) \quad \text{或} \quad x' + P(y)x = Q(y) \qquad \text{②}$$

的微分方程叫做一阶线性微分方程，其中 $P(x)$，$Q(x)$ 为已知函数. $Q(x)$ 或 $Q(y)$ 叫做自由项，当 $Q(x)$ 或 $Q(y)$ 恒为 0 时，方程②为

$$y' + P(x)y = 0 \quad \text{或} \quad x' + P(y)x = 0,$$

称为一阶线性齐次方程.方程②也叫一阶线性非齐次方程.

1. 线性齐次方程的解法

$$y' + P(x)y = 0.$$

分离变量，得

$$\frac{dy}{y} = -P(x)\,dx.$$

等式两边积分，得

$$\ln y = -\int P(x)\,dx + \ln C,$$

$$y = e^{-\int P(x)\,dx + \ln C} = Ce^{-\int P(x)\,dx}. \qquad \text{③}$$

这就是线性齐次方程的通解，其中对 $P(x)$ 只取一个原函数.

例 6　求 $\mathrm{d}y = -y\cos t\mathrm{d}t$ 的通解.

解　分离变量,得

$$\frac{\mathrm{d}y}{y} = -\cos t\mathrm{d}t,$$

$$\ln y = -\sin t + \ln C.$$

化简后得通解为

$$y = Ce^{-\sin t}.$$

例 7　求 $y' + \dfrac{1}{1+x}y = 0$ 满足初值条件 $y\mid_{x=1} = 1$ 的特解.

解　分离变量,得

$$\frac{\mathrm{d}y}{y} = -\frac{\mathrm{d}x}{1+x},$$

$$\ln y = -\ln(1+x) + \ln C.$$

通解为

$$y = \frac{C}{1+x}.$$

当 $x = 1, y = 1$ 时,代入得 $C = 2$.所以其特解为

$$y = \frac{2}{1+x}.$$

容易验证 $y = e^{-\int P(x)\mathrm{d}x}$ 是线性齐次方程的解.由③式可知线性齐次方程通解的形状为 Cy,这就是说,线性齐次方程通解的形式是:线性齐次方程的一个解与任意常数乘积.这个结论有时对求解带来方便,例如 $y' = y$,容易观察出它的一个解是 e^x,从而知方程 $y' = y$ 的通解为 $y = Ce^x$.

2. 线性非齐次微分方程的解法

对一阶线性非齐次微分方程

$$y' + P(x)y = Q(x)$$

如何求解呢?

设 $y = y_1(x)$ 是 $y' + P(x)y = 0$ 的解,那么 $Cy_1(x)$ 就是

$$y' + P(x)y = 0$$

的通解,即将 $Cy_1(x)$ 代入上式左边,它应该为 0.由此我们猜想:如果把 C 看成 x 的函数,调整 C,使代入上式后等于 $Q(x)$,这有无可能? 可试算一下.设 $y = C(x)y_1(x)$,简记 $y = Cy_1$ 是上式的解,则

$$y = Cy_1,$$

$$y' = C'y_1 + Cy_1'.$$

代入原方程得恒等式

$$C'y_1 + Cy_1' + P(x)Cy_1 = Q(x),$$

即

$$C'y_1 + C(y_1' + P(x)y_1) = Q(x).$$

由于 y_1 是 $y'+P(x)y=0$ 的解,即 $y_1'+P(x)y_1=0$,所以得

$$C' = \frac{Q(x)}{y_1},$$

即

$$C = \int \frac{Q(x)}{y_1}dx + C_1,$$

这样得

$$y = Cy_1 = y_1\left(\int \frac{Q(x)}{y_1}dx + C_1\right) = C_1 y_1 + y_1 \int \frac{Q(x)}{y_1}dx.$$

容易验证上式是一阶线性非齐次微分方程

$$y'+P(x)y = Q(x)$$

的通解.上述猜想是对的.

因 $y_1 = e^{-\int P(x)dx}$ 是齐次方程 $y'+P(x)y=0$ 的解,代入上式,得一阶线性非齐次方程 $y'+P(x)y=Q(x)$ 的通解的公式为

$$y = e^{-\int P(x)dx}\left(\int Q(x)e^{\int P(x)dx}dx + C\right). \tag{④}$$

要注意公式④中不定积分 $\int P(x)dx$ 只取一个原函数.

综合上述讨论,我们总结一下不用公式③求线性非齐次微分方程通解的步骤:

(1) 先求出线性齐次微分方程 $y'+P(x)y=0$ 的通解,其通解形式为 Cy_1,其中 y_1 是 $y'+P(x)y=0$ 的一个解.

(2) 将 Cy_1 中的 C 看成是 x 的函数,即令 $y=C(x)y_1$,代入线性非齐次方程 $y'+P(x)y=Q(x)$ 中,确定出 $C(x)$.这样就得到方程 $y'+P(x)y=Q(x)$ 的通解.

这种方法叫做常数变易法.

如果使用公式④求通解,要注意一阶微分方程的形式:$y'+P(x)y=Q(x)$(见例8).

例 8 求 $xy'+y=\sin x$ 的通解.

解一 用常数变易法.

先求相应的齐次方程

$$xy' + y = 0$$

的通解,分离变量,得

$$\frac{dy}{y} = -\frac{dx}{x},$$

解得通解为

$$y = \frac{C}{x}.$$

其次,将上式 C 视作 x 的函数,令 $y = \frac{C(x)}{x}$,则

$$y' = \frac{C'(x)}{x} - \frac{C(x)}{x^2}.$$

代入原方程,得

$$\frac{C'(x)}{x} - \frac{C(x)}{x^2} + \frac{1}{x} \cdot \frac{C(x)}{x} = \frac{\sin x}{x},$$

即

$$C'(x) = \sin x,$$

$$C(x) = -\cos x + C.$$

所以得通解为

$$y = C(x) \frac{1}{x} = \frac{1}{x}(-\cos x + C).$$

解二　用公式④.

为此需将方程 $xy' + y = \sin x$ 化为 $y' + \frac{1}{x}y = \frac{\sin x}{x}$,于是得 $P(x) = \frac{1}{x}$,$Q(x) = \frac{\sin x}{x}$.计算得

$$\mathrm{e}^{-\int P(x)\mathrm{d}x} = \mathrm{e}^{-\int \frac{1}{x}\mathrm{d}x} = \mathrm{e}^{-\ln x} = \frac{1}{x},$$

从而知

$$\mathrm{e}^{\int P(x)\mathrm{d}x} = x.$$

代入公式④,得通解为

$$y = \mathrm{e}^{-\int P(x)\mathrm{d}x}\left(\int Q(x)\mathrm{e}^{\int P(x)\mathrm{d}x}\mathrm{d}x + C\right) = \frac{1}{x}\left(\int \frac{\sin x}{x}x\mathrm{d}x + C\right)$$

$$= \frac{1}{x}(-\cos x + C).$$

解二称为公式法,通常为节省时间时使用.

例 9　求解初值问题

$$\begin{cases} \dfrac{\mathrm{d}y}{\mathrm{d}x} - 3y = \mathrm{e}^{2x}, \\ y\big|_{x=0} = 0. \end{cases}$$

解　对应的线性齐次微分方程为

$$\frac{\mathrm{d}y}{\mathrm{d}x} - 3y = 0,$$

容易求得它的通解为

$$y = Ce^{3x}.$$

令

$$y = C(x)e^{3x},$$

则

$$y' = C'(x)e^{3x} + 3C(x)e^{3x}.$$

代入原方程,得

$$C'(x)e^{3x} + 3C(x)e^{3x} - 3C(x)e^{3x} = e^{2x},$$

即

$$C'(x) = e^{-x},$$
$$C(x) = -e^{-x} + C.$$

所以原微分方程的通解为

$$y = e^{3x}(-e^{-x} + C_1) = -e^{2x} + C_1e^{3x}.$$

当 $x = 0, y = 0$ 代入,得 $C_1 = 1$.所以初值问题的解为

$$y = e^{3x} - e^{2x}.$$

例 10 求 $x\,dy - y\,dx = y^2 e^y dy$ 的通解.

解 如果用 y' 表示,得

$$(x - y^2 e^y)y' - y = 0,$$

显然它不是一阶线性微分方程.如果用 x' 表示$\left(\text{注意 } y' = \dfrac{1}{x'}\right)$,得

$$-yx' + x = e^y y^2. \qquad\qquad ①$$

这是一阶线性非齐次微分方程.

对应的线性齐次微分方程的通解为 $x = Cy$.将 C 看成 y 的函数,用常数变易法,

$$x = C(y)y,$$
$$x' = C'(y)y + C(y).$$

代入方程①,整理后得

$$C'(y) = -e^y,$$
$$C(y) = -e^y + C_1.$$

所以方程的通解为

$$x = (-e^y + C_1)y = -ye^y + C_1 y.$$

例 11 降落伞张开后下降问题.设所受空气阻力与降落伞的下降速度成正比,且伞张开时的速度为 $0(t=0)$,求降落伞下降速度 v 与时间 t 的函数关系.

解 这是寻找变量之间关系的实际问题.先建立微分方程,然后找出微分方程的解.从而找到 v 与 t 之间的关系.这是一个运动问题,对于运动问题一般总是由牛顿第二定律 $F = ma$ 出发来建立微分方程,其中 F 是物体所受的外力,加速度 $a =$

$\dfrac{\mathrm{d}v}{\mathrm{d}t}$. 先来分析降落伞下降时, 它所受到的外力情况.

降落伞下降时受重力 mg 及阻力 kv (k 为比例系数, 且大于 0) 作用, 见图5-1.
阻力的方向与 v 的方向相反, 即阻力等于 $-kv$, 所以总外力为

$$F = mg - kv.$$

由牛顿第二定律 $F = ma$, 得微分方程

$$m\,\frac{\mathrm{d}v}{\mathrm{d}t} = mg - kv\ ,$$

即

$$v' + \frac{k}{m}v = g.$$

图 5-1

这是一阶线性非齐次微分方程. 又知其初值条件为 $v\big|_{t=0} = 0$, 这样就变为初值问题

$$\begin{cases} v' + \dfrac{k}{m}v = g, \\ v\,\big|_{t=0} = 0. \end{cases}$$

容易求得该初值问题的解为

$$v = \frac{mg}{k}\left(1 - \mathrm{e}^{-\frac{k}{m}t}\right).$$

由上式可以看出, 当 t 充分大后, 速度近似为常数 $\dfrac{mg}{k}$. 也就是说跳伞开始时为
加速运动, 但以后逐渐近似为等速运动.

例 12　设曲线 L 上任意一点的切线斜率与该切点的横坐标的平方成正比, 而
与其纵坐标成反比, 且曲线过点 $(1,1)$ (比例系数 $a>0$). 求此曲线的方程.

解　设曲线 L 上任意点为 $P(x,y)$, 则该点处的斜率为 y'. 根据题意有

$$y' = \frac{ax^2}{y},$$

即

$$y\mathrm{d}y = ax^2\mathrm{d}x.$$

两边积分后得通解所满足的关系式为

$$\frac{1}{2}y^2 = \frac{a}{3}x^3 + C.$$

曲线过点 $(1,1)$ (即 $x=1, y=1$), 代入上式得 $C = \dfrac{1}{2} - \dfrac{a}{3}$, 所以所求之曲线 L 的方
程为

$$y^2 = \frac{2}{3}ax^3 + 1 - \frac{2}{3}a.$$

习 题 ·······>

解第 8—15 题的可分离变量型方程.

8. $xyy' = 1 - x^2$.

9. $y'\tan x - y = a$（a 为常数）.

10. $xy' + y = y^2$.

11. $\sqrt{1-y^2}\,\mathrm{d}x + y\sqrt{1-x^2}\,\mathrm{d}y = 0$.

12. $\mathrm{e}^{-s}\left(1 + \dfrac{\mathrm{d}s}{\mathrm{d}t}\right) = 1$.

13. $y' = \dfrac{1+y^2}{1+x^2}$，初值条件 $y\big|_{x=0} = 1$.

14. $y - xy' = b(1 + x^2 y')$，初值条件 $y\big|_{x=1} = 1$ （b 为常数）.

15. $\sin x\,\mathrm{d}y - y\ln y\,\mathrm{d}x = 0$，初值条件 $y\left(\dfrac{\pi}{2}\right) = \mathrm{e}$.

解第 16—20 题的齐次型方程.

16. $y' = \dfrac{y^2}{x^2} - 2$.

17. $x\mathrm{d}y - y\mathrm{d}x = y\mathrm{d}y$.

18. $y' = \dfrac{2xy}{x^2 - y^2}$.

19. $y' = \dfrac{y}{x} + \dfrac{x}{y}$.

20. $y' = \mathrm{e}^{\frac{y}{x}} + \dfrac{y}{x}$.

解第 21—32 题的一阶线性方程.

21. $y' - y = \mathrm{e}^{-x}$.

22. $y' + 3y = x\mathrm{e}^x$.

23. $y' + 2y = 4x$.

24. $y' + 2xy = x\mathrm{e}^{-x^2}$.

25. $y' + \dfrac{1-2x}{x^2}y = 1$.

26. $y' + y = \cos x$.

27. $2y\mathrm{d}x + (y^2 - 6x)\,\mathrm{d}y = 0$.

28. $(2x - y^2)\,\mathrm{d}y = \mathrm{d}x$.

29. 解初值问题
$$\begin{cases} xy' + y - \mathrm{e}^x = 0, \\ y\big|_{x=a} = b. \end{cases}$$

30. 解初值问题
$$\begin{cases} y' - y\tan x = \sec x, \\ y(0) = 0. \end{cases}$$

31. 解初值问题
$$\begin{cases} (x+y)\mathrm{d}y + y\mathrm{d}x = 0, \\ y\big|_{x=0} = 1. \end{cases}$$

32. $(1+x^2)y' - 2xy = (1+x^2)^2$.

244 • 第五章 微分方程

解第 33—40 题.

33. $(e^{x+y}-e^x)dx+(e^{x+y}+e^y)dy=0.$

34. $y'(x^2-4)=2xy$，初值条件 $y(0)=1.$

35. $xdy=y(1+\ln y-\ln x)dx.$

36. $\left(x+y\cos\dfrac{y}{x}\right)dx-x\cos\dfrac{y}{x}dy=0.$

37. $y'=2x-y+1.$

38. $y'+\dfrac{y}{x\ln x}=1.$

39. $y'-2y=e^x-x$，初值条件 $y(0)=\dfrac{5}{4}.$

40. $x'+x=e^{-y}.$

41. 设有一质点作直线运动，时间 $t=0$ 时，其速度为 0.有一与运动方向相同的力作用其上，其大小与时间成正比（比例系数为 k_1），此外，还受与速度成正比（比例系数为 k_2）的阻力作用，求该质点运动的速度与时间的函数关系.

42. 一艘没有前进速度的潜水艇，在下沉力 p（包括重力）的作用下向水底下沉，设水的阻力与下沉速度成正比（比例系数为 k），开始时下沉速度为 0.求速度与时间的函数关系.

43. 当轮船的前进速度为 v_0 时，轮船的推进器停止工作，已知船受水的阻力与船速的平方成正比（比例系数为 mk，m 为船的质量）.问经过多少时间船速减为原速的一半.

44. 曲线 L 上任意点处的斜率等于该点横坐标与纵坐标之乘积.求此曲线 L 的方程.

45. 曲线上任何一点的切线斜率等于自原点到该切点的连线斜率的 2 倍，且曲线过点 $\left(1,\dfrac{1}{3}\right)$.求此曲线的方程.

§3 高阶线性常系数微分方程

一 二阶线性微分方程解的结构

形如

$$y^{(n)}+a_1(x)y^{(n-1)}+a_2(x)y^{(n-2)}+\cdots+a_{n-1}(x)y'+a_n(x)y=f(x)$$

的方程叫做 n 阶线性微分方程，简称 n 阶线性方程，其中 $a_i(x)(i=1,2,\cdots,n)$ 及 $f(x)$ 为已知函数.当 $f(x)$ 恒为 0 时，上式为

$$y^{(n)} + a_1(x)y^{(n-1)} + a_2(x)y^{(n-2)} + \cdots + a_n(x)y = 0,$$

叫做 n 阶线性齐次微分方程,简称 n 阶线性齐次方程.

本节只介绍 $n=2$ 的情形,即

$$y'' + a_1(x)y' + a_2(x)y = f(x).$$

它的一些结论也适用于 $n>2$ 的情形.

1. 二阶线性齐次方程的通解

我们先来讨论二阶线性齐次方程

$$y'' + a_1(x)y' + a_2(x)y = 0 \qquad\qquad ①$$

通解的结构.

> **定理 1** (1) 若 y_1 是①的解,则 Cy_1 也是①的解,其中 C 为任意常数.
> (2) 若 y_1, y_2 是①的解,则 $y_1 + y_2$ 也是①的解.

证明 (1) 令 $Y = Cy_1$,则

$$Y' = Cy_1',$$
$$Y'' = Cy_1'',$$

代入①式左端,得

$$Y'' + a_1(x)Y' + a_2(x)Y = Cy_1'' + Ca_1(x)y_1' + Ca_2(x)y_1$$
$$= C(y_1'' + a_1(x)y_1' + a_2(x)y_1).$$

已知 y_1 是①的解,即

$$y_1'' + a_1(x)y_1' + a_2(x)y_1 = 0.$$

由此得

$$Y'' + a_1(x)Y' + a_2(x)Y = 0,$$

即 $Y = Cy_1$ 是①的解.

类似地可证(2).

若 y_1, y_2 是①的解,则由定理的第一部分得到,C_1y_1, C_2y_2 是①的解(C_1, C_2 为任意常数),由定理的第二部分得 $C_1y_1 + C_2y_2$ 也是①的解.现在要问 $C_1y_1 + C_2y_2$ 是否是①的通解?

事实上,若 y_1 与 y_2 之比是常数,如

$$\frac{y_1}{y_2} = k, \qquad\qquad ②$$

则 $y_1 = ky_2$,这时 $C_1y_1 + C_2y_2 = (C_1k + C_2)y_2$,即 $C_1y_1 + C_2y_2$ 实际上只有一个任意常数.二阶微分方程的通解应有两个任意常数,所以 $C_1y_1 + C_2y_2$ 不是①的通解.当 y_1 与 y_2 之比不是常数时,则 $C_1y_1 + C_2y_2$ 中的两个任意常数不能合并为一个任意常数,这时,$C_1y_1 + C_2y_2$ 是①的通解.

y_1 与 y_2 之比为常数时,称 y_1 与 y_2 线性相关. y_1 与 y_2 之比不为常数时,称 y_1 与 y_2 线性无关.上述讨论表明,当 y_1 与 y_2 是方程①的两个线性无关的解时,则 $C_1 y_1 + C_2 y_2$ 是①的通解.

y_1 与 y_2 线性相关可以用另一种形式来定义,若存在两个不全为 0 的常数 λ_1 与 λ_2 使

$$\lambda_1 y_1 + \lambda_2 y_2 = 0, \qquad\qquad ③$$

则称 y_1 与 y_2 线性相关,否则称 y_1 与 y_2 线性无关.事实上,对两个函数讲,③式与②式是等价的,但要把线性相关与线性无关概念推广到两个以上的函数时,就需要采用类似于③的定义.例如,如果存在三个不同时为 0 的常数 $\lambda_1, \lambda_2, \lambda_3$,使 $\lambda_1 y_1 + \lambda_2 y_2 + \lambda_3 y_3 = 0$,则称 y_1, y_2, y_3 线性相关,否则称 y_1, y_2, y_3 线性无关.

例如已知二阶方程

$$y'' + 2y' - 3y = 0$$

的两个解是 $y_1 = e^x$ 与 $y_2 = e^{-3x}$,又 y_1 与 y_2 之比不为常数,所以 y_1 与 y_2 是线性无关的解,从而知道 $C_1 y_1 + C_2 y_2 = C_1 e^x + C_2 e^{-3x}$ 是方程的通解.

2. 二阶线性非齐次方程的通解

定理 2　若 y_1 与 y_2 是

$$y'' + a_1(x)y' + a_2(x)y = 0$$

的两个线性无关的解,Y 是

$$y'' + a_1(x)y' + a_2(x)y = f(x) \qquad (f(x)\text{不恒为 }0) \qquad ④$$

的一个解(或叫特解),则

$$C_1 y_1 + C_2 y_2 + Y \qquad\qquad ⑤$$

是二阶线性非齐次方程④的通解(C_1, C_2 为任意常数).

证明　只要证明⑤式是④的解即可.

令 $G = C_1 y_1 + C_2 y_2 + Y$,则

$$G' = C_1 y_1' + C_2 y_2' + Y',$$
$$G'' = C_1 y_1'' + C_2 y_2'' + Y''.$$

代入④式左端,得

$$G'' + a_1(x)G' + a_2(x)G$$
$$= C_1(y_1'' + a_1(x)y_1' + a_2(x)y_1) + C_2(y_2'' + a_1(x)y_2' + a_2(x)y_2)$$
$$+ Y'' + a_1(x)Y' + a_2(x)Y.$$

已知 y_1, y_2 是线性齐次方程的解,Y 是④的解,即

$$y_1'' + a_1(x)y_1' + a_2(x)y_1 = 0,$$
$$y_2'' + a_1(x)y_2' + a_2(x)y_2 = 0,$$

$$Y'' + a_1(x)Y' + a_2(x)Y = f(x),$$

所以有

$$G'' + a_1(x)G' + a_2(x)G = f(x),$$

即 $C_1y_1 + C_2y_2 + Y$ 是④的解,定理得证.

我们把上面的结论概括一下:

若 y_1, y_2 是二阶线性齐次方程的两个线性无关的解,则 $C_1y_1 + C_2y_2$ 是该方程的通解,其中 C_1, C_2 是任意常数.

若 Y 是线性非齐次方程的一个特解, y_1, y_2 是对应的线性齐次方程的两个线性无关的解,则 $C_1y_1 + C_2y_2 + Y$ 是该线性非齐次方程的通解,其中 C_1, C_2 为任意常数.

> **定理 3** 设 $y_1(x)$ 与 $y_2(x)$ 分别是二阶线性微分方程
> $$y'' + a_1(x)y' + a_2(x)y = f_1(x) \quad \text{与} \quad y'' + a_1(x)y' + a_2(x)y = f_2(x)$$
> 的特解,则 $y_1(x) + y_2(x)$ 是 $y'' + a_1(x)y' + a_2(x)y = f_1(x) + f_2(x)$ 的特解.

证明从略.读者可自证之.

二阶线性常系数微分方程

对于二阶线性微分方程

$$y'' + a_1(x)y' + a_2(x)y = f(x),$$

当系数函数 $a_1(x), a_2(x)$ 均为常数时,记 $a_1(x) = a_1, a_2(x) = a_2$,则

$$y'' + a_1y' + a_2y = f(x)$$

称为二阶线性常系数微分方程,简称为二阶线性常系数方程.

1. 二阶线性常系数齐次方程

设

$$y'' + a_1y' + a_2y = 0.$$

由于 a_1, a_2 是常数,所以这个方程的解有可能是 $y = e^{rx}$,其中 r 为常数.试算一下:

$$y' = re^{rx},$$
$$y'' = r^2e^{rx},$$

代入方程,得

$$(r^2 + a_1r + a_2)e^{rx} = 0.$$

由此看出,取 r 使

$$r^2 + a_1r + a_2 = 0$$

时, $y = e^{rx}$ 就是方程的解,解微分方程转化为解代数方程.

这个代数方程称为特征方程,现在来讨论特征方程根的情况.

（1）设特征方程有两个不相等的实根 $r_1 \neq r_2$，这时对应的两个解为 $y_1 = \mathrm{e}^{r_1 x}$，$y_2 = \mathrm{e}^{r_2 x}$，它们是线性无关的，所以方程的通解为

$$y = C_1 \mathrm{e}^{r_1 x} + C_2 \mathrm{e}^{r_2 x}.$$

（2）设特征方程有两个相等的实根 $r_1 = r_2 = r$，即 $r = -\dfrac{a_1}{2}$ 或 $2r + a_1 = 0$. 这样我们只能得一个解 $y_1 = \mathrm{e}^{rx}$，需要找出另一个与 y_1 线性无关的解 y_2. 设

$$\frac{y_2}{y_1} = u(x)$$

（保证 y_1 与 y_2 线性无关），如果找到了 $u(x)$，那么 y_2 也就找到了，即

$$y_2 = u(x) y_1 = u(x) \mathrm{e}^{rx},$$
$$y_2' = u'(x) \mathrm{e}^{rx} + r u(x) \mathrm{e}^{rx},$$
$$y_2'' = u''(x) \mathrm{e}^{rx} + 2r u'(x) \mathrm{e}^{rx} + r^2 u(x) \mathrm{e}^{rx}.$$

将其代入方程，希望成为恒等.

$$(r^2 + a_1 r + a_2) u(x) \mathrm{e}^{rx} + (2r + a_1) u'(x) \mathrm{e}^{rx} + u''(x) \mathrm{e}^{rx} = 0.$$

因为 $r^2 + a_1 r + a_2 = 0, 2r + a_1 = 0$，所以只要使 $u''(x) \mathrm{e}^{rx} = 0$ 即可，即要使

$$u''(x) = 0,$$

即
$$u(x) = C_1 x + C_2.$$

取其中一个，令 $C_1 = 1, C_2 = 0$，得 $u(x) = x$，于是得到

$$y_2 = x \mathrm{e}^{rx}.$$

容易验证 $y_2 = x \mathrm{e}^{rx}$ 是方程的解，且与 $y_1 = \mathrm{e}^{rx}$ 线性无关.

这样方程的通解为

$$y = (C_1 + C_2 x) \mathrm{e}^{rx}.$$

（3）设特征方程有一对共轭复根的情形，即 $r_1 = \alpha + \beta \mathrm{i}, r_2 = \alpha - \beta \mathrm{i}$. 对应的解为

$$y_1 = \mathrm{e}^{(\alpha + \beta \mathrm{i})x} = \mathrm{e}^{\alpha x} \mathrm{e}^{\beta x \mathrm{i}},$$
$$y_2 = \mathrm{e}^{(\alpha - \beta \mathrm{i})x} = \mathrm{e}^{\alpha x} \mathrm{e}^{-\beta x \mathrm{i}}.$$

由欧拉公式（不证）

$$\mathrm{e}^{\varphi \mathrm{i}} = \cos \varphi + \mathrm{i} \sin \varphi,$$

得

$$y_1 = \mathrm{e}^{(\alpha + \beta \mathrm{i})x} = \mathrm{e}^{\alpha x} \cdot \mathrm{e}^{\beta x \mathrm{i}}, = \mathrm{e}^{\alpha x} (\cos \beta x + \mathrm{i} \sin \beta x),$$
$$y_2 = \mathrm{e}^{(\alpha - \beta \mathrm{i})x} = \mathrm{e}^{\alpha x - \beta x \mathrm{i}} = \mathrm{e}^{\alpha x} \cdot \mathrm{e}^{-\beta x \mathrm{i}} = \mathrm{e}^{\alpha x} (\cos \beta x - \mathrm{i} \sin \beta x),$$

但这两个解是方程的复数解，我们希望得到两个实数解. 根据本节定理 1，得

$$\frac{y_1}{2} + \frac{y_2}{2} \quad 与 \quad \frac{y_1}{2\mathrm{i}} - \frac{y_2}{2\mathrm{i}}$$

也是方程的解 $\left(\dfrac{1}{2\mathrm{i}} 也是常数 \right)$，而

$$\frac{y_1}{2} + \frac{y_2}{2} = \frac{1}{2}\left[\,\mathrm{e}^{\alpha x}(\cos\beta x + \mathrm{i}\sin\beta x) + \mathrm{e}^{\alpha x}(\cos\beta x - \mathrm{i}\sin\beta x)\,\right]$$
$$= \mathrm{e}^{\alpha x}\cos\beta x,$$

$$\frac{y_1}{2\mathrm{i}} - \frac{y_2}{2\mathrm{i}} = \frac{1}{2\mathrm{i}}\left[\,\mathrm{e}^{\alpha x}(\cos\beta x + \mathrm{i}\sin\beta x) - \mathrm{e}^{\alpha x}(\cos\beta x - \mathrm{i}\sin\beta x)\,\right]$$
$$= \mathrm{e}^{\alpha x}\sin\beta x.$$

这样得到了二阶线性常系数齐次方程 $y'' + a_1 y' + a_2 y = 0$ 的两个线性无关的实数解 $\mathrm{e}^{\alpha x}\cos\beta x$ 与 $\mathrm{e}^{\alpha x}\sin\beta x$，所以通解为

$$y = (C_1\cos\beta x + C_2\sin\beta x)\mathrm{e}^{\alpha x}.$$

求二阶线性常系数齐次方程 $y'' + a_1 y' + a_2 y = 0$ 的通解的步骤如下:

① 写出对应的特征方程 $r^2 + a_1 r + a_2 = 0$.

② 解出特征方程,如

(i) 特征方程有两个不相等的实根 r_1, r_2,则二阶线性常系数齐次方程的通解为

$$y = C_1\mathrm{e}^{r_1 x} + C_2\mathrm{e}^{r_2 x};$$

(ii) 特征方程有重根 $r_1 = r_2 = r$,则二阶线性常系数齐次方程的通解为

$$y = (C_1 + C_2 x)\mathrm{e}^{rx};$$

(iii) 特征方程有一对共轭复根 $\alpha \pm \beta\mathrm{i}$,则二阶线性常系数齐次方程的通解为

$$y = (C_1\cos\beta x + C_2\sin\beta x)\mathrm{e}^{\alpha x}.$$

例 1 求 $y'' + 3y' + 2y = 0$ 的通解.

解 特征方程为

$$r^2 + 3r + 2 = 0,$$

即

$$(r + 2)(r + 1) = 0.$$

得 $r_1 = -2, r_2 = -1$. 对应的两个线性无关的解为 $y_1 = \mathrm{e}^{-2x}$ 与 $y_2 = \mathrm{e}^{-x}$.

所以方程的通解为

$$y = C_1\mathrm{e}^{-2x} + C_2\mathrm{e}^{-x}.$$

例 2 求 $y'' + 4y' + 4y = 0$ 的通解.

解 特征方程为

$$r^2 + 4r + 4 = 0,$$

即

$$(r + 2)^2 = 0.$$

得重根 $r_1 = r_2 = -2$,其对应的两个线性无关的解为 $y_1 = \mathrm{e}^{-2x}, y_2 = x\mathrm{e}^{-2x}$.

所以方程的通解为

$$y = (C_1 + C_2 x)\mathrm{e}^{-2x}.$$

例 3 求 $y'' + 2y' + 2y = 0$ 的通解.

解 特征方程为

$$r^2 + 2r + 2 = 0.$$

$$r = \frac{-2 \pm \sqrt{4-8}}{2} = -1 \pm \mathrm{i},$$

是复数根,其中 $\alpha = -1, \beta = 1$.所以对应的两个线性无关的解为 $y_1 = \mathrm{e}^{-x}\cos x, y_2 = \mathrm{e}^{-x}\sin x$.

故方程的通解为

$$y = \mathrm{e}^{-x}(C_1\cos x + C_2\sin x).$$

例 4 求 $4y'' + y = 0$ 满足初值条件 $y(0) = 1, y'(0) = 1$ 的特解.

解 特征方程为

$$4r^2 + 1 = 0.$$

$$r = \pm\frac{1}{2}\mathrm{i}.$$

$\alpha = 0, \beta = \dfrac{1}{2}$,对应的两个线性无关的解为 $y_1 = \cos\dfrac{1}{2}x, y_2 = \sin\dfrac{1}{2}x$.通解为

$$y = C_1\cos\frac{1}{2}x + C_2\sin\frac{1}{2}x.$$

当 $x = 0, y = 1$ 代入,得

$$C_1 = 1.$$

对 y 求导得

$$y' = \frac{-C_1}{2}\sin\frac{1}{2}x + \frac{C_2}{2}\cos\frac{1}{2}x.$$

将 $x = 0, y' = 1$ 代入上式,得

$$C_2 = 2.$$

所求的特解为

$$y = \cos\frac{1}{2}x + 2\sin\frac{1}{2}x.$$

以上方法称特征根法,此法也可推广到高于二阶的线性常系数齐次方程.

特征方程有单根 r_1,对应原方程有解 $y = \mathrm{e}^{r_1 x}$;特征方程有 m 重根 r_1,对应原方程有 $y_1 = \mathrm{e}^{r_1 x}, y_2 = x\mathrm{e}^{r_1 x}, y_3 = x^2\mathrm{e}^{r_1 x}, \cdots, y_m = x^{m-1}\mathrm{e}^{r_1 x}$ 等 m 个解;特征方程有复单根 $\alpha \pm \beta\mathrm{i}$,对应原方程有解 $y_1 = \mathrm{e}^{\alpha x}\cos\beta x$ 和 $y_2 = \mathrm{e}^{\alpha x}\sin\beta x$;特征方程有一对 m 重复根 $\alpha \pm \beta\mathrm{i}$,对应原方程有 $y_1 = \mathrm{e}^{\alpha x}\cos\beta x, y_2 = x\mathrm{e}^{\alpha x}\cos\beta x, \cdots, y_m = x^{m-1}\mathrm{e}^{\alpha x}\cos\beta x, y_{m+1} = \mathrm{e}^{\alpha x}\sin\beta x,$ $y_{m+2} = x\mathrm{e}^{\alpha x}\sin\beta x, \cdots, y_{2m} = x^{m-1}\mathrm{e}^{\alpha x}\sin\beta x$ 的 $2m$ 个解.

例 5 求 $y^{(4)} - y = 0$ 的通解.

解 特征方程为

$$r^4 - 1 = 0.$$

$$(r^2 + 1)(r - 1)(r + 1) = 0.$$

其根有 $r_1 = 1, r_2 = -1, r_{3,4} = \pm i$. 对于一个实根 $r_1 = 1$，有解 $y_1 = e^x$；对应 $r_2 = -1$，有解 $y_2 = e^{-x}$；对于一对复根 $r_{3,4} = \pm i$，对应有解 $y_3 = \cos x$ 和 $y_4 = \sin x$。

通解为

$$y = C_1 e^x + C_2 e^{-x} + C_3 \cos x + C_4 \sin x.$$

例 6　求方程 $y^{(4)} - 2y''' + 5y'' = 0$ 的通解

解　特征方程是

$$r^4 - 2r^3 + 5r^2 = 0,$$

即

$$r^2(r^2 - 2r + 5) = 0.$$

其根有 $r_1 = r_2 = 0$（即 $r = 0$ 是重根），$r_{3,4} = 1 \pm 2i$. 对于实重根 $r = 0$，对应有解 $y_1 = e^{0x} = 1$ 和 $y_2 = xe^{0x} = x$；对于复单根 $r_{3,4} = 1 \pm 2i$，对应有解 $y_3 = e^x \cos 2x$ 和 $y_4 = e^x \sin 2x$。

通解为

$$y = C_1 + C_2 x + C_3 e^x \cos 2x + C_4 e^x \sin 2x.$$

2. 二阶线性常系数非齐次方程通解的求法

对于二阶线性常系数非齐次方程

$$y'' + a_1 y' + a_2 y = f(x),$$

我们只讨论自由项 $f(x)$ 为工程中常见的几种情形，它们是

（1）$f(x) = P(x) e^{\alpha x}$，其中 $P(x)$ 为多项式，α 为常数；

（2）$f(x) = P(x) e^{\alpha x} \cos \beta x$ 或 $P(x) e^{\alpha x} \sin \beta x$。

下面分别讨论。

设

$$y'' + a_1 y' + a_2 y = P(x) e^{\alpha x}, \qquad ⑥$$

其中 $P(x)$ 为 x 的 n 次多项式. 根据定理 2，线性非齐次方程的通解为：对应的线性齐次方程的通解与其线性非齐次方程的一个特解之和，即 $C_1 y_1 + C_2 y_2 + Y$，其中 Y 是线性非齐次方程的特解. 线性常系数齐次方程的一般解已解决了，在此仅需讨论特解 Y 的求解问题。

因为自由项 $f(x)$ 为多项式 $P(x)$ 与 $e^{\alpha x}$ 乘积的形式，那么可以猜想其特解形式也为一个多项式乘 $e^{\alpha x}$ 的形式. 一般讲这个多项式与 $P(x)$ 是不同的，为此我们设特解为 $Y = Q(x) e^{\alpha x}$，如何确定 $Q(x)$ 呢？

设

$$Y = Q(x) e^{\alpha x},$$

则

$$Y' = Q'(x) e^{\alpha x} + \alpha Q(x) e^{\alpha x},$$

$$Y'' = Q''(x) e^{\alpha x} + 2\alpha Q'(x) e^{\alpha x} + \alpha^2 Q(x) e^{\alpha x}.$$

代入⑥,得

$$(\alpha^2 + a_1\alpha + a_2)Q(x)e^{\alpha x} + (2\alpha + a_1)Q'(x)e^{\alpha x} + Q''(x)e^{\alpha x} = P(x)e^{\alpha x},$$

即

$$(\alpha^2 + a_1\alpha + a_2)Q(x) + (2\alpha + a_1)Q'(x) + Q''(x) = P(x). \qquad ⑦$$

要使上式恒等,只要取 $Q(x)$ 使等号左边的多项式与右边 $P(x)$ 恒等.下面分几种情形讨论:

(i) 当 $\alpha^2 + a_1\alpha + a_2 \neq 0$,即 α 不是特征方程的根时,则应设多项式 $Q(x)$ 与 $P(x)$ 为同次多项式,而其系数可由使⑦式成为恒等式来确定,即两边 x 的同次幂的系数应相同.

(ii) 当 $\alpha^2 + a_1\alpha + a_2 = 0$,而 $2\alpha + a_1 \neq 0$,即 α 是特征方程的单根时,⑦式为

$$(2\alpha + a_1)Q'(x) + Q''(x) = P(x).$$

如果仍设 $Q(x)$ 与 $P(x)$ 为同次多项式,那么 $Q'(x)$ 比 $Q(x)$ 降低了一次,$Q''(x)$ 比 $Q(x)$ 降低了两次,这样上式的左边就比右边 $P(x)$ 降低一次,不可能恒等.为了使上式恒等,应设 $Y = xQ(x)e^{\alpha x}$,再代入方程,然后比较系数确定 $Q(x)$.

(iii) 当 $\alpha^2 + a_1\alpha + a_2 = 0, 2\alpha + a_1 = 0$,即 α 是特征方程的重根时,应设 $Y = x^2 Q(x)$ 代入方程,然后比较系数确定 $Q(x)$.

当自由项为 $P(x)e^{\alpha x}\cos\beta x$ 或 $P(x)e^{\alpha x}\sin\beta x$ 时,即

$$y'' + a_1 y' + a_2 y = P(x)e^{\alpha x}\cos\beta x(\text{或} P(x)e^{\alpha x}\sin\beta x).$$

类似于上述的讨论得:当 $\alpha \pm \beta i$ 不是特征方程的根时,设其特解为

$$\overline{Y} = Q(x)e^{\alpha x}\cos\beta + T(x)e^{\alpha x}\sin\beta x.$$

当 $\alpha \pm \beta i$ 是特征方程的根时,设其特解为

$$\overline{Y} = x(Q(x)e^{\alpha}\cos\beta x + T(x)e^{\alpha x}\sin\beta x).$$

其中 $Q(x)$ 与 $T(x)$ 是与已知多项式 $P(x)$ 同次的待定多项式.

例 7　求 $y'' + y = 2x^2 - 3$ 的通解.

解　这个方程实为 $y'' + y = (2x^2 - 3)e^{\alpha x}$ 当 $\alpha = 0$ 时的情形.又 $\alpha = 0$ 不是特征方程 $r^2 + 1 = 0$ 的根,而 $P(x) = 2x^2 - 3$ 是 x 的二次多项式,因此设其特解为

$$Y = (Ax^2 + Bx + C)e^{\alpha x} = Ax^2 + Bx + C,$$

则

$$Y' = 2Ax + B,$$

$$Y'' = 2A.$$

代入方程得

$$Ax^2 + Bx + 2A + C = 2x^2 - 3.$$

比较系数得

$$A = 2, B = 0, 2A + C = -3 \text{ 即 } C = -7.$$

特解为

$$Y = 2x^2 - 7.$$

原方程的通解为

$$y = C_1\cos x + C_2\sin x + 2x^2 - 7 \quad (C_1\cos x + C_2\sin x \text{ 为齐次方程的通解}).$$

例 8 求 $y''+y'=2x^2-3$ 的通解.

解 $\alpha=0$ 是特征方程 $r^2+r=0$ 的单根($r_1=0$, $r_2=-1$),$P(x)=2x^2-3$ 是 x 的二次多项式.因此,设特解

$$Y = x(Ax^2 + Bx + C)\mathrm{e}^{\alpha x} = x(Ax^2 + Bx + C)$$
$$= Ax^3 + Bx^2 + Cx,$$

则

$$Y' = 3Ax^2 + 2Bx + C,$$
$$Y'' = 6Ax + 2B.$$

代入方程得

$$6Ax + 2B + 3Ax^2 + 2Bx + C = 2x^2 - 3.$$

比较系数得

$$3A = 2, 2B + 6A = 0, 2B + C = -3.$$

解得

$$A = \frac{2}{3}, \quad B = -2, \quad C = 1.$$

特解为

$$Y = \frac{2}{3}x^3 - 2x^2 + x.$$

非齐次方程的通解为(齐次方程的通解为 $C_1+C_2\mathrm{e}^{-x}$)

$$y = C_1 + C_2\mathrm{e}^{-x} + \frac{2}{3}x^3 - 2x^2 + x.$$

例 9 求 $y''-2y'-3y=(x+1)\mathrm{e}^x$ 的特解.

解 $\alpha=1$,不是特征方程 $r^2-2r-3=0$ 的根,$P(x)=x+1$ 是 x 的一次多项式.因此,设特解

$$Y = (Ax + B)\mathrm{e}^x,$$

则

$$Y' = A\mathrm{e}^x + (Ax + B)\mathrm{e}^x = (Ax + A + B)\mathrm{e}^x,$$
$$Y'' = 2A\mathrm{e}^x + (Ax + B)\mathrm{e}^x = (Ax + 2A + B)\mathrm{e}^x.$$

代入方程,消去 e^x,得

$$(Ax + 2A + B) - 2(Ax + A + B) - 3(Ax + B) = x + 1,$$

即

$$-4Ax - 4B = x + 1.$$

比较系数,得 $-4A=1$,$A=-\dfrac{1}{4}$;$-4B=1$,$B=-\dfrac{1}{4}$.

特解为

$$Y = -\frac{1}{4}(x + 1)e^x.$$

例 10 求解初值问题

$$\begin{cases} y'' - 2y' - 3y = xe^{-x}, \\ y(0) = 0, y'(0) = \dfrac{15}{16}. \end{cases}$$

解 特征方程 $r^2 - 2r - 3 = 0$ 的根 $r_1 = -1, r_2 = 3$，因而 $\alpha = -1$ 是特征方程的单根. $P(x) = x$ 是 x 的一次多项式，因此，设特解

$$\overline{Y} = x(Ax + B)e^{-x} = (Ax^2 + Bx)e^{-x},$$

则

$$Y' = (-Ax^2 + (2A - B)x + B)e^{-x},$$
$$Y'' = (Ax^2 + (B - 4A)x + 2A - 2B)e^{-x}.$$

代入方程得

$$-8Ax + 2A - 4B = x.$$

比较系数得

$$-8A = 1, 2A - 4B = 0.$$

解得

$$A = \frac{-1}{8}, \quad B = \frac{-1}{16}.$$

特解为

$$Y = \frac{-1}{8}x\left(x + \frac{1}{2}\right)e^{-x}.$$

通解为

$$y = C_1 e^{3x} + C_2 e^{-x} - \frac{1}{8}x\left(x + \frac{1}{2}\right)e^{-x},$$

则

$$y' = 3C_1 e^{3x} - C_2 e^{-x} + \frac{1}{8}x\left(x + \frac{1}{2}\right)e^{-x} - \frac{1}{8}\left(2x + \frac{1}{2}\right)e^{-x},$$

将初值条件 $y(0) = 0, y'(0) = \dfrac{15}{16}$ 代入上述两式，得

$$\begin{cases} C_1 + C_2 = 0, \\ 3C_1 - C_2 = 1. \end{cases}$$

解得 $C_1 = \dfrac{1}{4}, C_2 = -\dfrac{1}{4}$. 所以，初值问题的解是

$$y = \frac{1}{4}e^{3x} - \frac{1}{4}e^{-x} - \frac{1}{8}x\left(x + \frac{1}{2}\right)e^{-x}.$$

例 11　求 $y''+4y=2\cos x$ 的特解.

解　这个方程实为　$y''+4y=P(x)\mathrm{e}^{\alpha x}\cos\beta x$ 当 $P(x)=2,\alpha=0,\beta=1$ 的情形.而 $\alpha\pm\beta\mathrm{i}=\pm\mathrm{i}$ 不是特征方程 $r^2+4=0$ 的根,又 $P(x)=2$ 为常数,所以设其特解为

$$Y=A\cos x+B\sin x,$$

则

$$Y'=-A\sin x+B\cos x,$$

$$Y''=-A\cos x-B\sin x,$$

代入方程中得

$$3A\cos x+3B\sin x=2\cos x.$$

比较系数得

$$A=\frac{2}{3},B=0,$$

故其特解为

$$Y=\frac{2}{3}\cos x.$$

例 12　求 $y''+4y=\sin 2x$ 的特解.

解　这个方程实为 $y''+4y=P(x)\mathrm{e}^{\alpha x}\sin\beta x$ 当 $P(x)=1,\alpha=0,\beta=2$ 的情形.而 $\alpha\pm\beta\mathrm{i}=\pm 2\mathrm{i}$ 是特征方程 $r^2+4=0$ 的单根,又 $P(x)=1$,所以设特解

$$Y=x(A\sin 2x+B\cos 2x)=Ax\sin 2x+Bx\cos 2x,$$

则

$$Y''=4A\cos 2x-4Bx\cos 2x-4Ax\sin 2x-4B\sin 2x.$$

代入方程得

$$4A\cos 2x-4B\sin 2x=\sin 2x.$$

比较系数得

$$A=0,\quad B=-\frac{1}{4},$$

所以特解为

$$Y=-\frac{1}{4}x\cos 2x.$$

习题

解第 46—66 题.

46. $y''+4y'+3y=0.$

47. $y''-2y'-3y=0.$

48. $y''+y'-2y=0.$

49. $y''-9y=0.$

50. $y''-4y'=0.$

51. $\dfrac{\mathrm{d}^2x}{\mathrm{d}t^2}-2\dfrac{\mathrm{d}x}{\mathrm{d}t}-x=0.$

52. $x''_t-2x'_t+x=0.$

53. $y''+y=0.$

54. $y''+4y'+8y=0.$

55. $4\dfrac{\mathrm{d}^2s}{\mathrm{d}t^2}-20\dfrac{\mathrm{d}s}{\mathrm{d}t}+25s=0.$

56. $y''-4y'+3y=0,$ 初值条件 $y\big|_{x=0}=6,y'\big|_{x=0}=10.$

57. $y''+4y'+29y=0$，初值条件 $y(0)=0,y'(0)=15$.

58. $2y''+y'-y=2\mathrm{e}^x$.

59. $y''-7y'+12y=x$.

60. $y''-3y'=-6x+2$.

61. $y''-3y'+2y=3\mathrm{e}^{2x}$.

62. $y''+y=\cos 2x$.

63. $y''+y=\sin x$.

64. $y''-4y'+4y=3\mathrm{e}^{2x}$.

65. $y''+9y=x\cos 3x$.

66. $4y''+16y'+15y=4\mathrm{e}^{-\frac{5}{2}x}$，初值条件 $y(0)=3,y'(0)=\dfrac{7}{2}$.

总习题

解第 67—75 题.

67. $(1-x^2)y'-2xy=(1+x^2)^2$.

68. $\dfrac{\mathrm{d}s}{\mathrm{d}t}+s\cos t=\dfrac{1}{2}\sin 2t$.

69. $y'+\dfrac{xy}{1-x^2}=x$.

70. $\dfrac{\mathrm{d}y}{\mathrm{d}x}=\dfrac{1}{xy+2y^3}$.

71. $y''+a^2y=b^2$，初值条件 $y(0)=1,y'(0)=0(a,b$ 为常数$)$.

72. $y^{(4)}-a^4y=0$，初值条件 $y(0)=1,y'(0)=0,y''(0)=-a^2,y'''(0)=0(a>0)$.

73. 已知线性常系数齐次方程的特征方程的根如下,试写出相应的阶数最低的微分方程.

(i) $r_1=2,r_2=-3$;

(ii) $r_1=r_2=-1$;

(iii) $r_{1,2}=-1\pm\mathrm{i}$;

(iv) $r_{1,2}=\pm\mathrm{i},r_3=-1$.

74. 设一质量为 m 的物体,自高为 h 处自由下落,初速度为 0.若所受阻力与速度成正比,求速度与时间的函数关系.

75. 一颗子弹以速度 $v_0=200$ m/s 垂直射进一块厚 10 cm 的板,穿透后以 $v_1=80$ m/s 飞出,设板对子弹的阻力与其速度的平方成正比,问子弹在板内经过多少时间?

第五章部分习题答案

1. 二阶.

2. 一阶.

3. 一阶.

4. 特解.

5. 通解.

6. 通解.

7. 不是解.

8. $x^2+y^2=\ln(Cx^2)$.

9. $y=C\sin x-a$.

10. $Cx=1-\dfrac{1}{y}$.

11. $\sqrt{1-y^2}=\arcsin\ x+C.$

12. $e^t=C(1-e^{-s}).$

13. $y=\dfrac{1+x}{1-x}.$

14. $y=\dfrac{b+x}{1+bx}.$

15. $y=e^{\tan\frac{x}{2}}.$

16. $y-2x=Cx^3(x+y).$

17. $\ln\ y+\dfrac{x}{y}=C.$

18. $x^2+y^2=Cy.$

19. $y^2=x^2\ln(Cx^2).$

20. $\ln(Cx)=-e^{-\frac{y}{x}}.$

21. $y=Ce^x-\dfrac{1}{2}e^{-x}.$

22. $y=Ce^{-3x}+\dfrac{1}{4}xe^x-\dfrac{1}{16}e^x.$

23. $y=Ce^{-2x}+2x-1.$

24. $y=e^{-x^2}\left(C+\dfrac{x^2}{2}\right).$

25. $y=Cx^2e^{\frac{1}{x}}+x^2.$

26. $y=Ce^{-x}+\dfrac{1}{2}(\cos\ x+\sin\ x).$

27. $y^2-2x=Cy^3.$

28. $x=Ce^{2y}+\dfrac{1}{2}y^2+\dfrac{1}{2}y+\dfrac{1}{4}.$

29. $y=\dfrac{e^x+ab-e^a}{x}.$

30. $y=\dfrac{x}{\cos\ x}$

31. $xy+\dfrac{1}{2}y^2=\dfrac{1}{2}.$

32. $y=(x+C)(1+x^2).$

33. $(e^x+1)(e^y-1)=C.$

34. $y=-\dfrac{1}{4}(x^2-4).$

35. $y=xe^{Cx}.$

36. $\sin\ \dfrac{y}{x}-\ln\ x=C.$

37. $y=Ce^{2x}+2x-1.$

38. $y=\dfrac{C}{\ln\ x}+x-\dfrac{x}{\ln\ x}.$

39. $y=2e^{2x}-e^x+\dfrac{1}{2}x+\dfrac{1}{4}.$

40. $x=e^{-y}(C+y).$

41. $v=\dfrac{k_1}{k_2}\left(t-\dfrac{m}{k_2}+\dfrac{m}{k_2}e^{-\frac{k_2}{m}t}\right).$

42. $v=\dfrac{p}{k}(1-e^{-\frac{k}{m}t}).$

43. $t=\dfrac{1}{kv_0}.$

44. $y=Ce^{\frac{1}{2}x^2}.$

45. $y=\dfrac{1}{3}x^2.$

46. $y=C_1e^{-x}+C_2e^{-3x}$

47. $y=C_1e^{3x}+C_2e^{-x}.$

48. $y=C_1e^x+C_2e^{-2x}.$

49. $y=C_1e^{3x}+C_2e^{-3x}.$

50. $y=C_1+C_2e^{4x}.$

51. $x=C_1e^{(1+\sqrt{2})t}+C_2e^{(1-\sqrt{2})t}.$

52. $x=(C_1+C_2t)e^t.$

53. $y = C_1 \cos x + C_2 \sin x$.

54. $y = \mathrm{e}^{-2x}(C_1 \cos 2x + C_2 \sin 2x)$.

55. $s = (C_1 + C_2 t)\mathrm{e}^{\frac{5}{2}t}$.

56. $y = 4\mathrm{e}^x + 2\mathrm{e}^{3x}$.

57. $y = 3\mathrm{e}^{-2x}\sin 5x$.

58. $y = C_1 \mathrm{e}^{-x} + C_2 \mathrm{e}^{\frac{x}{2}} + \mathrm{e}^x$.

59. $y = C_1 \mathrm{e}^{3x} + C_2 \mathrm{e}^{4x} + \dfrac{x}{12} + \dfrac{7}{144}$.

60. $y = C_1 + C_2 \mathrm{e}^{3x} + x^2$.

61. $y = C_1 \mathrm{e}^x + C_2 \mathrm{e}^{2x} + 3x\mathrm{e}^{2x}$.

62. $y = C_1 \cos x + C_2 \sin x - \dfrac{1}{3}\cos 2x$.

63. $y = C_1 \cos x + C_2 \sin x - \dfrac{1}{2}x\cos x$.

64. $y = (C_1 + C_2 x)\mathrm{e}^{2x} + \dfrac{3}{2}x^2 \mathrm{e}^{2x}$.

65. $y = C_1 \cos 3x + C_2 \sin 3x + \dfrac{x}{36}\cos 3x + \dfrac{x^2}{12}\sin 3x$.

66. $y = 12\mathrm{e}^{-\frac{3}{2}x} - 9\mathrm{e}^{-\frac{5}{2}x} - x\mathrm{e}^{-\frac{5}{2}x}$.

67. $y = \dfrac{1}{1-x^2}\left(\dfrac{1}{5}x^5 + \dfrac{2}{3}x^3 + x + C\right)$.

68. $s = C\mathrm{e}^{-\sin t} + \sin t - 1$.

69. $y = x^2 - 1 + C\sqrt{1-x^2}$.

70. $x = -2(2+y^2) + C\mathrm{e}^{\frac{1}{2}y^2}$.

71. $y = \left(1 - \dfrac{b^2}{a^2}\right)\cos ax + \dfrac{b^2}{a^2}$.

72. $y = \cos ax$.

73. (i) $y'' + y' - 6y = 0$; (ii) $y'' + 2y' + y = 0$; (iii) $y'' + 2y' + 2y = 0$; (iv) $y''' + y'' + y' + y = 0$.

74. $v = \dfrac{mg}{k}\left(1 - \mathrm{e}^{-\frac{k}{m}t}\right)$.

75. 0.000 82 s.

无穷级数

§1 常数项级数的概念及其性质

一 常数项级数的概念

定义 1 设给定一个数列

$$u_1, u_2, \cdots, u_n, \cdots,$$

则表达式

$$u_1 + u_2 + u_3 + \cdots + u_n + \cdots$$

称为无穷级数, 简称为级数, 记作 $\sum\limits_{n=1}^{\infty} u_n$, 即

$$\sum_{n=1}^{\infty} u_n = u_1 + u_2 + u_3 + \cdots + u_n + \cdots. \qquad ①$$

u_n 称为级数的一般项.

无穷多项之"和"应怎样理解? 它是否有"和"?

定义 2 $u_1 + u_2 + \cdots + u_n$ 称为级数①的第 n 部分和, 记作 s_n (或 q_n, p_n 等), 即

$$s_n = u_1 + u_2 + \cdots + u_n.$$

定义 3 若 $\lim\limits_{n\to\infty} s_n$ 存在,则称此极限值为级数①的和,此时也称级数①收敛. 否则称级数①没有和,也称级数①发散.

若级数①收敛,其和为 s,记作

$$s = u_1 + u_2 + \cdots + u_n + \cdots$$

或

$$s = \sum_{n=1}^{\infty} u_n.$$

例 1 讨论几何级数(或称等比级数)

$$\sum_{n=1}^{\infty} ar^{n-1} = a + ar + ar^2 + \cdots + ar^{n-1} + \cdots$$

的收敛性($a \neq 0$).

解 级数第 n 部分和为

$$s_n = a + ar + ar^2 + \cdots + ar^{n-1} = a\frac{1 - r^n}{1 - r}.$$

当 $|r| < 1$ 时,

$$\lim_{n\to\infty} s_n = \lim_{n\to\infty} a\frac{1 - r^n}{1 - r} = \frac{a}{1 - r}.$$

即级数收敛,且其和为 $\dfrac{a}{1-r}$.

当 $|r| > 1$ 时,

$$\lim_{n\to\infty} s_n = \lim_{n\to\infty} a\frac{1 - r^n}{1 - r} \text{ 不存在},$$

即级数发散.

当 $|r| = 1$ 时,

$$s_n = a + a + \cdots + a = na \quad \text{或} \quad s_n = a - a + a - \cdots + (-1)^{n-1}a,$$

不管哪种情形,当 $n\to\infty$ 时,s_n 的极限都不存在,即级数发散.

结论 当 $|r| < 1$ 时,等比级数 $\sum\limits_{n=1}^{\infty} ar^{n-1}$ 收敛,其和为 $\dfrac{a}{1-r}$,即

$$\frac{a}{1 - r} = \sum_{n=1}^{\infty} ar^{n-1}.$$

当 $|r| \geqslant 1$ 时,等比级数 $\sum\limits_{n=1}^{\infty} ar^{n-1}$ 发散.

读者应记住这个结论.

§ 1 常数项级数的概念及其性质 ● 261

例 2 讨论级数 $\displaystyle\sum_{n=1}^{\infty} \frac{1}{n(n+1)}$ 的收敛性.

解 第 n 部分和为

$$s_n = \frac{1}{1 \cdot 2} + \frac{1}{2 \cdot 3} + \frac{1}{3 \cdot 4} + \cdots + \frac{1}{n(n+1)}$$

$$= \left(1 - \frac{1}{2}\right) + \left(\frac{1}{2} - \frac{1}{3}\right)$$

$$+ \left(\frac{1}{3} - \frac{1}{4}\right) + \cdots + \left(\frac{1}{n} - \frac{1}{n+1}\right)$$

$$= 1 - \frac{1}{n+1}.$$

容易算出

$$\lim_{n \to \infty} s_n = 1.$$

故级数收敛,其和为 1,即

$$1 = \sum_{n=1}^{\infty} \frac{1}{n(n+1)}.$$

例 3 讨论级数 $\displaystyle\sum_{n=1}^{\infty} \ln\left(1+\frac{1}{n}\right)$ 的收敛性.

解

$$s_n = \ln(1+1) + \ln\left(1+\frac{1}{2}\right)$$

$$+ \ln\left(1+\frac{1}{3}\right) + \cdots + \ln\left(1+\frac{1}{n}\right)$$

$$= \ln 2 + \ln\frac{3}{2} + \ln\frac{4}{3} + \cdots + \ln\frac{n+1}{n}$$

$$= \ln\left(2 \cdot \frac{3}{2} \cdot \frac{4}{3} \cdot \cdots \cdot \frac{n+1}{n}\right) = \ln(1+n).$$

所以有

$$\lim_{n \to \infty} s_n = \lim_{n \to \infty} \ln(1+n) = +\infty.$$

故级数 $\displaystyle\sum_{n=1}^{\infty} \ln\left(1+\frac{1}{n}\right)$ 发散.

二 级数的基本性质

性质 1 若 a 为不等于 0 且与 n 无关的数,则级数 $\displaystyle\sum_{n=1}^{\infty} u_n$ 与 $\displaystyle\sum_{n=1}^{\infty} au_n$ 有相同的收敛性.

证明　设 $s_n = u_1 + u_2 + \cdots + u_n$. $q_n = au_1 + au_2 + \cdots + au_n$. 显然有

$$q_n = as_n.$$

因为 a 为不等于 0 且与 n 无关的数,故当数列 $\{s_n\}$ 收敛时,数列 $\{q_n\}$ 也收敛,当数列 $\{s_n\}$ 发散时,数列 $\{q_n\}$ 也发散,即级数 $\sum\limits_{n=1}^{\infty} u_n$ 与 $\sum\limits_{n=1}^{\infty} au_n$ 有相同的收敛性.

注意　当级数 $\sum\limits_{n=1}^{\infty} u_n$ 发散时, 此式子无意义.

当级数 $\sum\limits_{n=1}^{\infty} u_n$ 收敛时,则有

$$\sum_{n=1}^{\infty} au_n = a \sum_{n=1}^{\infty} u_n.$$

性质 2　若级数 $\sum\limits_{n=1}^{\infty} u_n$ 与 $\sum\limits_{n=1}^{\infty} v_n$ 均收敛,则级数 $\sum\limits_{n=1}^{\infty} (u_n + v_n)$ 也收敛,且

$$\sum_{n=1}^{\infty} (u_n + v_n) = \sum_{n=1}^{\infty} u_n + \sum_{n=1}^{\infty} v_n.$$

证明　设 $s = \sum\limits_{n=1}^{\infty} u_n, q = \sum\limits_{n=1}^{\infty} v_n$(因为均收敛,所以级数有和),则

$$\lim_{n \to \infty} \sum_{i=1}^{n} (u_i + v_i) = \lim_{n \to \infty} \left(\sum_{i=1}^{n} u_i + \sum_{i=1}^{n} v_i \right)$$
$$= \lim_{n \to \infty} \sum_{i=1}^{n} u_i + \lim_{n \to \infty} \sum_{i=1}^{n} v_i = s + q,$$

即

$$\sum_{n=1}^{\infty} (u_n + v_n) = \sum_{n=1}^{\infty} u_n + \sum_{n=1}^{\infty} v_n.$$

性质 2 也可简述为两个收敛级数可以逐项相加(或相减).

性质 3　对于级数 $\sum\limits_{n=1}^{\infty} u_n$,如果去掉其前面的有限项或加上有限项,则级数的收敛性不变.

这个性质是指当级数

$$u_1 + u_2 + \cdots + u_n + \cdots$$

去掉其前面有限项,如 N 项,则新的级数

$$u_{N+1} + u_{N+2} + \cdots + u_{N+n} + \cdots$$

与原级数 $\sum\limits_{n=1}^{\infty} u_n$ 有相同的收敛性,或在 u_1 项前加上有限项,则新级数与原级数也有相同的收敛性.证明从略.

性质 4　若级数 $\sum\limits_{n=1}^{\infty} u_n$ 收敛,则 $\lim\limits_{n \to \infty} u_n = 0$.其逆不真.

证明

$$s_n = u_1 + u_2 + \cdots + u_n,$$
$$s_{n-1} = u_1 + u_2 + \cdots + u_{n-1},$$

则

$$u_n = s_n - s_{n-1}.$$

当 $n \to \infty$ 时,有 $s_n \to s$,$s_{n-1} \to s$,所以

$$\lim_{n \to \infty} u_n = \lim_{n \to \infty} (s_n - s_{n-1}) = \lim_{n \to \infty} s_n - \lim_{n \to \infty} s_{n-1} = 0.$$

性质 4 也可叙述为,若级数的一般项 $u_n \nrightarrow 0$,则级数 $\sum\limits_{n=1}^{\infty} u_n$ 发散,或者说 u_n 不趋向于 $0(u_n \nrightarrow 0)$ 是级数发散的充分条件,但其逆不真.例如例 3 的级数

$$\sum_{n=1}^{\infty} \ln\left(1 + \frac{1}{n}\right),$$

它的 $u_n = \ln\left(1 + \dfrac{1}{n}\right) \to 0$,然而级数是发散的.

习 题

1. 设级数 $\sum\limits_{n=1}^{\infty} \left(\dfrac{1}{2}\right)^n$,试写出(i) u_1, u_2, u_3, u_4;(ii) s_1, s_2, s_3, s_4;(iii) s_n;(iv) 该级数的和.

2. 设级数 $\sum\limits_{n=1}^{\infty} (-1)^n$,(i) 写出 s_{2n} 及 s_{2n-1};u_{2n} 及 u_{2n-1};(ii) 判断级数的收敛性.

3. 求级数 $\sum\limits_{n=2}^{\infty} \dfrac{1}{(n+1)(n-1)}$ 的和.

4. 求级数 $\sum\limits_{n=0}^{\infty} 100\left(\dfrac{2}{3}\right)^n$ 的和.

5. 求级数 $\sum\limits_{n=0}^{\infty} (-1)^n \left(\dfrac{2}{3}\right)^n$ 的和.

6. 判断级数 $\sum\limits_{n=1}^{\infty} \dfrac{n}{n+1}$ 的收敛性.

7. 判断级数 $\sum\limits_{n=1}^{\infty} \left[\dfrac{n(n-1)}{n^2}\right]^{10}$ 的收敛性.

§2　正项级数的收敛性

级数求和常常是困难的,通常我们总是讨论其收敛性.如果发散,不考虑求和;如果收敛,则可以取足够多的项近似其和.因此,判断级数收敛性是级数重要课题之一.对常数项级数,将分为正项级数与任意项级数来讨论,所谓正项级数是指每

项均为非负的级数,而任意项级数无此限制.

正项级数 $\sum\limits_{n=1}^{\infty} u_n$ 有一个重要特点,即它的第 n 部分和 s_n 是非减的.因而判断正项级数是否收敛,只要看 s_n 是否有上界即可.

一 比较判别法

定理 1 设有两个正项级数 $\sum\limits_{n=1}^{\infty} u_n$ 和 $\sum\limits_{n=1}^{\infty} v_n$,当 $n>N$(某一个正整数)时,恒有

$$u_n \leqslant v_n,$$

则 (i) 当 $\sum\limits_{n=1}^{\infty} v_n$ 收敛时,$\sum\limits_{n=1}^{\infty} u_n$ 也收敛;

(ii) 当 $\sum\limits_{n=1}^{\infty} u_n$ 发散时,$\sum\limits_{n=1}^{\infty} v_n$ 也发散.

通俗一些讲就是"大"的收敛,"小"的也收敛;"小"的发散,"大"的也发散.

证明 根据性质 3,不妨假定从第一项开始就有 $u_n \leqslant v_n$.

设 $s_n = \sum\limits_{i=1}^{n} u_i, q_n = \sum\limits_{i=1}^{n} v_i$,由已知得

$$s_n \leqslant q_n.$$

(i) 若级数 $\sum\limits_{n=1}^{\infty} v_n$ 收敛,其第 n 部分和 q_n 有上界,设上界为 σ,即 $q_n \leqslant \sigma$,于是知

$$s_n \leqslant q_n \leqslant \sigma,$$

即 s_n 有上界,故级数 $\sum\limits_{n=1}^{\infty} u_n$ 收敛.

(ii) 用反证法.若 $\sum\limits_{n=1}^{\infty} v_n$ 收敛,则由(i)得级数 $\sum\limits_{n=1}^{\infty} u_n$ 收敛,但这与已知级数 $\sum\limits_{n=1}^{\infty} u_n$ 发散相矛盾,于是定理得证.

这个定理叫做比较判别法.它的要点是:将要判断的级数与已知其收敛性的级数加以比较.

例 1 判断级数 $\sum\limits_{n=1}^{\infty} \dfrac{1}{n}$ 的收敛性.

解 这是正项级数.由 §1 例 3 知道级数 $\sum\limits_{n=1}^{\infty} \ln\left(1+\dfrac{1}{n}\right)$ 是发散的且是正项级

数,又容易知道

$$\ln(1 + x) < x \quad (x > 0)①,$$

因而有

$$\ln\left(1 + \frac{1}{n}\right) < \frac{1}{n} \quad (n = 1, 2, \cdots).$$

由比较判别法(ii),可知级数 $\sum\limits_{n=1}^{\infty} \frac{1}{n}$ 是发散的. $\sum\limits_{n=1}^{\infty} \frac{1}{n}$ 称为调和级数.

例 2 判断级数 $\sum\limits_{n=1}^{\infty} \frac{1}{n^p}$ (p 为实数)的收敛性 $\left(\sum\limits_{n=1}^{\infty} \frac{1}{n^p}$ 称为 p-级数$\right)$.

解 当 $p \leqslant 0$ 时,一般项 $u_n = \frac{1}{n^p} \nrightarrow 0$,级数发散.当 $0 < p \leqslant 1$ 时,有

$$\frac{1}{n^p} \geqslant \frac{1}{n},$$

由例 1 知级数 $\sum\limits_{n=1}^{\infty} \frac{1}{n}$ 发散,根据比较法(ii)知级数 $\sum\limits_{n=1}^{\infty} \frac{1}{n^p}$ ($0 < p \leqslant 1$)发散.

当 $p > 1$ 时,考虑函数 $f(x) = \frac{1}{x^p}$ (图6-1).它是递减的.级数的第 n 部分和为

$$s_n = 1 + \frac{1}{2^p} + \frac{1}{3^p} + \frac{1}{4^p} + \cdots + \frac{1}{n^p},$$

从第二项开始,若将各项视作底为 1,高分别为 $\frac{1}{2^p}, \frac{1}{3^p}, \frac{1}{4^p}, \cdots, \frac{1}{n^p}$ 的矩形的面积,则 $s_n - 1$ 就是这些矩形面积之和.而以 $f(x) = \frac{1}{x^p}$ 为曲边的在区间 $[1, n]$ 上的曲边梯形的面积为

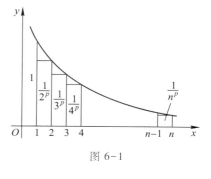

图 6-1

$$\int_1^n \frac{1}{x^p} dx = \frac{1}{1-p}\left(\frac{1}{n^{p-1}} - 1\right).$$

显然有

---

① 令 $F(x) = \ln(1+x) - x$. 则 $F'(x) = \frac{1}{1+x} - 1 < 0$. $x \in [0, +\infty)$. 所以 $F(x)$ 是递减的 ($x \in [0, +\infty)$). 又 $F(0) = 0$,故有 $F(x) < F(0) = 0$, $x \in (0, +\infty)$,即 $\ln(1+x) < x$.

$$s_n - 1 = \frac{1}{2^p} + \frac{1}{3^p} + \cdots + \frac{1}{n^p} < \int_1^n \frac{1}{x^p} \mathrm{d}x$$

$$= \frac{1}{1-p}\left(\frac{1}{n^{p-1}} - 1\right)$$

$$= \frac{1}{p-1}\left(1 - \frac{1}{n^{p-1}}\right) < \frac{1}{p-1}.$$

所以

$$s_n < \frac{p}{p-1},$$

即 s_n 有上界.所以当 $p>1$ 时,级数 $\displaystyle\sum_{n=1}^{\infty} \frac{1}{n^p}$ 收敛.

结论 p-级数 $\displaystyle\sum_{n=1}^{\infty} \frac{1}{n^p}$,当 $p \le 1$ 时发散,当 $p>1$ 时收敛.以后我们常常用 p-级数作为比较判别法时使用的级数.

例 3 判断级数 $\displaystyle\sum_{n=1}^{\infty} \frac{1}{2n-1}$ 的收敛性.

解 用比较判别法时,通常对需要判断的级数作一个估计,是收敛还是发散.然后再用比较判别法.

这个级数一般项的分母是 n 的一次函数(分子是 1),它与 $\frac{1}{n}$ 差不多,估计是发散的.容易得到

$$\frac{1}{2n-1} > \frac{1}{2n},$$

因 $\displaystyle\sum_{n=1}^{\infty} \frac{1}{n}$ 发散,知 $\displaystyle\sum_{n=1}^{\infty} \frac{1}{2n}$ 也发散,由此推得 $\displaystyle\sum_{n=1}^{\infty} \frac{1}{2n-1}$ 是发散的.

例 4 判断级数 $\displaystyle\sum_{n=1}^{\infty} \frac{1}{(n+2)(n+1)}$ 的收敛性.

解 一般项的分母为 n 的二次函数,分子为 1.它与 $\frac{1}{n^2}$ 差不多,估计是收敛的,容易算得

$$\frac{1}{(n+1)(n+2)} = \frac{1}{n^2+3n+2} < \frac{1}{n^2}.$$

级数 $\displaystyle\sum_{n=1}^{\infty} \frac{1}{n^2}$ 收敛,所以级数 $\displaystyle\sum_{n=1}^{\infty} \frac{1}{(n+1)(n+2)}$ 也收敛.

二 比值判别法(或称达朗贝尔[①]判别法)

比较判别法是借用已知收敛性的级数来判断级数收敛性的,这无疑会给比较判别法的使用带来不便.这一部分将介绍利用级数自身的变化来判断其收敛性,这对问题的解决提供很大方便.

> **定理 2** 设正项级数 $\sum\limits_{n=1}^{\infty} u_n$,如果 $\lim\limits_{n \to \infty} \dfrac{u_{n+1}}{u_n}(u_n \neq 0)$ 存在且等于 ρ 或无穷大,则当 $\rho < 1$ 时,级数 $\sum\limits_{n=1}^{\infty} u_n$ 收敛;当 $\rho > 1$ 或无穷大时,级数 $\sum\limits_{n=1}^{\infty} u_n$ 发散,当 $\rho = 1$ 时级数 $\sum\limits_{n=1}^{\infty} u_n$ 的收敛性待定.

证明从略.只作一个解释,有助读者理解此定理.

因为 $\lim\limits_{n \to \infty} \dfrac{u_{n+1}}{u_n} = \rho$,所以当 n 无限变大时,$\dfrac{u_{n+1}}{u_n} \approx \rho$.由此可知,当 $\rho < 1$ 时,级数 u_{n+1} 与 u_n 之比近似于 ρ 的常数,即级数 $\sum\limits_{n=1}^{\infty} u_n$ 近似于公比小于 1 的等比级数,故收敛.当 $\rho > 1$ 时,$u_{n+1} > u_n$,即后项总比前项大,由此知 $u_n \nrightarrow 0$,故发散.当 $\rho = 1$ 时,级数的收敛性待定.以 p-级数为例,因 p-级数 $\sum\limits_{n=1}^{\infty} \dfrac{1}{n^p}$ 中,$\dfrac{u_{n+1}}{u_n} = \dfrac{n^p}{(n+1)^p} \to 1$.而我们知道当 $p > 1$ 时,p-级数收敛,$p \leqslant 1$ 时,p-级数是发散的.从而知道当 $\rho = 1$ 时,有收敛级数,也有发散级数.

例 5 判断级数 $\sum\limits_{n=1}^{\infty} \dfrac{n}{2^n}$ 的收敛性.

解 $u_{n+1} = \dfrac{n+1}{2^{n+1}}, u_n = \dfrac{n}{2^n}$,

---

① 让·勒朗·达朗贝尔(Jean LeRond d'Alembert,1717—1783)是法国数学家、力学家、哲学家.出生后被遗弃在巴黎街头,幸被巡逻的宪兵发现.他的数学几乎全靠自学,22 岁时向法国科学院提交了两篇论文,其中一篇提出了著名的"达朗贝尔疑题".1741 年,年仅 24 岁便当上了科学院院士.正项级数的收敛性的判别法是在 1768 年"数学论丛"上发表的.

"达朗贝尔原理"是力学基本原理之一.在天文学方面他建立了行星摄动理论.达朗贝尔还是 18 世纪思想启蒙运动的杰出代表,他的名言是"向前进,你就会产生信念".

$$\lim_{n \to \infty} \frac{u_{n+1}}{u_n} = \lim_{n \to \infty} \frac{\dfrac{n+1}{2^{n+1}}}{\dfrac{n}{2^n}} = \lim_{n \to \infty} \frac{n+1}{n} \cdot \frac{1}{2} = \frac{1}{2},$$

即 $\rho = \dfrac{1}{2} < 1$,所以级数 $\displaystyle\sum_{n=1}^{\infty} \dfrac{n}{2^n}$ 收敛.

例 6　判断级数 $\displaystyle\sum_{n=1}^{\infty} \dfrac{2^n}{n!}$ 的收敛性.

解　　　　　$$\lim_{n \to \infty} \frac{u_{n+1}}{u_n} = \lim_{n \to \infty} \frac{\dfrac{2^{n+1}}{(n+1)!}}{\dfrac{2^n}{n!}} = \lim_{n \to \infty} \frac{2}{n+1} = 0,$$

即 $\rho = 0 < 1$,所以级数 $\displaystyle\sum_{n=1}^{\infty} \dfrac{2^n}{n!}$ 收敛.

例 7　判断级数 $\displaystyle\sum_{n=1}^{\infty} n r^n$ 的收敛性 $(r > 0)$.

解　　　　　$$\lim_{n \to \infty} \frac{u_{n+1}}{u_n} = \lim_{n \to \infty} \frac{(n+1) r^{n+1}}{n r^n} = r.$$

当 $0 < r < 1$ 时,级数 $\displaystyle\sum_{n=1}^{\infty} n r^n$ 收敛;当 $r > 1$ 时,级数 $\displaystyle\sum_{n=1}^{\infty} n r^n$ 发散;当 $r = 1$ 时,代入级数得

$\displaystyle\sum_{n=1}^{\infty} n, u_n = n \nrightarrow 0$,所以级数发散.

例 8　判断级数 $\displaystyle\sum_{n=1}^{\infty} \dfrac{2 \cdot 4 \cdot 6 \cdots (2n)}{5^n \cdot n!}$ 的收敛性.

解　　　　　$$u_{n+1} = \frac{2 \cdot 4 \cdot 6 \cdots (2n)(2n+2)}{5^{n+1} \cdot (n+1)!},$$

$$u_n = \frac{2 \cdot 4 \cdot 6 \cdots (2n)}{5^n \cdot n!},$$

故　　$$\lim_{n \to \infty} \frac{u_{n+1}}{u_n} = \lim_{n \to \infty} \frac{2 \cdot 4 \cdot 6 \cdots (2n)(2n+2)}{5^{n+1} \cdot (n+1)!} \cdot \frac{5^n \cdot n!}{2 \cdot 4 \cdot 6 \cdots (2n)}$$

$$= \lim_{n \to \infty} \frac{2n+2}{5 \cdot (n+1)} = \frac{2}{5}.$$

$\rho = \dfrac{2}{5} < 1$,所以级数 $\displaystyle\sum_{n=1}^{\infty} \dfrac{2 \cdot 4 \cdot 6 \cdots (2n)}{5^n \cdot n!}$ 收敛.

顺便介绍一下,$2 \cdot 4 \cdot 6 \cdots (2n)$ 常记作 $(2n)!!$,而 $1 \cdot 3 \cdot 5 \cdots (2n+1)$ 记为 $(2n+1)!!$.

习 题 ....>

用比较法判断第 8—13 题的收敛性.

8. $\displaystyle\sum_{n=1}^{\infty} \frac{2}{5n+3}.$

9. $\displaystyle\sum_{n=2}^{\infty} \frac{1}{(n-1)(n+4)}.$

10. $\displaystyle\sum_{n=1}^{\infty} \tan \frac{\pi}{4n}$ $\left(提示:\tan x>x, x \in \left(0, \frac{\pi}{2}\right) \right).$

11. $\displaystyle\sum_{n=1}^{\infty} \frac{1}{\sqrt{n(n+2)}}.$

12. $\displaystyle\sum_{n=1}^{\infty} \frac{1+n}{1+n^2}.$

13. $\displaystyle\sum_{n=1}^{\infty} \sin \frac{\pi}{2^n}.$

用比值法判断第 14—18 题的收敛性.

14. $\displaystyle\sum_{n=1}^{\infty} \frac{1}{(2n+1)!}.$

15. $\displaystyle\sum_{n=1}^{\infty} \frac{n^2}{3^n}.$

16. $\displaystyle\sum_{n=1}^{\infty} \frac{2^n}{n^n}.$

17. $\displaystyle\sum_{n=1}^{\infty} n^2 \sin \frac{\pi}{2^n}.$

18. $\displaystyle\sum_{n=1}^{\infty} \frac{(2n-1)!!}{3^n \cdot n!}.$

判断第 19—22 题的收敛性.

19. $\displaystyle\sum_{n=1}^{\infty} \frac{\ln n}{n}.$

20. $\displaystyle\sum_{n=1}^{\infty} \left(\frac{n}{3n-1} \right)^3.$

21. $\displaystyle\sum_{n=1}^{\infty} \frac{1}{n} \left(\sqrt{n+1} - \sqrt{n-1} \right).$

22. $\displaystyle\sum_{n=1}^{\infty} \left(1 - \cos \frac{\pi}{n} \right).$

23. 能否用比值法判断级数 $\displaystyle\sum_{n=1}^{\infty} \frac{3+(-1)^n}{2^n}$ 的收敛性? 若不能,应如何判断其收敛性?

§3　任意项级数

上节讨论的级数是正项级数,即 $u_n \geq 0 (n=1,2,\cdots)$. 这节所讨论的级数没有这个限制,因而称为任意项级数.

交错级数

形如 $\sum\limits_{n=1}^{\infty}(-1)^{n-1}v_n$ 或 $\sum\limits_{n=1}^{\infty}(-1)^n v_n$(其中 $v_n>0,n=1,2,\cdots$)称为交错级数.

定理 1(莱布尼茨定理)

若交错级数 $\sum\limits_{n=1}^{\infty}(-1)^{n-1}v_n$ 或 $\sum\limits_{n=1}^{\infty}(-1)^n v_n$,满足下列条件:

(i) $v_{n+1}<v_n(n=1,2,\cdots)$;

(ii) $\lim\limits_{n\to\infty}v_n=0$,

则交错级数 $\sum\limits_{n=1}^{\infty}(-1)^{n-1}v_n$ 或 $\sum\limits_{n=1}^{\infty}(-1)^n v_n$ 收敛,且其和的绝对值不大于 v_1.

证明 不妨考虑 $\sum\limits_{n=1}^{\infty}(-1)^{n-1}v_n$ 的情形.取前 $2m$ 项之和

$$s_{2m}=(v_1-v_2)+(v_3-v_4)+\cdots+(v_{2m-1}-v_{2m}).$$

由条件(i)知,每一个括号内均大于 0,所以当 m 增大时,数列 $\{s_{2m}\}$ 递增. s_{2m} 又可写为

$$s_{2m}=v_1-(v_2-v_3)-\cdots-(v_{2m-2}-v_{2m-1})-v_{2m},$$

每一个括号内均大于 0,由此知

$$s_{2m}<v_1,$$

数列 $\{s_{2m}\}$ 递增而有上界,所以数列 $\{s_{2m}\}$ 必有极限,即

$$\lim_{m\to\infty}s_{2m}=s\leqslant v_1.$$

又

$$s_{2m+1}=s_{2m}+v_{2m+1},$$

由条件(ii) $\lim\limits_{n\to\infty}v_n=0$,可知 $\lim\limits_{m\to\infty}v_{2m+1}=0$,从而得

$$\lim_{n\to\infty}s_{2m+1}=\lim_{m\to\infty}(s_{2m}+v_{2m+1})=s.$$

前 $2m$ 项之和的极限为 s,前 $2m+1$ 项之和的极限也为 s,所以第 n 部分 s_n 也有

极限 s,即级数 $\sum\limits_{n=1}^{\infty}(-1)^{n-1}v_n$ 收敛,且有 $s\leqslant v_1$.

容易证明 $\sum\limits_{n=1}^{\infty}(-1)^n v_n$ 的和的绝对值不大于 v_1.

满足定理 1 的交错级数称为莱布尼茨型级数.

例 1 判断级数 $\displaystyle\sum_{n=1}^{\infty}(-1)^{n-1}\frac{1}{n}$ 的收敛性.

解 这是交错级数，$v_{n+1}=\dfrac{1}{n+1}$，$v_n=\dfrac{1}{n}$，显然有

$$v_{n+1}<v_n,$$

且 $\displaystyle\lim_{n\to\infty}v_n=\lim_{n\to\infty}\frac{1}{n}=0$，所以级数 $\displaystyle\sum_{n=1}^{\infty}(-1)^{n-1}\frac{1}{n}$ 收敛，是莱布尼茨型级数.

例 2 判断级数 $\displaystyle\sum_{n=1}^{\infty}(-1)^{n-1}\frac{2n+1}{n(n+1)}$ 的收敛性.

解 这是交错级数. 又 $v_n=\dfrac{2n+1}{n(n+1)}$，要判定它是否为递减，只需进行计算：

$$\begin{aligned}
v_{n+1}-v_n &= \frac{2n+3}{(n+1)(n+2)}-\frac{2n+1}{n(n+1)}\\
&= \frac{1}{n+1}+\frac{1}{n+2}-\left(\frac{1}{n}+\frac{1}{n+1}\right)\\
&= \frac{1}{n+2}-\frac{1}{n} < 0,
\end{aligned}$$

即 $v_{n+1}<v_n$. 又知 $\displaystyle\lim_{n\to\infty}v_n=\lim_{n\to\infty}\frac{2n+1}{n(n+1)}=0$，所以级数 $\displaystyle\sum_{n=1}^{\infty}(-1)^{n-1}\frac{2n+1}{n(n+1)}$ 收敛.

绝对收敛与条件收敛

对于任意项级数，怎样研究其收敛性呢？除了用级数收敛定义来判断外，还有什么办法？为此要介绍绝对收敛与条件收敛概念.

定理 2 如果级数 $\displaystyle\sum_{n=1}^{\infty}|u_n|$ 收敛，则级数 $\displaystyle\sum_{n=1}^{\infty}u_n$ 也收敛.

证明 显然有

$$-|u_n|\leqslant u_n\leqslant|u_n|.$$

从而有

$$0\leqslant u_n+|u_n|\leqslant 2|u_n|.$$

由 $\displaystyle\sum_{n=1}^{\infty}|u_n|$ 收敛，可知 $\displaystyle\sum_{n=1}^{\infty}2|u_n|$ 收敛，因而知级数 $\displaystyle\sum_{n=1}^{\infty}(u_n+|u_n|)$ 收敛. 而

$$\sum_{n=1}^{\infty} u_n = \sum_{n=1}^{\infty} \left[(u_n + |u_n|) - |u_n| \right],$$ 由性质 2 知级数 $\sum_{n=1}^{\infty} u_n$ 收敛.

定理 2 告诉我们对于任意项级数,可以考虑每项取绝对值变为正项级数,如果这个正项级数收敛,则任意项级数就收敛.但要注意:如果 $\sum_{n=1}^{\infty} |u_n|$ 发散,则不能说 $\sum_{n=1}^{\infty} u_n$ 一定发散.例如级数 $\sum_{n=1}^{\infty} \dfrac{(-1)^{n-1}}{n}$ 是任意项级数,且是收敛的.但 $\sum_{n=1}^{\infty} \left| \dfrac{(-1)^{n-1}}{n} \right| = \sum_{n=1}^{\infty} \dfrac{1}{n}$ 却是发散的.

> **定义** 如果级数 $\sum_{n=1}^{\infty} |u_n|$ 收敛,则称级数 $\sum_{n=1}^{\infty} u_n$ 为绝对收敛.如果 $\sum_{n=1}^{\infty} |u_n|$ 发散,而 $\sum_{n=1}^{\infty} u_n$ 收敛,则称级数 $\sum_{n=1}^{\infty} u_n$ 为条件收敛.

定理 2 就是说绝对收敛级数一定是收敛的.

例 3 判断级数 $\sum_{n=1}^{\infty} \dfrac{(-1)^n n^3}{2^n}$ 的收敛性.

解 每项取绝对值,得 $\sum_{n=1}^{\infty} \dfrac{n^3}{2^n}$. 因

$$\lim_{n \to \infty} \frac{u_{n+1}}{u_n} = \lim_{n \to \infty} \frac{\dfrac{(n+1)^3}{2^{n+1}}}{\dfrac{n^3}{2^n}} = \lim_{n \to \infty} \left(\frac{n+1}{n} \right)^3 \cdot \frac{1}{2} = \frac{1}{2},$$

即 $\rho = \dfrac{1}{2} < 1$,所以 $\sum_{n=1}^{\infty} \left| \dfrac{(-1)^n n^3}{2^n} \right|$ 收敛,由定理 2 知级数 $\sum_{n=1}^{\infty} \dfrac{(-1)^n n^3}{2^n}$ 收敛.

例 4 判断级数 $\sum_{n=1}^{\infty} \dfrac{(-1)^{\frac{n(n+1)}{2}}}{n^2}$ 的收敛性.

解 因为 $\sum_{n=1}^{\infty} \left| \dfrac{(-1)^{\frac{n(n+1)}{2}}}{n^2} \right| = \sum_{n=1}^{\infty} \dfrac{1}{n^2}$ 收敛($p=2$ 的 p-级数),所以 $\sum_{n=1}^{\infty} \dfrac{(-1)^{\frac{n(n+1)}{2}}}{n^2}$ 收敛.

例 5 问级数 $\sum_{n=1}^{\infty} (-1)^n \tan \dfrac{1}{n}$ 收敛吗? 若收敛,则是条件收敛还是绝对收敛?

解 这是交错级数,$v_n = \tan \dfrac{1}{n} > 0$,显然有 $v_{n+1} < v_n$,且

$$\lim_{n \to \infty} \tan \frac{1}{n} = 0,$$

所以该级数为莱布尼茨型级数,是收敛的.

再考虑每项取绝对值,得级数 $\sum\limits_{n=1}^{\infty} \tan\dfrac{1}{n}$.我们知道 $\tan x > x, x\in\left(0,\dfrac{\pi}{2}\right)$[①],所以

$$\tan\dfrac{1}{n} > \dfrac{1}{n},$$

而级数 $\sum\limits_{n=1}^{\infty}\dfrac{1}{n}$ 是调和级数,是发散的,从而知 $\sum\limits_{n=1}^{\infty}\tan\dfrac{1}{n}$ 发散,所以原级数 $\sum\limits_{n=1}^{\infty}(-1)^n\cdot$ $\tan\dfrac{1}{n}$ 是条件收敛.

下面介绍级数乘积的概念.

设两个级数 $\sum\limits_{n=1}^{\infty}u_n$ 和 $\sum\limits_{n=1}^{\infty}v_n$,对它们的项作类似多项式的乘积.

	v_1	v_2	v_3	v_4	$\cdots$
u_1	$u_1 v_1$	$u_1 v_2$	$u_1 v_3$	$u_1 v_4$	$\cdots$
u_2	$u_2 v_1$	$u_2 v_2$	$u_2 v_3$	$u_2 v_4$	$\cdots$
u_3	$u_3 v_1$	$u_3 v_2$	$u_3 v_3$	$u_3 v_4$	$\cdots$
u_4	$u_4 v_1$	$u_4 v_2$	$u_4 v_3$	$u_4 v_4$	
$\vdots$	$\vdots$	$\vdots$	$\vdots$	$\vdots$	$\ddots$

按表中斜线方向组成项或按铅垂、水平线方向组成项所形成的级数,即

$$u_1 v_1 + (u_2 v_1 + u_1 v_2) + (u_3 v_1 + u_2 v_2 + u_1 v_3) + \cdots$$

或

$$u_1 v_1 + (u_2 v_1 + u_2 v_2 + u_1 v_2) + (u_3 v_1 + u_3 v_2 + u_3 v_3 + u_2 v_3 + u_1 v_3) + \cdots$$

均称为级数 $\sum\limits_{n=1}^{\infty}u_n$ 与 $\sum\limits_{n=1}^{\infty}v_n$ 的乘积.

定理 3 如果级数 $\sum\limits_{n=1}^{\infty}u_n$ 和 $\sum\limits_{n=1}^{\infty}v_n$ 均为绝对收敛,且其和分别为 s 与 σ,则其乘积的级数也绝对收敛,且其和为 $s\cdot\sigma$.

证明从略.

---

① 令 $f(x)=\tan x-x, x\in\left(0,\dfrac{\pi}{2}\right)$,则 $f'(x)=\sec^2 x-1>0$,所以 $f(x)$ 递增$\left(x\in\left(0,\dfrac{\pi}{2}\right)\right)$.又 $f(0)=0$,

证得 $f(x)>0$,即 $\tan x>x, x\in\left(0,\dfrac{\pi}{2}\right)$.

判断第 24—26 题的收敛性.

24. $\displaystyle\sum_{n=1}^{\infty} \frac{(-1)^n}{\sqrt{n}}$.

25. $\displaystyle\sum_{n=1}^{\infty} \frac{(-1)^n}{\ln(1+n)}$.

26. $\displaystyle\sum_{n=1}^{\infty} \frac{(-1)^n n}{n+1}$.

判断第 27—33 题的收敛性,如果收敛,是绝对收敛还是条件收敛.

27. $\displaystyle\sum_{n=1}^{\infty} \frac{\sin \frac{n\pi}{5}}{2^n}$.

28. $\displaystyle\sum_{n=1}^{\infty} \frac{(-1)^n 3^n}{n!}$.

29. $\displaystyle\sum_{n=1}^{\infty} \frac{(-1)^n}{\sqrt[3]{n}}$.

30. $\displaystyle\sum_{n=1}^{\infty} (-1)^n (\sqrt{n+1} - \sqrt{n})$.

31. $\displaystyle\sum_{n=1}^{\infty} \frac{(-1)^n 3^n}{n^n}$.

32. $\displaystyle\sum_{n=2}^{\infty} \frac{\cos \frac{5\pi}{n}}{n^3 - 1}$.

33. $\displaystyle\sum_{n=1}^{\infty} (-1)^{n-1} \frac{2 + (-1)^n}{n^2}$.

§4 幂 级 数

前面几节介绍了每项均为常数的常数项级数,从这一节开始将介绍每项均为函数的函数项级数.

一 函数项级数的一般概念

定义 设函数 $u_1(x), u_2(x), \cdots, u_n(x), \cdots$ 在区间 I 上均有定义,则
$$u_1(x) + u_2(x) + \cdots + u_n(x) + \cdots$$
称为函数项级数.

当取定 x 值,如 $x = x_0 \in I$,则函数项级数就成为常数项级数

$$u_1(x_0) + u_2(x_0) + \cdots + u_n(x_0) + \cdots.$$

如果上述级数收敛,则称 x_0 是函数项级数的一个收敛点,否则称为发散点.函数项级数的收敛点的全体称为函数项级数的收敛域.对于收敛域上每一个 x,都有级数的一个和数 s.可知 s 是 x 的函数,记为 $s(x)$,并称为函数项级数的和函数,即

$$s(x) = \sum_{n=1}^{\infty} u_n(x),\ 或\ s(x) = \lim_{n \to \infty} s_n(x),$$

其中 $s_n(x) = u_1(x) + u_2(x) + \cdots + u_n(x)$,称为第 n 部分和函数.例如函数项级数

$$1 + x + x^2 + \cdots + x^{n-1} + \cdots$$

的收敛域为 $(-1,1)$,其和函数为 $\dfrac{1}{1-x}$,即

$$\frac{1}{1-x} = 1 + x + x^2 + \cdots + x^{n-1} + \cdots,\ x \in (-1,1).$$

而函数项级数

$$1 - x + x^2 - x^3 + \cdots + (-1)^{n-1} x^{n-1} + \cdots$$

的收敛域为 $(-1,1)$,其和函数为 $\dfrac{1}{1+x}$.即

$$\frac{1}{1+x} = 1 - x + x^2 - x^3 + \cdots + (-1)^{n-1} x^{n-1} + \cdots,\ x \in (-1,1).$$

(以上两个级数事实上是公比为 x 与 $-x$ 的几何级数.)

二 幂级数及其收敛域

函数项级数

$$\sum_{n=0}^{\infty} a_n(x-x_0)^n = a_0 + a_1(x-x_0) + a_2(x-x_0)^2 + \cdots + a_n(x-x_0)^n + \cdots \qquad ①$$

称为幂级数.当 $x_0 = 0$ 时,是幂级数最简单的形式

$$\sum_{n=0}^{\infty} a_n x^n = a_0 + a_1 x + a_2 x^2 + \cdots + a_n x^n + \cdots. \qquad ②$$

如果级数②的收敛域清楚了,那么将②的收敛域平移就可得级数①的收敛域,因而我们重点研究级数②.今后如无特殊声明,幂级数均指②.

> **定理** 设幂级数 $\sum\limits_{n=0}^{\infty} a_n x^n (a_n \neq 0)$①,如果 $\lim\limits_{n \to \infty} \left| \dfrac{a_{n+1}}{a_n} \right|$ 存在(或无穷大)且记为 ρ,

---

① 当幂级数 $\sum\limits_{n=0}^{\infty} a_n x^n$ 中 $a_n \neq 0 (n = 0,1,2,\cdots)$ 时,称此幂级数不缺项.

即

$$\rho = \lim_{n \to \infty} \left| \frac{a_{n+1}}{a_n} \right|,$$

则当 $|x| < \dfrac{1}{\rho}$ 时($0 < \rho < +\infty$),级数②绝对收敛;当 $|x| > \dfrac{1}{\rho}$ 时,级数②发散;当

$\rho = 0$ 时,级数②在 $|x| < +\infty$ 绝对收敛;当 $\rho = +\infty$ 时,级数②仅在 $x = 0$ 处收敛.

证明 用比值法讨论 $\displaystyle\sum_{n=0}^{\infty} |a_n x^n|$ 的收敛性.

$$\lim_{n \to \infty} \left| \frac{a_{n+1} x^{n+1}}{a_n x^n} \right| = \lim_{n \to \infty} \left| \frac{a_{n+1}}{a_n} \right| |x| = \rho |x|.$$

当 $\rho |x| < 1 (\rho \neq 0)$ 时,即 $|x| < \dfrac{1}{\rho}$ 时,幂级数 $\displaystyle\sum_{n=0}^{\infty} a_n x^n$ 绝对收敛,当 $\rho |x| > 1$,

即 $|x| > \dfrac{1}{\rho}$ 时,幂级数 $\displaystyle\sum_{n=0}^{\infty} a_n x^n$ 发散(由比值法知当 $\rho > 1$ 时随着 $n \to \infty$,有 $a_n x^n \nrightarrow 0$);

当 $\rho = 0$ 时,即对于任意的 x 有 $\rho |x| = 0$,就是说级数 $\displaystyle\sum_{n=0}^{\infty} a_n x^n$ 处处绝对收敛;当 $\rho = +\infty$ 时,即对于任意 $x \neq 0$,级数 $\displaystyle\sum_{n=0}^{\infty} a_n x^n$ 均发散,而在 $x = 0$ 处是收敛的.

称 $\dfrac{1}{\rho}$ 为级数②的收敛半径,记作 R,即 $R = \dfrac{1}{\rho}$.当 $\rho = 0$ 时,规定收敛半径 $R = +\infty$.当 $\rho = +\infty$ 时,规定收敛半径 $R = 0$.

例 1 求幂级数 $\displaystyle\sum_{n=1}^{\infty} (-1)^n \frac{x^n}{n}$ 的收敛域.

解 先求收敛半径. $a_n = \dfrac{(-1)^n}{n} \neq 0$, $\displaystyle\sum_{n=1}^{\infty} (-1)^n \frac{x^n}{n}$ 是不缺项的幂级数,可用定理.

$$\rho = \lim_{n \to \infty} \left| \frac{a_{n+1}}{a_n} \right| = \lim_{n \to \infty} \frac{\dfrac{1}{n+1}}{\dfrac{1}{n}} = \lim_{n \to \infty} \frac{n}{n+1} = 1.$$

所以收敛半径 $R = \dfrac{1}{\rho} = 1$,即在 $(-1, 1)$ 内该幂级数收敛.

再考虑区间的端点:当 $x = 1$ 时,代入得

$$\sum_{n=1}^{\infty} \frac{(-1)^n}{n}.$$

它是莱布尼茨型级数,所以收敛;当 $x = -1$ 时,代入得

$$\sum_{n=1}^{\infty} \frac{1}{n}.$$

这是调和级数,是发散的,所以该幂级数收敛域为$(-1,1]$.

例 2 求幂级数 $\sum\limits_{n=0}^{\infty} \cdot \dfrac{x^n}{n!}$(规定 $0!=1$)的收敛域.

这是不缺项的幂级数,可用定理.

$$\rho = \lim_{n \to \infty} \left| \frac{a_{n+1}}{a_n} \right| = \lim_{n \to \infty} \frac{\dfrac{1}{(n+1)!}}{\dfrac{1}{n!}} = \lim_{n \to \infty} \frac{1}{n+1} = 0,$$

收敛半径为 $+\infty$,即处处收敛,故该幂级数的收敛域为 $(-\infty, +\infty)$.

例 3 求幂级数 $\sum\limits_{k=0}^{\infty} \dfrac{x^{2k+1}}{3^k}$ 的收敛域.

解 对比级数 $\sum\limits_{n=0}^{\infty} a_n x^n$,可以看出 $a_{2k}=0$,是缺项的幂级数,所以不能套用定理,用比值法,

$$\lim_{k \to \infty} \left| \frac{\dfrac{x^{2k+3}}{3^{k+1}}}{\dfrac{x^{2k+1}}{3^k}} \right| = \lim_{k \to \infty} \frac{x^2}{3} = \frac{x^2}{3}.$$

当 $\dfrac{x^2}{3}<1$,即 $|x|<\sqrt{3}$ 时,幂级数收敛;当 $\dfrac{x^2}{3}>1$ 时,即 $|x|>\sqrt{3}$ 时,幂级数发散.即 $(-\sqrt{3}, \sqrt{3})$ 内幂级数收敛,当 $x=\sqrt{3}$ 与 $x=-\sqrt{3}$ 时,分别得

$$\sum_{k=0}^{\infty} \sqrt{3} \quad \text{与} \quad \sum_{k=0}^{\infty} (-\sqrt{3})$$

均为发散.所以该幂级数的收敛域为 $(-\sqrt{3}, \sqrt{3})$.

下面将求幂级数 $\sum\limits_{n=1}^{\infty} a_n x^n$ 的收敛域小结如下:

(1) 若 $a_n \neq 0 (n=0,1,2,\cdots)$,即幂级数是不缺项的.

(i) 用定理求出 ρ,得到收敛半径 $R = \dfrac{1}{\rho}$(当 $\rho=0$ 时,$R=+\infty$;当 $\rho=+\infty$ 时,$R=0$),所以幂级数在开区间 $(-R, R)$ 内收敛.

(ii) 将 $x=R$ 与 $x=-R$ 分别代入原级数,考虑 $\sum\limits_{n=0}^{\infty} a_n R^n$ 与 $\sum\limits_{n=0}^{\infty} a_n (-R)^n$ 的收敛性,从而得到幂级数 $\sum\limits_{n=0}^{\infty} a_n x^n$ 的收敛域.

(2) 若当 n 充分大后,a_n 中总有等于 0 者,即幂级数是缺项的.这时就不能用定理,而应该用比值法,即求后一项与前一项比的绝对值的极限.讨论当 x 在什么范围时,其极限值小于 1,x 在什么范围时,其极限值大于 1,从而得幂级数在一个开区间内收敛,然后,再讨论区间端点处幂级数的收敛性,从而得到收敛域.

设两个幂级数 $\sum\limits_{n=0}^{\infty} a_n x^n$ 及 $\sum\limits_{n=0}^{\infty} b_n x^n$ 的收敛半径分别为 R_1，R_2，记 $R = \min(R_1,$

$R_2)$（即 R_1，R_2 中取小的一个）.

性质 1
$$\sum_{n=0}^{\infty} a_n x^n + \sum_{n=0}^{\infty} b_n x^n = \sum_{n=0}^{\infty} (a_n + b_n) x^n,$$

其中 $x \in (-R, R)$.

性质 2 记 $\sum\limits_{n=0}^{\infty} a_n x^n$ 与 $\sum\limits_{n=0}^{\infty} b_n x^n$ 的乘积级数为 $\sum\limits_{n=0}^{\infty} c_n x^n$，则

$$\left(\sum_{n=0}^{\infty} a_n x^n \right) \cdot \left(\sum_{n=0}^{\infty} b_n x^n \right) = \sum_{n=0}^{\infty} c_n x^n,$$

其中 $x \in (-R, R)$.

性质 3 设 $\sum\limits_{n=0}^{\infty} a_n x^n$ 的收敛半径为 R，则级数 $\sum\limits_{n=0}^{\infty} a_n x^n$ 的和函数 $s(x)$ 在 $(-R, R)$

内连续.

性质 4 设 R 为幂级数 $\sum\limits_{n=0}^{\infty} a_n x^n$ 的收敛半径，且

$$s(x) = \sum_{n=0}^{\infty} a_n x^n, \quad x \in (-R, R),$$

则（i）

$$\int_0^x s(x) \, \mathrm{d}x = \sum_{n=0}^{\infty} \int_0^x a_n x^n \, \mathrm{d}x = a_0 x + \frac{1}{2} a_1 x^2$$

$$+ \frac{1}{3} a_2 x^3 + \cdots + \frac{1}{n+1} a_n x^{n+1} + \cdots;$$

（ii）幂级数 $\sum\limits_{n=0}^{\infty} \int_0^x a_n x^n \mathrm{d}x$ 的收敛半径仍为 R.

这性质表示：幂级数逐项积分等于原幂级数的积分.

上式也可以写为

$$\int_0^x \left(\sum_{n=0}^{\infty} a_n x^n \right) \mathrm{d}x = \sum_{n=0}^{\infty} \left(\int_0^x a_n x^n \mathrm{d}x \right).$$

性质 5 设 R 为幂级数 $\sum\limits_{n=0}^{\infty} a_n x^n$ 的收敛半径，且

$$s(x) = \sum_{n=0}^{\infty} a_n x^n,$$

则（i）$s(x)$ 可导，且

$$s'(x) = \sum_{n=0}^{\infty} (a_n x^n)' = \sum_{n=1}^{\infty} n a_n x^{n-1},$$

或写为

$$\left(\sum_{n=0}^{\infty} a_n x^n\right)' = \sum_{n=0}^{\infty} (a_n x^n)'.$$

（ii）幂级数 $\sum\limits_{n=0}^{\infty} (a_n x^n)'$ 的收敛半径仍为 R.

这个性质表示：幂级数逐项求导等于原幂级数求导.

性质 5 可以推广. 例如

$$s''(x) = \sum_{n=0}^{\infty} (a_n x^n)'' = \sum_{n=2}^{\infty} n(n-1) a_n x^n,$$

$$s'''(x) = \sum_{n=0}^{\infty} (a_n x^n)''' = \sum_{n=3}^{\infty} n(n-1)(n-2) a_n x^{n-3},$$

它们的收敛半径仍为 R.

性质 4 和性质 5 分别称为逐项积分和逐项求导.

例 4 求幂级数 $\sum\limits_{n=1}^{\infty} \dfrac{(-1)^{n-1}}{n} x^n$ 的收敛半径 R，并求在 $(-R,R)$ 上的和函数.

解

$$\rho = \lim_{n\to\infty} \frac{\left| \dfrac{(-1)^n}{n+1} \right|}{\left| \dfrac{(-1)^{n-1}}{n} \right|} = 1,$$

所以收敛半径 $R = \dfrac{1}{\rho} = 1$.

设 $s(x) = \sum\limits_{n=1}^{\infty} \dfrac{(-1)^{n-1}}{n} x^n = x - \dfrac{1}{2} x^2 + \dfrac{1}{3} x^3 - \cdots + (-1)^{n-1} \dfrac{x^n}{n} + \cdots,$

利用性质 5 得

$$s'(x) = 1 - x + x^2 - \cdots + (-1)^{n-1} x^{n-1} + \cdots, \quad x \in (-1,1).$$

右边是以 $-x$ 为公比的等比级数，其和为 $\dfrac{1}{1+x}$，即

$$s'(x) = \frac{1}{1+x}.$$

两边从 0 到 x 积分（$x \in (-1,1)$）：

$$\int_0^x s'(t)\,\mathrm{d}t = \int_0^x \frac{1}{1+t}\,\mathrm{d}t,$$

$$s(x) - s(0) = \ln(1+x).$$

将 $x = 0$ 代入原幂级数，得 $s(0) = 0$，故

$$s(x) = \ln(1+x),$$

即

$$\ln(1+x) = \sum_{n=1}^{\infty} \frac{(-1)^{n-1}}{n} x^n, \quad x \in (-1,1).$$

注意 当 $x = 1$ 时，此式仍成立.

例 5　求幂级数 $\displaystyle\sum_{n=0}^{\infty} (n+1)x^n$ 的收敛半径 R,并求在 $(-R,R)$ 上的和函数.

解
$$\rho = \lim_{n\to\infty} \left| \frac{n+2}{n+1} \right| = 1, R = 1.$$

设 $\quad s(x) = \displaystyle\sum_{n=0}^{\infty} (n+1)x^n = 1 + 2x + 3x^2 + \cdots + (n+1)x^n + \cdots, \quad x \in (-1,1).$

利用性质 4 从 0 到 x 逐项积分得

$$\int_0^x s(t)\,\mathrm{d}t = \int_0^x \mathrm{d}t + 2\int_0^x t\,\mathrm{d}t + \cdots + (n+1)\int_0^x t^n\,\mathrm{d}t + \cdots$$

$$= x + x^2 + x^3 + \cdots + x^n + \cdots$$

$$= x(1 + x + x^2 + \cdots + x^{n-1} + \cdots)$$

$$= \frac{x}{1-x}, \quad x \in (-1,1).$$

两边求导得

$$s(x) = \left(\frac{x}{1-x} \right)' = \frac{1}{(1-x)^2},$$

即

$$\frac{1}{(1-x)^2} = \sum_{n=0}^{\infty} (n+1)x^n, \quad x \in (-1,1).$$

习题

求第 34—38 题的收敛域.

34. $\displaystyle\sum_{n=0}^{\infty} 10^n x^n$.

35. $\displaystyle\sum_{n=1}^{\infty} \frac{(-1)^{n-1}}{n^2} x^n$.

36. $\displaystyle\sum_{n=1}^{\infty} \frac{(-1)^{n-1}}{\sqrt{n}} x^{n-1}$.

37. $\displaystyle\sum_{n=1}^{\infty} \frac{1}{4^n} x^{2n}$.

38. $\displaystyle\sum_{n=1}^{\infty} \frac{2^{2n-1}}{n\sqrt{n}} (x+1)^n$ $\left(\text{提示:先求} \displaystyle\sum_{n=1}^{\infty} \frac{2^{2n-1}}{n\sqrt{n}} x^n \text{的收敛域}\right)$.

求第 39—42 题的收敛半径 R,并求在 $(-R,R)$ 上的和函数.

39. $\displaystyle\sum_{n=0}^{\infty} \left(\frac{x}{2} \right)^n$.

40. $\displaystyle\sum_{n=1}^{\infty} \frac{x^n}{n}$.

41. $\displaystyle\sum_{n=0}^{\infty} \frac{x^{2n+1}}{2n+1}$.

42. $\displaystyle\sum_{n=1}^{\infty} \frac{n(n+1)}{2} x^{n-1}$（提示:积分两次）.

§5　函数展开为幂级数

这一节将介绍怎样把一个函数 $f(x)$ 用幂级数来表示(即该幂级数的和函数就是 $f(x)$).这称为函数 $f(x)$ 展开为幂级数.

 泰勒级数[1]

设函数 $f(x)$ 已展开为幂级数,即

$$f(x) = \sum_{n=0}^{\infty} a_n (x - x_0)^n$$
$$= a_0 + a_1(x-x_0) + a_2(x-x_0)^2 + a_3(x-x_0)^3 + \cdots + a_n(x-x_0)^n + \cdots.$$

问其系数 $a_n(n=0,1,2,\cdots)$ 等于什么?

由幂级数可逐项求导的性质,得

$$f'(x) = a_1 + 2a_2(x-x_0) + 3a_3(x-x_0)^2$$
$$+ \cdots + na_n(x-x_0)^{n-1} + \cdots,$$
$$f''(x) = 2a_2 + 3 \cdot 2a_3(x-x_0) + \cdots$$
$$+ n(n-1)a_n(x-x_0)^{n-2} + \cdots,$$
$$\cdots\cdots\cdots$$
$$f^{(n)}(x) = n! \, a_n + (n+1)! \, a_{n+1}(x-x_0)$$
$$+ \frac{(n+2)!}{2!}(x-x_0)^2 + \cdots.$$

将 $x = x_0$ 代入上述各式,得

$$a_0 = f(x_0), a_1 = f'(x_0), a_2 = \frac{1}{2!}f''(x_0), \cdots,$$

---

[1]　布鲁克·泰勒(Brook Taylor,1685—1731)是英国数学家.由于他在英国《皇家学会会报》上发表一系列高水平的论文,27 岁时,当选英国皇家学会会员.1715 年出版的《增量法及其逆》一书中提出了泰勒级数,但证明有失严格,一百多年后由柯西给出了严格证明.泰勒一生深受疾病及悲剧事件的困扰.他先后的两个妻子均死于分娩,父子又不和,使他痛苦不堪.到了晚年,便把精力与爱好转向了宗教和神学.

$$a_n = \frac{1}{n!} f^{(n)}(x_0), \cdots . \qquad\qquad ①$$

于是,幂级数的形式为

$$f(x_0) + f'(x_0)(x - x_0) + \frac{f''(x_0)}{2!}(x - x_0)^2$$

$$+ \frac{f'''(x_0)}{3!}(x - x_0)^3 + \cdots + \frac{f^{(n)}(x_0)}{n!}(x - x_0)^n + \cdots . \qquad ②$$

②式称为 $f(x)$ 在 x_0 处的泰勒级数.

这就是说如果函数展开为幂级数 $\sum\limits_{n=0}^{\infty} a_n (x - x_0)^n$,则该幂级数一定是 $f(x)$ 的泰勒级数.

$x_0 = 0$ 时,级数 $\sum\limits_{n=0}^{\infty} \frac{f^{(n)}(0)}{n!} x^n$ 称为麦克劳林级数[①].

例 1 求函数 e^x 的麦克劳林级数.

解 $\left. e^x \right|_{x=0} = 1, \quad \left. (e^x)' \right|_{x=0} = 1, \quad \cdots, \quad \left. (e^x)^{(n)} \right|_{x=0} = 1.$

所以 e^x 的麦克劳林级数:

$$\sum_{n=0}^{\infty} \frac{f^{(n)}(0)}{n!} x^n = 1 + \frac{f'(0)}{1!} x + \frac{f''(0)}{2!} x^2 + \cdots + \frac{f^{(n)}(0)}{n!} x^n + \cdots$$

$$= 1 + x + \frac{1}{2!} x^2 + \cdots + \frac{1}{n!} x^n + \cdots, \quad x \in (-\infty, +\infty).$$

例 2 求函数 $f(x) = \sin x$ 的麦克劳林级数.

解 $f^{(n)}(x) = (\sin x)^{(n)} = \sin\left(x + \frac{n}{2}\pi\right) \quad (n = 0, 1, 2, \cdots),$

其中 $f^{(0)}(x) = f(x)$,将 $x = 0$ 代入,得

$$f(0) = 0, f'(0) = 1, f''(0) = 0, f'''(0) = -1, \cdots, f^{(2n)}(0) = 0,$$

$f^{(2n+1)}(0) = (-1)^n$,代入公式②得 $f(x) = \sin x$ 的麦克劳林级数:

---

① 科林·麦克劳林(Colin Maclaurin,1698—1746)是英国数学家.11 岁时考入格拉斯大学学习神学,不久对数学发生了浓厚兴趣.17 岁取得了硕士学位.19 岁担任阿伯丁大学的数学教授.两年后被选为英国皇家学会会员.1724 年因杰出论文而荣获法国科学院奖金.1719 年认识了牛顿,从此便成了牛顿的门生.1724 年由于牛顿的大力推荐获得教授席位.麦克劳林终生不忘牛顿对他的栽培,死后在他的墓碑上刻有"曾蒙牛顿的推荐".

$$x - \frac{1}{3!}x^3 + \frac{1}{5!}x^5 - \cdots + \frac{(-1)^n}{(2n+1)!}x^{2n+1} + \cdots, \quad x \in (-\infty, +\infty).$$

函数展开为麦克劳林级数

现在要问 $f(x)$ 的麦克劳林级数是否收敛于 $f(x)$,即其和函数是否就是 $f(x)$? 回答是"不确定",但是在一定条件下是收敛于 $f(x)$ 的.对这个问题我们不作详尽讨论.仅给出一些常用函数的麦克劳林展开式.例 1、例 2 中 e^x 和 $\sin x$ 的麦克劳林级数在其收敛域内分别收敛于它们,即

$$e^x = 1 + x + \frac{1}{2!}x^2 + \frac{1}{3!}x^3 + \cdots + \frac{1}{n!}x^n + \cdots, \quad x \in (-\infty, +\infty).$$

$$\sin x = x - \frac{1}{3!}x^3 + \frac{1}{5!}x^5 - \cdots + \frac{(-1)^n}{(2n+1)!}x^n + \cdots, \quad x \in (-\infty, +\infty).$$

另外还有

$$\ln(1+x) = x - \frac{1}{2}x^2 + \cdots + \frac{(-1)^{n-1}}{n}x^n + \cdots, \quad x \in (-1,1].$$

并以以上三个公式以及前面已经遇到过的公式

$$\frac{1}{1+x} = 1 - x + x^2 - \cdots + (-1)^n x^n + \cdots, \quad x \in (-1,1)$$

为基础,运用幂级数的运算性质,介绍将一些函数展开为麦克劳林级数的方法.

例 3 将函数 $f(x) = e^{-x}$ 展开为麦克劳林级数.

解 已知

$$e^x = 1 + x + \frac{1}{2!}x^2 + \cdots + \frac{1}{n!}x^n + \cdots, \quad x \in (-\infty, +\infty).$$

将 $-x$ 换成 x 得 e^{-x} 的麦克劳林级数展开式:

$$e^{-x} = 1 - x + \frac{1}{2!}x^2 - \frac{1}{3!}x^3 + \cdots + (-1)^n \frac{1}{n!}x^n + \cdots, \quad x \in (-\infty, +\infty).$$

例 4 将函数 $f(x) = \cos x$ 展开为麦克劳林级数.

解 因为

$$\sin x = x - \frac{1}{3!}x^3 + \frac{1}{5!}x^5 - \cdots + (-1)^n \frac{x^{2n+1}}{(2n+1)!} + \cdots, \quad x \in (-\infty, +\infty),$$

逐项求导得 $\cos x$ 的麦克劳林级数展开式:

$$\cos x = 1 - \frac{1}{2!}x^2 + \frac{1}{4!}x^4 - \cdots + (-1)^n \frac{x^{2n}}{(2n)!} + \cdots, \quad x \in (-\infty, +\infty).$$

例5 将函数 $f(x) = \arctan x$ 展开为麦克劳林级数.

解 因为

$$\frac{1}{1+x} = 1 - x + x^2 - x^3 + \cdots + (-1)^n x^n + \cdots,$$

$$x \in (-1, 1),$$

将 x 换成 x^2,得

$$\frac{1}{1+x^2} = 1 - x^2 + x^4 - x^6 + \cdots + (-1)^n x^{2n} + \cdots,$$

两边积分,得

$$\int_0^x \frac{1}{1+x^2} dx = \int_0^x dx - \int_0^x x^2 dx + \int_0^x x^4 dx - \cdots$$

$$+ (-1)^n \int_0^x x^{2n} dx + \cdots,$$

即

$$\arctan x = x - \frac{1}{3} x^3 + \frac{1}{5} x^5 - \cdots + (-1)^n \frac{x^{2n+1}}{2n+1} + \cdots,$$

$$x \in (-1, 1).$$

当 $x = \pm 1$ 时,上式仍成立.

习题

将第 43—49 题中的函数展开为麦克劳林级数.

43. $f(x) = \dfrac{1}{1+x^2}$.

44. $f(x) = \dfrac{x}{1+x}$.

45. $f(x) = e^{-x^2}$.

46. $f(x) = \sin \dfrac{x}{2}$.

47. $f(x) = \dfrac{1}{2+x} \left(提示:\dfrac{1}{2+x} = \dfrac{1}{2} \cdot \dfrac{1}{1+\frac{x}{2}} \right)$.

48. $f(x) = \sin^2 x$ (提示:$(\sin^2 x)' = \sin 2x$).

49. $f(x) = \dfrac{1}{(1-x)^2} \left(提示:\dfrac{1}{(1-x)^2} = \left(\dfrac{1}{1-x} \right)' \right)$.

*§6 傅里叶[①] 级数

本节将介绍另一种重要而实用的函数项级数——傅里叶级数,它是由正弦函数与余弦函数叠加而成的.

先介绍在实际问题中是怎样提出傅里叶级数问题的.以力学中的振动为例:一根弹簧受力后产生振动,如不考虑各种阻尼,其振动可用函数 $y = A\sin(\omega t + \varphi)$ 表示,其中 A 为振幅,ω 为频率,φ 为初相,t 为时间,称为简谐振动.它是振动中最简单的一种,人们对它已经有了充分的认识.如果遇到复杂的振动,能否把它分解为一系列简谐振动的叠加,从而由简谐振动去认识复杂的振动呢? 回答是肯定的.又如电子线路中,我们对正弦波已经有了充分的认识.那么对一个周期性的脉冲 $F(t)$ (图6-2),能否把它分解为一系列正弦波的叠加,从而由正弦波去认识脉冲 $F(t)$ 呢? 回答是肯定的.科学技术中其他一些周期运动也有类似的问题,这些构成了研究傅里叶级数的实际背景.

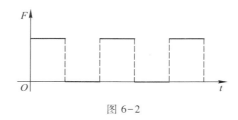

图 6-2

一 傅氏级数

1. 三角函数族的正交性

我们把 $1, \cos x, \sin x, \cos 2x, \sin 2x, \cdots, \cos nx, \sin nx, \cdots$ 称为三角函数族.下面

＊选学内容.

① 让·巴普蒂斯·约瑟夫·傅里叶(Baron Jean Baptiste Joseph Fourier,1768—1830)是法国数学家、物理学家.他是裁缝的儿子,8岁时父母双亡,13岁时学习数学,16岁时就独立地发现笛卡尔符号法则的一个新证法.但他的志向是当一名军官.可当局者说:"傅里叶出身低微,不得加入炮兵,虽然他是第二个牛顿."不久数学成了他终生爱好,1817年被选为法国科学院院士.1822年任该院终身秘书,他还是英国皇家学会会员,彼得堡科学院荣誉院士.1807年开始着重于热传导的数学研究工作并荣获巴黎科学院奖.1822年出版了名著《热的分析理论》,是数学理论应用于物理学的典范.

我们来证明族中任意两个不同函数乘积在$[-\pi,\pi]$上的定积分为0,事实上

$$\int_{-\pi}^{\pi} 1 \cdot \cos nx \mathrm{d}x = \frac{1}{n}\sin nx \Big|_{-\pi}^{\pi} = 0 \quad (n = 1,2,\cdots).$$

$$\int_{-\pi}^{\pi} 1 \cdot \sin nx \mathrm{d}x = -\frac{1}{n}\cos nx \Big|_{-\pi}^{\pi} = 0 \quad (n = 1,2,\cdots).$$

$$\int_{-\pi}^{\pi} \cos nx \sin mx \mathrm{d}x = \frac{1}{2}\int_{-\pi}^{\pi} [\sin(m+n)x + \sin(m-n)x]\mathrm{d}x$$

$$= -\frac{1}{2}\left[\frac{1}{m+n}\cos(m+n)x \Big|_{-\pi}^{\pi} + \frac{1}{m-n}\cos(m-n)x \Big|_{-\pi}^{\pi}\right] = 0$$

(m,n 为正整数,且 $m \neq n$).

同样可以算出当 $m = n$ 时,$\int_{-\pi}^{\pi} \cos nx \sin nx \mathrm{d}x = 0$ 以及 $\int_{-\pi}^{\pi} \cos mx \cos nx \mathrm{d}x = 0$,

$$\int_{-\pi}^{\pi} \sin mx \sin nx \mathrm{d}x = 0 \quad (m \neq n).$$

上述这些性质称为三角函数族的正交性.另外容易算出,族中函数自乘在$[-\pi,\pi]$上的积分值:

$$\int_{-\pi}^{\pi} \sin^2 nx \mathrm{d}x = \pi; \int_{-\pi}^{\pi} \cos^2 nx \mathrm{d}x = \pi; \int_{-\pi}^{\pi} 1^2 \mathrm{d}x = 2\pi.$$

2. 傅氏级数

先来讨论第一个问题:如果函数 $f(x)$ 已表示成三角级数,也就是说 $f(x)$ 是某一三角级数的和函数,那么函数 $f(x)$ 具有什么性质及级数中的系数 a_k, b_k 是什么?

设

$$f(x) = \frac{a_0}{2} + \sum_{k=1}^{\infty} (a_k \cos kx + b_k \sin kx).$$

两边乘以 $\cos nx$,且假定在区间$[-\pi,\pi]$上可逐项积分,得

$$\int_{-\pi}^{\pi} f(x)\cos nx \mathrm{d}x = \frac{a_0}{2}\int_{-\pi}^{\pi} \cos nx \mathrm{d}x$$

$$+ \sum_{k=1}^{\infty}\left[a_k\int_{-\pi}^{\pi} \cos kx \cos nx \mathrm{d}x\right.$$

$$\left. + b_k\int_{-\pi}^{\pi} \cos nx \sin kx \mathrm{d}x\right].$$

根据三角函数族的正交性,右边除 $k = n$ 项外,其余均为 0,得

$$\int_{-\pi}^{\pi} f(x)\cos nx \mathrm{d}x = a_n\int_{-\pi}^{\pi} \cos^2 nx \mathrm{d}x,$$

即

$$a_n = \frac{1}{\pi}\int_{-\pi}^{\pi} f(x)\cos nx \mathrm{d}x \quad (n = 1,2,\cdots).$$

当 $n = 0$ 时, 右边只留第一项, 其余为 0, 得

$$a_0 = \frac{1}{\pi} \int_{-\pi}^{\pi} f(x) \, \mathrm{d}x.$$

上述两式可统一为一个公式, 即

$$a_n = \frac{1}{\pi} \int_{-\pi}^{\pi} f(x) \cos nx \, \mathrm{d}x \quad (n = 0, 1, 2, \cdots).$$

类似地, 两边乘 $\sin nx$ 后, 再积分, 可得

$$b_n = \frac{1}{\pi} \int_{-\pi}^{\pi} f(x) \sin nx \, \mathrm{d}x \quad (n = 1, 2, \cdots).$$

上两式所确定的 a_n, b_n 称为 $f(x)$ 的傅氏系数. 以傅氏系数所组成的三角级数称为 $f(x)$ 的傅氏级数, 即

$$\frac{a_0}{2} + \sum_{n=1}^{\infty} (a_n \cos nx + b_n \sin nx),$$

其中 a_n, b_n 为傅氏系数.

由于傅氏级数中每项由 $\cos nx, \sin nx$, 常数所组成, 它们均以 2π 为周期, 所以和函数 $f(x)$ 也必以 2π 为周期. 也就是说只有以 2π 为周期的函数 $f(x)$ 才有可能用傅氏级数来表示.

下面我们来讨论第二个问题: $f(x)$ 的傅氏级数是否收敛于 $f(x)$？ 有以下定理.

定理 (狄利克雷[①]定理, 简称狄氏定理)

设函数 $f(x)$ 在区间 $[-\pi, \pi]$ 上满足条件:

（ⅰ）除了有限个左右极限存在的间断点外均为连续,

（ⅱ）只有有限个极值点,

则 $f(x)$ 的傅氏级数在 $[-\pi, \pi]$ 上收敛, 且

$$\frac{a_0}{2} + \sum_{n=1}^{\infty} (a_n \cos nx + b_n \sin nx)$$

---

① 约翰·彼得·古斯塔夫·勒热纳·狄利克雷 (Johann Peter Gustav Lejeune Dirichlet, 1805—1859) 是德国数学家. 1839 年起任柏林大学教授, 1855 年高斯逝世后, 他作为高斯的继任者被哥廷根大学聘为教授, 直至逝世. 1831 年被选为普鲁士科学院院士, 1855 年被选为英国皇家学会会员. 1829 年《关于三角级数的收敛性》一文中严谨地证明了我们现在所介绍的狄利克雷定理. 这一研究促使他将函数作了一般化的推广. 他毕生敬仰高斯, 有一个小故事可说明. 1849 年 7 月 16 日哥廷根大学为高斯获得博士学位 50 周年举行庆祝会, 席间高斯要撕下他自己所写的书稿一页点烟, 狄利克雷立刻冒失地从高斯手里夺下, 并终生加以珍藏. 他听过高斯课后多年, 仍回味无穷, 说"是一生所听过的最好、最难忘的".

$$
= \begin{cases} f(x), x \text{ 是 } f(x) \text{ 的连续点}, \\ \dfrac{1}{2}[f(x_0-0)+f(x_0+0)], x_0 \text{ 是 } f(x) \text{ 的第一类间断点}, \\ \dfrac{1}{2}[f(-\pi+0)+f(\pi-0)], x = \pm\pi, \end{cases}
$$

其中 $f(x_0-0)$ 与 $f(x_0+0)$ 分别表示 $\lim\limits_{x \to x_0^-} f(x)$ 与 $\lim\limits_{x \to x_0^+} f(x)$.

证明从略.定理中的条件称为狄氏条件.

由此可知满足狄氏条件的函数 $f(x)$ 除了有限个点外均收敛于函数 $f(x)$ 本身.这时,我们称函数 $f(x)$ 在 $[-\pi,\pi]$ 上展开成 $f(x)$ 的傅氏级数,简称展开成傅氏级数.

例 1 设函数 $f(x)$ 以 2π 为周期,且在 $(-\pi,\pi]$ 上的表达式为 $f(x) = x$,试将 $f(x)$ 展开成傅氏级数,且画出傅氏级数的和函数图形.

解 先计算傅氏系数

$$
a_n = \frac{1}{\pi}\int_{-\pi}^{\pi} x\cos nx \mathrm{d}x = 0 \quad (n = 0,1,2,\cdots),
$$

这是因为被积函数为奇函数.

$$
b_n = \frac{1}{\pi}\int_{-\pi}^{\pi} x\sin nx \mathrm{d}x = \frac{2}{\pi}\int_{0}^{\pi} x\sin nx \mathrm{d}x (\text{被积函数为偶函数})
$$

$$
= \frac{-2}{n\pi}\int_{0}^{\pi} x \mathrm{d}\cos nx = \frac{-2}{n\pi}\left[x\cos nx - \frac{1}{n}\sin nx\right]\Big|_{0}^{\pi}
$$

$$
= \frac{-2}{n}\cos n\pi = (-1)^{n+1}\frac{2}{n}.
$$

根据狄氏定理:在 $(-\pi,\pi)$ 上得

$$
x = \sum_{n=1}^{\infty}(-1)^{n+1}\frac{2}{n}\sin nx.
$$

当 $x = \pm\pi$ 时,傅氏级数收敛于 $\dfrac{1}{2}[f(-\pi+0)+f(\pi-0)]$.为此要计算

$$
f(-\pi+0) = \lim_{x \to -\pi^+} f(x) = \lim_{x \to -\pi^+} x = -\pi,
$$

$$
f(\pi-0) = \lim_{x \to \pi^-} f(x) = \lim_{x \to \pi^-} x = \pi.
$$

所以,$\dfrac{1}{2}[f(-\pi+0)+f(\pi-0)] = 0$,即当 $x = \pm\pi$

时,级数的和为 0,所以和函数图形为图 6-3.

例 2 将以 2π 为周期的函数 $f(x)$ 展开成傅氏级数,并作和函数的图形,设 $f(x)$ 在 $[-\pi,\pi)$ 上的表达式为

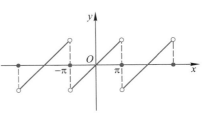

图 6-3

$$f(x) = \begin{cases} 0, & -\pi \leqslant x < 0, \\ 1, & 0 \leqslant x < \pi. \end{cases}$$

解 $a_0 = \dfrac{1}{\pi} \displaystyle\int_{-\pi}^{\pi} f(x) \cos nx \mathrm{d}x = \dfrac{1}{\pi} \int_0^{\pi} \mathrm{d}x = 1,$

$a_n = \dfrac{1}{\pi} \displaystyle\int_{-\pi}^{\pi} f(x) \cos nx \mathrm{d}x = \dfrac{1}{\pi} \int_0^{\pi} \cos nx \mathrm{d}x = 0 \quad (n = 1, 2, \cdots),$

$b_n = \dfrac{1}{\pi} \displaystyle\int_{-\pi}^{\pi} f(x) \sin nx \mathrm{d}x = \dfrac{1}{\pi} \int_0^{\pi} \sin nx \mathrm{d}x$

$\qquad = \dfrac{-1}{n\pi} [\cos n\pi - 1]$

$\qquad = \dfrac{-1}{n\pi} [(-1)^n - 1] \quad (n = 1, 2, \cdots).$

当 n 为偶数时, $b_n = 0$; 当 n 为奇数时, 令 $n = 2k-1$, 则 $b_{2k-1} = \dfrac{2}{(2k-1)\pi}$, 所以

$$f(x) = \frac{1}{2} + \sum_{n=1}^{\infty} \frac{-1}{n\pi} [(-1)^n - 1] \sin nx$$

$$= \frac{1}{2} + \sum_{k=1}^{\infty} \frac{2}{(2k-1)\pi} \sin(2k-1)x, x \neq 0, \pm\pi.$$

当 $x = 0$ 时, 级数收敛于 $\dfrac{1}{2}[f(0+0) + f(0-0)]$, 而

$$f(0+0) = \lim_{x \to 0^+} f(x) = \lim_{x \to 0^+} 1 = 1,$$

$$f(0-0) = \lim_{x \to 0^-} f(x) = \lim_{x \to 0^-} 0 = 0.$$

故级数收敛于 $\dfrac{1}{2}$.

当 $x = \pm\pi$ 时, 容易算出

$$\frac{1}{2}[f(-\pi+0) + f(\pi-0)] = \frac{1}{2}.$$

和函数图形见图 6-4.

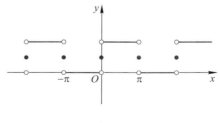

图 6-4

3. 正弦级数与余弦级数

当 $f(x)$ 为偶函数时, 则 $f(x) \sin nx$ 为奇函数, $f(x) \cos nx$ 为偶函数. 根据奇偶函

数在对称区间上的定积分性质,有

$$
\begin{cases}
a_n = \dfrac{1}{\pi}\displaystyle\int_{-\pi}^{\pi} f(x)\cos nx\mathrm{d}x = \dfrac{2}{\pi}\int_{0}^{\pi} f(x)\cos nx\mathrm{d}x \quad (n = 0,1,2,\cdots), \\[4mm]
b_n = \dfrac{1}{\pi}\displaystyle\int_{-\pi}^{\pi} f(x)\sin nx\mathrm{d}x = 0 \quad (n = 1,2,\cdots).
\end{cases}
$$

这时的傅氏级数称为余弦级数,即余弦级数为

$$
\frac{a_0}{2} + \sum_{n=1}^{\infty} a_n\cos nx.
$$

当 $f(x)$ 为奇函数时,则 $f(x)\sin nx$ 为偶函数,$f(x)\cos nx$ 为奇函数,所以有

$$
a_n = 0 \quad (n = 0,1,2,\cdots),
$$

$$
b_n = \frac{2}{\pi}\int_{0}^{\pi} f(x)\sin nx\mathrm{d}x \quad (n = 1,2,\cdots).
$$

这时的傅氏级数称为正弦级数,即正弦级数为

$$
\sum_{n=1}^{\infty} b_n\sin nx.
$$

例 1 的傅氏级数就是正弦级数.

在 $[0,\pi]$ 上将函数 $f(x)$ 展开为余弦级数或正弦级数

在实际问题中,有时只要求函数 $f(x)$ 在 $[0,\pi]$ 上用正弦级数或余弦级数来表示.在 $[0,\pi]$ 之外没有什么要求,对这个问题可以这样解决:构造一个函数 $F(x)$,它在 $[0,\pi]$ 上等于 $f(x)$,在 $-\pi$ 与 0 之间可根据需要来造:如要求展开成正弦级数,则应使造出的函数在 $-\pi$ 与 π 之间是奇函数;如要求展开成余弦级数,则应使造出的函数在 $-\pi$ 与 π 之间为偶函数.然后再进一步使 $F(x)$ 在 $(-\infty,+\infty)$ 上以 2π 为周期.如能将 $F(x)$ 展开成傅氏级数,则这个傅氏级数在 $[0,\pi]$ 上就是 $f(x)$ 的傅氏级数.

具体讨论如下(图 6-5).如果要求的是正弦级数,则 $F(x)$ 是以 2π 为周期的奇函数(图 6-5(b)),

$$
\left.
\begin{aligned}
&a_n = 0 \quad (n = 0,1,2,\cdots), \\
&b_n = \frac{1}{\pi}\int_{-\pi}^{\pi} F(x)\sin nx\mathrm{d}x = \frac{2}{\pi}\int_{0}^{\pi} F(x)\sin nx\mathrm{d}x \\
&\quad\; = \frac{2}{\pi}\int_{0}^{\pi} f(x)\sin nx\mathrm{d}x \quad (n = 1,2,\cdots).
\end{aligned}
\right\}
\qquad \text{①}
$$

如果要求的是余弦级数,图 6-5(a).

$$b_n = 0 \quad (n = 1, 2, \cdots),$$

$$a_n = \frac{1}{\pi} \int_{-\pi}^{\pi} F(x) \cos nx \mathrm{d}x = \frac{2}{\pi} \int_{0}^{\pi} F(x) \cos nx \mathrm{d}x$$

$$= \frac{2}{\pi} \int_{0}^{\pi} f(x) \cos nx \mathrm{d}x \quad (n = 0, 1, 2, \cdots).$$

②

综合上述:将函数 $f(x)$ 在 $[0, \pi]$ 上展成正弦级数,只要按①式计算 b_n,然后再根据狄氏定理讨论收敛性;将函数 $f(x)$ 在 $[0, \pi]$ 上展成余弦级数,只要按②式计算 a_n,然后再根据狄氏定理讨论收敛性.

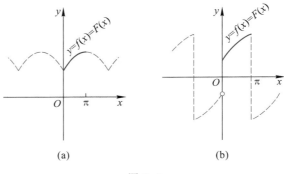

图 6-5

例 3　将函数 $f(x) = 1$ 在 $[0, \pi]$ 上展开成正弦级数,并画出和函数的图形.

解　代入公式①($a_n = 0, n = 0, 1, \cdots$),

$$b_n = \frac{2}{\pi} \int_{0}^{\pi} f(x) \sin nx \mathrm{d}x = \frac{2}{\pi} \int_{0}^{\pi} \sin nx \mathrm{d}x$$

$$= \frac{-2}{n\pi} \cos nx \Big|_{0}^{\pi} = \frac{-2}{n\pi} (\cos n\pi - 1)$$

$$= \frac{-2}{n\pi} ((-1)^n - 1) \quad (n = 1, 2, \cdots).$$

当 $n = 2k$ 时,$b_{2k} = 0.$ 当 $n = 2k-1$ 时($k = 1, 2, \cdots$),

$$b_{2k-1} = \frac{4}{(2k-1)\pi}.$$

根据狄氏定理,得

$$1 = \sum_{k=1}^{\infty} \frac{4}{(2k-1)\pi} \sin(2k-1)x, \quad x \in (0, \pi).$$

当 $x = 0$ 或 $x = \pi$ 时,傅氏级数收敛于什么?仍可按狄氏定理来计算,不过此时的 $f(x)$ 应考虑为奇函数 $F(x)$,这样可算出:

$$F(0 + 0) = \lim_{x \to 0^+} F(x) = \lim_{x \to 0^+} 1 = 1,$$

$$F(0 - 0) = \lim_{x \to 0^-} F(x) = \lim_{x \to 0^-} -1 = -1,$$

$$F(-\pi + 0) = \lim_{x \to -\pi^+} F(x) = \lim_{x \to -\pi^+} -1 = -1,$$

$$F(\pi - 0) = \lim_{x \to \pi^-} F(x) = \lim_{x \to \pi^-} 1 = 1,$$

所以在 $x = 0$ 时,级数收敛于 $\frac{1}{2}[F(0+0) + F(0-0)] = 0$,$x = \pi$ 时,收敛于 $\frac{1}{2}[F(\pi - 0) + F(-\pi + 0)] = 0$.和函数的图形见图 6-6.

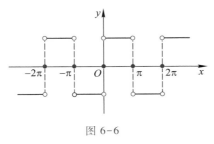

图 6-6

例 4   将函数 $f(x) = x$ 在 $[0, \pi]$ 上展开成余弦级数,并画出其和函数的图形.

解   代入公式② $(b_n = 0, n = 1, 2, \cdots)$,

$$a_0 = \frac{2}{\pi} \int_0^\pi f(x)\,\mathrm{d}x = \frac{2}{\pi} \int_0^\pi x\,\mathrm{d}x = \pi,$$

$$a_n = \frac{2}{\pi} \int_0^\pi f(x) \cos nx\,\mathrm{d}x = \frac{2}{\pi} \int_0^\pi x \cos nx\,\mathrm{d}x$$

$$= \frac{2}{n\pi} \left[x \sin nx + \frac{1}{n} \cos nx \right] \bigg|_0^\pi$$

$$= \frac{2}{n^2 \pi} [(-1)^n - 1].$$

当 $n = 2k$ 时,$a_{2k} = 0$;当 $n = 2k - 1$ 时,$a_{2k-1} = -\dfrac{4}{(2k-1)^2 \pi}$.

根据狄氏定理,得

$$x = \frac{a_0}{2} + \sum_{n=1}^\infty a_n \cos nx$$

$$= \frac{\pi}{2} - \frac{4}{\pi} \sum_{k=1}^\infty \cdot \frac{1}{(2k-1)^2} \cos[(2k-1)x], \quad x \in (0, \pi).$$

当 $x = 0, \pi$ 时,仍可用狄氏定理计算,不过此时 $f(x)$ 应考虑为偶函数 $F(x)$,得

$$\frac{1}{2}[F(0+0) + F(0-0)]$$

$$= \frac{1}{2} \left[\lim_{x \to 0^+} x + \lim_{x \to 0^-} (-x) \right] = 0,$$

$$\frac{1}{2}[F(\pi - 0) + F(-\pi + 0)]$$

$$= \frac{1}{2} \left[\lim_{x \to \pi^-} x + \lim_{x \to -\pi^+} (-x) \right] = \pi,$$

即恰好收敛于函数 $f(x) = x$ 在 $x = 0, \pi$ 处的值,和函数见图 6-7.

$$x = \frac{\pi}{2} - \frac{4}{\pi} \sum_{k=1}^{\infty} \frac{1}{(2k-1)^2} \cos((2k-1)x), \quad x \in [0, \pi].$$

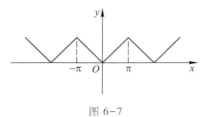

图 6-7

习 题

第 50—51 题是以 2π 为周期的函数,给出了在 $[-\pi, \pi)$ 上的表达式,将其展开成傅氏级数,并画出和函数的图形.

50. $f(x) = \frac{\pi}{4} - \frac{x}{2}, x \in [-\pi, \pi)$.

51. $f(x) = x^2, x \in [-\pi, \pi)$.

52. 将 $f(x) = \frac{\pi}{4} - \frac{x}{2}$ 在 $[0, \pi]$ 上展开成以 2π 为周期的正弦级数.

53. 将 $f(x) = \begin{cases} 1, & 0 \leqslant x < \frac{\pi}{4}, \\ 0, & \frac{\pi}{4} \leqslant x \leqslant \pi \end{cases}$ 在 $[0, \pi]$ 上展开成以 2π 为周期的余弦级数.

54. $f(x)$ 以 2π 为周期,在 $(-\pi, \pi]$ 上的表达式为 $f(x) = |x|$,将其在 $(-\pi, \pi]$ 上展开成傅氏级数.

总习题

55. 证明若级数 $\sum\limits_{n=1}^{\infty} u_n$ 收敛,级数 $\sum\limits_{n=1}^{\infty} v_n$ 发散,则级数 $\sum\limits_{n=1}^{\infty} (u_n + v_n)$ 发散. 若级数 $\sum\limits_{n=1}^{\infty} u_n$ 与 $\sum\limits_{n=1}^{\infty} v_n$ 均发散,能对 $\sum\limits_{n=1}^{\infty} (u_n + v_n)$ 下什么结论?

56. 因为 $-\frac{1}{n} \leqslant -\frac{1}{n^2} (n = 1, 2, \cdots)$,又级数 $\sum\limits_{n=1}^{\infty} \frac{-1}{n}$ 是发散的,所以 $\sum\limits_{n=1}^{\infty} \frac{-1}{n^2}$ 是发散的,错在哪里?

57. 因为 $\lim\limits_{n\to\infty}\dfrac{\dfrac{2+(-1)^{n+1}}{3^{n+1}}}{\dfrac{2+(-1)^{n}}{3^{n}}}=\lim\limits_{n\to\infty}\dfrac{1}{3}\cdot\left(\dfrac{2+(-1)^{n+1}}{2+(-1)^{n}}\right)$ 不存在,所以

$$\sum_{n=1}^{\infty}\frac{2+(-1)^{n}}{3^{n}}$$

是发散的,错在哪里?

58. 设任意项级数 $\sum\limits_{n=1}^{\infty}u_{n}$,有 $\lim\limits_{n\to\infty}\left|\dfrac{u_{n+1}}{u_{n}}\right|=\rho>1$,所以 $\sum\limits_{n=1}^{\infty}\left|u_{n}\right|$ 是发散的.在此情况下我们也可断定 $\sum\limits_{n=1}^{\infty}u_{n}$ 是发散的.你能指出它的理由吗?

59. 判断 $\sum\limits_{n=0}^{\infty}(-1)^{n}\dfrac{2^{(n^{2})}}{n!}$ 的收敛性.

60. 判断 $\sum\limits_{n=1}^{\infty}(-1)^{n}\sqrt{\dfrac{n(n+2)}{(n+1)(n+3)}}$ 的收敛性.

61. 求幂级数 $\sum\limits_{n=1}^{\infty}\left(\dfrac{(-1)^{n}}{2^{n}}x^{n}+3^{n}x^{n}\right)$ 的收敛域.

62. 求幂级数 $\sum\limits_{n=1}^{\infty}\dfrac{1}{n^{p}}(x-1)^{n}$ $(p>0)$ 的收敛域.

63. 求级数 $\sum\limits_{n=1}^{\infty}(-1)^{n-1}\dfrac{1}{n(n+1)}x^{n+1}$ 的收敛域及和函数.

第六章部分习题答案

1. (i) $\dfrac{1}{2},\left(\dfrac{1}{2}\right)^{2},\left(\dfrac{1}{2}\right)^{3},\left(\dfrac{1}{2}\right)^{4}$;

   (ii) $s_{1}=\dfrac{1}{2},s_{2}=\dfrac{1}{2}+\left(\dfrac{1}{2}\right)^{2},s_{3}=\left(\dfrac{1}{2}\right)+\left(\dfrac{1}{2}\right)^{2}+\left(\dfrac{1}{2}\right)^{3}$,

   $s_{4}=\dfrac{1}{2}+\left(\dfrac{1}{2}\right)^{2}+\left(\dfrac{1}{2}\right)^{3}+\left(\dfrac{1}{2}\right)^{4}$;

   (iii) $1-\left(\dfrac{1}{2}\right)^{n}$, (iv) 1.

2. (i) $s_{2n}=0,s_{2n-1}=-1,u_{2n}=1,u_{2n-1}=-1$; (ii) 发散.

3. $\dfrac{3}{4}$. 4. 300.

5. $\dfrac{3}{5}$. 6. 发散.

7. 发散.

8. 发散.

9. 收敛.

10. 发散

11. 收敛.

12. 发散.

13. 收敛.

14. 收敛.

15. 收敛.

16. 收敛.

17. 收敛.

18. 收敛.

19. 发散.

20. 发散.

21. 收敛.

22. 收敛.

23. 不能.收敛.

24. 收敛.

25. 收敛.

26. 发散.

27. 收敛且绝对收敛.

28. 收敛且绝对收敛.

29. 条件收敛.

30. 条件收敛.

31. 收敛且绝对收敛.

32. 收敛且绝对收敛.

33. 收敛且绝对收敛.

34. $\left(-\dfrac{1}{10}, \dfrac{1}{10}\right)$.

35. $[-1, 1]$.

36. $(-1, 1]$.

37. $(-2, 2)$.

38. $\left[-\dfrac{5}{4}, -\dfrac{3}{4}\right]$.

39. $s(x) = \dfrac{2}{2-x}$, $\quad R = 2$.

40. $s(x) = -\ln(1-x)$, $\quad R = 1$.

41. $s(x) = \dfrac{1}{2}\ln\left|\dfrac{1+x}{1-x}\right|$, $\quad R = 1$.

42. $s(x) = \dfrac{1}{(1-x)^3}$, $\quad R = 1$.

43. $\displaystyle\sum_{n=0}^{\infty} (-1)^n x^{2n}$.

44. $\displaystyle\sum_{n=0}^{\infty} (-1)^n x^{n+1}$.

45. $\displaystyle\sum_{n=0}^{\infty} \dfrac{(-1)^n}{n!} x^{2n}$.

46. $\displaystyle\sum_{k=1}^{\infty} \dfrac{(-1)^{k-1}}{(2k-1)!} \cdot \dfrac{x^{2k-1}}{2^{2k-1}}$.

47. $\displaystyle\sum_{n=0}^{\infty} \dfrac{(-1)^n}{2^{n+1}} x^n$.

48. $\displaystyle\sum_{n=0}^{\infty} \dfrac{(-1)^n 2^{2n+1}}{(2n+2)!} x^{2n+2}$.

49. $\displaystyle\sum_{n=1}^{\infty} n x^{n-1}$.

50. $\dfrac{\pi}{4} - \dfrac{x}{2} = \dfrac{\pi}{4} + \displaystyle\sum_{n=1}^{\infty} \dfrac{(-1)^n}{n} \sin nx$, $x \in (-\pi, \pi)$. 和函数的图形如图 6-8 所示.

51. $x^2 = \dfrac{\pi^2}{3} + 4 \displaystyle\sum_{n=1}^{\infty} \dfrac{(-1)^n}{n^2} \cos nx$, $x \in [-\pi, \pi]$, 和函数的图形如图 6-9 所示.

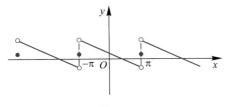

图 6-8

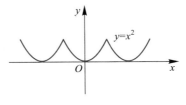

图 6-9

52. $\dfrac{\pi}{4} - \dfrac{x}{2} = \displaystyle\sum_{n=1}^{\infty} \dfrac{1}{2n}\sin 2nx, x \in (0, \pi)$,

53. $f(x) = \dfrac{1}{4} + \dfrac{2}{\pi} \displaystyle\sum_{n=1}^{\infty} \dfrac{\sin \frac{n}{4}\pi}{n}\cos nx, x \in [0, \pi], \pi \neq \dfrac{\pi}{4}$.

54. $|x| = \dfrac{\pi}{2} - \dfrac{4}{\pi} \displaystyle\sum_{n=0}^{\infty} \dfrac{1}{(2n+1)^2}\cos(2n+1)x, x \in [-\pi, \pi]$.

59. 发散.   60. 发散.

61. $\left(-\dfrac{1}{3}, \dfrac{1}{3}\right)$.

62. 当 $p > 1$ 时, 收敛域为 $[0, 2]$; 当 $p \leqslant 1$ 时, 收敛域为 $[0, 2)$.

63. 收敛域为 $[-1, 1]$. $s(x) = (1+x)\ln(1+x) - x$.

积 分 表

说明:(1) 表中均省略了常数 C;(2) $\ln g(x)$ 均指 $\ln |g(x)|$.

一 含 $ax+b$

1. $\displaystyle\int \frac{1}{ax+b}\,\mathrm{d}x = \frac{1}{a}\ln(ax+b)$.

2. $\displaystyle\int \frac{1}{(ax+b)^2}\,\mathrm{d}x = -\frac{1}{a(ax+b)}$.

3. $\displaystyle\int \frac{1}{(ax+b)^3}\,\mathrm{d}x = -\frac{1}{2a(ax+b)^2}$.

4. $\displaystyle\int x(ax+b)^n\,\mathrm{d}x = \frac{(ax+b)^{n+2}}{a^2(n+2)} - \frac{b(ax+b)^{n+1}}{a^2(n+1)} \quad (n \neq -1,\,-2)$.

5. $\displaystyle\int \frac{x}{ax+b}\,\mathrm{d}x = \frac{x}{a} - \frac{b}{a^2}\ln(ax+b)$.

6. $\displaystyle\int \frac{x}{(ax+b)^2}\,\mathrm{d}x = \frac{b}{a^2(ax+b)} + \frac{1}{a^2}\ln(ax+b)$.

7. $\displaystyle\int \frac{x}{(ax+b)^3}\,\mathrm{d}x = \frac{b}{2a^2(ax+b)^2} - \frac{1}{a^2(ax+b)}$.

8. $\displaystyle\int x^2(ax+b)^n\,\mathrm{d}x = \frac{1}{a^3}\left[\frac{(ax+b)^{n+3}}{n+3} - 2b\frac{(ax+b)^{n+2}}{n+2} + b^2\frac{(ax+b)^{n+1}}{n+1}\right]$

$(n \neq -1,\,-2,\,-3)$.

9. $\displaystyle\int \frac{1}{x(ax+b)}\,\mathrm{d}x = -\frac{1}{b}\ln\frac{ax+b}{x}$.

10. $\int \dfrac{1}{x^2(ax+b)}\,\mathrm{d}x = -\dfrac{1}{bx} + \dfrac{a}{b^2}\ln\dfrac{ax+b}{x}$.

11. $\int \dfrac{1}{x^3(ax+b)}\,\mathrm{d}x = \dfrac{2ax-b}{2b^2x^2} - \dfrac{a^2}{b^3}\ln\dfrac{ax+b}{x}$.

12. $\int \dfrac{1}{x(ax+b)^2}\,\mathrm{d}x = \dfrac{1}{b(ax+b)} - \dfrac{1}{b^2}\ln\dfrac{ax+b}{x}$.

13. $\int \dfrac{1}{x(ax+b)^3}\,\mathrm{d}x = \dfrac{1}{b^3}\left[\dfrac{1}{2}\left(\dfrac{ax+2b}{ax+b}\right)^2 - \ln\dfrac{ax+b}{x}\right]$.

 二 含 $\sqrt{ax+b}$

14. $\int \sqrt{ax+b}\,\mathrm{d}x = \dfrac{2}{3a}\sqrt{(ax+b)^3}$.

15. $\int x\sqrt{ax+b}\,\mathrm{d}x = \dfrac{2(3ax-2b)}{15a^2}\sqrt{(ax+b)^3}$.

16. $\int x^2\sqrt{ax+b}\,\mathrm{d}x = \dfrac{2(15a^2x^2-12abx+8b^2)}{105a^3}\sqrt{(ax+b)^3}$.

17. $\int x^n\sqrt{ax+b}\,\mathrm{d}x = \dfrac{2x^n}{(2n+3)a}\sqrt{(ax+b)^3} - \dfrac{2nb}{(2n+3)a}\int x^{n-1}\sqrt{ax+b}\,\mathrm{d}x$.

18. $\int \dfrac{1}{\sqrt{ax+b}}\,\mathrm{d}x = \dfrac{2}{a}\sqrt{ax+b}$.

19. $\int \dfrac{x}{\sqrt{ax+b}}\,\mathrm{d}x = \dfrac{2(ax-2b)}{3a^2}\sqrt{ax+b}$.

20. $\int \dfrac{x^n}{\sqrt{ax+b}}\,\mathrm{d}x = \dfrac{2x^n}{(2n+1)a}\sqrt{ax+b} - \dfrac{2nb}{(2n+1)a}\int \dfrac{x^{n-1}}{\sqrt{ax+b}}\,\mathrm{d}x$.

21. $\int \dfrac{1}{x\sqrt{ax+b}}\,\mathrm{d}x = \dfrac{1}{\sqrt{b}}\ln\dfrac{\sqrt{ax+b}-\sqrt{b}}{\sqrt{ax+b}+\sqrt{b}}$ $(b>0)$.

22. $\int \dfrac{1}{x\sqrt{ax+b}}\,\mathrm{d}x = \dfrac{2}{\sqrt{-b}}\arctan\sqrt{\dfrac{ax+b}{-b}}$ $(b<0)$.

23. $\int \dfrac{1}{x^n\sqrt{ax+b}}\,\mathrm{d}x = -\dfrac{\sqrt{ax+b}}{(n-1)bx^{n-1}} - \dfrac{(2n-3)a}{2(n-1)b}\int \dfrac{\mathrm{d}x}{x^{n-1}\sqrt{ax+b}}$ $(n>1)$.

24. $\int \dfrac{\sqrt{ax+b}}{x}\,\mathrm{d}x = 2\sqrt{ax+b} + b\int \dfrac{1}{x\sqrt{ax+b}}\,\mathrm{d}x$.

25. $\int \dfrac{\sqrt{ax+b}}{x^n}\,\mathrm{d}x = -\dfrac{\sqrt{(ax+b)^3}}{(n-1)bx^{n-1}} - \dfrac{(2n-5)a}{2(n-1)b}\int \dfrac{\sqrt{ax+b}}{x^{n-1}}\,\mathrm{d}x$ $(n>1)$.

26. $\int x \sqrt{(ax+b)^n}\,\mathrm{d}x = \frac{2}{a^2}\left[\frac{1}{n+4}\sqrt{(ax+b)^{n+4}} - \frac{b}{n+2}\sqrt{(ax+b)^{n+2}}\right].$

27. $\int \frac{x}{\sqrt{(ax+b)^n}}\,\mathrm{d}x = \frac{2}{a^2}\left[\frac{b}{n-2}\frac{1}{\sqrt{(ax+b)^{n-2}}} - \frac{1}{n-4}\frac{1}{\sqrt{(ax+b)^{n-4}}}\right].$

三 含 $\sqrt{ax+b}$, $\sqrt{cx+d}$

28. $\int \frac{1}{\sqrt{ax+b}\sqrt{cx+d}}\,\mathrm{d}x = \frac{2}{\sqrt{ac}}\mathrm{Arth}\sqrt{\frac{c(ax+b)}{a(cx+d)}} \quad (ac>0).$

29. $\int \frac{1}{\sqrt{ax+b}\sqrt{cx+d}}\,\mathrm{d}x = \frac{2}{\sqrt{-ac}}\arctan\sqrt{\frac{-c(ax+b)}{a(cx+d)}} \quad (ac<0).$

30. $\int \sqrt{ax+b}\sqrt{cx+d}\,\mathrm{d}x = \frac{2acx+ad+bc}{4ac}\sqrt{ax+b}\sqrt{cx+d}$

$$- \frac{(ad-bc)^2}{8ac}\int \frac{\mathrm{d}x}{\sqrt{ax+b}\cdot\sqrt{cx+d}}.$$

31. $\int \sqrt{\frac{ax+b}{cx+d}}\,\mathrm{d}x = \frac{\sqrt{ax+b}\sqrt{cx+d}}{c} - \frac{ad-bc}{2c}\int \frac{\mathrm{d}x}{\sqrt{ax+b}\sqrt{cx+d}}.$

32. $\int \frac{1}{\sqrt{(x-p)(q-x)}}\,\mathrm{d}x = 2\arcsin\sqrt{\frac{x-p}{q-p}}.$

四 含 ax^2+c

33. $\int \frac{1}{ax^2+c}\,\mathrm{d}x = \frac{1}{\sqrt{ac}}\arctan\left(x\sqrt{\frac{a}{c}}\right) \quad (a>0, c>0).$

34. $\int \frac{1}{ax^2+c}\,\mathrm{d}x = \frac{1}{2\sqrt{-ac}}\ln\frac{x\sqrt{a}-\sqrt{-c}}{x\sqrt{a}+\sqrt{-c}} \quad (a>0, c<0).$

$\int \frac{1}{ax^2+c}\,\mathrm{d}x = \frac{1}{2\sqrt{-ac}}\ln\frac{\sqrt{c}+x\sqrt{-a}}{\sqrt{c}-x\sqrt{-a}} \quad (a<0, c>0).$

35. $\int \frac{1}{(ax^2+c)^n}\,\mathrm{d}x = \frac{x}{2c(n-1)(ax^2+c)^{n-1}}$

$$+ \frac{2n-3}{2c(n-1)}\int \frac{\mathrm{d}x}{(ax^2+c)^{n-1}} \quad (n>1).$$

36. $\int x(ax^2+c)^n\,\mathrm{d}x = \frac{(ax^2+c)^{n+1}}{2a(n+1)} \quad (n\neq-1).$

37. $\int \frac{x}{ax^2+c}\,\mathrm{d}x = \frac{1}{2a}\ln(ax^2+c).$

38. $\displaystyle\int \frac{x^2}{ax^2 + c}\,\mathrm{d}x = \frac{x}{a} - \frac{c}{a}\int \frac{\mathrm{d}x}{ax^2 + c}$.

39. $\displaystyle\int \frac{x^n}{ax^2 + c}\,\mathrm{d}x = \frac{x^{n-1}}{a(n-1)} - \frac{c}{a}\int \frac{x^{n-2}}{ax^2 + c}\,\mathrm{d}x$ $(n \neq -1)$.

五 含 $\sqrt{ax^2 + c}$

40. $\displaystyle\int \sqrt{ax^2 + c}\,\mathrm{d}x = \frac{x}{2}\sqrt{ax^2 + c} + \frac{c}{2\sqrt{a}}\ln(x\sqrt{a} + \sqrt{ax^2 + c})$ $(a > 0)$.

41. $\displaystyle\int \sqrt{ax^2 + c}\,\mathrm{d}x = \frac{x}{2}\sqrt{ax^2 + c} + \frac{c}{2\sqrt{-a}}\arcsin\left(x\sqrt{\frac{-a}{c}}\right)$ $(a < 0)$.

42. $\displaystyle\int \sqrt{(ax^2 + c)^3}\,\mathrm{d}x = \frac{x}{8}(2ax^2 + 5c)\sqrt{ax^2 + c}$

$\qquad\qquad + \dfrac{3c^2}{8\sqrt{a}}\ln(x\sqrt{a} + \sqrt{ax^2 + c})$ $(a > 0)$.

43. $\displaystyle\int \sqrt{(ax^2 + c)^3}\,\mathrm{d}x = \frac{x}{8}(2a^2x + 5c)\sqrt{ax^2 + c}$

$\qquad\qquad + \dfrac{3c^2}{8\sqrt{-a}}\arcsin\left(x\sqrt{\frac{-a}{c}}\right)$ $(a < 0)$.

44. $\displaystyle\int x\sqrt{ax^2 + c}\,\mathrm{d}x = \frac{1}{3a}\sqrt{(ax^2 + c)^3}$.

45. $\displaystyle\int x^2\sqrt{ax^2 + c}\,\mathrm{d}x = \frac{x}{4a}\sqrt{(ax^2 + c)^3} - \frac{cx}{8a}\sqrt{ax^2 + c}$

$\qquad\qquad - \dfrac{c^2}{8\sqrt{a^3}}\ln(x\sqrt{a} + \sqrt{ax^2 + c})$ $(a > 0)$.

46. $\displaystyle\int x^2\sqrt{ax^2 + c}\,\mathrm{d}x = \frac{x}{4a}\sqrt{(ax^2 + c)^3} - \frac{cx}{8a}\sqrt{ax^2 + c}$

$\qquad\qquad - \dfrac{c^2}{8a\sqrt{-a}}\arcsin\left(x\sqrt{\frac{-a}{c}}\right)$ $(a < 0)$.

47. $\displaystyle\int x^n\sqrt{ax^2 + c}\,\mathrm{d}x = \frac{x^{n-1}}{(n+2)a}\sqrt{(ax^2 + c)^3}$

$\qquad\qquad - \dfrac{(x-1)c}{(n+2)a}\int x^{n-2}\sqrt{ax^2 + c}\,\mathrm{d}x$ $(n > 0)$.

48. $\displaystyle\int x\sqrt{(ax^2 + c)^3}\,\mathrm{d}x = \frac{1}{5a}\sqrt{(ax^2 + c)^5}$.

49. $\displaystyle\int x^2\sqrt{(ax^2 + c)^3}\,\mathrm{d}x = \frac{x^3}{6}\sqrt{(ax^2 + c)^3} + \frac{c}{2}\int x^2\sqrt{ax^2 + c}\,\mathrm{d}x$.

50. $\int x^n \sqrt{(ax^2+c)^3}\, dx = \dfrac{x^{n+1}}{n+4}\sqrt{(ax^2+c)^3}$

$$+ \dfrac{3c}{n+4}\int x^n \sqrt{ax^2+c}\, dx. \quad (n>0).$$

51. $\int \dfrac{\sqrt{ax^2+c}}{x}\, dx = \sqrt{ax^2+c} + \sqrt{c}\, \ln \dfrac{\sqrt{ax^2+c}-\sqrt{c}}{x} \quad (c>0).$

52. $\int \dfrac{\sqrt{ax^2+c}}{x}\, dx = \sqrt{ax^2+c} - \sqrt{-c}\, \arctan \dfrac{\sqrt{ax^2+c}}{\sqrt{-c}} \quad (c<0).$

53. $\int \dfrac{\sqrt{ax^2+c}}{x^n}\, dx = -\dfrac{\sqrt{(ax^2+c)^3}}{c(n-1)x^{n-1}} - \dfrac{(n-4)a}{(n-1)c}\int \dfrac{\sqrt{ax^2+c}}{x^{n-2}}\, dx \quad (n>1).$

54. $\int \dfrac{dx}{\sqrt{ax^2+c}} = \dfrac{1}{\sqrt{a}}\ln(x\sqrt{a}+\sqrt{ax^2+c}) \quad (a>0).$

55. $\int \dfrac{dx}{\sqrt{ax^2+c}} = \dfrac{1}{\sqrt{-a}}\arcsin\left(x\sqrt{\dfrac{-a}{c}}\right) \quad (a<0).$

56. $\int \dfrac{dx}{\sqrt{(ax^2+c)^3}} = \dfrac{x}{c\sqrt{ax^2+c}}\,.$

57. $\int \dfrac{x}{\sqrt{ax^2+c}}\, dx = \dfrac{1}{a}\sqrt{ax^2+c}\,.$

58. $\int \dfrac{x^2}{\sqrt{ax^2+c}}\, dx = \dfrac{x}{a}\sqrt{ax^2+c} - \dfrac{1}{a}\int \sqrt{ax^2+c}\, dx.$

59. $\int \dfrac{x^n}{\sqrt{ax^2+c}}\, dx = \dfrac{x^{n-1}}{na}\sqrt{ax^2+c} - \dfrac{(n-1)c}{na}\int \dfrac{x^{n-2}}{\sqrt{ax^2+c}}\, dx \quad (n>0).$

60. $\int \dfrac{1}{x\sqrt{ax^2+c}}\, dx = \dfrac{1}{\sqrt{c}}\ln \dfrac{\sqrt{ax^2+c}-\sqrt{c}}{x} \quad (c>0).$

61. $\int \dfrac{1}{x\sqrt{ax^2+c}}\, dx = \dfrac{1}{\sqrt{-c}}\operatorname{arcsec}\left(x\sqrt{\dfrac{-a}{c}}\right) \quad (c<0).$

62. $\int \dfrac{1}{x^2\sqrt{ax^2+c}}\, dx = -\dfrac{\sqrt{ax^2+c}}{cx}.$

63. $\int \dfrac{1}{x^n\sqrt{ax^2+c}}\, dx = -\dfrac{\sqrt{ax^2+c}}{c(n-1)x^{n-1}}$

$$-\dfrac{(n-2)a}{(n-1)c}\int \dfrac{dx}{x^{n-2}\sqrt{ax^2+c}} \quad (n>1).$$

64. $\displaystyle\int \frac{1}{ax^2 + bx + c} \, \mathrm{d}x = \frac{1}{\sqrt{b^2 - 4ac}} \ln \frac{2ax + b - \sqrt{b^2 - 4ac}}{2ax + b + \sqrt{b^2 - 4ac}}$ $(b^2 > 4ac)$.

65. $\displaystyle\int \frac{1}{ax^2 + bx + c} \, \mathrm{d}x = \frac{2}{\sqrt{4ac - b^2}} \arctan \frac{2ax + b}{\sqrt{4ac - b^2}}$ $(b^2 < 4ac)$.

66. $\displaystyle\int \frac{1}{ax^2 + bx + c} \, \mathrm{d}x = - \frac{2}{2ax + b}$ $(b^2 = 4ac)$.

67. $\displaystyle\int \frac{1}{(ax^2 + bx + c)^n} \, \mathrm{d}x = \frac{2ax + b}{(n - 1)(4ac - b^2)(ax^2 + bx + c)^{n-1}}$

$\qquad\qquad + \frac{2(2n - 3)a}{(n - 1)(4ac - b^2)} \displaystyle\int \frac{\mathrm{d}x}{(ax^2 + bx + c)^{n-1}}$

$\qquad\qquad (n > 1, b^2 \neq 4ac)$.

68. $\displaystyle\int \frac{x}{ax^2 + bx + c} \, \mathrm{d}x = \frac{1}{2a} \ln(ax^2 + bx + c) - \frac{b}{2a} \int \frac{\mathrm{d}x}{ax^2 + bx + c}$.

69. $\displaystyle\int \frac{x^2}{ax^2 + bx + c} \, \mathrm{d}x = \frac{x}{a} - \frac{b}{2a^2} \ln(ax^2 + bx + c) + \frac{b^2 - 2ac}{2a^2} \int \frac{\mathrm{d}x}{ax^2 + bx + c}$.

70. $\displaystyle\int \frac{x^n}{ax^2 + bx + c} \, \mathrm{d}x = \frac{x^{n-1}}{(n - 1)a} - \frac{c}{a} \int \frac{x^{n-2}}{ax^2 + bx + c} \, \mathrm{d}x$

$\qquad\qquad - \frac{b}{a} \displaystyle\int \frac{x^{n-1}}{ax^2 + bx + c} \, \mathrm{d}x \quad (n > 1)$.

71. $\displaystyle\int \frac{1}{\sqrt{ax^2 + bx + c}} \, \mathrm{d}x = \frac{1}{\sqrt{a}} \ln(2ax + b + 2\sqrt{a}\sqrt{ax^2 + bx + c})$ $(a > 0)$.

72. $\displaystyle\int \frac{\mathrm{d}x}{\sqrt{ax^2 + bx + c}} = \frac{1}{\sqrt{-a}} \arcsin \frac{-2ax - b}{\sqrt{b^2 - 4ac}}$ $(a < 0, b^2 > 4ac)$.

73. $\displaystyle\int \frac{x \, \mathrm{d}x}{\sqrt{ax^2 + bx + c}} = \frac{\sqrt{ax^2 + bx + c}}{a} - \frac{b}{2a} \int \frac{\mathrm{d}x}{\sqrt{ax^2 + bx + c}}$.

74. $\displaystyle\int \frac{x^n \, \mathrm{d}x}{\sqrt{ax^2 + bx + c}} = \frac{x^{n-1}}{na} \sqrt{ax^2 + bx + c} - \frac{(2n - 1)b}{2na} \int \frac{x^{n-1}}{\sqrt{ax^2 + bx + c}} \, \mathrm{d}x$

$\qquad\qquad - \frac{(n + 1)c}{na} \displaystyle\int \frac{x^{n-2}}{\sqrt{ax^2 + bx + c}} \, \mathrm{d}x$.

75. $\int \sqrt{ax^2 + bx + c}\,\mathrm{d}x = \dfrac{2ax + b}{4a}\sqrt{ax^2 + bx + c} - \dfrac{b^2 - 4ac}{8a}\int \dfrac{\mathrm{d}x}{\sqrt{ax^2 + bx + c}}$.

76. $\int x\sqrt{ax^2 + bx + c}\,\mathrm{d}x = \dfrac{1}{3a}\sqrt{(ax^2 + bx + c)^3} - \dfrac{b}{2a}\int \sqrt{ax^2 + bx + c}\,\mathrm{d}x.$

77. $\int x^2\sqrt{ax^2 + bx + c}\,\mathrm{d}x = \left(x - \dfrac{5b}{6a}\right)\dfrac{\sqrt{(ax^2 + bx + c)^3}}{4a}$

$\qquad\qquad + \dfrac{5b^2 - 4ac}{16a^2}\int \sqrt{ax^2 + bx + c}\,\mathrm{d}x.$

78. $\int \dfrac{1}{x\sqrt{ax^2 + bx + c}}\,\mathrm{d}x = -\dfrac{1}{\sqrt{c}}\ln\left(\dfrac{\sqrt{ax^2 + bx + c} + \sqrt{c}}{x} + \dfrac{b}{2\sqrt{c}}\right) \quad (c > 0).$

79. $\int \dfrac{1}{x\sqrt{ax^2 + bx + c}}\,\mathrm{d}x = \dfrac{1}{\sqrt{-c}}\arcsin \dfrac{bx + 2c}{x\sqrt{b^2 - 4ac}} \quad (c < 0, b^2 > 4ac).$

80. $\int \dfrac{\mathrm{d}x}{x\sqrt{ax^2 + bx}} = -\dfrac{2}{bx}\sqrt{ax^2 + bx}.$

81. $\int \dfrac{\mathrm{d}x}{x^n\sqrt{ax^2 + bx + c}} = -\dfrac{\sqrt{ax^2 + bx + c}}{(n - 1)cx^{n-1}} - \dfrac{(2n - 3)b}{2(n - 1)c}\int \dfrac{\mathrm{d}x}{x^{n-1}\sqrt{ax^2 + bx + c}}$

$\qquad\qquad - \dfrac{(n - 2)a}{(n - 1)c}\int \dfrac{\mathrm{d}x}{x^{n-2}\sqrt{ax^2 + bx + c}} \quad (n > 1).$

八 含 $\sin ax$

82. $\int \sin ax\,\mathrm{d}x = -\dfrac{1}{a}\cos ax.$

83. $\int \sin^2 ax\,\mathrm{d}x = \dfrac{x}{2} - \dfrac{1}{4a}\sin 2ax.$

84. $\int \sin^3 ax\,\mathrm{d}x = -\dfrac{1}{a}\cos ax + \dfrac{1}{3a}\cos^3 ax.$

85. $\int \sin^n ax\,\mathrm{d}x = -\dfrac{1}{na}\sin^{n-1} ax\cos ax + \dfrac{n - 1}{n}\int \sin^{n-2} ax\,\mathrm{d}x$ （n 为正整数）.

86. $\int \dfrac{1}{\sin ax}\,\mathrm{d}x = \dfrac{1}{a}\ln\tan \dfrac{ax}{2}.$

87. $\int \dfrac{1}{\sin^2 ax}\,\mathrm{d}x = -\dfrac{1}{a}\cot ax.$

88. $\int \dfrac{1}{\sin^n ax}\,\mathrm{d}x = -\dfrac{\cos ax}{(n - 1)a\sin^{n-1} ax} + \dfrac{n - 2}{n - 1}\int \dfrac{\mathrm{d}x}{\sin^{n-2} ax}$ （n 为正整数,且

$n \geqslant 2$）.

89. $\int \dfrac{\mathrm{d}x}{1 \pm \sin ax} = \mp \dfrac{1}{a}\tan\left(\dfrac{\pi}{4} \mp \dfrac{ax}{2}\right)$.

90. $\int \dfrac{\mathrm{d}x}{b + c\sin ax} = -\dfrac{2}{a\sqrt{b^2 - c^2}}\arctan\left[\sqrt{\dfrac{b-c}{b+c}}\tan\left(\dfrac{\pi}{4} - \dfrac{ax}{2}\right)\right] \quad (b^2 > c^2)$.

91. $\int \dfrac{\mathrm{d}x}{b + c\sin ax} = -\dfrac{1}{a\sqrt{c^2 - b^2}}\ln\dfrac{c + b\sin ax + \sqrt{c^2 - b^2}\cos ax}{b + c\sin ax} \quad (b^2 < c^2)$.

92. $\int \sin ax\sin bx\,\mathrm{d}x = \dfrac{\sin(a-b)x}{2(a-b)} - \dfrac{\sin(a+b)x}{2(a+b)} \quad (|a| \neq |b|)$.

九 含 cos ax

93. $\int \cos ax\,\mathrm{d}x = \dfrac{1}{a}\sin ax$.

94. $\int \cos^2 ax\,\mathrm{d}x = \dfrac{x}{2} + \dfrac{1}{4a}\sin 2ax$.

95. $\int \cos^n ax\,\mathrm{d}x = \dfrac{1}{na}\cos^{n-1} ax\sin ax + \dfrac{n-1}{n}\int \cos^{n-2} ax\,\mathrm{d}x$ （n 为正整数）.

96. $\int \dfrac{1}{\cos ax}\,\mathrm{d}x = \dfrac{1}{a}\ln\tan\left(\dfrac{\pi}{4} + \dfrac{ax}{2}\right)$.

97. $\int \dfrac{1}{\cos^2 ax}\,\mathrm{d}x = \dfrac{1}{a}\tan ax$.

98. $\int \dfrac{1}{\cos^n ax}\,\mathrm{d}x = \dfrac{\sin ax}{(n-1)a\cos^{n-1} ax} + \dfrac{n-2}{n-1}\int \dfrac{\mathrm{d}x}{\cos^{n-2} ax}$ （n 为正整数,且 $n \geqslant 2$）.

99. $\int \dfrac{\mathrm{d}x}{1 + \cos ax} = \dfrac{1}{a}\tan\dfrac{ax}{2}$.

100. $\int \dfrac{\mathrm{d}x}{1 - \cos ax} = -\dfrac{1}{a}\cot\dfrac{ax}{2}$.

101. $\int \dfrac{\mathrm{d}x}{b + c\cos ax} = \dfrac{1}{a\sqrt{b^2 - c^2}}\arctan\dfrac{\sqrt{b^2 - c^2}\sin ax}{c + b\cos ax} \quad (|b| > |c|)$.

102. $\int \dfrac{\mathrm{d}x}{b + c\cos ax} = \dfrac{1}{c-b}\sqrt{\dfrac{c-b}{c+b}}\ln\dfrac{\tan\dfrac{x}{2} + \sqrt{\dfrac{c+b}{c-b}}}{\tan\dfrac{x}{2} - \sqrt{\dfrac{c+b}{c-b}}} \quad (|b| < |c|)$.

103. $\int \cos ax\cos bx\mathrm{d}x = \dfrac{\sin(a-b)x}{2(a-b)} + \dfrac{\sin(a+b)x}{2(a+b)}$ $(\,|a|\neq|b|\,).$

➕ 含 sin ax 和 cos ax

104. $\int \sin ax \cos bx\mathrm{d}x = -\dfrac{\cos(a-b)x}{2(a-b)} - \dfrac{\cos(a+b)x}{2(a+b)}$ $(\,|a|\neq|b|\,).$

105. $\int \sin^n ax \cos ax\mathrm{d}x = \dfrac{1}{(n+1)a}\sin^{n+1}ax$ $(n\neq-1).$

106. $\int \sin ax \cos^n ax\mathrm{d}x = -\dfrac{1}{(n+1)a}\cos^{n+1}ax$ $(n\neq-1).$

107. $\int \dfrac{\sin ax}{\cos ax}\mathrm{d}x = -\dfrac{1}{a}\ln\cos ax.$

108. $\int \dfrac{\cos ax}{\sin ax}\mathrm{d}x = \dfrac{1}{a}\ln\sin ax.$

109. $\int \dfrac{\mathrm{d}x}{b^2\cos^2 ax + c^2\sin^2 ax} = \dfrac{1}{abc}\arctan\dfrac{c\cdot\tan ax}{b}.$

110. $\int \sin^2 ax \cos^2 ax\mathrm{d}x = \dfrac{x}{8} - \dfrac{1}{32a}\sin 4ax.$

111. $\int \dfrac{\mathrm{d}x}{\sin ax \cos ax} = \dfrac{1}{a}\ln\tan ax.$

112. $\int \dfrac{\mathrm{d}x}{\sin^2 ax \cos^2 ax} = \dfrac{1}{a}(\tan ax - \cot ax).$

113. $\int \dfrac{\sin^2 ax}{\cos ax}\mathrm{d}x = -\dfrac{1}{a}\sin ax + \dfrac{1}{a}\ln\tan\left(\dfrac{\pi}{4} + \dfrac{ax}{2}\right).$

114. $\int \dfrac{\cos^2 ax}{\sin ax}\mathrm{d}x = \dfrac{1}{a}\cos ax + \dfrac{1}{a}\ln\tan\dfrac{ax}{2}.$

115. $\int \dfrac{\cos ax}{b + c\sin ax}\mathrm{d}x = \dfrac{1}{ac}\ln(b + c\sin ax).$

116. $\int \dfrac{\sin ax}{b + c\cos ax}\mathrm{d}x = -\dfrac{1}{ac}\ln(b + c\cos ax).$

117. $\int \dfrac{\mathrm{d}x}{b\sin ax + c\cos ax} = \dfrac{1}{a\sqrt{b^2+c^2}}\ln\tan\dfrac{ax + \arctan\dfrac{c}{b}}{2}.$

➕➊ 含 tan ax, cot ax

118. $\int \tan ax\mathrm{d}x = -\dfrac{1}{a}\ln\cos ax.$

119. $\int \cot ax \, dx = \dfrac{1}{a} \ln \sin ax.$

120. $\int \tan^2 ax \, dx = \dfrac{1}{a} \tan ax - x.$

121. $\int \cot^2 ax \, dx = -\dfrac{1}{a} \cot ax - x.$

122. $\int \tan^n ax \, dx = \dfrac{1}{(n-1)a} \tan^{n-1} ax - \int \tan^{n-2} ax \, dx \quad (n \geq 2,且\ n\ 为整数).$

123. $\int \cot^n ax \, dx = -\dfrac{1}{(n-1)a} \cot^{n-1} ax - \int \cot^{n-2} ax \, dx \quad (n \geq 2,且\ n\ 为整数).$

➕➋ 含 $x^n \sin ax, x^n \cos ax$

124. $\int x \sin ax \, dx = \dfrac{1}{a^2} \sin ax - \dfrac{1}{a} x \cos ax.$

125. $\int x^2 \sin ax \, dx = \dfrac{2x}{a^2} \sin ax + \dfrac{2}{a^3} \cos ax - \dfrac{x^2}{a} \cos ax.$

126. $\int x^n \sin ax \, dx = -\dfrac{x^n}{a} \cos ax + \dfrac{n}{a} \int x^{n-1} \cos ax \, dx.$

127. $\int x \cos ax \, dx = \dfrac{1}{a^2} \cos ax + \dfrac{x}{a} \sin ax.$

128. $\int x^2 \cos ax \, dx = \dfrac{2x}{a^2} \cos ax - \dfrac{2}{a^3} \sin ax + \dfrac{x^2}{a} \sin ax.$

129. $\int x^n \cos ax \, dx = \dfrac{x^n}{a} \sin ax - \dfrac{n}{a} \int x^{n-1} \sin ax \, dx \quad (n > 0).$

➕➌ 含 e^{ax}

130. $\int e^{ax} \, dx = \dfrac{1}{a} e^{ax}.$

131. $\int b^{ax} \, dx = \dfrac{1}{a \ln b} b^{ax}.$

132. $\int x e^{ax} \, dx = \dfrac{e^{ax}}{a^2} (ax - 1).$

133. $\int x b^{ax} \, dx = \dfrac{x b^{ax}}{a \ln b} - \dfrac{b^{ax}}{a^2 (\ln b)^2}.$

134. $\int x^n e^{ax} = \dfrac{e^{ax}}{a^{n+1}} [(ax)^n - n(ax)^{n-1} + n(n-1)(ax)^{n-2} \cdots + (-1)^n n!] \quad (n$

为正整数).

135. $\int x^n b^{ax} \mathrm{d}x = \dfrac{x^n b^{ax}}{a\ln b} - \dfrac{n}{a\ln b}\int x^{n-1} b^{ax} \mathrm{d}x \quad (n > 0)$.

136. $\int \mathrm{e}^{ax}\sin bx \mathrm{d}x = \dfrac{\mathrm{e}^{ax}}{a^2 + b^2}(a\sin bx - b\cos bx)$.

137. $\int \mathrm{e}^{ax}\cos bx \mathrm{d}x = \dfrac{\mathrm{e}^{ax}}{a^2 + b^2}(a\cos bx + b\sin bx)$.

十四 含 ln ax

138. $\int \ln ax \mathrm{d}x = x\ln ax - x$.

139. $\int x\ln ax \mathrm{d}x = \dfrac{x^2}{2}\ln ax - \dfrac{x^2}{4}$.

140. $\int x^n \ln ax \mathrm{d}x = \dfrac{x^{n+1}}{n+1}\ln ax - \dfrac{x^{n+1}}{(n+1)^2} \quad (n \neq -1)$.

141. $\int \dfrac{1}{x\ln ax}\mathrm{d}x = \ln\ln ax$.

142. $\int \dfrac{1}{x(\ln ax)^n}\mathrm{d}x = -\dfrac{1}{(n-1)(\ln ax)^{n-1}} \quad (n \neq 1)$.

143. $\int \dfrac{x^n}{(\ln ax)^m}\mathrm{d}x = -\dfrac{x^{n+1}}{(m-1)(\ln ax)^{m-1}} + \dfrac{n+1}{m-1}\int \dfrac{x^n}{(\ln ax)^{m-1}}\mathrm{d}x$
$(m \neq 1)$.

十五 含反三角函数

144. $\int \arcsin ax \mathrm{d}x = x\arcsin ax + \dfrac{1}{a}\sqrt{1 - a^2 x^2}$.

145. $\int (\arcsin ax)^2 \mathrm{d}x = x(\arcsin ax)^2 - 2x + \dfrac{2}{a}\sqrt{1 - a^2 x^2}\arcsin ax$.

146. $\int x\arcsin ax \mathrm{d}x = \left(\dfrac{x^2}{2} - \dfrac{1}{4a^2}\right)\arcsin ax + \dfrac{x}{4a}\sqrt{1 - a^2 x^2}$.

147. $\int \arccos ax \mathrm{d}x = x\arccos ax - \dfrac{1}{a}\sqrt{1 - a^2 x^2}$.

148. $\int (\arccos ax)^2 \mathrm{d}x = x(\arccos ax)^2 - 2x - \dfrac{2}{a}\sqrt{1 - a^2 x^2}\arccos ax$.

149. $\int x\arccos ax \mathrm{d}x = \left(\dfrac{x^2}{2} - \dfrac{1}{4a^2}\right)\arccos ax - \dfrac{x}{4a}\sqrt{1 - a^2 x^2}$.

150. $\int \arctan ax \mathrm{d}x = x \arctan ax - \dfrac{1}{2a} \ln(1 + a^2 x^2)$.

151. $\int x^n \arctan ax \mathrm{d}x = \dfrac{x^{n+1}}{n+1} \arctan ax - \dfrac{a}{n+1} \int \dfrac{x^{n+1}}{1 + a^2 x^2} \mathrm{d}x \quad (n \neq -1)$.

152. $\int \operatorname{arccot} ax \mathrm{d}x = x \operatorname{arccot} ax + \dfrac{1}{2a} \ln(1 + a^2 x^2)$.

153. $\int x^n \operatorname{arccot} ax \mathrm{d}x = \dfrac{x^{n+1}}{n+1} \operatorname{arccot} ax + \dfrac{a}{n+1} \int \dfrac{x^{n+1}}{1 + a^2 x^2} \mathrm{d}x \quad (n \neq -1)$.

参 数 方 程

寻找变量之间的关系是高等数学研究课题之一,可是常常不易找到,于是人们用不同方法去解决,其中方法之一是将变量 x,y 通过第三者 t 找到 x 与 t,y 与 t 的关系,从而找到 x 与 y 之间的关系.下面通过例子来认识这个方法.

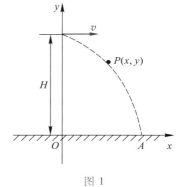

图 1

例　飞机向灾区投放救灾物资问题.设飞机在 $H(\mathrm{m})$ 高空以水平速度 v(匀速)向地面投放物资,问物资着地点在何处?

解　要解决这个问题,先要找到物资投下来的轨迹方程.为此建立坐标系如图 1.

设经过时间 t 物资在点 $P(x,y)$ 的位置.由物理学知(不计空气阻力)

$$\begin{cases} x = vt, \\ y = H - \dfrac{1}{2}gt^2. \end{cases} \qquad ①$$

消去 t 就得 x 与 y 之间的轨迹方程

$$y = H - \frac{1}{2}g \cdot \frac{x^2}{v^2}.$$

令 $y = 0$,即 $x = \sqrt{\dfrac{2H}{g}}\,v$,求得物资落地点 $A\left(\sqrt{\dfrac{2H}{g}}\,v, 0\right)$.

方程①称为参数方程,t 称为参数或参变量.这样通过第三个变量 t 找到了 x 与 t,y 与 t 的参数方程,从而找到 x 与 y 之间的关系,进而解决了问题.

参数方程的一般形式为

$$\begin{cases} y = f(t), \\ x = \varphi(t). \end{cases}$$

在实际问题中选择参数至关重要.通常可这样考虑:在物理问题中常常选择为时间,而在几何问题中常选择为角度(见正文旋轮线方程的建立).

反三角函数

三角函数的反函数叫做反三角函数.下面介绍几个反三角函数.

在区间$[-1,1]$上任给一个y值,由方程$y=\sin x$确定出x值.根据函数的定义,这就建立了一个函数,这个函数叫做反正弦函数,记作$x=\text{Arcsin}\ y$.习惯上自变量记为x,因变量记为y,这样反正弦函数就记作$y=\text{Arcsin}\ x$.它的图形与$y=\sin x$关于直线$y=x$对称,显然这是一个多值函数.为了使用方便也为了照顾习惯,我们约定y在区间$\left[-\dfrac{\pi}{2},\dfrac{\pi}{2}\right]$上取值.该区间称为主值区间,取定主值在$\left[-\dfrac{\pi}{2},\dfrac{\pi}{2}\right]$上的反正弦函数,记作

$$y=\arcsin x.$$

此时反正弦函数为单值单调函数,它的定义域为$[-1,1]$(图1(a)).

例1　求$\arcsin\dfrac{\sqrt{3}}{2}$.

解　令$y=\arcsin\dfrac{\sqrt{3}}{2}$,即$\sin y=\dfrac{\sqrt{3}}{2}$.取主值得

$$\arcsin\frac{\sqrt{3}}{2}=\frac{\pi}{3}.$$

类似的讨论可用于反余弦函数,它的主值区间为$[0,\pi]$,记作$y=\arccos x$(多值的记作$y=\text{Arccos}\ x$),它的定义域为$[-1,1]$(图1(b)).

同样的讨论可用于反正切函数,它的主值区间为$\left(-\dfrac{\pi}{2},\dfrac{\pi}{2}\right)$,记作$y=\arctan x$(多值的记作$y=\text{Arctan}\ x$),它的定义域为$(-\infty,+\infty)$(图1(c)).反余切函数的主值区间为$(0,\pi)$,记作$y=\text{arccot}\ x$(多值的记作$\text{Arccot}\ x$,它的定义域为$(-\infty,+\infty)$)

（图 1(d)）.

最后我们不加证明地给出一个公式

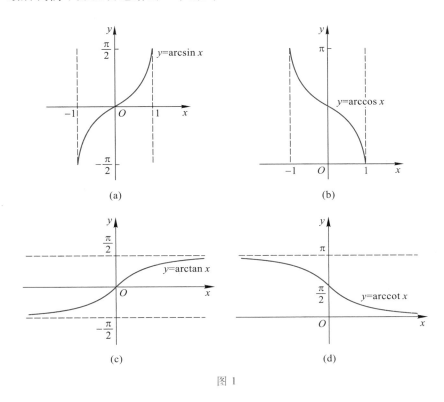

图 1

$$\arcsin x + \arccos x = \frac{\pi}{2}.$$

例 2　求 $\arccos 0, \arctan 1$.

解　令 $y = \arccos 0$, 即 $\cos y = 0$, 取主值得 $\arccos 0 = \frac{\pi}{2}$.

令 $y = \arctan 1$, 即 $\tan y = 1$, 取主值得 $\arctan 1 = \frac{\pi}{4}$. 如果遇到不是特别角的情形，可查反三角函数表.

练习　求 $\arcsin \frac{1}{2}, \arccos 1, \arctan\sqrt{3}$.